油藏工程方法与开发管理实践

张虎俊 著

石油工业出版社

内 容 提 要

本书收集论文59篇，由两部分组成。第一部分为油藏工程方法，主要内容为油层参数计算、递减分析、兴衰周期模型、水驱曲线方程等方面的研究与应用；第二部分为油田开发管理实践，涵盖了油藏地质研究、工程与测试技术及油藏经营管理等专业的研究与实践。

本书可供石油院校、相关科研院所和矿场生产单位的有关人员参考使用。

图书在版编目（CIP）数据

油藏工程方法与开发管理实践／张虎俊著．—北京：石油工业出版社，2020.9
ISBN 978-7-5183-2942-7

Ⅰ．①油… Ⅱ．①张… Ⅲ．①油藏工程-研究 Ⅳ．①TE34

中国版本图书馆 CIP 数据核字（2018）第 223147 号

出版发行：石油工业出版社
（北京安定门外安华里2区1号 100011）
网　址：www.petropub.com
编辑部：（010）64523736
图书营销中心：（010）64523620
经　销：全国新华书店
印　刷：北京中石油彩色印刷有限责任公司

2020年9月第1版　2020年9月第1次印刷
787×1092毫米　开本：1/16　印张：25.25
字数：610千字

定价：200.00元
（如发现印装质量问题，我社图书营销中心负责调换）
版权所有，翻印必究

前　　言

　　我是学石油勘探的,大学毕业后分配到祖国石油工业的摇篮——老而小的玉门油田。具体工作单位在玉门油田最小的白杨河油矿,从事自己没学过的石油开发专业。其时,正值玉门油田西赴吐鲁番哈密盆地勘探建设吐哈油田。白杨河油矿虽小,却作为试采先锋,倾全矿人财物之力,率先奔赴吐哈盆地打头阵。我本在去吐哈油田的编制中,但因老区技术人员少,错失了亲历建设新油田的机会,对我的人生而言虽然留下了一点遗憾,相反却得到了比别人更多的锻炼机会,从油藏地质、测井测试、注水采油、井下作业、浅井钻井,甚至地面工程,只要带"技术"的活,领导都让我干!以至于后来我发展成了油田开发方面的"复合型"技术人员。

　　我写科技文章,说来有点无心插柳的味道。在我的故乡,把读书人都称先生,能够作文的人,则更受人尊崇。上大学时,因发表过几篇小散文而自喜。参加工作后,这点爱好倒还没丢,有时候甚至不知天高地厚地幻想着写小说、当作家。师傅熊湘华看我"不务正业",建议我写点科技论文。以我那时的阅历经验、能力水平和所干的业务,写工作中的研究认识或经验做法类的论文根本没戏。我想自己高等数学还说得过去,写油藏工程计算方面的论文,说不定是条"捷径"。于是,定了个"先看100篇论文,再动手写"的目标。看完十几篇的时候就有些蠢蠢欲动的感觉,看到二三十篇的时候不知不觉中有了些想法与观点,开始试着成文,并陆续发表。令人欣慰的是在1996年和1997年《中国石油文摘》收录的第一作者论文数量中我排名第一。

　　创新是科学研究的灵魂。凡创新都是伟大的。创新不分大小,在针尖上跳舞方显非凡才智。我虽然没写出惊天动地的论文,但一直厌恶虚假和平庸。在我发表的几十篇文章中,有几篇出了点影响,引起些讨论,或被以我的名字命名水驱曲线,或被写入天然气可采储量标定标准,或被有些作者喜欢而抄袭。但遗憾的是,我自认为几篇高质量的论文反倒没被读者与学术界注意。其中,3篇论文中提出的兴衰周期(又称生命旋回)数学模型,未见公开发表,也未能在数学书籍中找到,纯属首次提出,应用效果完全可以与经典模型媲美,但愿今后有智者能慧眼识珠吧。

　　作为一名科技工作者,应该具备这样的科学素养:一是要有敏锐的洞察能力,二是要有缜密的思维能力,三是要有良好的提炼能力,四是要有出色的写作能力,五是要有清晰的表述能力。在油藏工程计算方法研究实践中,我慢慢体会到,搞科学研究与理论创新,一是不迷信权威,对前人成果应批判地吸收;二是不能人云亦云,跟风会导致独立思考能力的丧失;三是不能一根筋到底,方向错了速度越快离目标越远。有时候,要学会放弃和停下。换一种思路,破除一些条条框框的禁锢与约束,有可能会起到四两拨千斤的作用。诸如阿尔普斯等3参数模型方程求解,就一定要不回头地去改进试凑法吗?改进的方法精度再高,仍然是试差法,有多解性。翁文波先生自称 Weng 旋回是泊松旋回,或许是一时疏忽,也或是自谦,其实两者只是形同而质不同。著名的贡帕兹模型及其形变后重新命名的其他模型,其形与质、根与源,都需要研究者与应用者甄别。否则,会闹出把同一模型当作"不同"模型放在一起用,还说结果完全一样的笑话……

凡上赘述可能谬见百出,贻笑大方,请批点、海涵,并祈共勉!

2020 年 8 月 31 日

目　　录

第一部分　　油藏工程方法

第一章　油层参数确定的新方法 ……………………………………………… (3)
利用广义的 IPR 曲线确定地层压力的新方法 ……………………………… (4)
广义 IPR 曲线的新用途 ……………………………………………………… (9)
建立气井产能方程及计算地层压力的新方法 ……………………………… (15)
确定溶解气驱油藏地层压力的简便方法 …………………………………… (22)
确定封闭油藏几何形态的简单方法 ………………………………………… (26)
利用含水率确定油层饱和度的方法 ………………………………………… (31)
Logistic 旋回计算油层饱和度的方法 ……………………………………… (35)

第二章　Arps 递减方程参数求解方法 ………………………………………… (38)
双曲线递减参数求解的新方法 ……………………………………………… (39)
油气田产量双曲递减方程建立的新方法 …………………………………… (46)
油气藏产量双曲线递减方程求解的新方法 ………………………………… (52)
Arps 双曲线递减方程参数求解的线性新方法 …………………………… (57)

第三章　Копытов 衰减方程拓展研究 ………………………………………… (66)
Копытов 衰减校正曲线的理论分析与探讨 ……………………………… (67)
一种新型的衰减曲线及其应用 ……………………………………………… (73)
求解 Копытов 衰减曲线校正参数 c 的最佳方法 ……………………… (81)
产量衰减方程参数求解的新方法 …………………………………………… (87)
衰减曲线分析的简易方法 …………………………………………………… (91)
衰减方程参数之间的关系及其确定方法 …………………………………… (97)
衰减曲线的微分分析法 ……………………………………………………… (102)

第四章　新型递减模型的建立及求解 ………………………………………… (111)
预测油田产量的新模型及其应用 …………………………………………… (112)
产量递减曲线新模型的推导及应用 ………………………………………… (119)
一种预测可采储量的简单适用方法 ………………………………………… (128)
预测油田最终采收率的一种新方法 ………………………………………… (131)

第五章　Weng 旋回研究及模型求解 ………………………………………… (134)
Weng 旋回参数求解的简单方法 …………………………………………… (135)
预测油气田产量的 Weng 旋回及其参数求解方法 ………………………… (140)
建立 Weng 旋回模型的一种新方法 ………………………………………… (147)
Weng 旋回模型参数求解的一种简便方法及其应用效果评述 …………… (151)
Weng 旋回与 Poisson 分布和 Gamma 分布的对比与分析 ……………… (157)

第六章　Gompertz 等模型研究及求解 ……………………………………………（164）
  油气田产量预测的一种功能模拟模型 …………………………………………（165）
  油气田开发指标预测的 Gompertz 模型 …………………………………………（173）
  预测油气田开发指标的 Hubbert 模型 ……………………………………………（183）
  预测可采储量的最简单方法及其在低渗透油田的应用 ………………………（192）

第七章　新型生命周期模型建立及求解 ………………………………………（197）
  预测油气田产量的一种兴衰周期模型 …………………………………………（198）
  油气田产量预测的信息模型 ……………………………………………………（205）
  用生命旋回模型预测生命总量有限体系 ………………………………………（215）
  一种生命旋回信息模型的建立及应用 …………………………………………（219）

第八章　水驱曲线新模型的建立 ………………………………………………（230）
  预测可采储量新模型的推导及应用 ……………………………………………（231）
  新水驱曲线模型的建立及参数求解方法 ………………………………………（237）
  由纳扎洛夫水驱曲线推导的两种水驱曲线模型及应用 ………………………（245）
  水驱曲线分析的二种新方法 ……………………………………………………（252）
  与纳扎洛夫水驱曲线等效的两种水驱曲线模型及应用 ………………………（260）
  确定水驱曲线校正系数 C 的简单方法 …………………………………………（267）
  新型注采特征曲线的推导及应用 ………………………………………………（273）
  热采油藏注采特征曲线的校正及简便处理方法 ………………………………（276）
  确定注蒸汽开发稠油油藏原油采收率的三参数注采特征曲线法 ……………（281）

第二部分　开发管理实践

第九章　油田开发实践 …………………………………………………………（291）
  老君庙油田低产后期剩余油研究及调整井效果 ………………………………（293）
  应用同位素示踪技术研究油藏剩余油分布规律——以玉门老君庙油田 M 油藏为例
  ………………………………………………………………………………………（298）
  老君庙油田高压复杂区水平井技术研究与实施 ………………………………（305）
  青西油田窿 5 区块裂缝性底水油藏水动力系统研究 …………………………（310）
  MFE 跨隔—射孔测试技术在青西油田负压井上的应用分析 ………………（314）
  单北小型底水砂岩油田开发特征及评价 ………………………………………（318）
  精细油藏描述技术在玉门油田调整挖潜中的应用 ……………………………（324）
  老君庙油田油藏管理与地质研究 ………………………………………………（338）

第十章　油藏经营管理 …………………………………………………………（364）
  推进油气藏经营管理　创新发展石油天然气开发效益评价——访中国石油勘探与
   生产分公司副总经理刘圣志 …………………………………………………（365）
  应用现代油藏管理方法优化措施创效益 ………………………………………（369）
  坚持低成本发展战略　不断深化效益评价工作——玉门采油厂"油井措施效益评价"
   及"节能降耗"工作成效分析 ………………………………………………（378）
  实施低成本发展战略　逐步提升开发效益 ……………………………………（384）
  青西试采区发展战略思考 ………………………………………………………（389）

第一部分　油藏工程方法

第一章　油层参数确定的新方法

传统的油井流入动态(IPR)曲线未直接反映井底流动压力与油井产量的关系,只有在压力恢复测试确定了地层压力和流动效率后,方可建立油井产能预测的具体曲线方程。论文《利用广义的 IPR 曲线确定地层压力的新方法》,将无量纲 IPR 曲线通式表示为以流动压力为自变量、产量为因变量的一元二次方程——广义 IPR 曲线,提出了一种计算地层压力的新方法,同时推导出流动效率已知条件下最大理论产能及沃格参数计算公式。

广义 IPR 曲线仍然没有摆脱计算无阻流量和沃格参数时流动效率已知的限制条件。《广义 IPR 曲线的新用途》一文,利用"当井底流动压力为 0.101MPa 时,油井的产能即为无阻流量"的定义,得到无阻流量,继而可求取沃格参数和流动效率,使广义 IPR 曲线不再需要任何附带条件即可求取地层压力、无阻流量、流动效率和沃格参数,极大地丰富和发展了广义 IPR 曲线理论,节约了压力恢复测试费用与占产时间。

传统的气井二项式产能方程未直接描述流压与产量的关系,在建立方程时,除进行多点稳定流动测试外,还要关井测试气藏地层压力,不但影响气井生产,还增加采气成本。论文《建立气井产能方程及计算地层压力的新方法》提出的一元二次广义气井产能方程,则直接描述流压与产量关系,建立方程时不但不需要地层压力,而且还可以预测地层压力。

利用物质平衡法估算地层压力,通常在 PVT 资料已知的条件下进行。对于 PVT 资料未知油藏,只能用压力恢复测试等方法确定地层压力。论文《确定溶解气驱油藏地层压力的简便方法》以物质平衡方程为基础,结合确定地层流体物性参数的经验公式,建立了一种利用累计产油量、累计产气量及相关地层流体物性参数计算溶解气驱油藏地层压力的新模型,同时给出了模型参数求解方法。该模型适用于无边、底水的溶解气驱油藏。

封闭油藏的泄油区面积与形状因子是油藏评价的重要参数,《确定封闭油藏几何形态的简单方法》一文以封闭油藏压降试井似稳期压力特性方程为基础,提出了一种直接求解泄油面积与形状因子的新方法,并给出了参数求解的具体步骤。

《利用含水率确定油层饱和度的方法》一文,基于油水两相稳定渗流条件下的达西定律和室内岩心水驱油实验理论,利用油水相对渗透率比值与含水饱和度之间的指数关系,以及地面条件下的水油比公式,建立了含油饱和度与含水率之间的关系。该方法适于井底流压不低于饱和压力的水驱油藏,在含水率低于 98% 的阶段具有较好的应用效果。

基于油田开发过程中含水率、油层含水饱和度不断上升的规律,《Logistic 旋回计算油层饱和度的方法》一文首次将 Logistic 模型用于油层饱和度计算。该方法建立在实验室岩心水驱油实验的基础上,对于含水率低于 90% 的油藏具有很好的适用性。

利用广义的 IPR 曲线确定地层压力的新方法

IPR 曲线即流入动态曲线,也称指示曲线,是反映油井产量与井底流动压力的基本关系式,主要用于油井产能的预测。

IPR 曲线最早由 Vogel 根据溶气驱开采的理论计算结果于 1968 年提出,故又有 Vogel 方程之称[1]。Vogel 最早提出的 IPR 曲线仅适用于溶气驱饱和油藏的油井,并且只考虑了完善井和开采初期的油井。目前,IPR 曲线已得到了极大的完善和发展,既适用于溶气驱饱和油藏的油井,又适用于地层压力高于饱和压力而流动压力低于饱和压力的未饱和油藏的油井,也可用于水驱油藏的中、低含水油井和不完善井及开采中、后期的油井,近年来又被应用于水平井[2]。但是传统的 IPR 曲线并没有直接揭示井底流压与油井产量的关系,并且只有在由压力恢复曲线确定了地层压力和流动效率后,才能建立起具体油井的 IPR 方程。鉴于 IPR 曲线在油井产能预测应用中的广泛性,本文在陈元千教授提出的无量纲 IPR 曲线通式的基础上,将传统的以井底流压(或生产压差)与地层压力之比为自变量的 IPR 曲线,改写成以井底流压为自变量的 IPR 曲线。改写后的曲线被称作广义的 IPR 曲线,可直接描述井底流压与油井产量的关系,它完善和发展了传统的 IPR 曲线,同时提出了一种确定地层压力的新方法。

1 理论基础

在忽略重力及岩石、束缚水的弹性膨胀条件下,Vogel 利用完善井和开采初期井的溶气驱理论计算结果,对于储层物性和流体物性均质的饱和油藏,建立的刻画油井产量与井底流动压力的无量纲 IPR 曲线表达式为:

$$\left(\frac{q_o}{q_{o\,max}}\right)_{R=1} = 1 - 0.2\frac{p'_{wf}}{p_s} - 0.8\left(\frac{p'_{wf}}{p_s}\right)^2 \quad (1)$$

式中 p'_{wf}——完善井的井底流动压力,MPa;

p_s——供油面积内的平均地层压力,MPa;

q_o——p'_{wf} 压力下的产油量,m³/d;

$q_{o\,max}$——在 $p'_{wf}=0$ 时油井的最大理论产油量,m³/d;

R——表征油井完善程度的流动效率,当 $R=1$ 时为完善井;$R<1$ 时为不完善井;$R>1$ 时为超完善井。

由于式(1)更适合于开采初期的完善井,不具备代表性,Richardson 和 Shaw 考虑到油井采出程度的影响后,将 Vogel 方程修改为:

$$\left(\frac{q_o}{q_{o\,max}}\right)_{R=1} = 1 - V\frac{p'_{wf}}{p_s} - (1-V)\left(\frac{p'_{wf}}{p_s}\right)^2 \quad (2)$$

式中 V——Vogel(沃格)参数,与油井的采出程度有关,其变化范围为0～1。

对于不完善井,Standing用流动效率 R 表示其不完善的程度:

$$R = (p_s - p'_{wf})/(p_s - p_{wf}) \tag{3}$$

式中 p_{wf}——不完善井的井底流动压力,MPa。

由式(3)可得:

$$p'_{wf} = (1 - R)p_s + Rp_{wf} \tag{4}$$

将式(4)代入式(2),并经整理得到陈元千教授提出的同时考虑油井不完善和采出程度影响的无量纲IPR曲线通式:

$$\left(\frac{q_o}{q_{o\max}}\right)_{R\neq 1} = (2 - V)R\frac{p_s - p_{wf}}{p_s} - (1 - V)R^2\left(\frac{p_s - p_{wf}}{p_s}\right)^2 \tag{5}$$

对于某一油井而言,只有在由压力恢复曲线确定了 p_s 和 R 之后,才能利用系统试井资料 p_{wf} 和 q_o 建立IPR方程和确定 V,其回归方程为:

$$\frac{q_o p_s}{p_s - p_{wf}} = (2 - V)Rq_{o\max} - (1 - V)R^2 q_{o\max}\left(\frac{p_s - p_{wf}}{p_s}\right)$$

$$= A + B\frac{p_s - p_{wf}}{p_s} \tag{6}$$

式中 A, B——分别为所设的直线截距与斜率。

$q_{o\max}$ 和 V 值由下式确定:

$$q_{o\max} = (AR + B)/R^2 \tag{7}$$

$$V = (AR + 2B)/(AR + B) \tag{8}$$

为了揭示IPR曲线的本质,需要将式(5)中的自变量和因变量变为 p_{wf} 和 q_o。这样,对式(5)经过重新整理,可以得到:

$$q_o = [(2 - V) + (V - 1)R]Rq_{o\max} + \frac{Rq_{o\max}}{p_s}[(V - 2) + 2(1 - V)R]p_{wf} + \frac{(V - 1)R^2 q_{o\max}}{p_s^2}p_{wf}^2 \tag{9}$$

令:

$$a = [(2 - V) + (V - 1)R]Rq_{o\max} \tag{10}$$

$$B = Rq_{o\max}/p_s[(V - 2) + 2(1 - V)R] \tag{11}$$

$$c = [(V - 1)R^2 q_{o\max}]/p_s^2 \tag{12}$$

将式(10)、式(11)和式(12)代入式(9),得到:

$$q_o = a + bp_{wf} + cp_{wf}^2 \tag{13}$$

式(13)即为本文提出的广义的IPR曲线方程,它揭示了井底流动压力与油井产量关系的本质,其参数 a, b 和 c 可由二元线性回归分析得到。

当 R 为已知时，$q_{o\,max}$ 和 V 可由式(10)至式(12)经推导、整理得到：

$$q_{o\,max} = \frac{b(b + \sqrt{b^2 - 4ac})(1 - R) + 2ac(2R - 1)}{2cR^2} \tag{14}$$

$$V = \frac{b(b + \sqrt{b^2 - 4ac})(2 - R) + 4ac(R - 1)}{b(b + \sqrt{b^2 - 4ac})(1 - R) + 2ac(2R - 1)} \tag{15}$$

由式(13)二元回归分析建立起流入动态方程后，由式(14)和式(15)求得最大理论产量和沃格参数，至此，已完成了 IPR 分析的全过程。在此基础上，本文还要赋予 IPR 曲线一种新的功能和用途，即利用 IPR 曲线确定地层压力。

由式(12)，可将地层压力表示为：

$$p_s = \sqrt{\frac{1}{c}(V - 1)R^2 q_{o\,max}} \tag{16}$$

再将式(14)和式(15)代入式(16)，经化简、整理得：

$$p_s = \sqrt{\frac{1}{c}\left[\frac{b}{2c}(b + \sqrt{b^2 - 4ac}) - a\right]} \tag{17}$$

另外，也可将式(14)和式(15)代入式(11)求得地层压力。同时，由式(11)除以式(12)，然后将式(14)和式(15)代入，亦可解得地层压力：

$$p_s = -\frac{1}{2c}(b + \sqrt{b^2 - 4ac}) \tag{18}$$

$$p_s = \frac{2a}{b + \sqrt{b^2 - 4ac}} - \frac{b}{c} \tag{19}$$

后面的实例可以证实，由式(17)至式(19)计算的地层压力完全一致，说明它们在理论上是相等的。

2 实例分析

2.1 实例1

D 油田中区 6-16 井进行压力恢复曲线测试，由压力恢复曲线确定的地层压力和流动效率分别为：$p_s = 11.6$ MPa，$R = 1.0$。将文献[1]计算的井底流动压力 p_{wf} 和油井产量 q_o 作为已知数据(表1)。由于该井试井时处于生产初期，故文献[1]将其 V 取为 0.2。试求该井的 IPR 曲线方程、最大理论产量 $q_{o\,max}$、沃格参数 V，同时，用 IPR 曲线计算地层压力。

表1 D 油田中区 6-16 井的 p_{wf} 和 q_o 数据

序号	1	2	3	4	5	6
q_o(m³/d)	76.42	105.41	128.14	144.59	154.78	157.52
p_{wf}(MPa)	7.803	6.069	4.335	2.602	0.867	0.00

将表1中的数据代入式(13),经过二元线性回归分析,求得其参数 a,b 和 c 及相关系数 r：$a = 157.5374$, $b = -2.2621$, $c = -1.0427$, $r = 0.999623$。这样,可以写出该井的流入动态方程为：

$$q_o = 157.5374 - 2.2621p_{wf} - 1.0427p_{wf}^2 \tag{20}$$

式(20)给定不同的 p_{wf},可得到相应的 q_o,得到该井的IPR曲线图(图1)。

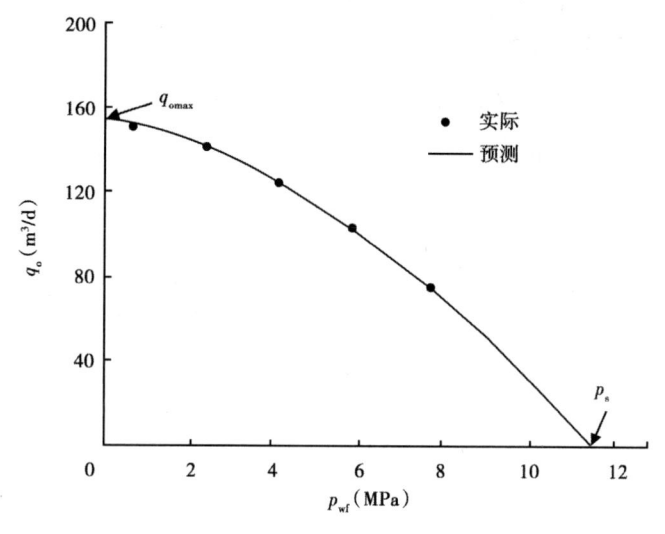

图1 实例1的预测IPR曲线图

将 a、b、c 值和 $R=1$ 代入式(14)和式(15),求得：$q_{o\,max} = 157.5374 \text{m}^3/\text{d}$；$V = 0.1616$。

计算的最大理论产量与文献[1]计算的数值($157.52\text{m}^3/\text{d}$)相对误差仅为0.011%；计算的 V 值与文献[1]选取的 V 值(0.2)很接近,说明文献[1]虽然没有用系统试井资料计算 V 值,但其选取的数值还是比较准确的。

上述过程已完成了IPR分析的全过程。再来看看本文提出的IPR曲线确定地层压力的应用状况。

将所求的 a,b 和 c 值代入式(17)、式(18)和式(19)中的任一式,都将得到完全相同的数值：

$$p_s = 11.25474414 \approx 11.255 \text{MPa}$$

计算的地层压力与压力恢复曲线测得的已知地层压力11.6MPa,相对误差只为2.97%,可见,本文提出的新方法是适用有效的。

2.2 实例2

已知某饱和油藏的一口油井,由系统试井取得的数据列于表2,压力恢复曲线求得的地层压力 $p_s = 28.921\text{MPa}$、流动效率 $R = 1.0$。试用IPR曲线求地层压力,同时,兼求该井目前的 V 值和最大理论产量 $q_{o\,max}$,并预测该井的IPR曲线。

表2 某饱和油藏某油井的系统试井资料

序号	1	2	3	4
$q_o(\text{m}^3/\text{d})$	67.89	89.67	100.96	113.20
$p_{wf}(\text{MPa})$	17.816	14.012	11.963	9.697

利用式(13)对表2中的数据进行二元线性回归分析,得到 $a = 162.7019, b = -4.8639$, $c = -0.02485, r = 0.99999998$。

把求得的 a, b 和 c 代入式(17)至式(19)中的任一公式,都可求得完全相等的地层压力:$p_s = 29.11888581 ≈ 29.119$ MPa。

由式(14)和式(15)计算的 $q_{o\,max}$ 和 V 值为:$q_{o\,max} = 162.7019$ m³/d, $V = 0.8705$。

该井广义的 IPR 曲线模型为:

$$q_o = 162.7019 - 4.8639 p_{wf} - 0.02485 p_{wf}^2 \tag{21}$$

图2为式(21)的IPR分析图。

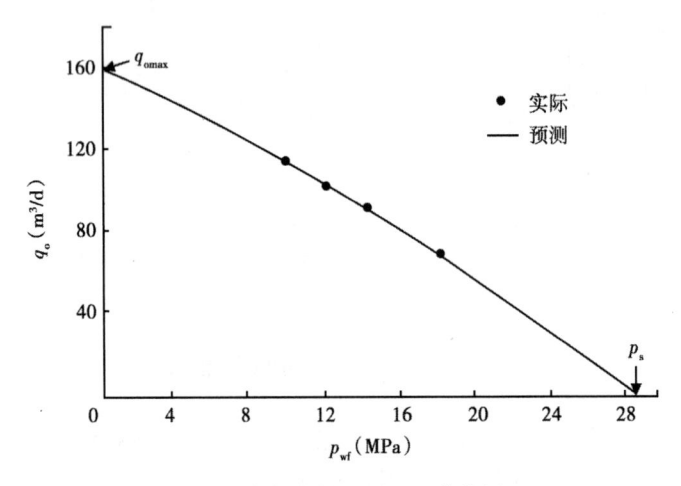

图2 实例2的预测IPR曲线图

实例2计算的地层压力与压力恢复曲线计算的地层压力实际值误差为0.68%;而计算的 $q_{o\,max}$ 和 V 与文献[1]的计算值分别有0.73%和3.63%的相对误差,足以可见本文方法具有相当高的精度。

3 结论

(1)在无量纲 IPR 曲线通式的基础上,将 IPR 曲线改写成以井底流动压力为自变量的二元线性回归形式,使之可以直接描述井底流动压力与油井产量的关系,故称其为广义的 IPR 曲线。

(2)在广义的 IPR 曲线的基础上,本文给出的3个计算地层压力的公式,它们在理论上相通,并且在实例分析中得到证实(当流动效率为1时,即完善井,则广义的 IPR 曲线的常数项 a 就是最大理论产量 $q_{o\,max}$)。

(3)推导出了确定最大理论产量和沃格参数的公式。

参 考 文 献

[1]陈元千.无因次IPR曲线通式的推导及线求解方法[J].石油学报,1986,7(2):63-73.
[2]黄炳光,李顺初,周荣辉.IPR曲线在水平井动态分析中的应用[J].石油勘探与开发,1995,22(5):56-58.

广义 IPR 曲线的新用途[①]

1968年，Vogel 根据溶解气驱开采的理论计算结果首先提出了 IPR 曲线概念，故 IPR 曲线又称 Vogel 方程。IPR 曲线还叫流入动态曲线或指示曲线，其旨在揭示油井产量与流动压力之间的相互关系。最初的 IPR 曲线仅适用于完善井和开采初期的油井。目前，IPR 曲线已用于溶解气驱饱和油藏油井、地层压力高于饱和压力而流动压力低于饱和压力的未饱和油藏油井、水驱油藏中低含水油井、不完善油井、开采中后期油井及水平井。鉴于文献[1]提出的广义 IPR 曲线在油井产能预测及计算各种油井参数中的广泛性和有效性，经过本文的发展，使其克服了在计算无阻流量和沃格参数时离不开流动效率这一限制条件的缺点，同时还可以计算流动效率这一重要参数。

1 理论基础

1968年，Vogel 在忽略重力、岩石及束缚水弹性膨胀的条件下，对于储层物性、流体物性均质的饱和油藏，提出完善井和开采初期油井的无量纲 IPR 曲线：

$$\left(\frac{q_o}{q_{o\,max}}\right)_{R=1} = 1 - 0.2\frac{p'_{wf}}{p_R} - 0.8\left(\frac{p'_{wf}}{p_R}\right)^2 \tag{1}$$

Richardson 和 Shaw 鉴于式(1)的局限性，在考虑到油井采出程度影响之后，将式(1)修改为：

$$\left(\frac{q_o}{q_{o\,max}}\right)_{R=1} = 1 - V\frac{p'_{wf}}{p_R} - (1-V)\left(\frac{p'_{wf}}{p_R}\right)^2 \tag{2}$$

陈元千教授鉴于式(2)仅适用于完善井而不能用于不完善井的缺憾，同时考虑了油井的不完善性和采出程度的影响，提出了在我国应用广泛的无量纲 IPR 曲线：

$$\left(\frac{q_o}{q_{o\,max}}\right)_{R\neq 1} = (2-V)R\frac{p_R-p_{wf}}{p_R} - (1-V)R^2\left(\frac{p_R-p_{wf}}{p_R}\right)^2 \tag{3}$$

式(3)拓宽了 IPR 曲线的应用范围，对于油井产能预测具有很大意义，但其只有在 p_R 和 R 已知的条件下，才能建立起具体油井的 IPR 方程，进而确定 V 和 $q_{o\,max}$ 值。换而言之，式(3)不适用于 p_R 和 R 未知的油井。为此，文献[1]将其改写成广义形式：

$$q_o = a + bp_{wf} + cp_{wf}^2 \tag{4}$$

其中

[①] 本文合作者：胡灵芝、赵遂亭。

$$a = [(2-V) + (V-1)R]Rq_{o\,max} \qquad (5)$$

$$b = Rq_{o\,max/p_R}[(V-2) + 2(1-V)R] \qquad (6)$$

$$c = [(V-1)R^2 q_{o\,max}]/p_R^2 \qquad (7)$$

广义的IPR曲线,即式(4)在建立模型时,仅需要试井资料p_{wf}和q_o,而不需要地层压力p_R,这在很大程度上丰富和发展了传统IPR曲线。并且文献[1]还由式(5)、式(6)和式(7)推导出了三种等效的地层压力预测公式:

$$p_R = \sqrt{\frac{1}{c}\left[\frac{b}{2c}(b + \sqrt{b^2 - 4ac}) - a\right]} \qquad (8)$$

$$p_R = -\frac{1}{2c}(b + \sqrt{b^2 - 4ac}) \qquad (9)$$

$$p_R = \frac{2a}{b + \sqrt{b^2 - 4ac}} - \frac{b}{c} \qquad (10)$$

文献[1]提出的计算无阻流量和沃格参数的公式,即式(11)和式(12)仍没有摆脱流动效率已知这一条件的限制,具有一定的局限性,对于R未知的油井仍无法使用。

$$q_{o\,max} = \frac{b(b + \sqrt{b^2 - 4ac})(1-R) + 2ac(2R-1)}{2cR^2} \qquad (11)$$

$$V = \frac{b(b + \sqrt{b^2 - 4ac})(2-R) + 4ac(R-1)}{b(b + \sqrt{b^2 - 4ac})(1-R) + 2ac(2R-1)} \qquad (12)$$

鉴于式(11)和式(12)应用的局限性,为了能够直接利用广义IPR曲线,即式(4)中的参数a,b和c预测无阻流量$q_{o\,max}$、沃格参数V和流动效率R,本文做如下推导。

众所周知,从定义出发,当井底流动压力$p_{wf} = 0.101$MPa时,油井的最大潜在产能可视为其无阻流量。这样由式(4)得:

$$q_{o\,max} = a + 0.101b + 0.101^2 c \qquad (13)$$

当$q_{o\,max}$算得之后,由式(11)求得油井的流动效率为:

$$R = \frac{-B - \sqrt{B^2 - 4AC}}{2A} \qquad (14)$$

其中:

$$A = 2c(a + 0.101b + 0.101^2 c) \qquad (15)$$

$$B = b(b + \sqrt{b^2 - 4ac}) - 4ac \qquad (16)$$

$$C = 2ac - b(b + \sqrt{b^2 - 4ac}) \qquad (17)$$

在R算得的条件下,即可由式(12)算得油井沃格参数。

至此,已经赋予广义IPR曲线式(4)一种无条件计算$q_{o\,max}$,R和V的一种新功能,这将为实际应用带来极大的方便,同时,大大拓展了其使用范围。

2 广义IPR曲线的应用过程和步骤

鉴于式(4)的多功能性,为快速和方便应用,将其应用过程和步骤总结为以下5个方面。

2.1 求解模型参数 a,b 和 c

将实际系统试井资料(数据)p_{wf} 和 q_o,利用二元回归的最小二乘法,即由下列方程组求得参数 a,b 和 c:

$$\begin{cases} \sum q_o = na + b\sum p_{wf} + c\sum p_{wf}^2 \\ \sum q_o p_{wf} = a\sum p_{wf} + b\sum p_{wf}^2 + c\sum p_{wf}^3 \\ \sum q_o p_{wf}^2 = a\sum p_{wf}^2 + b\sum p_{wf}^3 + c\sum p_{wf}^4 \end{cases} \quad (18)$$

$$r = \sqrt{\frac{b\sum(p_{wf}-\bar{p}_{wf})(q_o-\bar{q}_o) + c\sum(p_{wf}^2-\bar{p}_{wf}^2)(q_o-\bar{q}_o)}{\sum(q_o-\bar{q}_o)^2}} \quad (19)$$

2.2 求地层压力 p_R

将最小二乘法所求得的模型参数 a,b 和 c 之值代入式(8)至式(10)中的任一式,都能得到完全相同的地层压力。

2.3 求无阻流量 $q_{o\,max}$

在 a,b 和 c 值已知的条件下,即可利用式(13)求得无阻流量 $q_{o\,max}$。

2.4 求流动效率 R

由于 a,b 和 c 值已经已知,故利用式(15)至式(17)求得 A,B 和 C 值并代入式(14),便可求得流动效率 R。

2.5 求沃格参数 V

利用已求得的曲线参数 a,b 和 c 及流动效率 R,由式(12)即可算出沃格参数 V。

3 实例验证

以文献[1],[2]的算例为例验证本文方法。

3.1 实例1

D油田中区6-16井进行压力恢复曲线测试,由压力恢复曲线确定的地层压力和流动效率分别为:$p_R=11.6$MPa,$R=1.0$。将文献[2]计算的井底流动压力 p_{wf} 和油井产量 q_o 作为已知数据(表1)。由于该井处于生产初期,故文献[2]将其 V 值取为0.2。试用本文提供的方法,建立该井的广义IPR曲线方程,确定地层压力、无阻流量、流动效率和沃格参数,并与文献[1]、[2]进行比较。

表1 D油田中区6-16井的p_{wf}和q_o数据

序号	1	2	3	4	5	6
q_o(m³/d)	76.42	105.41	128.14	144.59	154.78	157.52
p_{wf}(MPa)	7.803	6.069	4.335	2.602	0.867	0.00

将表1内的数据,按照广义IPR曲线的应用步骤,代入方程组(18),首先求得模型参数为:$a=157.5374, b=-2.2621, c=-1.0427, r=0.9996$。然后按照2.2节至2.5节步骤,依次求得$p_R, q_{o\,max}, R$和$V$值,见表2。

表2 实例1的预测结果数据表

内容	p_R(MPa)		$q_{o\,max}$(m³/d)			R		V		
	已知	本文	文献[1]	文献[2]	本文	已知	本文	文献[1]	文献[2]	本文
数值	11.6	11.3	157.52	157.54	157.30	1.0	1.009	0.2	0.162	0.175

将求得的a,b和c代入式(4),即得该井的广义IPR曲线表达式为:

$$q_o = 157.5374 - 2.261p_{wf} - 1.0427p_{wf}^2 \tag{20}$$

由式(20)计算出不同p_{wf}下的q_o,并以p_{wf}为横坐标,q_o为纵坐标,即得到预测的IPR曲线图(图1)。

从表2及图1可见本文方法具有相当高的精度。

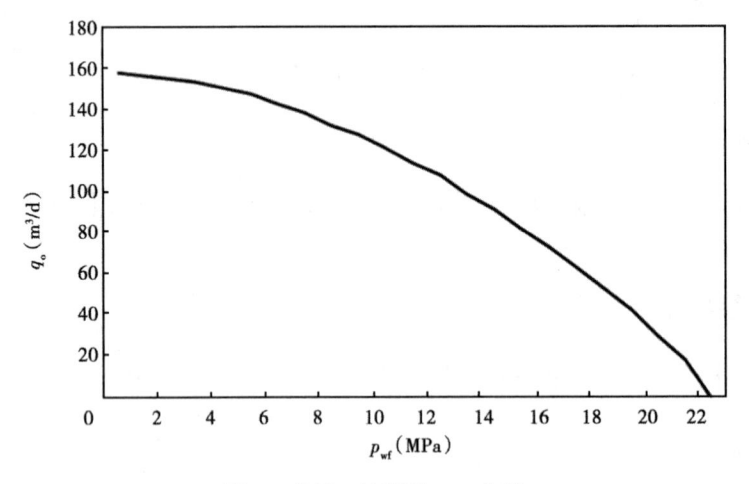

图1 实例1的预测IPR曲线

3.2 实例2

已知某饱和油藏的一口油井,由系统试井取得的数据列于表3,压力恢复曲线求得$p_R=28.921$MPa、$R=1.0$。试用广义IPR曲线预测该油井当时的地层压力,同时,兼求当时的无阻流量、流动效率和沃格参数。

表3　某饱和油藏某油井的系统试井资料

序号	1	2	3	4
$q_o(m^3/d)$	67.89	89.67	100.96	113.20
$p_{wf}(MPa)$	17.863	14.012	11.963	9.697

将表3中列出的 q_o 和 p_{wf} 数据代入式(18)和式(19),求得: $a=162.7019, b=-4.8639, c=-0.02485, r=0.99999998$。即可写出描述该井流压与产量关系的指示曲线:

$$q_o = 162.7019 - 4.8639 p_{wf} - 0.02485 p_{wf}^2 \quad (21)$$

依据式(21)在直角坐标系中给出不同 p_{wf} 下的 q_o 关系曲线(即IPR曲线),如图2所示。

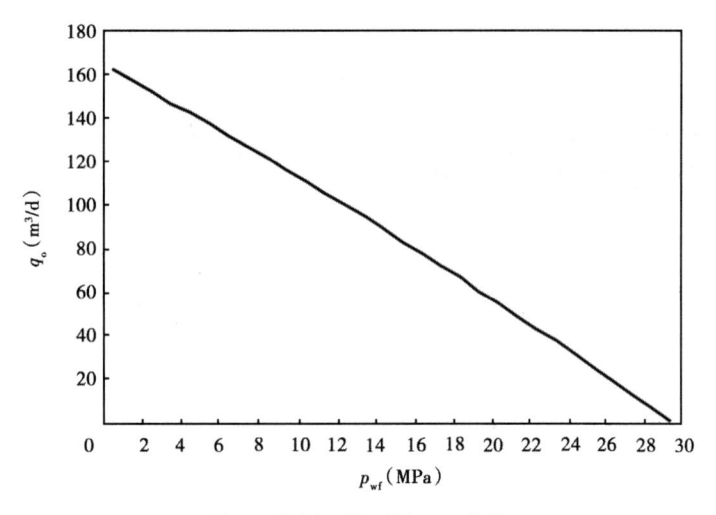

图2　实例2的预测IPR曲线

按照广义IPR曲线应用2.2节至2.5节步骤,可预测出 p_R、$q_{o\,max}$、R 及 V,见表4。

表4　实例2预测结果数据表

内容	p_R(MPa)			$q_{o\,max}$(m^3/d)			R		V		
	已知	本文		文献[1]	文献[2]	本文	已知	本文	文献[1]	文献[2]	本文
数值	28.921	29.119		161.53	162.70	162.21	1.0	1.003	0.84	0.8705	0.8710

从图2和表4的预测结果显而易见本文方法的有效性和精确性。

4　结论

(1)本文通过对文献[1]的研究,指出了文献[1]提出的广义IPR曲线在预测油井无阻流量、沃格参数时,存在着一定的局限性,即必须具备流动效率已知这一条件。对于流动效率未知的油井,无法计算无阻流量和沃格参数。

(2)本文在广义IPR曲线的基础上,提出了利用其模型参数 a,b 和 c 直接计算无阻流量的方法,进而推导出了预测流动效率的方法,同时还解决了确定沃格参数的问题。

(3)为了应用方便,本文还将广义IPR曲线的应用过程和步骤总结为简明的5个方面。

可见，通过本文的深化和拓展，只要求得了广义 IPR 方程的参数 a,b 和 c 就解决了预测无阻流量、地层压力、流动效率和沃格参数的所有问题。

符号释义

p_R—地层压力，MPa；p'_{wf}—完善井的井底流动压力，MPa；p_{wf}—井底流动压力，MPa；$\bar{p}_{wf}$—井底流动压力平均值，MPa；q_o—油井产量，m³/d；$\bar{q}_o$—油井产量平均值，m³/d；$q_{o\,max}$—油井最大理论产量，即无阻流量，m³/d；R—表示油井完善程度的流动效率，$R=1$ 时为完善井，$R<1$ 时为不完善井，$R>1$ 时为超完善井；V—Vogel(沃格)参数，与油井的采出程度有关，其变化范围为 0~1；a,b,c—广义 IPR 曲线的模型参数；r—二元回归分析相关系数；A,B,C—所设的中间参数；$\sum$— 求和符号。

参 考 文 献

[1]张虎俊.利用广义的 IPR 曲线确定地层压力的新方法[J].油气井测试,1996,5(4):16-20.
[2]陈元千.无因次 IPR 曲线通式的推导及线性求解方法[J].石油学报,1986,7(2):63-73.

建立气井产能方程及计算地层压力的新方法[❶]

对于气田而言,需要进行回压系统试井,建立用以反映井底流压与产量关系的产能方程。气井的产能方程其主要作用是,计算绝对无阻流量、确定合理产量、绘制 IPR 曲线,以及进行产量与流压动态的对比、分析与评价。气井的绝对无阻流量是刻画气井潜在产能的重要指标,通常以二项式方程和指数式产能方程予以确定。

在油气藏分析的传统方法中,建立具体气井产能模型,需要该气井准确的地层压力。所以,为了建立产能方程,除需要连续进行多点稳定流动测试外,还需要关井测试气藏的地层压力。在地层压力未知的条件下,无法建立气井的产能方程,而产能又是气井生产管理和动态分析的必要数学手段。

气井产量的大小除地质因素外,主要取决于井底流动压力,而井底流动压力是地层压力在地层气相流动生产时的体现。根据这一原理,可以认为产能方程应该直接反映流压与产量的关系,而不应该受"地层压力已知"这一条件约束。同时,可以设想用流压与产量的关系预测地层压力。鉴于上述原因,本文基于气井二项式产能方程,建立能够直接描述流压与产量关系的、且能计算地层压力的广义产能方程模型。

1 基本原理

对于均质地层气井,当井储效应消失、流动达到无限作用径向流阶段时,井底压力动态反映可表述为:

$$p_i^2 - p_{wf}^2 = A_t q_g + B q_g^2 \tag{1}$$

其中

$$A_t = m\left(\lg \frac{8.085Kt}{\phi \bar{\mu} C_t r_w^2} + 0.87S\right) \tag{2}$$

$$m = 42.42\bar{\mu}ZTp_{sc}/KhT_{sc} \tag{3}$$

$$B = 0.87mD \tag{4}$$

式(1)即为气井的二项式产能方程。由式(2)可知,A_t 为一变量,且 A_t 与 $\lg t$ 呈线性关系。当气井流动达到拟稳态时,产能方程系数 A_t 将为一恒定常数,即:

$$A = 2m\left(\lg \frac{0.472 r_e}{r_w} + 0.434 S\right) \tag{5}$$

[❶] 本文合作者:鄢斌。

则 A 对应的稳定产能方程为：

$$p_R^2 - p_{wf}^2 = Aq_g + Bq_g^2 \tag{6}$$

式(6)既为常用的气井二项式稳定产能方程[1-4]。在进行气井产能分析和计算无阻流量时，首先是确定产能方程系数 A 和 B，通常将式(6)改写为线性求解形式：

$$\frac{p_R^2 - p_{wf}^2}{q_g} = A + Bq_g \tag{7}$$

由式(7)可知，在平面直角坐标系上，$(p_R^2 - p_{wf}^2)/q_g$ 与 q_g 之间满足线性关系。同时，由式(7)可见，利用线性回归分析求解其截距 A 和斜率 B，只有在 p_R 值已知时，方可有效。

当 $p_{wf} = 0.101$ MPa 时，由式(6)可得：

$$p_R^2 - 0.101^2 = Aq_{g_{max}} + Bq_{g_{max}}^2 \tag{8}$$

即：

$$Bq_{g_{max}}^2 + Aq_{g_{max}} - p_R^2 + 0.101^2 = 0 \tag{9}$$

则气井无阻流量计算公式为：

$$q_{g_{max}} = \frac{-A + \sqrt{A^2 + 4B(p_R^2 - 0.101^2)}}{2B} \tag{10}$$

显然，对于地层压力未知或地层压力已知而不准确的气井，上述分析方法是无效的。为解决地层压力未知或不准确气井的产能分析，本文将式(6)改写成式(11)的形式：

$$p_{wf}^2 = p_R^2 - Aq_g - Bq_g^2 \tag{11}$$

设：

$$p_R^2 = a \quad \text{或} \quad p_R = \sqrt{a} \tag{12}$$

$$-A = b \tag{13}$$

$$-B = c \tag{14}$$

则得到本文提出的直接反映流压与产量关系的、以二元回归形式表示的广义气井产能方程：

$$p_{wf}^2 = a + bq_g + cq_g^2 \tag{15}$$

在式(15)中，当 $p_{wf} = 0.101$ MPa 时，得到：

$$0.101^2 = a + bq_{g_{max}} + cq_{g_{max}}^2 \tag{16}$$

即：

$$cq_{g_{max}}^2 + bq_{g_{max}} + a - 0.101^2 = 0 \tag{17}$$

利用求根公式，得到无阻流量计算公式：

$$q_{g_{max}} = -[b + \sqrt{b^2 - 4c(a - 0.101^2)}]/2c \tag{18}$$

由式(15)及式(12)可见，若求得了参数 a，b 和 c，也就建立起了产能方程和得到了地层压

力 p_R,并且很容易计算出气井的无阻流量 $q_{g_{max}}$。

若将式(15)中 q_g 视为 x_1、q_g^2 视为 x_2、p_{wf}^2 视为 y,式(15)就是标准的二元线性回归表达式,在计算机上用专门的求解程序很容易实现。

如果没有现成的计算程序或无上机条件,需要手工完成求解过程,也很容易,因为系统试井资料的数据很少,计算量不大。求解公式为:

$$b = \frac{L_{10}L_{22} - L_{20} - L_{12}}{L_{11}L_{22} - L_{21}L_{22}} \tag{19}$$

$$c = \frac{L_{10}L_{21} - L_{20} - L_{11}}{L_{12}L_{21} - L_{22}L_{11}} \tag{20}$$

$$a = (\bar{p}_{wf}^2 - b\bar{q}_g - c\bar{q}_g^2)/n \tag{21}$$

$$R = \sqrt{\frac{bL_{10} + cL_{20}}{L_{00}}} \tag{22}$$

其中:

$$L_{10} = \sum_{i=1}^{n} (q_{g_i} - \bar{q}_g)(p_{wf_i}^2 - \bar{p}_{wf}^2) \tag{23}$$

$$L_{22} = \sum_{i=1}^{n} (q_{g_i}^2 - \bar{q}_g^2)^2 \tag{24}$$

$$L_{20} \sum_{i=1}^{n} = (q_{g_i}^2 - \bar{q}_g^2)(p_{wf_i}^2 - \bar{p}_{wf}^2) \tag{25}$$

$$L_{12} = L_{21} = \sum_{i=1}^{n} (q_{g_i} - \bar{q}_g)(q_{g_i}^2 - \bar{q}_g^2) \tag{26}$$

$$L_{11} = \sum_{i=1}^{n} (q_{g_i} - \bar{q}_g)^2 \tag{27}$$

$$L_{00} = \sum_{i=1}^{n} (p_{wf_i}^2 - \bar{p}_{wf}^2)^2 \tag{28}$$

$$\overline{p_{wf}^2} = \frac{1}{n}\sum_{i=1}^{n} p_{wf_i}^2 \tag{29}$$

$$\bar{q}_g = \frac{1}{n}\sum_{i=1}^{n} q_{g_i} \tag{30}$$

$$\bar{q}_g^2 = \frac{1}{n}\sum_{i=1}^{n} q_{g_i}^2 \tag{31}$$

2 实例分析

在实际应用方面,利用本文提出的新方法对气井产能方程研究中引用率较高的一些气井的系统试井资料,及新近发表的文献中的气井系统资料进行了试算。通过试算与对比、分析表明,利用本文方法进行气井产能分析与计算地层压力是切实可行的(表1)。表1中本文方法计算的无阻流量与传统二项式计算的无阻流量几乎一致,而与指数式相比偏低,这主要是数学模型的不同而引起的。因为传统二项式的计算结果同样比指数式计算结果偏低许多(表1),这一点高产气井比中低气井表现得尤为明显。以下选高、中、低3种不同类型产能气井进行具体分析。

表1 6口气井的系统试井资料及计算结果

井号	测试日期	p_{wf}(MPa)	q_g(10^4m³/d)	p_R(MPa) 实际	预测	q_g(10^4m³/d) 指数式	二项式	本文方法
柳215井		9.832	11.48	10.141	9.953	120.5	105.3	97.2
		9.273	29.72					
		8.677	44.09					
		7.465	63.82					
		6.671	68.88					
威2井	1971.5.31—1971.6.16	25.269	26.19	28.151	27.877	72.83	69.88	68.93
		24.275	31.32					
		23.307	35.46					
		22.173	39.74					
	1972.7.5—1972.7.24	25.303	21.53	27.377	26.089	73.32	68.81	68.81
		24.546	26.23					
		23.699	30.80					
		22.784	34.41					
	1973.7.23—1973.8.15	24.395	17.92	26.191	26.954	69.26	63.83	74.23
		23.835	21.34					
		23.173	24.77					
		22.496	28.39					
兴3井	1968.1.22—1968.2.26	5.117	15.518	7.762	8.221	21.32	21.09	21.92
		5.687	13.762					
		6.186	12.024					
		6.795	9.410					
	1969.1.23—1969.2.1	6.799	8.418	7.602	7.671	21.24	20.91	21.04
		6.293	10.906					
		5.563	13.702					
		5.001	15.303					
	1970.3.21—1970.4.7	6.708	8.328	7.627	7.846	19.90	19.57	19.97
		6.298	10.146					
		5.899	11.623					
		5.413	13.213					
		5.159	13.895					
孔6井	1976.12.25—1977.1.7	23.703	35.680	27.031	26.802	100.6	89.817	86.192
		24.093	32.568					
		24.363	31.529					
		24.629	28.580					
		24.935	26.540					
		25.311	22.856					
坨19井		3.234	1.452	7.001	8.133	1.728	1.727	1.730
		2.605	1.550					
		1.681	1.656					
红144井		7.1939	2.958	7.819	8.121	8.561	8.467	7.721
		6.1343	4.930					
		4.6984	6.670					

2.1 实例1：高产型气井

威远气田威2井是一口产能较高的气井，于1971年5月31日至6月16日进行了"多点"法产能试井，p_{wf}和q_g数据列表1。已知该井当时地层压力为28.151MPa。这次试井，由于资料品位较好，被油气藏研究者作为典型资料广泛应用。试用本文方法建立该气井产能方程、计算无阻流量、预测地层压力、进行IPR曲线分析。

将表1中该井的试井资料以二元方程回归程序或按本文给出的式(19)至式(31)，求解得到产能方程参数a，b和c(表2)。

表2　6口气井的产能方程系数回归结果

井号	$(p_R^2-p_{wf}^2)/q_g = A+Bq_g$			$p_{wf}^2 = a+bq_g+cq_g^2$			
	A	B	R	a	b	c	R
柳215井	0.4421	5.0659×10⁻³	0.9408	99.06021	-0.13990	-9.0544×10⁻³	1.00
威2井	2.5853	0.1253	0.999797	777.09963	-1.61973	-0.14006	0.999991
	2.3569	0.1240	0.99491	680.62875	2.77638	-0.21673	0.999854
	2.8937	0.1230	0.99528	726.49917	-6.52801	-0.04390	0.999801
兴3井	0.4252	0.1153	0.99794	67.59086	-1.66604	-0.06469	1.00
	0.4481	0.1107	0.99965	58.83866	-0.63877	-0.10249	0.999940
	0.5682	0.1229	0.99929	61.55589	-1.20595	-0.09344	1.00
孔6井	2.4815	0.0629	0.9696	718.33351	1.60950	-0.07802	0.99686
坨19井	17.0534	6.5539	0.9992	66.14616	-39.17254	0.56550	0.999978
红144井	1.0799	0.7251	0.99736	65.95129	-3.38345	-0.47897	1.00

从表2中相关系数(0.99999)可以看出，本文方法的拟合结果非常好。将所求得a，b和c代入式(18)，计算得到该气井当时的无阻流量为$q_{g_{max}}=68.93\times10^4 m^3/d$。由式(12)可知该气井当时的地层压力为$p_R=\sqrt{a}=\sqrt{777.09963}=27.877$MPa，这一计算结果与实际地层压力28.151MPa相对误差仅0.97%。该井当时最大产能($68.93\times10^4 m^3/d$)与二项式计算值($68.88\times10^4 m^3/d$)仅相差1.37%，而与指数式计算值($72.83\times10^4 m^3/d$)相差5.35%，说明凡是满足二项式的试井数据都可以用本文模型拟合。将a，b和c代入式(15)，即可得到该气井具体的产能方程：

$$p_{wf}^2 = 777.0996 - 1.6197q_g - 0.1401q_g^2 \tag{32}$$

给定一组不同的p_{wf}，由式(32)即得到一组相对应的q_g(表3)。

表3　威2井不同的p_{wf}值对应的q_g值

p_{wf}(MPa)	2	4	6	8	10	12	14
q_g($10^4 m^3/d$)	68.71	68.11	67.12	65.72	63.88	61.56	58.72
p_{wf}(MPa)	16	18	20	22	24	26	27.5
q_g($10^4 m^3/d$)	55.29	51.15	46.14	39.98	32.09	21.01	7.57

将表3内的数据点在直角坐标系内即可得到该气井的IPR曲线(图1)。

2.2 实例2：中产型气井

兴隆场气藏是一个裂缝性灰岩气藏,该气藏兴3井是一个中产型气井,在不同年份进行过稳定回压多点测试(表1)。已知当时该气井的地层压力为7.602MPa,用本文提供的方法计算无阻流量、估算地层压力、建立气井产能方程、进行IPR分析,并同指数式和二项式进行比较说明(以1969年测试为例)。

首先,根据表1中的p_{wf}和q_g数据确定出式(15)中的参数a,b和c,并列入表2。在a,b和c已知的条件下由式(18)求得该井的潜在产能(无阻流量)为$21.04×10^4 m^3/d$,分别与二项式和指数式计算的$q_{g_{max}}$值相对比,其相对误差为0.62%和0.94%。同时由式(12)计算的地层压力为$p_R=7.671$MPa,与7.602MPa的实际值相比,误差仅为0.91%。由此可见本文方法的有效性。将表2中的a,b和c再代入式(15)就建立起了该井当时的产能方程,并可计算出不同流压下的产量,绘制出用以动态分析和管理的IPR曲线图(图2)。

$$p_{wf}^2 = 58.8387 - 0.6388 q_g - 0.1025 q_g^2 \tag{33}$$

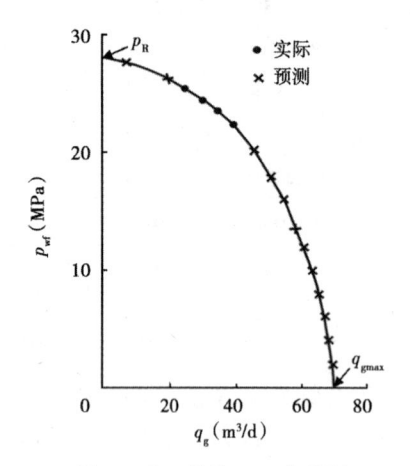

图1 威2井的IPR曲线预

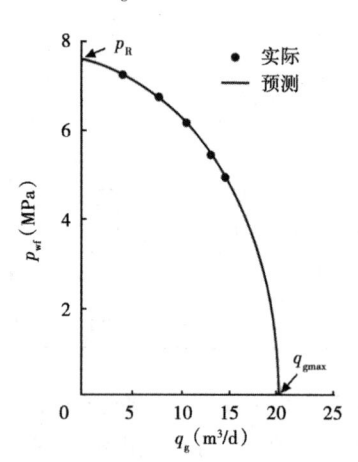

图2 兴3井的IPR曲线预测

2.3 实例3：低产型气井

表1列举了吉林油田低产气井红114井n_3层886.0~880.4m井段的回压试井测试数据(3个工作制度)。试建立式(15)所示的广义产能方程,并确定当时的平均地层压力、进行潜在生产能力分析,同时绘制出描述井底流压与产量基本关系的IPR曲线图。

由已知数据确定的模型参数a,b和c值见表2。计算的无阻流量为$8.721×10^4 m^3/d$,与二项式和指数式计算结果的相对误差分别为3.00%和1.83%。预测地层压力为8.121MPa,比压力恢复计算的已知数据高出3.86%。将a,b和c代入式(15)并计算出不同p_{wf}下的q_g,即可绘制出IPR曲线(图3)。该气井的广义气井产能方程为:

$$p_{wf}^2 = 65.9513 - 3.3835 q_g - 0.4790 q_g^2 \tag{34}$$

图3 红144井的IPR曲线预测

3 结论

（1）传统的气井二项式产能方程只有在地层压力已知的条件下才能应用，本文提出的广义产能方程不但不需要地层压力，而且还可以预测地层压力。

（2）本文模型是由二项式演变来的，因此，凡满足二项式的 p_{wf} 和 q_g 数据均可用新模型拟合。

（3）在应用本文模型时，如果 p_{wf} 和 q_g 资料品位不好，则不能用以计算地层压力。但可进行无阻流量计算，因为模型的实质是一个建立在资料拟合基础上的基值唯象模型。

符号释义

p_i—原始地层压力，MPa；p_R—平均地层压力，MPa；p_{wf}—流动压力，MPa；p_{sc}—地面标准压力，MPa；K—地层有效渗透率，D；h—地层有效厚度，m；$\bar{\mu}$—天然气黏度，mPa·s；$\bar{Z}$—天然气偏差因子；T—地层温度，K；T_{sc}—地面标准温度，K；ϕ—地层有效孔隙度；C_t—综合压缩系数，MPa^{-1}；r_w—井眼半径，m；r_e—气井供给半径，m；S—真实表皮系数；D—湍流系数，$(10^4\text{m}^3/\text{d})^{-1}$；$t$—生产时间，h；$A_t$—非稳态流动时气井产能方程系数；$A$，$B$—稳定产能方程系数；$a$，$b$，$c$—广义产能方程系数；$q_g$—气井产量，$10^4\text{m}^3/\text{d}$；$q_{g_{max}}$—气井无阻流量，$10^4\text{m}^3/\text{d}$；$R$—相关系数。

参考文献

[1] 李跃刚. 陕甘宁盆地中部气田一点法绝对无阻流量计算方法[J]. 油气井测试，1993，2(1)：49-53，56.
[2] 陈元千. 油气藏工程计算方法[M]. 北京：石油工业出版社，1990：21-25.
[3] 陈元千. 油气藏工程计算方法(续篇)[M]. 北京：石油工业出版社，1991：10-17.
[4] 陆书柱. 一点法试井技术在气藏勘探中的应用[J]. 油气井测试，1996，5(4)：55-62.

确定溶解气驱油藏地层压力的简便方法[1]

地层压力是反映油藏特征和预测油藏动态的重要参数,如何获得地层压力参数显得尤为重要。在实际工作中常常进行关井恢复测试,这势必影响油田产量、增加测试费用。然而,对某些低渗透油藏,压力恢复十分缓慢,即使经历长达数十天的关井恢复测试,仍不能获得所需的地层压力参数。因此,在不关井停产的同时估算地层压力便成为掌握油藏动态的关键。

在未饱和油藏开采初期,可直接利用弹性驱物质平衡方程估算地层压力[1]:

$$p_R = p_i - \frac{N_p B_o}{C_e N B_{oi}} \tag{1}$$

其中:

$$C_e = C_o + C_w \frac{S_{wi}}{S_o} + \frac{C_p}{S_o}$$

随着油藏采出程度的提高,地层压力会逐渐下降。当地层压力降到饱和压力以下,油藏驱动方式转变为溶解气驱,其物质平衡关系变成更为复杂的形式[1]:

$$(N - N_p)B_o + [(N - N_{pb})R_{sb} - (G_p - G_{pb}) - (N - N_p)R_s]B_g = (N - N_{pb})B_{ob} \tag{2}$$

由于式(2)中不含地层压力 p_R,无法直接利用式(2)确定地层压力。因此,对于溶解气驱油藏通常只有在地层流体 PVT 资料已知的条件下方可用物质平衡法估算地层压力,这对于常规的动态预测很是不便。然而,式(2)中的 R_s、B_o 和 B_g 均是 p_R 的函数(R_{sb} 和 B_{ob} 则是当 $p_R = p_b$ 时的 R_s 与 B_o),所以式(2)隐含着 p_R 与 N_p 和 G_p 的关系。可见,若 R_s、B_o 和 B_g 表示成 p_R 的函数关系,代入式(2)就可以确定不同 N_p 和 G_p 值条件下的 p_R。

因此,以溶解气驱的物质平衡方程为基础,结合确定 R_s、B_o 和 B_g 物性参数的经验公式,推导出一种求解 p_R 的新模型,可大大简化估算溶解气驱油藏地层压力的复杂过程。

1 模型的建立及参数求解方法

1.1 模型的建立

在式(2)中,R_s、B_o 和 B_g 均是地层压力 p_R 的函数,并有如下的经验关系[2]:

$$R_s = M_1 p_R^B \tag{3}$$

其中

---

[1] 本文合作者:鄢斌。

$$M_1 = A\gamma_{gs}\exp[C(1.076/\gamma_o - 1)/(3.6585 \times 10^{-3}t + 1)]$$

$$\gamma_{gs} = \gamma_{gp}[1 + 0.2488(1.076/\gamma_o - 1)(5.625 \times 10^{-2}t_{sep} + 1)(\lg p_{sep} + 0.1019)]$$

$$B_o = M_2 + M_3 p_R^B \tag{4}$$

其中:

$$M_2 = 1 + (6.4286 \times 10^{-2}t - 1)(1.076/\gamma_o - 1)C_2/\gamma_{gs}$$

$$M_3 = C_1 M_1 + (6.4286 \times 10^{-2}t - 1)(1.076/\gamma_o - 1)C_3 M_1(1/\gamma_{gs})$$

$$B_g = M_4 Z/p_R \tag{5}$$

其中:

$$M_4 = 3.447 \times 10^{-4}(t + 273.15)$$

经验公式关系常数 A, B, C, C_1, C_2 和 C_3 按表1取值。

表1 经验公式关系常数取值表

内容	A	B	C	C_1	C_2	C_3
$\gamma_o \geq 0.876$	2.3716	1.0937	6.8760	2.6261×10^{-3}	6.4470×10^{-2}	-2.6261×10^{-4}
$\gamma_o < 0.876$	1.1661	1.1870	6.3967	2.6222×10^{-3}	4.0500×10^{-2}	2.7642×10^{-5}

天然气压缩因子 Z 由如下公式求得[2]:

$$Z = a(1-a)/e^b + cp_{pr}^d \tag{6}$$

其中:

$$a = 1.39(T_{pr} - 0.92)^{0.5} - 0.36T_{pr} - 0.101$$

$$b = (0.62 - 0.23T_{pr})p_{pr} + [0.066/(T_{pr} - 0.86) - 0.037]p_{pr}^2 + 0.32 \times 10^{-9}p_{pr}^6/(T_{pr} - 1)$$

$$c = (0.132 - 0.23\lg T_{pr})$$

$$d = \exp[2.303(0.3106 - 0.49T_{pr} + 0.1824T_{pr}^2)]$$

将式(3)、式(4)和式(5)代入式(2)并化简整理得:

$$M_3(N_p - N)p_R^{B+1} + M_1 M_4 Z(N - N_p)p_R^B + [M_2(N_p - N) + B_{ob}(N - N_{pb})]p_R + M_4 Z\left[\frac{G_p - G_{pb}}{N - N_{pb}}(N - N_{pb}) - R_{sb}(N - N_{pb})\right] = 0 \tag{7}$$

令:

$$\alpha_1 = M_3(N_p - N)$$

$$\alpha_2 = M_1 M_4 Z(N - N_p)$$

$$\alpha_3 = M_2(N_p - N) + B_{ob}(N - N_{pb})$$

$$\alpha_4 = M_4 Z\left[\frac{G_p - G_{pb}}{N - N_{pb}}(N - N_{pb}) - R_{sb}(N - N_{pb})\right]$$

则式(7)可表示为:

$$\alpha_1 p_R^{B+1} + \alpha_2 p_R^B + \alpha_3 p_R + \alpha_4 = 0 \tag{8}$$

式(8)即为求解溶解气驱油藏地层压力的新模型。

1.2 参数求解方法

该模型是一个关于 p_R 的一元非线性方程,选用收敛速度较快的牛顿迭代法求解。

令:

$$f(p_R) = \alpha_1 p_R^{B+1} + \alpha_2 p_R^B + \alpha_3 p_R + \alpha_4 \tag{9}$$

对 p_R 求一阶导数:

$$f'(p_R) = \alpha_1(B+1)p_R^B + \alpha_2 p_R^{B-1} + \alpha_3 \tag{10}$$

按如下算法迭代求解[3]:

(1)准备。选定初值 $p_R^{(0)} = p_b$,计算 $f_0 = f(p_R^{(0)})$,$f'_0 = f'(p_R^{(0)})$,$Z^{(0)}$。

(2)迭代。按下式迭代一次,再计算 $f_1 = f(p_R^{(1)})$,$f'_1 = f'(p_R^{(1)})$:

$$p_R^{(1)} = p_R^{(0)} - f_0/f'_0 \tag{11}$$

(3)控制。如果满足 $|p_R^{(1)} - p_R^{(0)}| > \varepsilon_1$,则转入步骤(4)。否则,由 $p_R^{(1)}$ 计算 $Z^{(1)}$;如果满足 $|Z^{(1)} - Z^{(0)}| < \varepsilon_2$,则终止迭代,以 $p_R^{(1)}$ 作为所求的目前地层压力。否则转入步骤(4)。

(4)修改。以 $p_R^{(1)}$,f_1,f'_1 和 $Z^{(1)}$ 分别取代 $p_R^{(0)}$,f_0,f'_0 和 $Z^{(0)}$,再转入步骤(2)继续迭代。

2 应用实例

某油藏是一个以衰竭方式开采的低倾斜的地层圈闭油藏[4]。现使用本文提出的模型估算该油藏进入溶解气驱后不同阶段的地层压力,并与文献[4]在PVT资料已知条件下的动态预测结果进行对比,从而证实本文模型的简单、适用性。

已知参数:$p_b = 14.47$MPa;$\gamma_g = 0.7$;$N = 1.590 \times 10^7 \text{m}^3$;$t = 79.5$℃;$\gamma_o = 0.8$;$N_{pb} = 5.478 \times 10^5 \text{m}^3$;$T_c = 213.7273$K;$p_c = 4.5956$MPa;$G_{pb} = 1.307 \times 10^8 \text{m}^3$;

各阶段 N_p 和 G_p 取值见表2。

由于 $\gamma_o < 0.876$,故式(8)中的 B 值取1.187。利用本文模型求出不同的 N_p 和 G_p 下相应的 p_R 值(取 $\varepsilon_1 = 0.01$,$\varepsilon_2 = 0.0001$),与文献[4]的预测值一并列入表2。

表2 本文计算值与文献[4]预测值对比数据表

序号	$N_p(10^6 \text{m}^3)$	$G_p(10^8 \text{m}^3)$	p_R(MPa) 本文方法	p_R(MPa) 文献[4]方法
0	0.5478	1.307336	14.47	14.47
1	1.1512	3.066665	11.63	12.40
2	1.9127	5.027794	9.16	10.34
3	2.4361	5.898435	8.13	8.27
4	2.6910	6.319536	7.67	6.89
5	2.9704	6.675011	7.27	4.82
6	3.1807	6.860952	7.04	2.76

从表2可以看出,第0至第4点的计算值与文献[4]的预测值基本吻合,平均相对误差为6.13%,完全可以满足实际工作的需要,作为一种新方法,具有实际意义和理论价值。最后两点计算值与文献[4]预测值之所以误差大,是因为随着开发时间延长,油藏驱动类型日益变得复杂,已经不属于单一的溶解气驱油藏,其物质平衡已不再满足式(2)所示的溶解气驱的物质平衡关系,本文模型不再适用,因此产生明显误差。

3 结论

(1)本文推导的确定溶解气驱油藏地层压力的模型,以物质平衡方程与确定地层流体特性参数的经验公式为基础。因此,在经验公式的适用范围内,其理论依据充分可靠。

(2)利用本文模型估算地层压力所需的参数(N_p,G_p)均已知,故此算法简单、方便。

(3)油藏原始地质储量N作为已知参数出现在本文模型中,其可靠程度是影响估算精度的一种重要因素。因此,准确可靠的原始地质储量是本模型估算精度的基础。

(4)随着采出程度的增加,一旦油藏的驱动类型不满足溶解气驱条件,本文模型也就不再适用(如实例中最后两点的估算值)。

符号释义

p_R—地层压力,MPa;p_i—原始地层压力,MPa;p_b—饱和压力,MPa;N_p—累计产油量,m³;N—原始地质储量,m³;C_e—等效视压缩系数[1],MPa⁻¹;C_o—原油压缩系数,MPa⁻¹;B_o—原油体积系数;B_{oi}—原始地层压力下原油体积系数;S_o—含油饱和度;C_w—孔隙水压缩系数,MPa⁻¹;C_p—岩石压缩系数,MPa⁻¹;S_{wi}—束缚水饱和度;R_{sb}—饱和压力下溶解气油比,m³/m³;R_s—溶解气油比,m³/m³;G_{pb}—地层压力降到泡点压力时的累计产气量,m³;G_p—累计产气量,m³;N_{pb}—地层压力降到p_b时的累计产油量,m³;B_g—天然气体积系数;t—油藏温度,℃;B_{ob}—泡点压力p_D下的原油体积系数;γ_{gs}—校正的天然气相对密度;γ_{gp}—分离器条件下的天然气相对密度;γ_o—地面原油相对密度;γ_g—标准状况下天然气相对密度;p_{sep}—分离器压力,MPa;t_{sep}—分离器温度,℃;T_c—天然气临界温度,K;p_c—天然气临界压力,MPa;T_{pr}—天然气拟对比温度($T_{pr}=t/T_c$);p_{pr}—天然气拟对比压力($p_{pr}=p_R/p_c$);ε_1、ε_2—最大p_R,最大Z迭代允许误差。

参考文献

[1] Rene COSSE. Basics of Reservoir Engineering. Institut Francais du Petrole, Rueil-Malmaison, Paris:Editions Technip, 1993.
[2] 陈元千. 油气藏工程计算方法(续篇)[M]. 北京:石油工业出版社,1991.
[3] 李庆扬,等. 数值分析[M]. 湖北:华中理工大学出版社,1982.
[4] 科尔. 油藏工程方法[M]. 栾庆江,等译. 北京:石油工业出版社,1981.

确定封闭油藏几何形态的简单方法[●]

封闭油藏的泄油区面积与形状因子是油藏评价的重要参数,然而,对某些新的探区或地下地质构造特别复杂的油田,由于资料的短缺或地质模型不够精细,要取得可靠的几何形态参数是十分困难的,进而导致许多以此为基础的研究工作难以深入进行。

长期的研究与实践表明,利用压降试井(通常称为探边测试)的拟稳定流动期资料来确定泄油区形态参数的方法是简单而有效的。但是,现有的分析方法过程较烦琐,且难以避免"图解法"带来的误差。本文从封闭油藏拟稳态的压力特性方程出发,推导出一种能直接由压降试井的拟稳期数据求解出泄油区面积与几何形态的方法。实例证明,本文方法过程简便,而且因未使用"图解法"提高了解释的精度。

1 方法的建立

1.1 公式推导

封闭油藏拟稳态的压力特性方程为[1]:

$$p_D = 2\pi t_{DA} + \frac{1}{2}\ln\frac{4A}{\gamma C_A r_w^2} + S \qquad (1)$$

其中

$$p_D = \frac{Kh[p_i - p_{wf}(t)]}{1.824 \times 10^{-3} qB\mu} \qquad (2)$$

$$t_{DA} = \frac{3.6Kt}{\phi\mu C_t A} \qquad (3)$$

将式(2)和式(3)代入式(1),整理得:

$$p_i - p_{wf}(t) = \frac{1.32624 \times 10^{-2}\pi qB}{\phi C_t hA}t + \frac{9.21 \times 10^{-4} qB\mu}{Kh}\left(\ln\frac{4A}{\gamma C_A r_w^2} + 2S\right) \qquad (4)$$

若令:

$$a = \frac{9.21 \times 10^{-4} qB\mu}{Kh}\left(\ln\frac{4A}{\gamma C_A r_w^2} + 2S\right) \qquad (5)$$

$$b = \frac{1.32624 \times 10^{-2}\pi qB}{\phi C_t hA} \qquad (6)$$

[●] 本文合作者:鄢斌。

$$\Delta p = p_i - p_{wf}(t) \tag{7}$$

则有:

$$\Delta p = a + bt \tag{8}$$

于是,可根据实测数据,用最小二乘法确定 a 和 b 的值。具体方法如下:

$$\begin{bmatrix} n & \sum t \\ \sum t & \sum t^2 \end{bmatrix} \begin{bmatrix} a \\ b \end{bmatrix} = \begin{bmatrix} \sum \Delta p \\ \sum (\Delta pt) \end{bmatrix} \tag{9}$$

其中:

$$"\sum" \text{ 表示 } \sum_{i=1}^{n}$$

解线性方程组(9)得:

$$a = \frac{\sum (\Delta pt) \sum t - \sum \Delta p \sum t^2}{(\sum t)^2 - n \sum t^2} \tag{10}$$

$$b = \frac{\sum \Delta p - na}{\sum t} \tag{11}$$

按式(12)计算最小二乘法拟合的相关系数:

$$R = \frac{n \sum (\Delta pt) - \sum t \sum \Delta p}{\sqrt{[n \sum t^2 - (\sum t)^2][n \sum \Delta p^2 - (\sum \Delta p)^2]}} \tag{12}$$

若 $R \ll 1$,则表明数据点的线性关系不显著,应重新挑选;若 $R \to 1$,则表明线性关系显著,可以继续解释。

由式(5)、式(6)和式(10)、式(11)可求得:

$$A = \frac{1.32624 \times 10^{-2} \pi qB}{\phi C_t hb} \quad (\text{泄油面积}) \tag{13}$$

$$C_A = \frac{5.305 \times 10^{-2} \pi qB}{\gamma \phi C_t r_w^2 hb \exp\left(\frac{aKh}{9.21 \times 10^{-4} qB\pi} - 2S\right)} \quad (\text{形状因子}) \tag{14}$$

1.2 参数求解步骤

(1)寻找拟稳期起点:将测试数据按 $p_i - p_{wf}(t) - t$ 统计,列表并作曲线图。从图上判断,当数据点趋近于一条直线时,表明油藏系统已处于拟稳定流动状态。寻找并记录拟稳期起点,即直线上第一个数据点的序号。

(2)计算 a 和 b:可以直接由 $p_i - p_{wf}(t) - t$ 关系曲线图读拟稳态直线的斜率 b 和在纵坐标上的截距 a。但为了避免"图解法"的误差,建议使用本文前述的最小二乘法,即用式(9)、式(10)和式(11)计算出 a 和 b。

(3) 确定 A 和 C_A：将 a 和 b 代入式(13)和式(14)即可求解出 A 和 C_A。

(4) 判断泄油区几何形态：根据形状因子 C_A 查表即可判断出相应的泄油区几何形态。由于利用 C_A 值判断泄油区几何形态的图表在许多文献中都有记载，故本文不赘述。

2 应用实例

某油井进行了时间充分的压降测试[1]，测试数据见表1。有关的已知参数有：$q=127.2\text{m}^3/\text{d}$；$B=1.25\text{ m}^3/\text{m}^3$；$\mu=1.0\text{mPa}\cdot\text{s}$；$\phi=0.14$；$h=2.40\text{m}$；$r_w=0.10\text{m}$；$C_t=2.57\times10^{-3}$ MPa^{-1}；$p_i=15.07\text{MPa}$；$S=-3.4845$；$K=96.199\text{mD}$。

K 和 S 根据文献[1]中的 $p_{wf}(t)$—t 曲线图，用图解法求得。由于计算过程与本文讨论的主题无关，故略去。

(1) 将测试数据按 $p_i-p_{wf}(t)$—t 统计，结果列入表1，并作图(图1)。从图1可以看出，第15点以后的各点基本在一条直线上，因此，可以判断本次测试的拟稳期起点为第15点(即 $t\geqslant 15.8\text{h}$)。

表1 某油井压降测试数据表

序号	t (h)	p_{wf} (MPa)	p_i-p_{wf} (MPa)	序号	t (h)	p_{wf} (MPa)	p_i-p_{wf} (MPa)
1	0.10	13.62	1.45	11	3.00	11.03	4.04
2	0.15	12.99	2.08	12	6.00	10.27	4.80
3	0.20	12.59	2.48	13	10.00	9.42	5.65
4	0.30	12.36	2.71	14	13.00	8.92	6.15
5	0.50	12.01	3.06	15	15.80	8.65	6.42
6	0.70	11.81	3.26	16	18.00	8.41	6.66
7	0.95	11.60	3.47	17	24.00	7.72	7.35
8	1.10	11.50	3.57	18	30.00	7.03	8.04
9	1.50	11.33	3.74	19	36.00	6.31	8.76
10	2.00	11.15	3.92	20	42.00	5.62	9.45

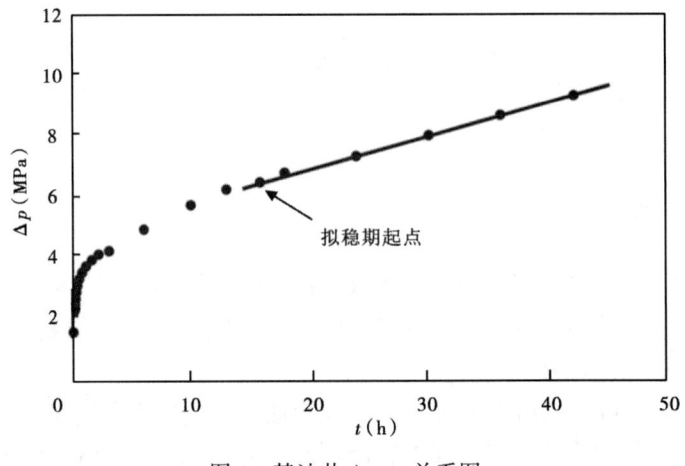

图1 某油井 Δp—t 关系图

（2）根据第 15 至第 20 点的数据，由最小二乘法得：

$$\begin{bmatrix} 6.00 & 165.80 \\ 165.80 & 5109.64 \end{bmatrix} \begin{bmatrix} a \\ b \end{bmatrix} = \begin{bmatrix} 46.680 \\ 1351.176 \end{bmatrix}$$

解上述线性方程组，得：

$$\begin{cases} a = 4.574526 \\ b = 0.1160 \end{cases}$$

相关系数 $R = 0.99996 \rightarrow 1$，表明所选的拟稳期数据是正确的。

（3）将 a 和 b 代入式(13)和式(14)，求得：

$$A = 61366 m^2$$

$$C_A = 10.30$$

（4）查"C_A"表可知[1]，该油井泄油区形状与 $C_A = 10.8374$ 的模型十分接近，即长宽比为 2∶1 的长方形，所测试的油井位于短轴的 1/4 处（图2）。根据泄油区面积 A 的值可计算出泄油区的长与宽分别为 350.33m 和 175.17m。

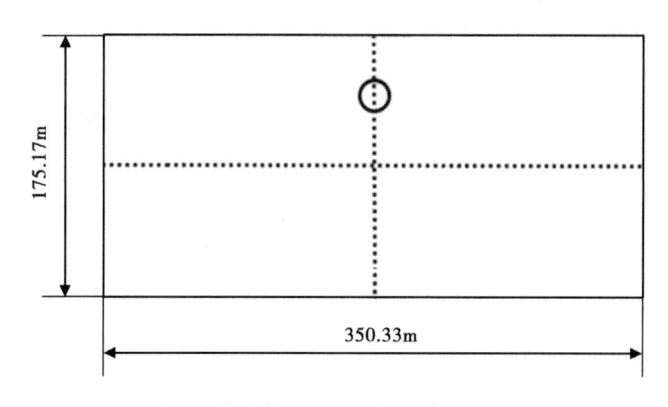

图 2 某油井泄油区几何形态示意图

（5）将本文计算结果与文献[1]结果一同列入表2，进行比较可知，两种方法计算的结果十分接近，最大相对误差为 6.55%，而且，在判断泄油区几何形态时得出了相同的结论。

表 2 泄油区形状参数误差分析数据表

内容	本文结果	文献[1]结果	相对误差（%）
面积 $A(m^2)$	66136.00	70274.00	5.89
长（m）	350.33	374.90	6.55
宽（m）	175.17	187.45	6.55
计算 C_A	10.30	11.01	6.45
选定 C_A	10.8374	10.8374	0.00

3 结论

(1)本文以拟稳态的压力特性方程为基础,导出的确定封闭油藏泄油区几何形态的方法使用简便,计算结果准确,可以满足实际工作的需要。

(2)由于本文方法利用的是油藏系统流动达拟稳态时的资料,因此,在其他参数(K,S,ϕ等)已知的条件下,对非均质的封闭油藏也同样适用。

(3)当泄油区相对较大时,拟稳期压力变化率很小,应采用高精度压力计,以保证压力资料准确。

(4)如果计算的 C_A 很小时,认为油井位于极不对称的(接近边界)的位置。

(5)需要指出的是,本文方法与文献[1]中相应方法在理论思路上基本一致。更确切地说,本文方法是对文献[1]方法的一种简化和改进。

符号释义

p_D—无量纲压力;t_{DA}—达拟稳态的无量纲时间;A—泄油区面积,m²;γ—欧拉常数,1.781;C_A—形状因子;r_w—井底半径,m;S—表皮系数;K—油层有效渗透率,D;h—油层有效厚度,m;p_i—原始地层压力,MPa;$p_{wf}(t)$—井底流动压力,MPa;q—稳定产油量,m³/d;B—原油体积系数;μ—原油黏度,mPa·s;ϕ—油层有效孔隙度,f;C_t—油层综合压缩系数,MPa⁻¹;t—压降测试时间,h;Δp—生产压差[$\Delta p = p_i - p_{wf}(t)$],MPa;$a$—拟稳期直线截距,MPa;$b$—拟稳期直线斜率,MPa/h;$n$—拟稳期数据点数,个;$R$—线性相关系数。

参 考 文 献

[1]钟松定.试井分析[M].东营:石油大学出版社,1991.

利用含水率确定油层饱和度的方法

摸清油层不同含水阶段的含油、含水饱和度,对于油井加密、调整、挖潜、选择治理措施等具有重要意义。确定油层饱和度的方法很多,目前国内外主要应用方法有:油基钻井液或者密闭取心法、测井解释法、毛细管压力曲线计算法、数值模拟法、油藏工程法、同类储层类比法以及其他间接计算法。但在众多的方法中,目前仍没有一种方法所确定的油层饱和度能既准确又全面地代表油藏数值,必须综合使用,相互补充。由于上述方法一般都比较复杂,难以被油田开发的现场工作者所掌握和应用。本文介绍一种利用油层含水率计算含油、含水饱和度的简单方法,易于被现场工作人员掌握和使用。

1 方法

假设油层为水平砂岩油层,油层压力高于饱和压力,忽视毛细管压力和溶解气的作用,即满足油水两相稳定渗流条件。根据二维达西定律径向流量公式,可以得到[1,2]:

油井地下体积产油量

$$Q_o = \frac{2\pi K_o h \Delta p}{\mu_o B_o \ln(R_g/r_c)} \tag{1}$$

油井地下体积产水量

$$Q_w = \frac{2\pi K_w h \Delta p}{\mu_w B_w \ln(R_g/r_c)} \tag{2}$$

再将产油量、产水量的地下体积产量转化为地面重量产量:

$$Q_o = \frac{2\pi K_o h \Delta p \rho_o}{\mu_o B_o \ln(R_g/r_c)} \tag{3}$$

$$Q_w = \frac{2\pi K_w h \Delta p \rho_w}{\mu_w B_w \ln(R_g/r_c)} \tag{4}$$

式中　Q_o, Q_w——产油量、产水量,t/d;
　　　K_o, K_w——油相、水相渗透率,D;
　　　μ_o, μ_w——油、水黏度,mPa·s;
　　　B_o, B_w——油、水体积系数,无量纲;
　　　ρ_o, ρ_w——油、水地面密度,t/m³;
　　　Δp——油井生产压差,MPa;
　　　h——油层有效厚度,m;
　　　R_g——油井供油半径,m;

r_c——油井折算半径，m。

式(4)除以式(3)，得到水油比(WOR)的关系公式：

$$WOR = \frac{Q_w}{Q_o} = \frac{K_w \rho_w \mu_o B_o}{K_o \rho_o \mu_w B_w} \tag{5}$$

由式(5)可以得到水相与油相渗透率比为：

$$\frac{K_w}{K_o} = \frac{\rho_o \mu_w B_w}{\rho_w \mu_o B_o} WOR \tag{6}$$

式(6)左端分子、分母同除以油层绝对渗透率K，使其变为水相与油相的相对渗透率比（即 $\frac{K_w}{K_o} = \frac{K_w/K}{K_o/K} = \frac{K_{rw}}{K_{ro}}$）：

$$\frac{K_{rw}}{K_{ro}} = \frac{\rho_o \mu_w B_w}{\rho_w \mu_o B_o} WOR \tag{7}$$

令：

$$C = \frac{\rho_o \mu_w B_w}{\rho_w \mu_o B_o} \tag{8}$$

由于一个油层的流体系数C可以近似地看为常数，所以式(7)可以改写为：

$$\frac{K_{rw}}{K_{ro}} = CWOR \tag{9}$$

由于：

$$WOR = \frac{f_w}{1-f_w} \tag{10}$$

式中 f_w——含水率。

则式(9)变为：

$$\frac{K_{rw}}{K_{ro}} = C \frac{f_w}{1-f_w} \tag{11}$$

在油水两相稳定渗流条件下，油水两相的相对渗透率比与含水饱和度之间具有如下关系：

$$\frac{K_{ro}}{K_{rw}} = n e^{-mS_w} \tag{12}$$

式中 n, m——与储层结构和流体性质有关的参数，常数。

式(12)取自然对数，得到油水相对渗透率比与含水饱和度之间的半对数线性关系：

$$\ln \frac{K_{ro}}{K_{rw}} = \ln n - mS_w \tag{13}$$

将室内岩心实验所测得的油相与水相的相对渗透率比($\frac{K_{ro}}{K_{rw}}$)与含水饱和度(S_w)资料代入

式(13),通过线性回归求得该油层的参数 n 和 m。

把式(11)代入式(12),取自然对数,经整理得到含水率与含水饱和度的关系公式:

$$S_w = \frac{1}{m}\ln(Cn) + \frac{1}{m}\ln\frac{f_w}{1-f_w} \tag{14}$$

由于:

$$S_w + S_o = 1 \tag{15}$$

则含水率与含油饱和度之间的关系公式为:

$$S_o = \left[1 - \frac{1}{m}\ln(Cn)\right] - \frac{1}{m}\ln\frac{f_w}{1-f_w} \tag{16}$$

将式(13)回归求取的参数 n 和 m 及流体系数 C 代入式(14)和式(16),即可计算不同含水率条件下的油层含水饱和度、含油饱和度。

2 应用

将玉门油区老君庙油田 L 油层和 M 油层的岩心水驱油实验所测得的 K_{ro}, K_{rw} 和 S_w 资料,按照式(13)作出相应的 $\ln(K_{ro}/K_{rw})$—S_w 关系曲线(图1)。

如图1所示,这种线性关系还是比较理想的。经回归,L 油层的相关系数 $R = -0.9997$, $n = 8717$, $m = 18.0051$;M 油层的相关系数 $R = -0.9955$, $n = 32910789$, $m = 28.4753$。由式(8)求得 L 油层的流体系数 $C = 0.2047$,M 油层的流体系数 $C = 0.1546$。将求得的 n, m 和 C 代入式(14)式(16)可得:

L 油层的含水饱和度、含油饱和度计算公式:

$$S_w = 0.4158 + 0.0554\ln\frac{f_w}{1-f_w} \tag{17}$$

$$S_o = 0.5842 + 0.0554\ln\frac{f_w}{1-f_w} \tag{18}$$

M 油层的含水饱和度、含油饱和度计算公式:

$$S_w = 0.5423 + 0.0351\ln\frac{f_w}{1-f_w} \tag{19}$$

$$S_o = 0.4577 + 0.0351\ln\frac{f_w}{1-f_w} \tag{20}$$

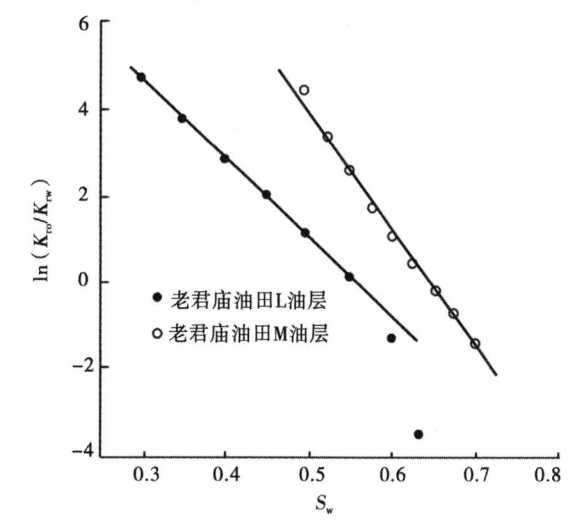

图1 老君庙油田 L 油层和 M 油层的 $\ln(K_{ro}/K_{rw})$—S_w 关系图

经对 L 油层和 M 油层的含水饱和度、含油饱和度计算,与室内岩心实验所测的数据相比,当 f_w = 0~98% 时,平均相对误差小于 2%。当 f_w >98% 时,相对误差增大,公式的适用性变差。

3 结论

(1)本方法建立在油水两相稳定渗流条件下的达西定律和室内岩心水驱油实验基础之上,适用于注水条件下油层压力高于饱和压力的砂岩油层。

(2)本方法简单、方便,只要求得流体系数 C 及与油层流体有关的参数 n 和 m,即可进行油层饱和度计算。

(3)方法对 f_w = 0~98% 的阶段,具有很好的应用效果,对于 f_w >98% 的阶段,误差较大,建议不要使用。

参 考 文 献

[1] 刘振华. 利用油井产量估算油层饱和度[J]. 石油钻采工艺,1989,11(5):89-90.
[2] 杨通佑,等. 石油及天然气储量计算方法[M]. 北京:石油工业出版社,1990.

Logistic 旋回计算油层饱和度的方法

油层饱和度的确定,其意义是深远和广泛的。对于开发初期的油田,它是计算采收率的前提和条件;对于开发中后期的油田,它是井网加密、调整、治理和挖潜的基础和依据。国内外计算油层饱和度的方法很多,主要有岩心直接测定法、测井资料解释法、毛细管压力法、数值模拟法、油藏工程法及其他间接计算法。本文将 Logistic 旋回引入油层饱和度的计算,方法简便、快速,具有一定的使用价值。

1 方法原理

已故中国科学院院士翁文波教授在《预测论基础》[1]中,把某一事物从兴起、成长、成熟直到衰亡的过程,称为生命旋回或兴衰周期,而把客观世界中被选取的局部称为体系,并引入了 Logistic(罗辑斯蒂)旋回模型:

$$X = \frac{A}{1 + ae^{bt}} \tag{1}$$

式中　X——发展中的某一事物;
　　　A——整个生命过程中的极限值;
　　　a,b——待定系数或称拟合参数;
　　　t——时间。

当 $b>0$ 时,式(1)表示事物 X 趋近于零的过程,即 $\lim_{t\to\infty} X \to 0$;当 $b<0$ 时,$\lim_{t\to\infty} X \to A$。

$b<0$ 的 Logistic 旋回又称为皮尔(Pearl)模型。它描述了事物从兴起、成长到成熟,直至衰亡过程的一般规律。油田投入开采后,在一定的井网、开采方式和开采工艺条件下,随着开采时间的延伸,含水率越来越高,油层含水饱和度逐渐趋近极限值 $S_{w\,max}$。因此,这一过程符合 $b<0$ 的 Logistic 旋回模型,本文将其表示为:

$$S_w = \frac{S_{w\,max}}{1 + ae^{bf_w}} \tag{2}$$

式中　S_w——油层含水饱和度;
　　　$S_{w\,max}$——含水率为 1(或 100%)时的最大含水饱和度;
　　　f_w——含水率。

由于:

$$S_w + S_o = 1 \tag{3}$$

所以,油层含油饱和度 S_o 可以表示为:

$$S_o = \frac{(1 - S_{w\,max}) + ae^{bf_w}}{1 + ae^{bf_w}} \tag{4}$$

将式(2)变换后取自然对数,可得:

$$\ln\left(\frac{S_{w\,max}}{S_w} - 1\right) = \ln a + b f_w \tag{5}$$

由式(5)可以看出,在以 e 为底的半对数坐标上,$(S_{w\,max}/S_w - 1)$ 与 f_w 之间呈直线关系。利用岩心在实验室中进行的水驱油实验,将测得的 f_w 与 S_w 资料代入式(5),并且作出 $\ln(S_{w\,max}/S_w - 1)$ 与 f_w 的关系图。经过线性回归,求得直线截距($\ln a$)和斜率(b)。将所确定的参数 a 和 b 代入式(2)和式(4),便可计算不同含水率条件下的含水饱和度和含油饱和度。反之,也可根据不同含水饱和度或含油饱和度确定相应的含水率。

2 应用分析

选玉门油区老君庙油田 L 油层和 M 油层,石油沟油田 M 油层,以及大庆萨尔图油田北部开发区葡萄花油层的资料为例,验证本文方法。将实验室岩心水驱油实验中所测得的 f_w 和 S_w 以及含水率为1时含水饱和度极限值 $S_{w\,max}$ 代入式(5),作出相应的 $\ln(S_{w\,max}/S_w - 1)$—f_w 关系曲线图(图1)。从图1中可以看出含水率为0~90%的点基本上在一条直线上,含水率大于90%的点在直线以下,反映了 f_w>90%以上的特高含水期,含水饱和度的上升速度明显高于 f_w<90%以前的速度。同时,也说明了本文提出的方法对 f_w>90%以上的特高含水期适用性变差。

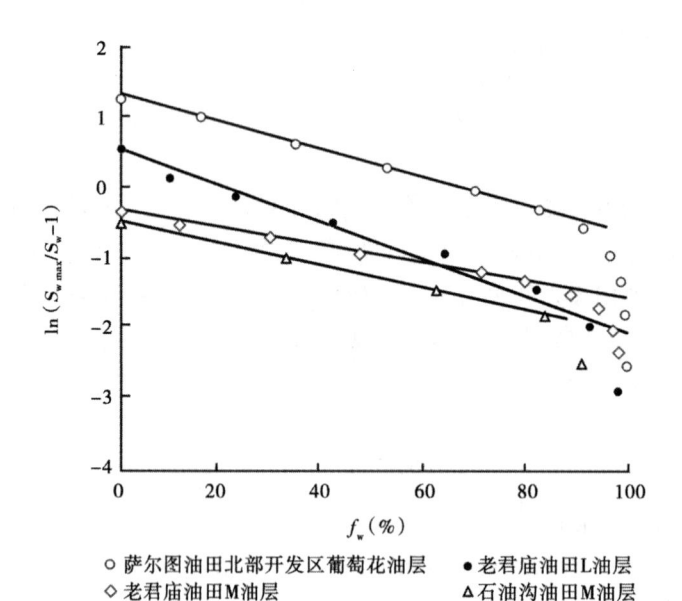

图 1 4个油层的 $\ln(S_{w\,max}/S_w - 1)$ 与 f_w 关系曲线图

将图1与式(5)所反映的线性规律,经过线性回归,求得参数 a 和 b,并代入式(2)和式(4),即可得到各油层计算含水饱和度与含油饱和度的具体数学表达式(表1)。

以表1中的公式分别计算4个油层的含水饱和度和含油饱和度,与岩心水驱油实验得到的油层含水饱和度与含油饱和度比较,当 f_w 不超过92%(0.92)时,平均相对误差均低于3%,

这一精度完全可以满足实际工作的需要,在油层饱和度计算中是比较精确的。

表1 4个油层的油层饱和度计算公式

油层名称	参数 a	参数 b	相关系数 R	含水饱和度与含油饱和度公式
老君庙油田 M 油层	1.7568	-2.8138	-0.9557	$S_w = \dfrac{0.635}{1+1.7568e^{-2.8138f_w}}$ $S_o = \dfrac{0.365+1.7568e^{-2.8138f_w}}{1+1.7568e^{-2.8138f_w}}$
老君庙油田 L 油层	0.6587	-1.1176	-0.9700	$S_w = \dfrac{0.775}{1+0.6587e^{-1.1176f_w}}$ $S_o = \dfrac{0.225+0.6587e^{-1.1176f_w}}{1+0.6587e^{-1.1176f_w}}$
石油沟油田 M 油层	0.5935	-1.4815	-0.9916	$S_w = \dfrac{0.5}{1+0.5935e^{-1.4815f_w}}$ $S_o = \dfrac{0.5+0.5935e^{-1.4815f_w}}{1+0.5935e^{-1.4815f_w}}$
萨尔图油田北部 葡萄花油层	3.3988	-1.8532	-0.9956	$S_w = \dfrac{0.744}{1+3.3988e^{-1.8532f_w}}$ $S_o = \dfrac{0.256+3.3988e^{-1.8532f_w}}{1+3.3988e^{-1.8532f_w}}$

3 结论

(1)本文基于油田开采过程中随着开采时间的延长,含水率不断升高,油层含水饱和度越来越高并逐渐趋近于其极限值的规律,提出了用 Logistic 旋回模型确定油层饱和度的方法。该方法简单、方便、快速,具有启发性和一定的实用价值。

(2)本文方法建立在实验室岩心水驱油实验的基础之上,只要该实验取得的 f_w 和 S_w 资料准确,用本文方法确定不同含水率条件下的油层饱和度,是行之有效的。

(3)本文方法对含水率为 0~90% 的阶段具有很好的实用性,而对于 f_w >90% 以上的特高含水期,误差较大,建议不要使用。

参 考 文 献

[1]翁文波. 预测论基础[M]. 北京:石油工业出版社,1984.

第二章 Arps 递减方程参数求解方法

1945 年美国学者 J.J. Arps 提出的双曲线递减方程,是迄今为止世界油气开发递减分析、规划计划编制与应用最广泛的数学方法与计算工具。可以说 Arps 递减方程就是研究油气生产递减规律的"圣经"。然而,由于该递减方程是一个 3 参数模型,参数求解一直是影响和制约方程应用的主要问题。纵观 Arps 递减方程提出 70 余年来,国内外众多油气藏工程师提出的多种参数求解方法,虽然各具特色,但也存在不足:试差法、曲线位移法、典型曲线拟合法、插值法和双重试凑法受人为因素的影响,会造成多解,容易漏掉参数的最优值;二元回归法对于非光滑资料可能出现异方差性或自相关性问题,往往得到错误结果;迭代法和直线分析法将递减初始产量当作已知数据处理,减少了一个参数,在理论上有缺陷;递减率直线法只适合严格递减的产量数据;非线性拟合法、级数展开法和统计筛选法比较费时烦琐。

《双曲线递减参数求解的新方法》《油气田产量双曲递减方程建立的新方法》2 篇论文,基于 Arps 双曲线递减瞬时产量与累计产量方程,提出了描述 t 时刻和 t' 时刻时间、瞬时产量和累计产量三者关系规律的两种线性数值求解新方法。新方法适用于时间等步长、非等步长取值条件下的递减分析。对于非光滑产量数据需要对原始资料进行光滑处理,方可达到最佳效果。

《油气藏产量双曲线递减方程求解的新方法》将 Arps 递减曲线表示为揭示时间、瞬间产量和累计产量内在关系的 3 变量方程形式,并将生产历史数据(资料点)分为 3 组,设总的资料点为 $3m$ 个,即每组均有 m 个累计产量、瞬间产量和时间值。对 3 变量方程求和,得到由 3 个方程构成的方程组,即提出了一种双曲线递减方程求解的新方法——联立方程求解法。该方法不受人为因素的影响,具有单一解的特点。

在产量递减期,加拿大 A.N. Duong 等人认为,阶段累计产量近似等于阶段末瞬时产量与时间段长之积,《Arps 双曲线递减方程参数求解的线性新方法》基于这一假设,提出了描述 t 时刻和 t' 时刻与相应时刻瞬时产量关系的一种线性数值求解新方法。该方法适用于时间任意步长条件下的回归分析。非光滑产量数据经光滑处理求得的方程参数更加准确。

双曲线递减参数求解的新方法

众所周知,在油气藏开发进入递减阶段后,预测未来生产动态和可采储量的主要数学手段是修正后的 Копытов 衰减方程和 J. J. Arps 递减曲线。由于两种方法都具有一定的普遍性,即适用于各种驱动类型的油气藏及单井,因此,在国内外得到了广泛的应用。

根据 Arps 的研究结果,将产量递减归纳为指数递减、调和递减及双曲线递减 3 种类型。由于指数递减、调和递减均为双曲线递减的特例,因此,只有求得了可靠的双曲线递减参数 n 值后,才能判断油气藏的递减类型,进行生产动态预测和可采储量确定。自从 Arps 提出双曲线理论后的半个多世纪以来,国内外广大油气藏工程研究者对其参数求解方法进行了深入广泛的研究,文献[1,2]对各种方法进行了分析、研究与比较,主要方法有[2-8]试凑(差)法、递减率直线性、二元回归法、牛顿迭代法、线性插值法、线性或非线性最小二乘法、级数展开法、曲线拟合法和图解法。

本文通过对各种求解方法的分析研究,从 Arps 方程出发,提出了一种线性求解方法。该方法只需要进行两次简单的一元线性回归,即可求得各项参数。作为一种递减双曲线分析的新方法,经实例验证是可靠有效的。

1 新方法的推导

在 J. J. Arps 的指数递减($n=0$)、调和递减($n=1$)、双曲线递减方程中,最普遍的是双曲线($0<n<1$)型产量递减方程:

$$Q_t = Q_i(1 + nD_i t)^{-\frac{1}{n}} \tag{1}$$

将式(1)积分,可得到相应时刻的累计产量方程:

$$N_{p_t} = \frac{Q_i}{(1-n)D_i}[1 - (1 + nD_i t)^{\frac{n-1}{n}}] \tag{2}$$

同理,不难写出 t' 时刻的瞬时产量、累计产量关系式:

$$Q_{t'} = Q_i(1 + nD_i t')^{-\frac{1}{n}} \tag{3}$$

$$N_{p_{t'}} = \frac{Q_i}{(1-n)D_i}[1 - (1 + nD_i t')^{\frac{n-1}{n}}] \tag{4}$$

式(2)除以式(1),式(4)除以式(3),经化简整理可得:

$$\frac{N_{p_t}}{Q_t} = \frac{(1 - nD_i t)^{\frac{1}{n}}}{(1-n)D_i} - [(1-n)D_i]^{-1} + \frac{n}{n-1}t \tag{5}$$

$$\frac{N_{\mathrm{p}_{t'}}}{Q_{t'}} = \frac{(1-nD_{\mathrm{i}}t')^{\frac{1}{n}}}{(1-n)D_{\mathrm{i}}} - [(1-n)D_{\mathrm{i}}]^{-1} + \frac{n}{n-1}t' \tag{6}$$

式(6)减式(5),经整理有:

$$\frac{N_{\mathrm{p}_{t'}}}{Q_{t'}} - \frac{N_{\mathrm{p}_{t}}}{Q_{t}} = [(1-n)D_{\mathrm{i}}]^{-1}[(1+nD_{\mathrm{i}}t')^{\frac{1}{n}} - (1+nD_{\mathrm{i}}t)^{\frac{1}{n}}] + \frac{n}{n-1}(t'-t) \tag{7}$$

将式(1)和式(3)改写成如下形式:

$$\frac{Q_{\mathrm{i}}}{Q_{t}} = (1+nD_{\mathrm{i}}t)^{\frac{1}{n}} \tag{8}$$

$$\frac{Q_{\mathrm{i}}}{Q_{t'}} = (1+nD_{\mathrm{i}}t')^{\frac{1}{n}} \tag{9}$$

再将式(8)和式(9)代入式(7),可得:

$$\frac{N_{\mathrm{p}_{t'}}}{Q_{t'}} - \frac{N_{\mathrm{p}_{t}}}{Q_{t}} = \frac{n}{n-1}(t'-t) + \frac{Q_{\mathrm{i}}}{(1-n)D_{\mathrm{i}}}(Q_{t'}^{-1} - Q_{t}^{-1}) \tag{10}$$

式(10)两端同除以$(t'-t)$,则有:

$$\frac{N_{\mathrm{p}_{t'}}/Q_{t'} - N_{\mathrm{p}_{t}}/Q_{t}}{t'-t} = \frac{n}{n-1} + \frac{Q_{\mathrm{i}}}{(1-n)D_{\mathrm{i}}}\frac{Q_{t'}^{-1} - Q_{t}^{-1}}{t'-t} \tag{11}$$

式(11)即为本文推导的求解 n 值的基本公式。

若令:

$$A = \frac{n}{n-1} \quad \text{或} \quad n = \frac{A}{A-1} \tag{12}$$

$$B = \frac{Q_{\mathrm{i}}}{(1-n)D_{\mathrm{i}}} \tag{13}$$

$$y = \frac{N_{\mathrm{p}_{t'}}/Q_{t'} - N_{\mathrm{p}_{t}}/Q_{t}}{t'-t} \tag{14}$$

$$x = \frac{Q_{t'}^{-1} - Q_{t}^{-1}}{t'-t} \tag{15}$$

则式(11)可以通过变换写成如下形式:

$$y = A + Bx \tag{16}$$

如果时间采用等步长,即时间等差取值[式(17)]。那么,式(10)可简化为式(18)形式:

$$t' - t = l \quad \text{或} \quad t' = t + l \tag{17}$$

$$\frac{N_{\mathrm{p}_{t+l}}}{Q_{t+l}} - \frac{N_{\mathrm{p}_{t}}}{Q_{t}} = \frac{nl}{n-1} + \frac{Q_{\mathrm{i}}}{(1-n)D_{\mathrm{i}}}(Q_{t+l}^{-1} - Q_{t}^{-1}) \tag{18}$$

若再令：

$$\alpha = \frac{nl}{n-1} \quad \text{或} \quad n = \frac{\alpha}{\alpha - l} \tag{19}$$

$$\beta = \frac{Q_i}{(1-n)D_i} \tag{20}$$

$$y' = \frac{N_{p_{t+l}}}{Q_{t+l}} - \frac{N_{p_t}}{Q_t} \tag{21}$$

$$x' = Q_{t+l}^{-1} - Q_t^{-1} \tag{22}$$

则式(18)即能化简为式(23)形式：

$$y' = \alpha + \beta x' \tag{23}$$

在油气藏工程中，广泛应用和研究的是时间步长为1的产量、累计产量变化情况。例如，分析和预测某油藏从1990年至1995年的生产动态情况。因此，式(18)还可以进一步简化。

如果：

$$l = 1 \tag{24}$$

则式(18)变为：

$$\frac{N_{p_{t+1}}}{Q_{t+1}} - \frac{N_{p_t}}{Q_t} = \frac{n}{n-1} + \frac{Q_i}{(1-n)D_i}(Q_{t+1}^{-1} - Q_t^{-1}) \tag{25}$$

若设：

$$\lambda = \frac{n}{n-1} \quad \text{或} \quad n = \frac{\lambda}{\lambda - 1} \tag{26}$$

$$\gamma = \frac{Q_i}{(1-n)D_i} \tag{27}$$

$$y'' = \frac{N_{p_{t+1}}}{Q_{t+1}} - \frac{N_{p_t}}{Q_t} \tag{28}$$

$$x'' = Q_{t+1}^{-1} - Q_t^{-1} \tag{29}$$

由式(25)便可简化为：

$$y'' = \lambda + \gamma x'' \tag{30}$$

通过式(16)、式(23)和式(30)，可以确定时间非等步长取值、等步长取值、步长为1取值时的双曲线递减指数 n 值。也就是说，已经解决了时间任意变化条件下确定递减类型的问题。

将式(1)经过简单的变换，可写成：

$$\frac{1}{Q_t^n} = \frac{1}{Q_i^n} + \frac{nD_i}{Q_i^n}t \tag{31}$$

若令：

$$a = \frac{1}{Q_i^n} \quad \text{或} \quad Q_i = a^{-\frac{1}{n}} \tag{32}$$

$$b = (nD_i)/Q_i^n \quad \text{或} \quad D_i = b/(an) \tag{33}$$

则有：

$$\frac{1}{Q_t^n} = a + bt \tag{34}$$

由于递减参数 n 可以由式(16)、式(23)和式(30)中的某一公式求得，即为已知。那么，待式(34)回归得到 a、b 后，即可以式(32)和式(33)解出 Q_i 和 D_i 值。至此，本文推导出了一套完整的 Arps 双曲线递减参数求解的方法。

2 方法应用实例

选取非等时间步长、等时间步长和时间步长为1共三种条件下的实例，以验证本文提出的方法。

2.1 非等时间步长实例

表1为美国得克萨斯州南部 Vicksburg(维克斯伯格)气藏的实际生产数据及有关资料。按式(15)和式(14)式分别计算出 x、y(表1)，然后作出相应的图1。经过对式(16)所示的线性关系进行回归，得到截距 $A = -0.910269$，斜率 $B = 32435.56695$，相关系数 $R = 0.937024$。将截距 A 代入式(12)求得 $n = 0.4765$，计算出 $1/Q_t^n$(表1)后，按式(34)作出图2，回归结果截距 $a = 0.255145$，斜率 $b = 0.044670$，$R = 0.999804$。由式(32)和式(33)即可求得 $Q_i = 17.5767$，$D_i = 0.3674$。将所得到的 n、Q_i 和 D_i 值代入式(1)和式(2)，即可预测 Q_t 和 N_{p_t}(表1)。

表1 Vicksburg 气藏实际、预测产量及有关数据

t (a)	$Q_t(10^4\text{m}^3/\text{d})$ 实际	预测	$N_{p_t}(10^4\text{m}^3)$ 实际	预测	t' (a)	$Q_{t'}$ ($10^4\text{m}^3/\text{d}$)	$N_{p_{t'}}$ (10^4m^3)	x (10^{-5})	y	$\frac{1}{Q_t^n}$ ($n = 0.4765$)
0	17.68	17.577	0	0	0.33	15.60	1931.4	6.261	1.028	0.254
0.33	15.60	15.622	1931.4	1940.92	0.80	13.38	4445.3	6.200	1.215	0.270
0.80	13.38	13.350	4445.3	4350.10	1.21	11.62	6257.5	7.564	1.378	0.291
1.21	11.62	11.744	6257.5	6172.26	2.20	8.90	9739.9	7.279	1.538	0.311
2.20	8.90	8.871	9739.9	9759.40	2.94	7.37	11940.5	8.636	1.947	0.353
2.94	7.37	7.354	11940.5	11880.92						0.386

2.2 等时间步长实例

将某气井的实际生产资料及有关数据列于表2。在实例中时间步长 $l = 0.5$ 年。按式(22)和式(21)计算出 x' 和 y'(表2)。按照式(23)作出图3，并回归得到 $\alpha = -0.539120$，$\beta = 58828.28145$，$R = 0.988884$。将 l 和 α 代入式(19)得 $n = 0.5188$。计算出 $1/Q_t^n$，作出图4，经

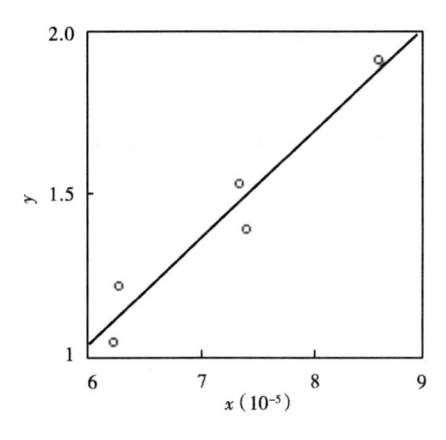

图 1　Vicksburg 气藏的 y—x 关系曲线

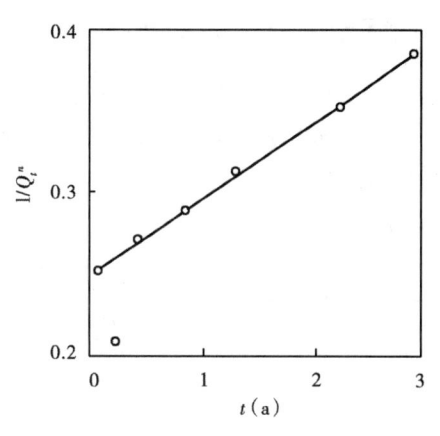

图 2　Vicksburg 气藏的 $(1/Q_t^n)$—t 关系曲线

回归得 $a=0.176089,b=0.033567,R=0.999978$。由式(32)和式(33)得到 $Q_i=28.4361$，$D_i=0.3674$。将 n，Q_i 和 D_i 代入式(1)和式(2)，求得 Q_t 和 N_{P_t}。从表 2 看出，精度是令人满意的。

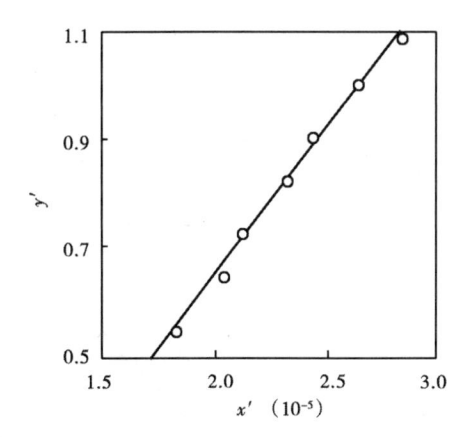

图 3　某气井的 y'—x' 关系曲线

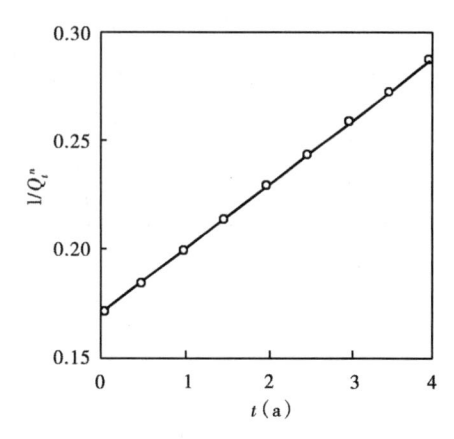

图 4　某气井的 $(1/Q_t^n)$—t 关系曲线

表 2　某气井实际、预测产量及有关数据

日期	t (a)	$Q_t(10^4\text{m}^3/\text{d})$ 实际	预测	$N_{P_t}(10^4\text{m}^3)$ 实际	预测	$t+0.5$ (a)	$Q_{t+0.5}$ $(10^4\text{m}^3/\text{d})$	$N_{P_{t+0.5}}$ (10^4m^3)	x' (10^{-5})	y'	$\dfrac{1}{Q_t^n}$ ($n=0.5188$)
1979.1.1	0	28.47	28.436	0	0	0.5	23.91	0.475377	1.835	0.545	0.176
1979.7.1	0.5	23.91	23.860	0.475377	0.476319	1.0	20.27	0.876744	2.058	0.640	0.193
1980.1.1	1.0	20.27	20.315	0.876744	0.878924	1.5	17.53	1.224025	2.113	0.728	0.210
1980.7.1	1.5	17.53	17.153	1.224025	1.223853	2.0	15.26	1.522915	2.325	0.821	0.226
1981.1.1	2.0	15.26	15.259	1.522915	1.522788	2.5	13.44	1.784799	2.431	0.904	0.243
1981.7.1	2.5	13.44	13.417	1.784799	1.784440	3.0	11.90	2.015371	2.638	1.002	0.260
1982.1.1	3.0	11.90	11.893	2.015371	2.015444	3.5	10.59	2.214631	2.848	1.089	0.277
1982.7.1	3.5	10.59	10.617	2.214631	2.181674	4.0	9.56	2.402505	2.787	1.156	0.294
1983.1.1	4.0	9.56	9.539	2.402505	2.404972	4.5					0.310

2.3 时间步长 $l=1$ 的实例

表3列出了某油田递减期的实际生产数据及有关资料。先算出 x'' 和 y''，作出图5。经回归 $\lambda=-0.069997$, $\gamma=44.318109$, $R=0.999264$。求得 $n=0.0654$。图6所示的截距 $a=0.904855$，斜率 $b=6.254545\times10^{-3}$, $R=0.999899$。经计算 $Q_i=4.6124$, $D_i=0.1057$。产量预测结果(表3)几乎与实际值一致。

表3 某油田实际、预测产量及有关数据

t (a)	$Q_t(10^4$t/a$)$ 实际	预测	$N_{p_t}(10^4$t$)$ 实际	预测	$t+1$ (a)	Q_{t+1} $(10^4$t/a$)$	$N_{p_{t+1}}$ $(10^4$t$)$	x'' (10^{-2})	y''	$\dfrac{1}{Q_t^n}$ ($n=0.0654$)
0	4.62	4.612	0	0	1	4.15	4.15	2.451	1	0.905
1	4.15	4.151	4.15	4.155	2	3.74	7.89	2.642	1.110	0.911
2	3.74	3.739	7.89	7.896	3	3.37	11.26	2.936	1.232	0.917
3	3.37	3.370	11.26	11.267	4	3.04	14.30	3.221	1.363	0.924
4	3.04	3.039	14.30	14.306	5	2.74	17.04	3.602	1.515	0.930
5	2.74	2.743	17.04	17.048	6	2.48	19.52	3.826	1.652	0.936
6	2.48	2.478	19.52	19.523	7	2.24	21.76	4.320	1.843	0.942
7	2.24	2.239	21.76	21.760	8	2.02	23.78	4.862	2.058	0.949
8	2.02	2.025	23.78	23.782	9	1.83	25.61	5.140	2.222	0.955
9	1.83	1.833	25.61	25.612	10					0.961

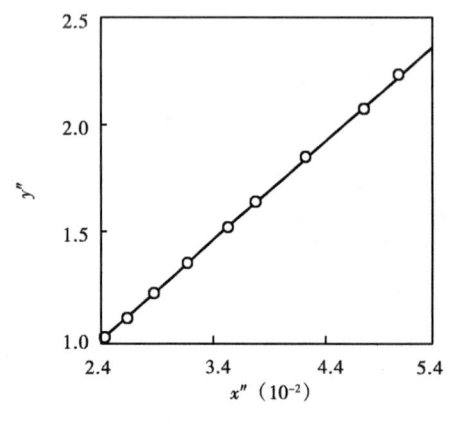

图5 某油田的 $y''—x''$ 关系曲线

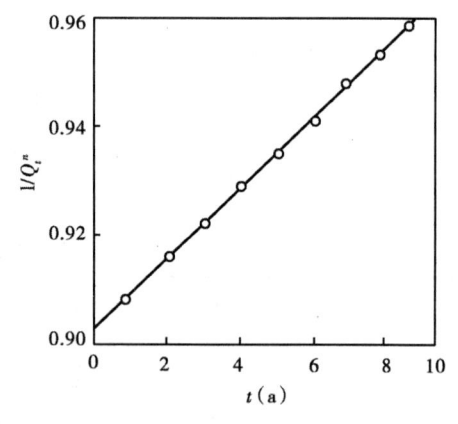

图6 某油田的 $(1/Q_t^n)—t$ 关系曲线

符号释义

n—双曲线递减指数；D_i—初始递减率，a^{-1}；t—时间，a；t'—后一步时间，a；l—时间步长；Q_i—递减初始时的瞬时产量，$10^4m^3/d$ 或 $10^4t/a$；Q_t—t 时刻的瞬时产量，$10^4m^3/d$ 或 $10^4t/a$；$Q_{t'}$—t' 时刻的瞬时产量，$10^4m^3/d$ 或 $10^4t/a$；Q_{t+l}—$t+l$ 时刻的瞬时产量，$10^4m^3/d$ 或 $10^4t/a$；Q_{t+1}—$t+1$ 时刻的瞬时产量，$10^4m^3/d$ 或 $10^4t/a$；N_{p_t}—t 时刻的累计产量，10^4m^3 或 10^4t；$N_{p_{t'}}$—t'

时刻的累计产量,$10^4 m^3$ 或 $10^4 t$;$N_{p_{t+l}}$—$t+l$ 时刻的累计产量,$10^4 m^3$ 或 $10^4 t$;$N_{p_{t+1}}$—$t+1$ 时刻的累计产量,$10^4 m^3$ 或 $10^4 t$;A—直线式(16)的截距;B—直线式(16)的斜率;α—直线式(23)的截距;β—直线式(23)的斜率;λ—直线式(30)的截距;γ—直线式(30)的斜率;a—直线式(34)的截距;b—直线式(34)的斜率;R—相关系数;x—直线式(16)中所设的自变量;y—直线式(16)中所设的因变量;x'—直线式(23)中所设的自变量;y'—直线式(23)中所设的因变量;x''—直线式(30)中所设的自变量;y''—直线式(30)中所设的因变量。

参 考 文 献

[1] 陈志刚,陈志宏. 双曲产量递减方程求解方法的对比分析[J]. 石油勘探与开发,1992,19(4):61-68.
[2] 温平安. 产量双曲递减求解方法研究及评价[J]. 石油勘探与开发,1991,19(3):57-62,82.
[3] 周吉敏. 双曲递减规律参数求解的统计方法及递减规律的判别[J]. 石油勘探与开发,1990,17(5):60-63.
[4] 陈元千. 确定递减类型的新方法[J]. 石油学报,1990,11(1):74-84.
[5] 斯利德 H C. 实用油藏工程学方法[M]. 北京:石油工业出版社,1984.
[6] 吴森光. 一种有效的产量递减分析方法[J]. 石油勘探与开发,1992,19(6):51-57.
[7] 胡建国. 递减曲线分析的一种简易方法[J]. 江苏油气,1994,5(2).
[8] Duong A N,赵仁宝,许增富. 用于递减曲线分析的新方法[J]. 图书与石油科技信息,1994,8(4):24-29.

油气田产量双曲递减方程建立的新方法

双曲递减方程是预测油气田产量递减期未来产量变化及确定可采储量的最主要数学手段之一。应用双曲线递减方程的关键和难点是产量方程的建立及方程参数的求解。自从 J. J. Arps 于 1945 年提出双曲递减理论以来,国内外众多的油气藏科技人员对双曲递减方程的建立和求解进行了深入细致的研究。先后提出了试差法[1-3]、曲线位移法[2,3]、典型曲线拟合法(图解法)[1]、二元回归法[5-7]、插值法[8,9]、迭代法[4,10]、非线性拟合法[11,12]、双重试凑法[12]、级数展开法[11,12]、直线分析法[13]和统计筛选法[14]等。在众多的方法中,试差法、曲线位移法、典型曲线拟合法、插值法和双重试凑法由于受人为因素的影响,会造成多解,并且容易漏掉所求参数的最优值;二元回归法对于非光滑资料可能出现异方差性或自相关性问题,往往得到错误结果;迭代法和直线分析法将递减初始瞬时产量 Q_i 当作已知数据处理,减少了一个参数,这在理论上是有缺陷的;递减率直线法原则上只适应严格递减的产量数据,对于非光滑资料效果不好;非线性拟合法、级数展开法和统计筛选法,比较费时烦琐,并且只有在计算机上才能完成,这对于油气藏现场工作者和无上机条件的科技人员极为不便。本文在对上述各种方法研究和分析的基础上,提出了一种建立双曲线递减方程的新方法。

1 方法的推导

在 J. J. Arps 产量递减方程中,由于指数、调和与比例[4]递减均为双曲递减的特例,因此,双曲递减更加具有普遍性和代表性。其式为:

$$Q = \frac{Q_i}{(1 + nD_i t)^{1/n}} \tag{1}$$

在式(1)中,递减指数 n 取不同的数值分别可得到指数递减($n = 0$)、调和递减($n = 1$)、比例递减($n = -1$)[1]和双曲递减($0 < n < 1$)。

对式(1)积分可得到相应时刻的累计产量方程,其数学表达式为:

$$N_p = \frac{Q_i}{(1-n)D_i}\left[1 - (1 + nD_i t)^{\frac{n-1}{n}}\right] \tag{2}$$

将式(1)改写成如下的形式:

$$\frac{Q}{Q_i} = (1 + nD_i t)^{-1/n} \tag{3}$$

再将式(3)代入式(2),稍作整理,即得:

$$N_p = \frac{Q_i}{(1-n)D_i} + \frac{1}{(n-1)D_i}Q + \frac{n}{n-1}tQ \tag{4}$$

式(4)揭示了时间、瞬时产量和累计产量三者之间的规律关系,它是本文方法的基础。同理,可以写出时间为 t' 时刻的瞬时产量、累计产量与时间三者之间的规律关系:

$$N'_p = \frac{Q_i}{(1-n)D_i} + \frac{1}{(n-1)D_i}Q' + \frac{n}{n-1}t'Q' \tag{5}$$

由式(4)和式(5),可得:

$$N'_p - N_p = \frac{1}{(n-1)D_i}(Q'-Q) + \frac{n}{n-1}(t'Q' - tQ) \tag{6}$$

式(6)两端同除以 $(t'Q'-tQ)$,可得:

$$\frac{N'_p - N_p}{t'Q' - tQ} = \frac{n}{n-1} + \frac{1}{(n-1)D_i}\frac{Q'-Q}{t'Q'-tQ} \tag{7}$$

式(7)所反映的线性关系,由其截距可求得 n,所求得的 n 代入直线斜率,便可得到 D_i。若设:

$$y = \frac{N'_p - N_p}{t'Q' - tQ} \tag{8}$$

$$x = \frac{Q'-Q}{t'Q'-tQ} \tag{9}$$

$$A = \frac{n}{n-1} \tag{10}$$

$$B = \frac{1}{(n-1)D_i} \tag{11}$$

将式(8)至式(11)代入式(7),则有:

$$y = A + Bx \tag{12}$$

由式(10)和式(11),即可得到:

$$n = \frac{A}{A-1} \tag{13}$$

$$D_i = \frac{A-1}{B} \tag{14}$$

确定了 n 和 D_i 之后,Q_i 可由式(2)或者式(1)和式(4)求和平均得到,即:

$$Q_i = \frac{1}{m}\sum_{j=1}^{m} \frac{(1-n)D_i N_{p_j}}{1-(1+nD_i t_j)^{\frac{n-1}{n}}} \tag{15}$$

$$Q_i = \frac{1}{m}\sum_{j=1}^{m} \left[Q_j(1+nD_i t_j)^{1/n} \right] \tag{16}$$

$$Q_i = \frac{1}{m} \sum_{j=1}^{m} [(1-n)D_i N_{p_j} + (1+nD_i t_j)Q_j] \tag{17}$$

众所周知,瞬时产量的波动性往往较大,而累计产量的波动性很小。所以,对求 Q_i 值的最优值来说,式(15)最佳、式(17)次之、式(16)最差。

在应用本文方法,即式(7)时,需要 t 时刻的瞬时产量,而实际上广泛采用的是年产量,为此有必要进行年产量与瞬时产量的换算。年产量实质上为一阶段产量,指年初与年末时刻的综合产量,实际是平均产量的概念。而瞬时产量是指阶段末一瞬间的产量水平。因此,在年产量递减期,t 时刻的瞬时产量 Q 要小于第 t 年的年产量 $\bar{Q}$。t 时刻的瞬时产量可由第 t 年、第(t+1)年年产量之和的一半表示,而第 t 年的年产量可由第 t 年的累计产量减去第(t-1)年的累计产量得到[13,15],即:

$$Q_t = \frac{1}{2}(\bar{Q}_t + \bar{Q}_{t+1}) \tag{18}$$

$$\bar{Q}_t = \frac{Q_i}{(1-n)D_i}\{[1+nD_i(t-1)]^{\frac{n-1}{n}} - (1+nD_i t)^{\frac{n-1}{n}}\} \tag{19}$$

2 方法应用实例

2.1 实例1:以某气井的实际开发数据为例[4,5,9,15]

表1列举了某气井的实际生产数据。将其瞬时产量 Q 的单位由 $10^4 m^3/d$ 化为 $10^4 m^3/a$ (即乘365天),然后按式(9)和式(8)计算出 x 和 y 值(表1),并绘于图1。由式(12)线性回归,得到直线的截距 $A = -1.056777$、斜率 $B = 5.651370$,相关系数 $R = 0.981345$。将 A 和 B 代入式(13)和式(14)算得 $n = 0.5138$,$D_i = 0.3639$。再将所得的 n 和 D_i 代入式(15),可得 $Q_i = 28.402$。将 n,D_i 和 Q_i 代入式(1)和式(2),即可进行瞬时产量和累计产量预测(表1、图2),由表1和图2的预测结果可见,精度令人满意。

表1 某气井实际、预测产量及有关数据

日期	t(a)	$Q(10^4 m^3/d)$ 实际	$Q(10^4 m^3/d)$ 预测	$G_p(10^4 m^3)$ 实际	$G_p(10^4 m^3)$ 预测	t'(a)	Q'($10^4 m^3/d$)	G'_p($10^4 m^3$)	x	y
1979.1.1	0	28.47	28.402	0	0	0.5	23.91	4753.77	0.381	1.089
1979.7.1	0.5	23.91	23.868	4753.77	5745.593	1	20.27	8767.44	0.438	1.322
1980.1.1	1	20.27	20.345	8767.44	8762.13	1.5	17.53	12240.25	0.455	1.579
1980.7.1	1.5	17.53	17.554	12240.25	12206.762	2	15.26	15229.15	0.537	1.938
1981.1.1	2	15.26	15.305	15229.15	15194.359	2.5	13.44	17847.99	0.591	2.33
1981.7.1	2.5	13.44	13.464	17847.99	17810.861	3	11.9	20153.71	0.733	3.008
1982.1.1	3	11.9	11.939	20153.71	20121.861	3.5	10.59	22146.31	0.96	3.999
1982.7.1	3.5	10.59	10.661	22146.31	22178.3	4	9.56	24025.05	0.877	4.381
1983.1.1	4	9.56	9.58	24025.05	24020.354					

图 1 某气井的 y—x 关系

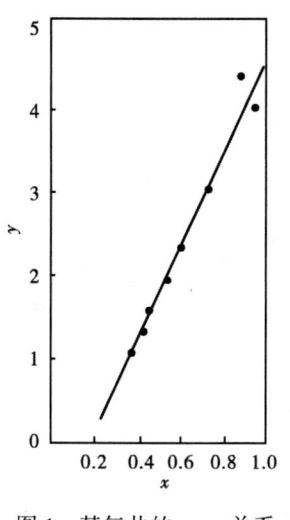

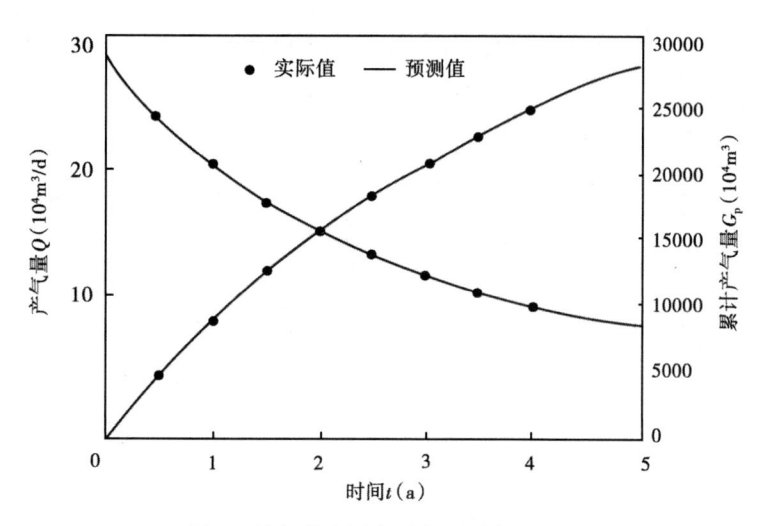

图 2 某气井实际产量与预测产量对比

2.2 实例 2:以某油田的实际开发数据为例

表 2 列举了某油田递减阶段的实际生产数据。由于没有给出年底的瞬时产量,需要按式(18)将年产量换算为瞬时产量(表 2),然后按式(9)和式(8)计算出 x 和 y(表 2),并绘于图 3。按式(12)线性回归可得直线的截距 $A = -0.043788$、斜率 $B = 9.957304$、$R = 0.999857$。由式(13)、式(14)和式(15)分别求得 $n = 0.042$、$D_i = 0.1048$、$Q_i = 4.372$。将所得的 n、D_i 和 Q_i 代入式(2)和式(19)得到油田的累计产量、年产量预测值。从表 2 和图 4 可看出,预测值几乎与实际值一致,说明了本文方法是实用、有效的。

表 2 某油井实际产量与预测产量及有关数据

t (a)	$\overline{Q}(10^4 t/a)$ 实际	$\overline{Q}(10^4 t/a)$ 预测	$N_p(10^4 t)$ 实际	$N_p(10^4 t)$ 预测	Q $(10^4 t/a)$	t' (a)	Q' $(10^4 t/a)$	N_p' $(10^4 t)$	x	y
0	4.62	4.61	0	0	4.385	1		4.15		
1	4.15	4.151	4.15	4.151	3.945	2	3.945	3.74	0.1115	1.052
2	3.74	3.74	7.89	7.891	3.555	3	3.555	3.37	0.1232	1.1817
3	3.37	3.371	11.26	11.261	3.205	4	3.205	3.04	0.1397	1.3453
4	3.04	3.039	14.3	14.301	2.89	5	2.89	2.74	0.162	1.563
5	2.74	2.742	17.04	17.043	2.61	6	2.61	2.48	0.1879	1.8389
6	2.48	2.475	19.52	19.518	2.36	7	2.36	2.24	0.2252	2.2342
7	2.24	2.235	21.76	21.752	2.13	8	2.13	2.02	0.3067	2.9867
8	2.02	2.019	23.78	23.771	1.925	9	1.925	1.83	0.4184	4.1224
9	1.83	1.824	25.61	25.595						

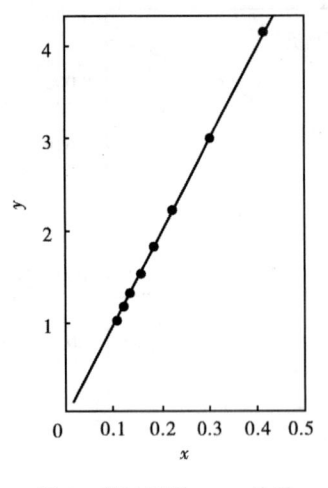

图3　某油田的 y—x 关系

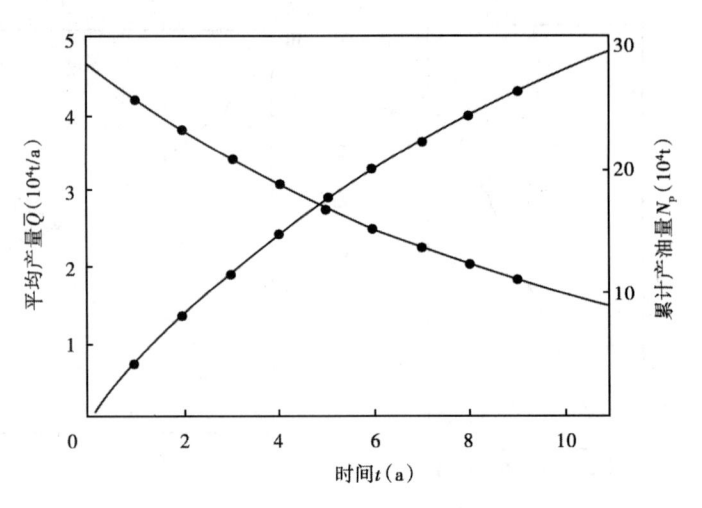

图4　某油田实际产量与预测产量对比

3　结论

（1）J. J. Arps双曲递减方程适用于各种驱动类型的油气藏,是油气藏产量递减阶段未来生产动态及可采储量预测的主要数学手段之一。

（2）本文在对各种传统求解方法研究、分析的基础上,提出了双曲递减方程求解的一种新型方法。新方法建立了 t 时刻和 t' 时刻以及它们相应时刻的瞬时产量、累计产量之间的关系公式,只需要通过一次简单的一元线性回归,便可确定出递减指数 n 和初始递减率 D_i。而递减初始的瞬时产量 Q_i 值便可由本文给出的式(15)、式(16)和式(17)中的任一公式求得。本文方法具有简单方便、不受人为因素影响、具有单一解的特点。

（3）本文还论述了瞬时产量与年产量的关系,同时给出了年产量计算公式和由年产量换算瞬时产量的公式。

（4）在应用本文方法时值得注意的是,对于非光滑数据本文方法应用效果变差,需要对原始资料进行光滑处理,方可达到最佳效果。

符 号 释 义

n—递减指数,$0<n<1$;Q_i—递减初始的瞬时产量,$10^4 m^3/d$ 或 $10^4 t/a$;D_i—初始递减率,a^{-1};t—递减期生产时间,a;t'—递减期生产时间,a;Q—t 时刻相应的瞬时产量,$10^4 m^3/d$ 或 $10^4 t/a$;Q'—t' 时刻相应的瞬时产量,$10^4 m^3/d$ 或 $10^4 t/a$;N_p—t 时刻相应的累计产量(若为气田时将 N_p 改写成 G_p),$10^4 m^3$ 或 $10^4 t$;N_p'—t' 时刻相应的累计产量(若为气田时将 N_p' 改写成 G_p'),$10^4 m^3$ 或 $10^4 t$;R—线性相关系数;m—采集的生产历史数据点(即资料点)个数。

参 考 文 献

[1]陈元千.产量递减分析的图解法[J].古潜山,1985(2):51-58.
[2]陈元千.双曲递减分析的一个简单方法[J].天然气工业,1989,10(2):24-27.
[3]斯利德 H C.实用油藏工程学方法[M].徐怀大,等译.北京:石油工业出版社,1984.

[4]王俊魁.油田产量递减类型的判别与预测[J].石油勘探与开发,1983,10(6):65-72.
[5]陈元千.确定递减类型的新方法[J].石油学报,1990,11(1):74-80.
[6]周吉敏.双曲线递减参数求解的统计方法及递减规律的判别[J].石油勘探与开发,1990,17(5):60-67.
[7]Duong A N.用于递减曲线分析的新方法[J].赵仁宝,许增高,译.图书与石油科技信息,1994,8(4):24-29.
[8]胡建国.建立双曲线递减方程的一种简便方法[J].大庆石油地质与开发,1991,10(2):53-56.
[9]胡建国,张盛宗.递减曲线分析的最佳拟合法[J].天然气工业,1991,11(6):33-39.
[10]温平安.产量双曲线递减求解方法研究及评价[J].石油勘探与开发,1992,19(3):57-62.
[11]陈志刚,陈志宏.双曲线递减方程求解方法的对比分析[J].石油勘探开发,1992,19(4):61-68.
[12]吴森光.一种有效的产量递减分析方法[J].石油勘探与开发,1992,19(6):51-57.
[13]胡建国.递减曲线分析的一种简易方法[J].江苏油气,1994,5(2):24-29.
[14]周荣辉,蒋红,等.油田产量双曲线递减方程求解新方法[J].西南石油学院学报,1993,15(4):66-71.
[15]张虎俊.求解Копытов衰减曲线校正系数 c 的最佳方法[J].新疆石油地质,1995,16(3):256-260.

油气藏产量双曲线递减方程求解的新方法[●]

预测油气藏产量递减阶段未来生产动态及确定最终可采储量的主要数学手段之一是 J. J. Arps 的产量递减曲线。J. J. Arps 产量递减曲线具有广泛的适用性,即适用于单井、井组、区块及各种驱动类型的油气藏和油气田。

J. J. Arps 将递减归纳为指数递减、调和递减与双曲线递减 3 种类型,后来的研究者又增加了直线递减[1]使之扩展为 4 种类型。由于指数递减、调和递减与直线递减均为双曲线递减的特例,因此,双曲线递减更加具有普遍性和代表性。实践表明,多数油气田在生产后期产量自然递减符合双曲线递减规律。

在应用 J. J. Arps 双曲线递减方程时,只有求得了可靠的递减参数 n 后,才能判断油气藏的递减类型,进行未来生产动态和可采储量预测。因此,双曲线递减方程应用的难点和关键是方程参数的求解。自从 J. J. Arps 于 1945 年提出双曲线递减理论以来,国内外广大油气藏工程研究者对双曲线递减方程参数求解进行了深入细致的研究。纵观目前提出的参数求解方法,主要有试差法[2-4]、曲线位移法[3,4]、典型曲线拟合法(图解法)[2]、二元回归法[5-7]、插值法[8,9]、迭代法[1,10]、非线性拟合法[11,12]、双重试凑法[12]、级数展开法[11,12]、直线分析法[13]、统计筛选法[14]等。本文在研究分析了各种求解方法的基础上,提出了一种双曲线递减方程求解的新方法,即联立方程求解法。

1 方法的推导

众所周知,J. J. Arps 提出的双曲线产量递减方程,其数学表达式为:

$$Q = \frac{Q_i}{(1 + nD_i t)^{\frac{1}{n}}} \quad (1)$$

在式(1)中,递减指数 n 取不同数值分别得到指数($n = 0$)、调和($n = 1$)、直线[1]($n = -1$)和双曲线($0 < n < 1$)递减。

对式(1)积分可得相应时刻的累计产量方程,其表达式为:

$$N_p = \frac{Q_i}{(1-n)D_i}\left[1 + (1 + nD_i t)^{\frac{n-1}{n}}\right] \quad (2)$$

式中 Q——递减阶段的瞬时产量,m³/d 或 t/d;

N_p——递减阶段的累计产量,m³ 或 t;

D_i——初始递减率,mon⁻¹ 或 a⁻¹;

Q_i——初始递减时的瞬时产量,m³/d 或 t/d;

[●] 本文合作者:刘世平。

t——递减时刻起始的时间,mon 或 a;

n——递减指数,$0<n<1$。

将式(1)改写成如下形式:

$$\frac{Q}{Q_i} = (1 + nD_i t)^{-\frac{1}{n}} \tag{3}$$

将式(3)代入式(2),稍作整理,即得:

$$N_p = \frac{Q_i}{(1-n)D_i} + \frac{1}{(n-1)D_i}Q + \frac{n}{n-1}tQ \tag{4}$$

式(4)揭示了时间、瞬间产量和累计产量三者之间的内在关系。

将油气田的生产历史数据(即资料点)分为3组,设总的资料点为$3m$个,即每组均有m个N_p、Q 和 t 值。这样,由式(4)求和,即可得到由3个方程组成的方程组:

$$\sum_{j=1}^{m} N_{pj} = m\frac{Q_i}{(1-n)D_i} + \frac{1}{(n-1)D_i}\sum_{j=1}^{m} Q_j + \frac{n}{n-1}\sum_{j=1}^{m}(t_j Q_j) \tag{5}$$

$$\sum_{j=m+1}^{2m} N_{pj} = m\frac{Q_i}{(1-n)D_i} + \frac{1}{(n-1)D_i}\sum_{j=m+1}^{2m} Q_j + \frac{n}{n-1}\sum_{j=m+1}^{2m}(t_j Q_j) \tag{6}$$

$$\sum_{j=2m+1}^{3m} N_{pj} = m\frac{Q_i}{(1-n)D_i} + \frac{1}{(n-1)D_i}\sum_{j=2m+1}^{3m} Q_j + \frac{n}{n-1}\sum_{j=2m+1}^{3m}(t_j Q_j) \tag{7}$$

若令:

$$S_1 = \sum_{j=1}^{m} N_{pj} \tag{8}$$

$$S_{11} = S_{21} = S_{31} = m\frac{Q_i}{(1-n)D_i} \tag{9}$$

$$S_{12} = \sum_{j=1}^{m} Q_j \tag{10}$$

$$S_{13} = \sum_{j=1}^{m}(t_j Q_j) \tag{11}$$

$$S_2 = \sum_{j=m+1}^{2m} N_{pj} \tag{12}$$

$$S_{22} = \sum_{j=m+1}^{2m} Q_j \tag{13}$$

$$S_{23} = \sum_{j=m+1}^{2m}(t_j Q_j) \tag{14}$$

$$S_3 = \sum_{j=2m+1}^{3m} N_{pj} \tag{15}$$

$$S_{32} = \sum_{j=2m+1}^{3m} Q_j \tag{16}$$

$$S_{33} = \sum_{j=2m+1}^{3m} (t_j Q_j) \tag{17}$$

将式(8)至式(17)分别代入式(5)至式(7),则有:

$$S_1 = S_{11} + \frac{1}{(n-1)D_i}S_{12} + \frac{n}{n-1}S_{13} \tag{18}$$

$$S_2 = S_{21} + \frac{1}{(n-1)D_i}S_{22} + \frac{n}{n-1}S_{23} \tag{19}$$

$$S_3 = S_{31} + \frac{1}{(n-1)D_i}S_{32} + \frac{n}{n-1}S_{33} \tag{20}$$

由式(19)减式(18)、式(20)减式(19),可得:

$$S_2 - S_1 = \frac{1}{(n-1)D_i}(S_{22} - S_{12}) + \frac{n}{n-1}(S_{23} - S_{13}) \tag{21}$$

$$S_3 - S_2 = \frac{1}{(n-1)D_i}(S_{32} - S_{22}) + \frac{n}{n-1}(S_{33} - S_{23}) \tag{22}$$

由式(22)乘以$(S_{22}-S_{12})$再减式(21)乘以$(S_{32}-S_{22})$,并经整理化简,即可求得n值:

$$n = \frac{(S_3 - S_2)(S_{22} - S_{12}) - (S_2 - S_1)(S_{32} - S_{22})}{(S_{22} - S_{12})[(S_3 - S_2) - (S_{33} - S_{23})] - (S_{32} - S_{22})[(S_2 - S_1) - (S_{23} - S_{13})]} \tag{23}$$

由式(22)乘以$(S_{23}-S_{13})$再减式(21)乘以$(S_{33}-S_{23})$,经化简整理,即得:

$$(n-1)D_i = \frac{(S_{32} - S_{22})(S_{23} - S_{13}) - (S_{22} - S_{12})(S_{33} - S_{23})}{(S_3 - S_2)(S_{23} - S_{13}) - (S_2 - S_1)(S_{33} - S_{23})} \tag{24}$$

再将式(23)代入式(24),化简整理后求得D_i值:

$$D_i = \frac{(S_{22} - S_{12})[(S_3 - S_2) - (S_{33} - S_{23})] - (S_{32} - S_{22})[(S_2 - S_1) - (S_{23} - S_{13})]}{(S_2 - S_1)(S_{33} - S_{23}) - (S_3 - S_2)(S_{23} - S_{13})} \tag{25}$$

由式(23)和式(25)求得n和D_i值后,将其数据代入式(4),Q_i值由式(26)得:

$$Q_i = \frac{1}{3m}\sum_{j=1}^{3m}[(1-n)D_i N_{pj} + (1 + nD_i t_j)Q_j] \tag{26}$$

至此,本文推导出了一种双曲线递减方程求解的新方法——联立方程求解法。该方法不受人为因素的影响,具有单一解的特点。并且,该方法简单、方便,连一次简单的一元线性回归运算也不需要,只需要进行最基本的加减乘除运算,即可确定参数n、D_i和Q_i,是任何计算工具都能胜任的,极大地方便了油气藏工作者。

2 应用实例

选文献[7]中的算例,用以说明和验证本文所提出方法的应用情况。该例是在层状流动

（无交叉流动）或层状油藏条件下的生产数据。这些数据列于表1中。需要说明的一点是表1中的单位 m^3 是由本文换算的，原单位为 bbl。

将表1中的数据分为3组，每组有5个数据点 (t_j, Q_j, N_{pj})。第1、第2、第3组分别由 t 从 0.5~4.5, 5.5~9.5 和 10.5~14.5 以及相应时刻的 Q 和 N_p 组成。将每组数据点的数值分别代入式（8）及式（10）至式（17），可得到：$S_1 = 129812, S_{12} = 42132, S_{13} = 80847; S_2 = 243251, S_{22} = 11094, S_{23} = 77899; S_3 = 276928, S_{32} = 3823, S_{33} = 46326$。这样，由式（23）和式（25）求得 $n = 0.1913, D_i = 0.3409$。再将所求得 n 和 D_i 代入式（26），即可求得 $Q_i = 16650.8$。至此，已完成了双曲线递减方程求解的全过程。将所得 n, D_i 和 Q_i 代入式（1）和式（2），预测的瞬时产量和累计产量见表1。从表1可见，预测值与实际值几乎一致，瞬时产量预测值的平均相对误差仅为 0.98%，所预测的累计产量除去 $t = 0.5$ 的一点，平均相对误差只有 0.2%，这在油气藏开发指标预测中是相当精确的，充分说明了本文提出方法的有效性和实用性。

表1 本文应用实例中的实际数据与预测数据

t (a)	Q 实际值(m^3/d)	预测值(m^3/d)	相对误差(%)	N_p 实际值(m^3)	预测值(m^3)	相对误差(%)
0		16650.8		0	0	0
0.5	14309	14079.6	−1.6	7154	7661.2	+7.10
1.5	10175	10222.6	+0.5	19396	19689.9	+1.50
2.5	7631	7560.6	−0.9	28300	28501.9	+0.70
3.5	5724	5684.6	−0.7	34977	35071.5	+0.30
4.5	4293	4337.6	+1.0	39985	40046.5	+0.20
5.5	3378	3354.2	−0.7	43821	43867.3	+0.10
6.5	2584	2625.1	+1.6	46802	46839.2	+0.08
7.5	2067	2077.2	+0.5	49127	49177.7	+0.10
8.5	1669	1660.3	−0.5	50995	51037.1	+0.08
9.5	1351	1339.3	−0.9	52506	52530.1	+0.05
10.5	1097	1089.6	−0.7	53730	53739.4	+0.02
11.5	890	893.4	+0.4	54723	54727.0	0.00
12.5	723	737.8	+2.1	55530	55539.6	+0.02
13.5	604	613.5	+1.6	56194	56213.0	+0.03
14.5	509	513.4	+0.9	56751	56774.7	+0.04
15.5	437	432.0	−1.1	57224	57246.0	+0.04
20.0		212.0			58625.8	
25.0		106.1			59385.1	
30.0		57.6			59779.9	
35.0		33.3			60000.7	
40.0		20.3			60131.7	

参 考 文 献

[1] 王俊魁. 油田产量递减类型的判别与预测[J]. 石油勘探与开发,1983,10(6):65-72.
[2] 陈元千. 产量递减分析的图解法[J]. 古潜山,1985(2):51-58.
[3] 陈元千. 双曲线递减分析的一个简单方法[J]. 天然气工业,1989,10(2):24-27.
[4] 斯利德 H C. 实用油藏工程学方法[M]. 徐怀大,译. 北京:石油工业出版社,1984.
[5] 陈元千. 确定递减类型的新方法[J]. 石油学报,1990,11(1):74-80.
[6] 周吉敏. 双曲线递减参数求解的统计方法及递减规律的判别[J]. 石油勘探与开发,1990,17(5):60-67.
[7] Duong A N. 用于递减曲线分析的新方法[J]. 赵仁宝,等译. 图书与石油科技信息,1994,8(4):24-29.
[8] 胡建国. 建立双曲线递减方程的一种简便方法[J]. 大庆石油地质与开发,1991,10(2):53-56.
[9] 胡建国,张盛宗. 递减曲线分析的最佳拟合法[J]. 天然气工业,1991,11(6):33-39.
[10] 温安平. 产量双曲线递减求解方法研究及评价[J]. 石油勘探与开发,1992,19(3):57-62.
[11] 陈志刚,陈志宏. 双曲线递减方程求解方法的对比分析[J]. 石油勘探与开发,1992,19(4):61-68.
[12] 吴森光. 一种有效的产量递减分析方法[J]. 石油勘探与开发[J]. 1992,19(6):51-57.
[13] 胡建国. 递减曲线分析的一种简易方法[J]. 江苏油气,1994,5(2):24-29.
[14] 周荣辉,蒋红,刘蜀知. 油田产量双曲线递减方程求解新方法[J]. 西南石油学院学报,1993,15(4):66-71.

Arps 双曲线递减方程参数求解的线性新方法

随着油气藏开发程度的深化,任何油气藏都将毫无例外地进入产量递减阶段。因此,研究油气藏递减阶段的产量变化规律就显得尤为重要。众所周知,预测油藏递减期生产动态的主要数学手段是 J. J. Arps 提出的产量双曲线递减方程。由于双曲线递减方程参数求解比较麻烦,给实际应用带来了诸多困难。自从 Arps 于 1945 年提出双曲线递减理论以来,国内外广大科技工件者对双曲线递减规律进行了深入细致的研究。纵观目前提出的参数求解方法,主要有[1-8]:试凑法、线性插值法、线性或非线性最小二乘法、递减率直线法、二元回归法、牛顿迭代法、级数展开法、曲线拟合法和图解法。在众多的方法中,一些方法的缺点是仍没有摆脱试差求解的原理,实际操作烦琐且工作量大;另一些方法将初始递减产量 Q_i 作为已知数处理,在理论上是不妥的;还有一些方法只有在计算机上才能实现,对于油气藏现场工作者和无上机条件的科技人员极不方便。本文提出一种递减曲线的线性求解方法,它是利用油气藏递减阶段的生产数据,直接建立线性关系,通过线性回归分析即可求得递减参数。

1 方法原理的引导

J. J. Arps 将递减类型分为:指数递减($n=0$)、调和递减($n=1$)和双曲线递减($0<n<1$)3 种类型。指数递减与调和递减均为双曲线递减的特例,故双曲线递减更加具有普遍性,其式表示为:

$$Q_t = Q_i(1 + nD_i t)^{-\frac{1}{n}} \tag{1}$$

式(1)积分得到相应时刻累计产量关系式:

$$N_{p_t} = \frac{Q_i}{(1-n)D_i}[1 - (1 + nD_i t)^{\frac{n-1}{n}}] \tag{2}$$

将式(1)改写成如下的形式:

$$\frac{Q_t}{Q_i} = (1 + nD_i t)^{-\frac{1}{n}} \tag{3}$$

将式(3)代入式(2),得到:

$$N_{p_t} = \frac{Q_i}{(1-n)D_i} - \frac{1 + nD_i t}{(1-n)D_i}Q_t \tag{4}$$

与式(4)同理,可以写出 t' 时刻的累计产量与瞬时产量的关系公式:

$$N_{p_{t'}} = \frac{Q_i}{(1-n)D_i} - \frac{1 + nD_i t'}{(1-n)D_i}Q_{t'} \tag{5}$$

若令 $t'>t$,式(5)减式(4),可以得到：

$$N_{p_{t'}} - N_{p_t} = \frac{Q_t - Q_{t'}}{(1-n)D_i} - \frac{nD_i}{(1-n)D_i}(t'Q_{t'} - tQ_t) \tag{6}$$

由于[3]：

$$N_{p_{t'}} - N_{p_t} = (t' - t)Q_{t'} \tag{7}$$

将式(7)代入式(6),经变换、化简整理得到：

$$\frac{Q_t - Q_{t'}}{t'Q_{t'} - tQ_t} = nD_i + (1-n)D_i \frac{t'Q_{t'} - tQ_{t'}}{t'Q_{t'} - tQ_t} \tag{8}$$

式(8)非常重要,它是本文推导的参数求解的基本公式。

如果式(8)中的时间等步长取值,即 t 与 t' 之间满足式(9)：

$$t' - t = l \quad \text{或者} \quad t' = t + l \tag{9}$$

把式(9)代入式(8),经化简整理可得：

$$\frac{Q_t}{(t+l)Q_{t+l} - tQ_t} = nD_i + (1 + lD_i - nlD_i)\frac{Q_{t+l}}{(t+l)Q_{t+l} - tQ_t} \tag{10}$$

众所周知,在油气藏开发中应用和研究最广泛的是时间步长为1的产量变化规律,如分析和预测某油藏从1990—1995年的生产动态。因此,$l=1$ 时,式(10)进一步化简为：

$$\frac{Q_t}{(t+1)Q_{t+1} - tQ_t} = nD_i + (1 + D_i - nD_i)\frac{Q_{t+1}}{(t+1)Q_{t+1} - tQ_t} \tag{11}$$

若令：

$$x = \frac{t'Q_{t'} - tQ_{t'}}{t'Q_{t'} - tQ_t} \tag{12}$$

$$y = \frac{Q_t - Q_{t'}}{t'Q_{t'} - tQ_t} \tag{13}$$

$$x' = \frac{Q_{t+l}}{(t+l)Q_{t+l} - tQ_t} \tag{14}$$

$$y' = \frac{Q_t}{(t+l)Q_{t+l} - tQ_t} \tag{15}$$

$$x'' = \frac{Q_{t+1}}{(t+1)Q_{t+1} - tQ_t} \tag{16}$$

$$y'' = \frac{Q_t}{(t+1)Q_{t+1} - tQ_t} \tag{17}$$

$$A = nD_i \tag{18}$$

$$B_1 = (1-n)D_i \tag{19}$$

$$B_2 = 1 + lD_i - nlD_i \tag{20}$$

$$B_3 = 1 + D_i - nD_i \tag{21}$$

则式(8)、式(10)和式(11)即可简化成如下下形式：

$$y = A + B_1 x \tag{22}$$

$$y' = A + B_2 x' \tag{23}$$

$$y'' = A + B_3 x'' \tag{24}$$

将式(18)代入式(1)，取自然对数，整理得到：

$$\ln Q_t = \ln Q_i - \frac{1}{n}\ln(1 + At) \tag{25}$$

若设：

$$a = \ln Q_i \quad 或者 \quad Q_i = e^a \tag{26}$$

$$b = -\frac{1}{n} \quad 或者 \quad n = -\frac{1}{b} \tag{27}$$

由式(18)和式(27)解出 D_i 值为：

$$D_i = -Ab \tag{28}$$

将式(26)和式(27)代入式(25)，即有：

$$\ln Q_t = a + b\ln(1 + At) \tag{29}$$

综上所述，由式(22)至式(24)中的某一式回归得到 A（即 nD_i）后，再由式(29)求得 a 和 b，即可由式(26)至式(28)解得双曲线递减参数 Q_i，n 和 D_i。这就是本文推导的确定递减方程参数的方法一。

以下为参数确定方法二的推导过程。

将式(18)代入式(19)至式(21)，分别得到：

$$D_i = A + B_1 \tag{30}$$

$$D_i = \frac{lA + B_2 - 1}{l} \tag{31}$$

$$D_i = A + B_3 - 1 \tag{32}$$

将式(30)至式(32)分别代入式(18)，求得：

$$n = \frac{A}{A + B_1} \tag{33}$$

$$n = \frac{lA}{lA + B_2 - 1} \tag{34}$$

$$n = \frac{A}{A + B_3 - 1} \tag{35}$$

再将式(33)至式(35)代入式(1),经整理分别得到:

$$Q_t^{-\frac{A}{A+B_1}} = Q_i^{-\frac{A}{A+B_1}} + Q_i^{-\frac{A}{A+B_1}}\left(\frac{A}{A+B_1}\right)D_i t \tag{36}$$

$$Q_t^{-\frac{lA}{lA+B_2-1}} = Q_i^{-\frac{lA}{lA+B_2-1}} + Q_i^{-\frac{lA}{lA+B_2-1}}\left(\frac{lA}{lA+B_2-1}\right)D_i t \tag{37}$$

$$Q_t^{-\frac{A}{A+B_3-1}} = Q_i^{-\frac{A}{A+B_3-1}} + Q_i^{-\frac{A}{A+B_3-1}}\left(\frac{A}{A+B_3-1}\right)D_i t \tag{38}$$

若令:

$$\alpha_1 = Q_i^{-\frac{A}{A+B_1}} \quad \text{或者} \quad Q_i = \alpha_1^{-\frac{A+B_1}{A}} \tag{39}$$

$$\beta_1 = Q_i^{-\frac{A}{A+B_1}}\left(\frac{A}{A+B_1}\right)D_i \tag{40}$$

$$\alpha_2 = Q_i^{-\frac{lA}{lA+B_2-1}} \quad \text{或者} \quad Q_i = \alpha_2^{-\frac{lA+B_2-1}{lA}} \tag{41}$$

$$\beta_2 = Q_i^{-\frac{lA}{lA+B_2-1}}\left(\frac{lA}{lA+B_2-1}\right)D_i \tag{42}$$

$$\alpha_3 = Q_i^{-\frac{A}{A+B_3-1}} \quad \text{或者} \quad Q_i = \alpha_3^{-\frac{A+B_3-1}{A}} \tag{43}$$

$$\beta_3 = Q_i^{-\frac{A}{A+B_3-1}}\left(\frac{A}{A+B_3-1}\right)D_i \tag{44}$$

由式(39)与式(40)、式(41)与式(42)、式(43)与式(44)分别解出 D_i 值为:

$$D_i = \frac{\beta_1}{\alpha_1}\frac{A+B_1}{A} \tag{45}$$

$$D_i = \frac{\beta_2}{\alpha_2}\frac{lA+B_2-1}{lA} \tag{46}$$

$$D_i = \frac{\beta_3}{\alpha_3}\frac{A+B_3-1}{A} \tag{47}$$

$\alpha_1,\beta_1,\alpha_2,\beta_2,\alpha_3$ 和 β_3 可由式(48)、式(49)和式(50)回归得到:

$$Q_t^{-\frac{A}{A+B_1}} = \alpha_1 + \beta_1 t \tag{48}$$

$$Q_t^{-\frac{lA}{lA+B_2-1}} = \alpha_2 + \beta_2 t \tag{49}$$

$$Q_t^{-\frac{A}{A+B_3-1}} = \alpha_3 + \beta_3 t \tag{50}$$

这样,由式(22)至式(24)回归得到 A,B_1,B_2 和 B_3 之后,再由式(33)、式(34)和式(35)求得 n,并分别代入式(48)、式(49)和式(50),然后确定递减参数的方法,称之为参数确定方法二。

在应用方法一和方法二确定递减参数时,值得注意的是,在应用方法一时,由式(27)与式(33)或式(34)、式(35)求得的 n,以及由式(28)与式(30)或式(31)、式(32)求得的 D_i 值,它们在理论上应该是相等的,但实际应用中往往会存在一定的差值,而两种方法所得参数之积

nD_i 始终是相等的。由于式(27)和式(28)所求得的 n 和 D_i 是由预测模型式(1)直接而来的,故应选以式(27)和式(28)求得的 n 和 D_i。在应用方法二时,由式(45)与式(30)、式(46)与式(31)、式(47)与式(32)解得的 D_i,同样在理论上是相等的,实际操作中会略有差别,应选取式(48)、式(49)和式(50)回归系数所算得的 D_i。综上所述,方法二中 Q_i 由式(39)或式(41)和式(43)确定,n 由式(33)或式(34)式(35)确定,D_i 由式(45)或式(46)式(47)确定。

通过上述推导,本文提出了一整套递减参数求解的线性方法,适用于时间非等步长取值、等步长取值以及步长为1取值3种条件下的递减分析。

2 应用实例分析

选用3种取值条件下的实例,以验证本文提出的式(8)、式(10)、式(11),即式(22)、式(23)、式(24)。同时,验证比较确定递减参数的方法一、方法二。

Vicksburg 气藏的资料为时间非等步长取值实例,某气井和某油田的资料为时间等步长及常见的步长为1取值的实例。表1至表3列举了3例的实际生产数据及有关资料。按式(12)和式(13)、式(14)和式(15)、式(16)和式(17)计算出 x 和 y、x' 和 y'、x'' 和 y'',以式(22)至式(24)作出相应的图1。回归得到 A、B_1、B_2 和 B_3 以及相关系数 R(表4)。按方法一将 $A(nD_i)$ 代入式(29),并作出图2,回归值 a、b 及 R 见表4,即可用式(1)进行预测,结果见表1至表3。按方法二,将式(33)、式(34)、式(35)算得的 n 分别代入式(48)至式(50),作出图3,回归值 α_1 与 β_1、α_2 与 β_2、α_3 与 β_3,以及 R,见表4。分别由式(39)、式(41)、式(43)算得 Q_i,由式(45)、式(46)、式(47)算得 D_i,见表4。方法二的预测结果见表1至表3。

表1 Vicksburg 气藏实际、预测产量及有关数据表

t (a)	$Q_t(10^4\text{m}^3/\text{d})$ 实际	预测 方法一	预测 方法二	t' (a)	$Q_{t'}$ ($10^4\text{m}^3/\text{d}$)	x	y	$\ln Q_t$	$\ln(1+At)$ ($A=0.1874$)	$Q_t\dfrac{A}{A+B_1}$ ($B_1=0.2083$)
0	17.68	17.609	17.565	0.33	15.60	1.0000	0.4040	2.8727	0	0.2566
0.33	15.60	15.629	15.617	0.80	13.38	1.1319	0.3996	2.7473	0.0600	0.2722
0.80	13.38	13.341	13.350	1.21	11.62	1.4195	0.5244	2.5938	0.1397	0.2928
1.21	11.62	11.732	11.748	2.20	8.90	1.5963	0.4928	2.4527	0.2044	0.3130
2.20	8.90	8.868	8.877	2.94	7.37	2.6122	0.7328	2.1861	0.3452	0.3551
2.94	7.37	7.362	7.359					1.9974	0.4389	0.3883

表2 某气井实际、预测产量及有关数据表

t (a)	$Q_t(10^4\text{m}^3/\text{d})$ 实际	预测 方法一	预测 方法二	$t+0.5$ (a)	$Q_{t+0.5}$ ($10^4\text{m}^3/\text{d}$)	x'	y'	$\ln Q_t$	$\ln(1+At)$ ($A=0.2090$)	$Q_t-\dfrac{lA}{lA+B_2-1}$ ($l=0.5$) ($B_2=0.10895$)
0	28.47	28.558	28.485	0.5	23.91	2.0000	2.3814	3.3489	0	0.1647
0.5	23.91	23.880	23.856	1.0	20.27	2.4378	2.8755	3.1743	0.0994	0.1809
1.0	20.27	20.294	20.291	1.5	17.53	2.9095	3.3643	3.0091	0.1898	0.1977
1.5	17.53	17.481	17.484	2.0	15.26	3.6118	4.1491	2.8639	0.2727	0.2138
2.0	15.26	15.231	15.233	2.5	13.44	4.3636	4.9545	2.7252	0.3492	0.2304

续表

t (a)	$Q_t(10^4\text{m}^3/\text{d})$ 实际	预测 方法一	预测 方法二	$t+0.5$ (a)	$Q_{t+0.5}$ ($10^4\text{m}^3/\text{d}$)	x'	y'	$\ln Q_t$	$\ln(1+At)$ ($A=0.2090$)	$Q_t^{\frac{lA}{lA+B_2-1}}$ ($l=0.5$) ($B_2=0.10895$)
2.5	13.44	13.401	13.399	3.0	11.90	5.6667	6.4000	2.5982	0.4204	0.2467
3.0	11.90	11.892	11.884	3.5	10.59	7.7582	8.7179	2.4765	0.4867	0.2634
3.5	10.59	10.632	10.617	4.0	9.56	8.1362	9.0128	2.3599	0.5490	0.2805
4.0	9.56	9.567	9.547	4.5				2.2576	0.6076	0.2964

表3 某油田实际、预测产量及有关数据表

t (a)	$Q_t(10^4\text{t/a})$ 实际	预测 方法一	预测 方法二	$t+1$ (a)	Q_{t+1} (10^4t/a)	x''	y''	$\ln Q_t$	$\ln(1+At)$ ($A=0.0129$)	$Q_t^{\frac{A}{A+B_3-1}}$ ($B_3=1.1027$)
0	4.62	4.633	4.631	1	4.15	1.0000	1.1133	1.5304	0	0.8430
1	4.15	4.159	4.158	2	3.74	1.1231	1.2642	1.4231	0.0128	0.8532
2	3.74	3.738	3.738	3	3.37	1.2814	1.4221	1.3191	0.0255	0.8631
4	3.04	3.032	3.032	5	2.74	1.7792	1.9740	1.1119	0.0503	0.8833
5	2.74	2.736	2.736	6	2.48	2.1017	2.3220	1.0080	0.0625	0.8936
6	2.48	2.472	2.471	7	2.24	2.8000	3.1000	0.9083	0.0746	0.9036
7	2.24	2.237	2.235	8	2.02	4.2083	4.6667	0.8065	0.0864	0.9139
8	2.02	2.025	2.023	9	1.83	5.9032	6.5161	0.7031	0.0982	0.9245
9	1.83	1.836	1.834	10				0.6043	0.1098	0.9348

表4 实例气藏、气井、油田的线性回归系数及递减参数统计表

Vicksburg气藏 方法	参数	数值	某气井 方法	参数	数值	某油田 方法	参数	数值
式(22)	A	0.187440	式(23)	A	0.209047	式(24)	A	0.012900
式(22)	B_1	0.208301	式(23)	B_2	1.089452	式(24)	B_3	1.102695
式(22)	R	0.978923	式(23)	R	0.999918	式(24)	R	0.999991
式(29)	a	2.868403	式(29)	a	3.351938	式(29)	a	1.533275
式(29)	b	-1.986804	式(29)	b	-1.7997333	式(29)	b	-8.427083
式(29)	R	-0.999880	式(29)	R	-0.999978	式(29)	R	-0.999965
式(48)	α_1	0.257358	式(49)	α_2	0.164507	式(49)	α_3	0.842780
式(48)	β_1	0.044633	式(49)	β_2	0.032997	式(49)	β_3	0.01087
式(48)	R	0.999858	式(49)	R	0.999985	式(49)	R	0.999972
方法一	Q_i	17.6089	方法一	Q_i	28.5580	方法一	Q_i	4.6333
方法一	n	0.5033	方法一	n	0.5556	方法一	n	0.1187
方法一	D_i	0.3724	方法一	D_i	0.3762	方法一	D_i	0.1087
方法二	Q_i	17.5647	方法二	Q_i	28.485	方法二	Q_i	4.6307
方法二	n	0.4736	方法二	n	0.5388	方法二	n	0.1116
方法二	D_i	0.3662	方法二	D_i	0.3722	方法二	D_i	0.1083

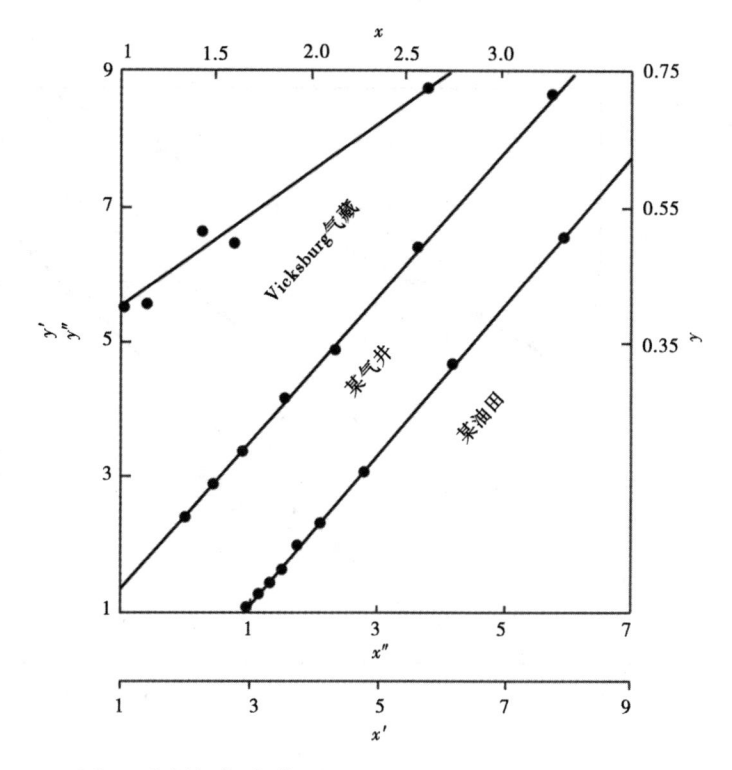

图1 实例气藏、气井、油田 y, y' 和 y'' 与 x, x' 和 x'' 关系曲线

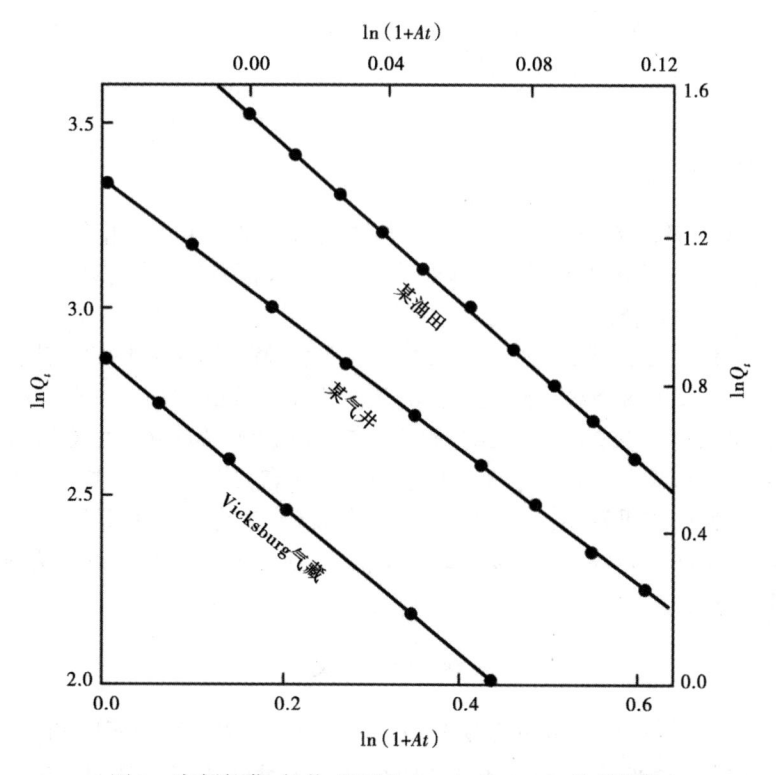

图2 实例气藏、气井、油田 $\ln Q_t$—$\ln(1+At)$ 关系曲线

63

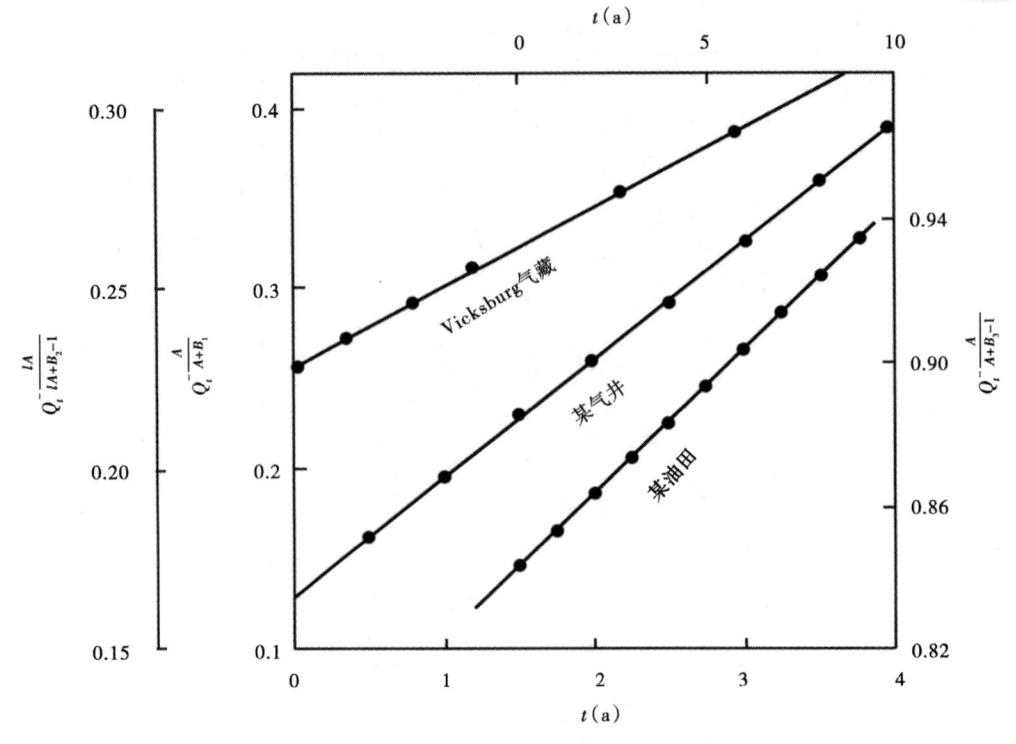

图3 实例气藏、气井、油田 $Q_t^{-\frac{A}{A+B_1}}$，$Q_t^{-\frac{lA}{lA+B_2-1}}$ 和 $Q_t^{-\frac{A}{A+B_3-1}}$ 与 t 关系曲线

通过实例分析可见,本文方法的预测结果与实际生产数据几乎是一致的,表明本文提出的产量双曲线递减方程参数求解的新方法,是有效可靠的。

3 简要结论

(1)基于对 Arps 递减方程的研究,提出了利用递减阶段的生产数据和开发时间求解递减参数的线性方法。本文适用于时间非等步长取值、等步长值及常用的步长为1取值条件下的递减分析。新方法经实例验证,是行之有效的。

(2)提出了利用式(22)或式(23)、式(24)与式(29)确定递减参数的方法一;利用式(22)或式(23)、式(24)与式(48)或式(49)、式(50)确定递减参数的方法二。在应用方法一时,Q_i、n 和 D_i 分别由式(26)、式(27)、式(28)确定。在应用方法二时,Q_i 由式(39)或式(41)、式(43)确定,n 由式(33)或式(34)、式(35)确定,D_i 由式(45)或式(46)、式(47)确定。

(3)从图1及回归结果发现,步长为0.5和1的实例,其直线斜率几乎是一致的,是否满足双曲线递减的油气藏(井)在时间等步长取值条件下,应用本文方法时均具有这一特性,还有待于进一步研究与探讨。

符号释义

n—双曲线递减指数;D_i—初始递减率;a^{-1};t—时间,a;t'—后一步时间,a;l—时间步长;Q_i—递减初始时的瞬时产量,$10^4 m^3/d$ 或 $10^4 t/a$;Q_t—t 时刻的瞬时产量,$10^4 m^3/d$ 或 $10^4 t/a$;$Q_{t'}$—t'时刻的瞬时产量,$10^4 m^3/d$ 或 $10^4 t/a$;Q_{t+l}—$t+l$ 时刻的瞬时产量,$10^4 m^3/d$ 或 $10^4 t/a$;

Q_{t+1}—t+1时刻的瞬时产量,$10^4m^3/d$或$10^4t/a$;N_{p_t}—t时刻的累计产量,10^4m^3或10^4t;$N_{p_{t'}}$—t'时刻的累计产量,10^4m^3或10^4t;A—直线式(22)、式(23)、式(24)的截距;B_1—直线式(22)的斜率;B_2—直线式(23)的斜率;B_3—直线式(24)的斜率;a—直线式(29)的截距;b—直线式(29)的斜率;$α_1$—直线式(48)的截距;$β_1$—直线式(48)的斜率;$α_2$—直线式(49)的截距;$β_2$—直线式(49)的斜率;$α_3$—直线式(50)的截距;$β_3$—直线式(50)的斜率;R—相关系数;x—直线式(22)中所设的自变量;y—直线式(22)中所设的因变量;x'—直线式(23)中所设的自变量;y'—直线式(23)中所设的因变量;x''—直线式(24)中所设的自变量;y''—直线式(24)中所设的因变量。

参 考 文 献

[1] 陈志刚,陈志宏.双曲线递减方程求解方法的对比分析[J].石油勘探与开发,1992,19(4):61-68.
[2] 温平安.产量双曲线递减求解方法研究及评价[J].石油勘探与开发,1991,19(3)57-62.
[3] Duong A N.用于递减曲线分析的新方法[J].赵仁宝,等译.图书与石油科技信息,1994,8(4):24-29.
[4] 周吉敏.双曲线递减规律参数求解的统计方法及递减规律的判别[J].石油勘探与开发,1990,17(5):60-67.
[5] 陈元千.确定递减类型的新方法[J].石油学报,1990,11(1):74-80.
[6] 斯利德 H C.实用油藏工程学方法[M].北京:石油工业出版社,1984.
[7] 吴森光.一种有效的产量递减分析方法[J].石油勘探与开发,1992,19(6):51-57.
[8] 胡建国.递减曲线分析的一种简易方法[J].江苏油气,1994,5(2):24-29.

第三章 Копытов 衰减方程拓展研究

1970 年，苏联 Копытов（卡彼托夫）根据矿场生产资料，提出累计产量与时间线性关系经验公式。事实证明，这一公式的局限性在于仅适用于递减后期阶段。为提前应用时间我国学者将原方程从 2 参数修正为 3 参数，并命名为 Копытов 衰减方程。在衰减方程广泛应用的同时，参数求解却成了影响预测精度的主要因素。本章用不同方法证明衰减方程的本质是一个 2 参数数学模型，校正系数实为方程的斜率与截距之比，并以此对衰减方程进行了深入研究与拓展。

《Копытов 衰减校正曲线的理论分析与探讨》《一种新型的衰减曲线及其应用》《求解 Копытов 衰减曲线校正参数 c 的最佳方法》3 篇论文，利用时间与累计产量、时间与瞬时产量、瞬时产量与累计产量关系方程中，满足递减初始累计产量为零、瞬时产量为常数的条件，证明 Копытов 衰减方程参数满足 $c=b/a$ 的内在关系，提出利用累计产量倒数与时间倒数之间的关系回归求解参数的简便方法。同时，论述了瞬时产量与阶段（年或月）产量之间的关系，推导出年（或月）产量预测公式，指明用瞬时公式预测阶段产量的不合理性。

《一种新型的衰减曲线及其应用》一文，还证明了 Копытов、Matthews-Leflcovits（马修期-列弗柯维兹）以及递减指数为 0.5 时的 Arps3 种衰减曲线为同一曲线，提出用时间倒数为自变量、累计产量倒数为因变量的线性衰减方程一统这 3 种衰减曲线。这一倒数关系衰减方程已被作为天然气可采储量标定重要方法写入石油行业标准。

《产量衰减方程参数求解的新方法》一文对 Копытов 衰减方程传统参数求解方法进行了评述，认为传统方法只考虑了瞬时产量、累计产量、时间 3 项因素中的 2 项，如瞬时产量与时间、累计产量与时间的关系。提出了一种同时含有瞬时产量、累计产量和开发时间 3 项变量的参数求解方法。该方法只需要一次线性回归即可完成衰减方程参数求解。

《衰减曲线分析的简易方法》一文从递减率的定义和产量与递减率的关系出发，用积分的方法证明了 Копытов 衰减方程与 Arps 双曲线方程之间的关系。提出了一种时间任意步长条件下，反映 t 和 t' 时刻及相应时刻累计产量关系的线性数值求解方法。文中还给出了瞬时产量与年产量相互换算的近似公式。

论文《衰减方程参数之间的关系及其确定方法》通过对衰减方程先求导再积分的方法，证明了衰减方程参数之间的关系，提出一种累计产量与时间之比为自变量、累计产量为因变量的方程参数线性求解新方法。

基于对 Копытов 衰减曲线各种分析方法的研究，论文《衰减曲线的微分分析法》提出了利用微分法分析和确定衰减曲线参数的思路，据此将衰减方程参数求解的线性回归方法分类命名为：瞬时产量与时间关系法、累计产量与时间关系法、瞬时产量与累计产量关系法、瞬时产量和累计产量与时间关系法。其中，瞬时产量与时间关系法、瞬时产量与累计产量关系法 2 种参数求解方法，是在《衰减曲线的微分分析法》一文首次提出的。

Копытов 衰减校正曲线的理论分析与探讨

预测油气藏未来开发动态和可采储量的方法很多,产量衰减曲线无疑是油气藏工程中最为重要和有效的方法之一。产量衰减曲线之所以广泛应用于国内外油气藏开发,是因为其具有一定的普遍性——适用于各种驱动类型的油气藏及单井。迄今,常见的产量衰减曲线有 3 种:一是校正后的 Копытов 衰减曲线;二是 $n=0.5$ 的 Arps 衰减曲线;三是 Matthewa 和 Leficovits 衰减曲线。

目前,国内普遍应用的产量衰减曲线是校正后的 Копытов 衰减曲线。其表达式为:

$$N_{p_t} = a - \frac{b}{t+c} \tag{1}$$

式(1)称为 Копытов 衰减校正曲线。它克服了原曲线($N_{p_t}=a-b/t$)不适用于初期递减阶段的缺点。

本文基于对式(1)的分析与研究,论述了瞬时产量与年(月)产量的关系,推导出了预测年产量的理论公式。同时,给出了求解式(1)参数的简单方法,并对式(1)及有关的公式进行了简化,使之简便适用。

1 瞬时产量与年(月)产量的关系

在传统油气藏工程方法中,通常将式(1)经过微分得到的下式作为油气藏年(月)产量预测公式:

$$Q_t = \frac{b}{(t+c)^2} \tag{2}$$

由于式(2)是一个产量随时间变化的瞬时公式,因此,传统方法中用式(2)进行油气藏年(月)产量预测的做法是不尽合理的。式(2)所揭示的是阶段末产量的瞬时变化规律,如果阶段的时间单位取年,那么,用式(2)预测某年产量,其结果仅仅是该年末最后一瞬间的产量水平,并非全年的综合产量水平。在油气藏工程中,应用最多的年产量是指一年中年初至年末的综合产量,其在数值上等于一年中的平均日产量乘以 365 天。众所周知,在产量递减期,某阶段初的产量水平一定高于该阶段末的产量水平。图 1 为油气藏递减示意图。由图可见,第 t 年末的瞬时产量 Q_t 要小于第 t 年(即 t 阶段)的年产量 $\overline{Q}_t$,但要大于第 $t+1$ 年的年产量 $\overline{Q}_{t+1}$。不难看出,式(2)的预测结果是一年中产量水平的最低点。相反,对于产量上升期,第 t 年末的瞬时产量 Q_t 要大于第 t 年的年产量 $\overline{Q}_t$,但要小于第 $t+1$ 年的年产量 $\overline{Q}_{t+1}$(图从略)。由此可见,无论产量递减期还是产量上升期,利用累计产量微分得到的(瞬时)公式($Q_t=\mathrm{d}N_{p_t}/\mathrm{d}t$)预测年(月)产量的做法都是欠妥与不合理的。只有在绝对稳定的条件下,年(月)产量才能等于每一时刻的瞬时产量。

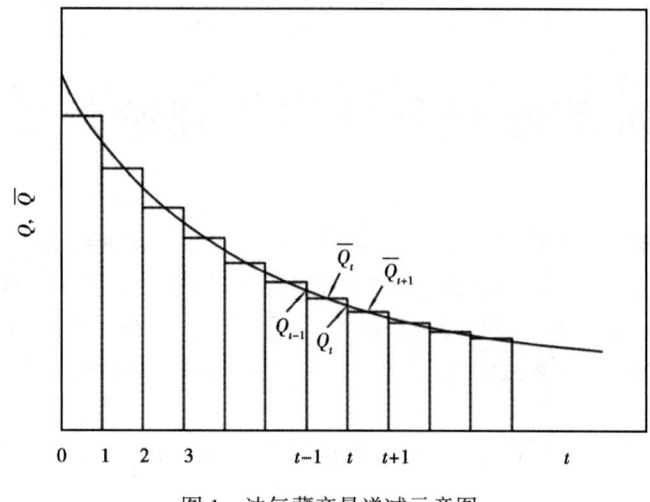

图 1 油气藏产量递减示意图

由于第 t 年的年产量 $\overline{Q}_t$ 可以由第 t 年的累计产量 N_{p_t} 减去第 $t-1$ 年的累计产量得到 $N_{p_{t-1}}$，其表达式为：

$$\overline{Q}_t = N_{p_t} - N_{p_{t-1}} \tag{3}$$

将式(1)代入式(3)，经化简整理，得到修正后的 Копытов 年产量预测公式，即：

$$\overline{Q}_t = \frac{b}{(t+c)(t+c-1)} \tag{4}$$

式(4)即为本文推导的预测油气藏衰减期年产量的理论公式，它同时也适用于月产量预测。

在油气藏开发中，日产量近似地当作瞬时产量处理，因为更小时间单位的产量是没有实际意义的，况且也难于求得。

2 参数求解的简单方法

对于式(1)中的参数，通常采用先确定 c 再确定 a 和 b 的求解方法(步骤)。目前确定校正系数 c 的方法有 3 种。试凑法[1]和内插公式法[2]最大的不足是受随机因素影响大，容易漏掉 c 的最优值。线性回归法[3]（$\sqrt{Q_i/Q_t} = 1+t/c$）的缺点是将递减初始的瞬时产量 Q_i 当作已知数值处理，理论上欠合理。本文将利用 $\dfrac{1}{N_{p_t}} - \dfrac{1}{t}$ 的规律关系求解式(1)中的各参数。

当 $t=0$，$N_{p_t}=0$ 时，由式(1)可以直接得到参数 a，b 和 c 之间的关系：

$$c = \frac{b}{a} \tag{5}$$

将 $b=ac$ 代入式(1)，然后方程两端取倒数，经化简，可得：

$$\frac{1}{N_{\mathrm{p}t}} = \frac{1}{a} + \frac{c}{a}\frac{1}{t} \tag{6}$$

从式(6)可见,只需求得直线截距和斜率便可求得 a 和 c 值,再由式(5)可以得到 b 值。若令:

$$a = \frac{1}{A} \tag{7}$$

$$c = \frac{B}{A} \tag{8}$$

将式(7)和式(8)分别代入式(5)和式(6),可得到:

$$b = \frac{B}{A^2} \tag{9}$$

$$\frac{1}{N_{\mathrm{p}t}} = A + B\frac{1}{t} \tag{10}$$

式(10)即为文献[4]推导的 $n = 0.5$ 的 Arps 衰减曲线变形式。由此可见,修正后的 Копытов 曲线与 $n = 0.5$ 的 Arps 曲线属于同一衰减曲线。这一结论与文献[1][2]的观点是一致的。

3 Копытов 衰减校正曲线的简化

由式(1)和式(2)、式(1)和式(4)分别消去 $(t+c)$,得到瞬时产量与累计产量、年产量与累计产量的关系公式,即:

$$Q_t = \frac{1}{b}(a - N_{\mathrm{p}t})^2 \tag{11}$$

$$\overline{Q}_t = \frac{(a - N_{\mathrm{p}t})^2}{b - a + N_{\mathrm{p}t}} \tag{12}$$

将式(7)、式(8)和式(9)分别代入式(1)、式(2)、式(4)、式(11)和式(12),分别得到:

$$N_{\mathrm{p}t} = \frac{t}{At + B} \tag{13}$$

$$Q_t = \frac{B}{(At + B)^2} \tag{14}$$

$$\overline{Q}_t = \frac{B}{(At + B)(At + B - A)} \tag{15}$$

$$N_{\mathrm{p}t} = \frac{1}{A}(1 - \sqrt{BQ_t}) \tag{16}$$

$$N_{\mathrm{p}t} = \frac{1}{A}\left[1 + \frac{A\overline{Q}_t - \sqrt{(A\overline{Q}_t)^2 + 4B\overline{Q}_t}}{2}\right] \tag{17}$$

式(13)、式(14)和式(15)为Копытов衰减校正曲线预测累计产量、瞬时产量和年产量的简化公式。式(16)和式(17)为简化后的累计产量与瞬时产量、年产量的关系公式。简化后公式的优点是参数求取方便，只需回归式(10)即可。

式(13)中 $t→∞$ 和式(16)、式(17)中 $Q_t、\bar{Q}_t→0$，它们的极限值均是 $\frac{1}{A}$，即为递减期的最大可采储量 N_{Rmax}。如果将经济极限开发时间 t_{EL} 代入式(13)，或将经济极限产量 Q_{EL} 和 $\bar{Q}_{EL}$ 分别代入式(16)和式(17)，均能求得相同的经济极限可采储量 N_R。

4 方法应用实例分析

4.1 实例1：以某气藏中某气井为例[1]

将表1中的实际数据按式(10)作出 $\frac{1}{G_{Pt}}$ — $\frac{1}{t}$ 的关系曲线。由图2看出，线性关系非常好。回归结果见表2。

表1 某气井的实际生产数据与预测结果

日期	t (a)	Q_t (10^4m³/d) 实际值	预测值 式(14)或式(2)	预测值 式(15)或式(4)	G_{Pt} (10^8m³) 实际值	预测值
1979.1.1	0	28.47	28.409	34.706	0	0
1979.7.1	0.5	23.91	23.879	28.644	0.475377	0.475336
1980.1.1	1.0	20.27	20.353	24.046	0.876744	0.877671
1980.7.1	1.5	17.53	17.554	20..474	1.224025	1.222623
1981.1.1	2.0	15.26	15.295	17.643	1.522915	1.521651
1981.7.1	2.5	13.44	13.445	15.363	1.784799	1.783353
1982.1.1	3.0	11.90	11.912	13.498	2.015371	2.014308
1982.7.1	3.5	10.59	10.627	11.953	2.214631	2.219634
1983.1.1	4.0	9.56	9.539	10.659	2.402505	2.403372

表2 某气井式(10)和式(1)中参数统计表

	截距 A	斜率 B	相关系数 R
式(10)	0.17497965	0.9643996	0.999999112
	截距 a	斜率 b	校正系数 c
式(1)	5.71495019	31.49792417	5.51149584

由于实例1要预测的是日产量，应选用式(14)或式(2)。从表1和图3看出，年产量预测公式(15)或式(4)的预测结果明显偏大，可见，瞬时产量公式并不能代替年产量公式。反之亦然。

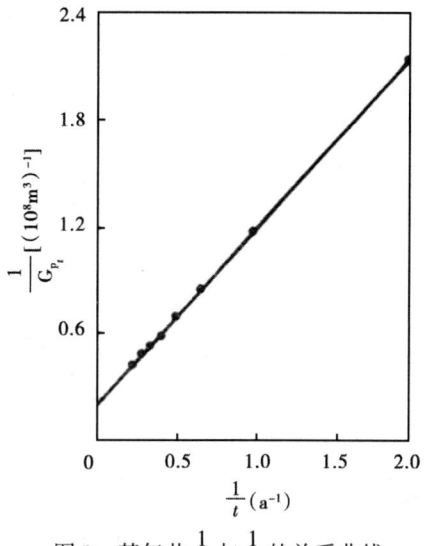

图 2 某气井 $\dfrac{1}{G_{P_t}}$ 与 $\dfrac{1}{t}$ 的关系曲线

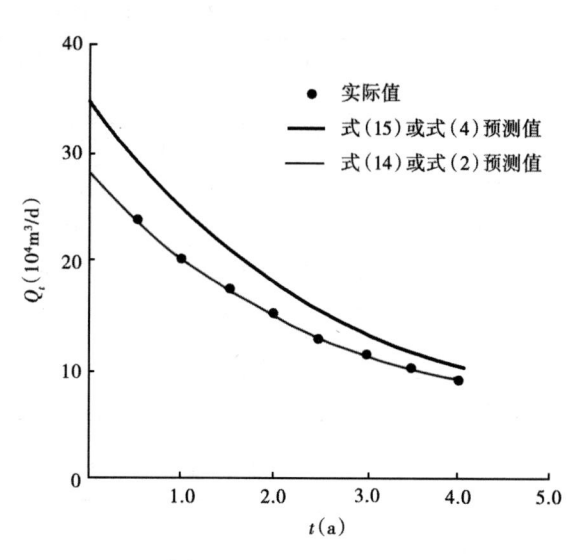

图 3 某气井实际、预测产量对比曲线

若该井的极限瞬时产量 $Q_{EL}=2\times10^4 m^3/d$,由式(14)求得 $t_{EL}=15.2606a$,再由式(15)得到极限年产量 $\overline{Q}_{EL}=2.1012\times10^4 m^3/d$(或 $\overline{Q}_{EL}=0.0767\times10^8 m^3/a$),则可由式(13)、式(16)、式(17)求得相同的可采储量 $G_R=4.1986\times10^8 m^3$。

4.2 实例2：以港东油田为例

同实例1,作出 $\dfrac{1}{N_{P_t}}-\dfrac{1}{t}$ 关系曲线(图4),回归结果见表4。该例预测的是年产量,因此应选用笔者推导的年产量公式(15)或式(4),由表3及图5反映出式(14)或式(2)预测结果比实际值偏低。进一步证明了传统油气藏工程方法中用微分后的瞬时公式预测年(月)产量的不合理性。

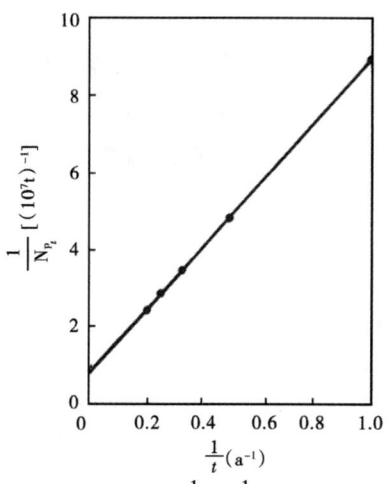

图 4 港东油田 $\dfrac{1}{N_{P_t}}$ 与 $\dfrac{1}{t}$ 的关系曲线

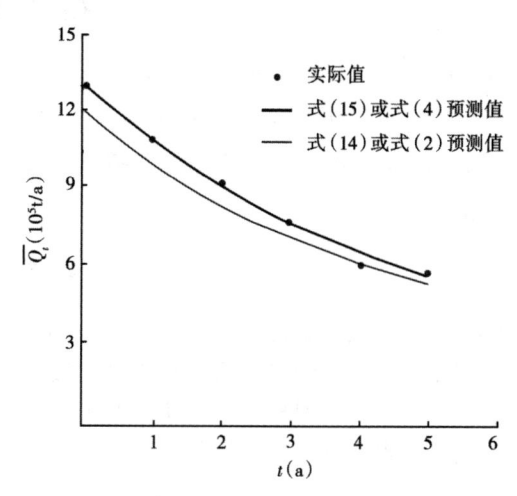

图 5 港东油田实际、预测产量对比曲线

71

表3 港东油田的实际生产数据预测结果

年份	t(a)	$\overline{Q_t}$(t/d) 实际值	预测值 式(15)或式(4)	预测值 式(14)或式(2)	N_{p_t}(t) 实际值	N_{p_t}(t) 预测值
1975	0	1300000	1334782	1207548	0	0
1976	1	1100000	1102460	1006517	1100000	1102460
1977	2	950000	925936	851806	2050000	2028396
1978	3	780000	788666	730207	2830000	2817062
1979	4	630000	679815	632902	3460000	3496877
1980	5	600000	592045	553826	4060000	4088923

表4 港东油田式(10)和式(1)中参数统计表

式(10)	截距 A	斜率 B	相关系数 R
	7.89383625×10⁻⁸	8.28124215×10⁻⁷	0.999920209
式(1)	截距 a	斜率 b	校正系数 c
	12668111.78	132898248.6	10.49071013

5 结束语

(1)通过对 Копытов 衰减校正曲线的分析和研究,分析论证了瞬时产量与年(月)产量关系,推导出年(月)产量的预测公式。

(2)给出了利用 $\frac{1}{N_{p_t}}$ — $\frac{1}{t}$ 的关系求解式(1)中参数 a,b 和 c 的简易方法,并对 Копытов 衰减校正曲线方程及有关公式进行了简化。经实验证实,本文方法是行之有效的。

符号释义

a—直线式(1)截距,常数;b—直线式(1)斜率,常数;A—直线式(10)截距,常数;B—直线式(10)斜率,常数;c—校正系数,常数;t—递减期开发时间,a;N_{p_t}—油藏累计产量,t;G_{p_t}—气藏累计产量,$10^8 m^3$;Q_t—油气藏递减期瞬时产量,t/a 或 $10^4 m^3/d$;$\overline{Q_t}$—油气藏递减期年产量,t/a 或 $10^4 m^3/d$。

参考文献

[1]陈元千.广义的 Копытов 公式及其应用[J].石油勘探与开发,1991,18(1):56-61.
[2]陈钦雷,等.油田开发设计与分析基础[M].北京:石油工业出版社,1982.
[3]倪若石.处理产量衰减曲线的新方法及其在蒸汽吞吐中的应用[J].石油勘探与开发,1988,15(5):64-67.
[4]胡建国.衰减曲线分析的新方法[J].西安石油学院报,1993,8(3):10-16.

一种新型的衰减曲线及其应用

文章证明卡彼托夫、马修斯—列弗柯维兹以及 $n = 0.5$ 的阿普斯 3 种衰减曲线为同一曲线,并提出了一种倒数关系的替代模型;证明了卡彼托夫两种校正公式在本质上是完全一致的,其参数 a,b 和 c 之间始终满足 $c=b/a$ 的关系;论述了瞬时产量与阶段产量的差异,推导出了相应的公式,指出传统方法用 dN_p/dt 预测年产量的不合理性。

1 三种衰减曲线分析

目前被我国列为可采储量标定方法之一的卡彼托夫衰减曲线其形式为:

$$N_p = a - \frac{b}{t} \tag{1}$$

由于式(1)在开发初期是一条上翘的曲线,油藏工程研究者在应用时通常对其进行如下修正[1-6]:

$$N_p = a - \frac{b}{t+c} \tag{2}$$

对式(2)微分并将 $Q = \dfrac{dN_p}{dt}$ 代入得瞬时产量公式为:

$$Q = \frac{b}{(t+c)^2} \tag{3}$$

式(2)虽可看成为一条直线,但 c 通常难以确定,采用试差法[2]和公式法[3]计算,工作量大且精度差。而另一种校正形式[7-10]:

$$N_p = \frac{a}{b} - \frac{a}{b+t} \tag{4}$$

则没有式(2)应用广泛。

1945 年,阿普斯将递减规律归结为指数递减($n = 0$)、比例递减($n = -1$)、调和递减($n = 1$)及双曲线($0<n<1$)4 种类型,即分别表示为:

$$Q = Q_i e^{D_i t} \tag{5}$$

$$Q = Q_i(1 - D_i t) \tag{6}$$

$$Q = \frac{Q_i}{(1 + D_i t)} \tag{7}$$

$$Q = \frac{Q_i}{(1+nD_i t)^{\frac{1}{n}}} \tag{8}$$

据文献[5],当 $n = 0.5$ 时,得阿普斯衰减方程为:

$$Q = \frac{Q_i}{(1+0.5D_i t)^2} \tag{9}$$

对式(9)积分,并将 $N_p = \int_0^t Q\mathrm{d}t$ 代入,得累计产量为:

$$N_p = \frac{Q_i}{0.5D_i} - \frac{Q_i}{0.5D_i(1+0.5D_i t)} \tag{10}$$

另外,对马修斯—列弗柯维兹衰减方程微分后其瞬时产量公式为:

$$N_p = a - \frac{aN_p}{Q_i t} \tag{11}$$

$$Q = \frac{a^2 Q_i}{(a+Q_i t)^2} \tag{12}$$

不难看出式(9)和式(10)可化为式(3)和式(2)相同的形式:

$$Q = \frac{\dfrac{Q_i}{0.25 D_i^2}}{\left(t + \dfrac{1}{0.5 D_i}\right)^2} \tag{13}$$

$$N_p = \frac{Q_i}{0.5 D_i} - \frac{\dfrac{Q_i}{0.25 D_i^2}}{t + \dfrac{1}{0.5 D_i}} \tag{14}$$

式(11)和式(12)也可化为式(3)和式(2)相同的形式:

$$N_p = a - \frac{\dfrac{a^2}{Q_i}}{t + \dfrac{a}{Q_i}} \tag{15}$$

$$Q = \frac{\dfrac{a^2}{Q_i}}{\left(t + \dfrac{a}{Q_i}\right)^2} \tag{16}$$

不难看出,如果视衰减方程式(9)至式(12)中的 $\dfrac{Q_i}{0.5D_i}$ 与 a、$\dfrac{Q_i}{0.25D_i^2}$ 与 $\dfrac{a^2}{Q_i}$、$\dfrac{1}{0.5D_i}$ 与 $\dfrac{a}{Q_i}$ 为衰减方程式(3)和式(2)中的 a,b 和 c,则3种衰减方程为同一方程,同时文献[4]和文献[7]也提

出相同观点。

为了解决上述问题,克服 3 种衰减方程在参数求解时的不足,本文提出一种可以替代 3 种衰减曲线的新模型。

2 新型衰减曲线模型的推导

2.1 应用修正后的卡彼托夫方程推导新模型

方法一:将 $t = 0$ 代入式(3),得到递减初始的瞬时产量:

$$Q_i = \frac{b}{c^2} \tag{17}$$

把式(17)代入式(3),可得:

$$Q = Q_i \left(\frac{c}{t+c}\right)^2 \tag{18}$$

由于 $N_p = \int_0^t Q \mathrm{d}t$,对式(18)积分,则有:

$$N_p = \frac{Q_i c t}{t + c} \tag{19}$$

式(19)写成倒数形式,并令 $A = \frac{1}{Q_i c}$,$B = \frac{1}{Q_i}$,则有:

$$\frac{1}{N_p} = \frac{1}{Q_i c} + \frac{1}{Q_i}\frac{1}{t} = A + B\frac{1}{t} \tag{20}$$

式(20)即为本文推导的新模型,它揭示了在平面直解坐标中 $\frac{1}{N_p}$ 与 $\frac{1}{t}$ 之间呈线性关系。

方法二:由式(2)和式(3)消去 $(t+c)$,得到如下关系:

$$Q = \frac{1}{b}(a - N_p)^2 \tag{21}$$

当 $t = 0$ 时,$N_p = 0$,由式(21)可得:

$$Q_i = \frac{a^2}{b} \tag{22}$$

由式(17)和式(22)即得:

$$c = \frac{b}{a} \tag{23}$$

式(23)反映了卡彼托夫衰减方程中 a,b 和 c 之间的关系规律。在使用卡彼托夫衰减方程时,如回归求得的 a 和 b 值不能近似满足式(23),说明 c 没选准。

将 $b = ac$ 代入式(2),并令 $A = \frac{1}{a}$,$B = \frac{c}{a}$,即可得到与式(20)相同的模型:

$$\frac{1}{N_p} = \frac{1}{a} + \frac{c}{a}\frac{1}{t} = A + B\frac{1}{t} \tag{24}$$

方法三[4]：对式(4)通分，取倒数，并令 $A = \frac{b}{a}, B = \frac{b^2}{a}$，可得：

$$\frac{1}{N_p} = \frac{b}{a} + \frac{b^2}{a}\frac{1}{t} = A + B\frac{1}{t} \tag{25}$$

2.2 应用 $n = 0.5$ 的阿普斯方程推导新模型[5]

将式(10)化简，可得：

$$\frac{1}{N_p} = \frac{Q_i t}{1 + 0.5 D_i t} \tag{26}$$

对式(26)取倒数，并令 $A = \frac{0.5 D_i}{Q_i}, B = \frac{1}{Q_i}$，则有：

$$\frac{1}{N_p} = \frac{0.5 D_i}{Q_i} + \frac{1}{Q_i}\frac{1}{t} = A + B\frac{1}{t} \tag{27}$$

2.3 利用马修斯—列弗柯维兹方程推导新模型

式(11)经一定的变换，即有：

$$N_p = \frac{a}{1 + \frac{a}{Q_i t}} \tag{28}$$

式(28)写成倒数形式，令 $A = \frac{1}{a}, B = \frac{1}{Q_i}$，则得：

$$\frac{1}{N_p} = \frac{1}{a} + \frac{1}{Q_i}\frac{1}{t} = A + B\frac{1}{t} \tag{29}$$

结论：式(27)、式(29)即为式(20)，故3种衰减曲线为同一衰减曲线。

3 阶段产量与瞬时产量的关系研究

由式(20)整理得到式(30)，由式(30)对时间 t 求导得到瞬时产量公式：

$$N_p = \frac{t}{At + B} \tag{30}$$

$$Q = \frac{B}{(At + B)^2} \tag{31}$$

经过微分(dN_p/dt)得到的式(31)是阶段末 t 时刻的瞬时产量，用其进行阶段产量预测时，预测值要比实际值偏低。图1为油气藏衰减期产量变化示意图。

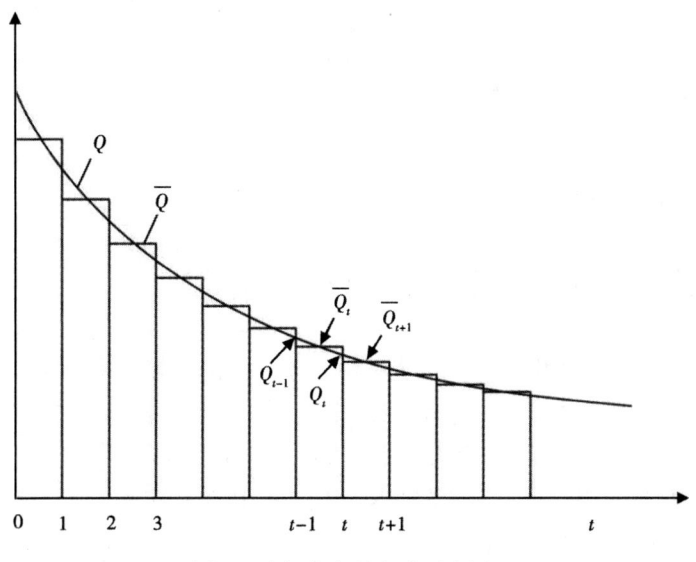

图 1 油气藏产量衰减示意图

从图 1 中可见，t 时刻的产量 Q_t 要小于第 t 年(即 t 阶段)的年产量 $\overline{Q}_t$，但大于第 $t+1$ 年的年产量 $\overline{Q}_{t+1}$。由于第 t 年的产量可以由 $\overline{Q}_t = N_{p_t} - N_{p_{t-1}}$ 表示，将式(30)代入得到年产量预测公式：

$$\overline{Q} = \frac{B}{(At+B)(At+B-A)} \tag{32}$$

式(32)为一阶段产量公式，阶段的时间单位可定为年或月。如果预测某一天的产量，可以近似地看作是瞬时产量，用式(31)。

由式(30)和式(31)、式(30)和式(32)分别消去 t，得到瞬时产量与累计产量、年产量与累计产量关系式：

$$N_p = \frac{1}{A}(1 - \sqrt{BQ}) \tag{33}$$

$$N_p = \frac{1}{A}\left[1 + \frac{A\overline{Q} - \sqrt{(A\overline{Q})^2 + 4B\overline{Q}}}{2}\right] \tag{34}$$

当 Q 与 $\overline{Q}$ 取经济极限值 Q_{EL} 和 $\overline{Q}_{EL}$ 时，得到油气藏的可采储量预测公式：

$$N_R = \frac{1}{A}(1 - \sqrt{BQ_{EL}}) \tag{35}$$

$$N_R = \frac{1}{A}\left[1 + \frac{A\overline{Q}_{EL} - \sqrt{(A\overline{Q}_{EL})^2 + 4B\overline{Q}_{EL}}}{2}\right] \tag{36}$$

将 Q_{EL} 代入式(31)或 $\overline{Q}_{EL}$ 代入式(32)，求得经济开发时间 t_{EL}，将 t_{EL} 代入式(30)，求得可采储量。

$$N_R = \frac{t_{EL}}{At_{EL} + B} \tag{37}$$

开发全过程的可采储量等于衰减前的累计产量加上衰减期的可采储量,即:

$$N'_R = N'_p + N_R \tag{38}$$

对于气藏,则将 N_p 改为 G_p, N_R 改为 G_R。

4 衰减曲线新模型的应用

[**实例**]以某气藏中某气井为例[1]。表1中 a,b 和 c 是由表2中数据按式(20)作出图2,通过回归得到 A,B 和 R,再经过式(2)计算得到的。作出图3,校正效果不错。需要预测上下半年初(第1天)的产量,用式(31)或式(3)。从表2看出,阶段产量公式[式(32)]预测的结果明显偏大。若 $Q_{EL} = 2 \times 10^4 m^3$,由式(33)求得 $G_R = 4.1986 \times 10^8 m^3$。亦可由式(31)求得 $t_{EL} = 15.261a$,代入式(37)得到同一结果。还可将 t_{EL} 代入式(33),求得 $\overline{Q}_{EL} = 2.101153 \times 10^4 m^3/d$ 或 $\overline{Q}_{EL} = 0.076692 \times 10^8 m^3/a$,然后由式(36)求得相同的结果,即 $G_R = 4.1986 \times 10^8 m^3$。

表1 衰减曲线新模型与卡彼托夫修正模型参数统计表

	截距 A	斜率 B	相关系数 R
式(20)	0.17497965	0.9643996	0.999999112
	截距 a	斜率 b	校正系数 c
式(2)	5.71495019	31.49792417	5.51149584

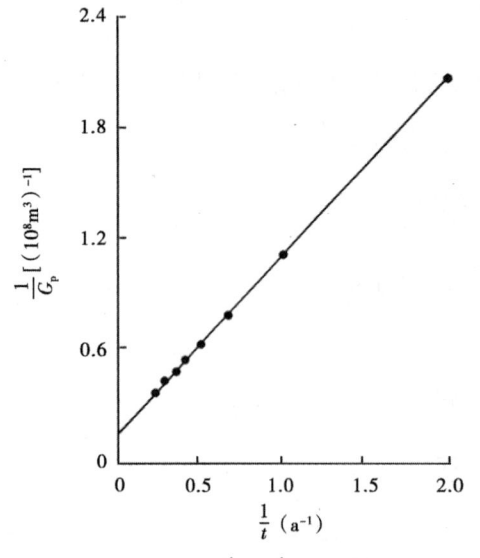

图2 某气井 $\frac{1}{G_p}$ 与 $\frac{1}{t}$ 的关系曲线

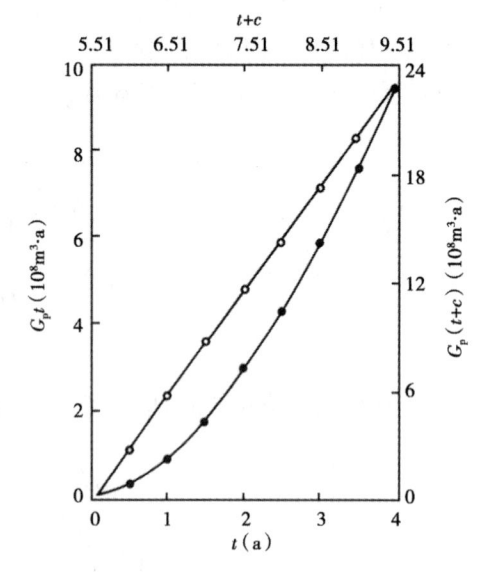

图3 某气井的 $G_p t$ 和 $G_p(t+c)$ 与 t 和 $t+c$ 的关系

表 2 某气井的实际生产数据与预测结果表

日期	t (a)	$Q(10^4 m^3/d)$ 实际值	式(31)或式(3)预测值	$\bar{Q}(10^4 m^3/d)$ 式(32)预测值	$G_p(10^8 m^3)$ 实际值	预测值
1979.1.1	0	28.47	28.409	34.706	0	0
1980.1.1	1.0	20.27	20.353	24.046	0.876744	0.877671
1981.1.1	2.0	15.26	15.295	17.643	1.522915	1.521651
1982.1.1	3.0	11.90	11.912	13.498	2.015371	2.014308
1983.1.1	4.0	9.56	9.539	10.659	2.402505	2.403372

实际应用证明,本文方法既适用于油气藏单井,也适用于全油气藏。

5 结论

(1)证明了3种衰减曲线为同一曲线,提出一种可以替代3种衰减曲线的新型衰减曲线。新衰减方程克服了3种衰减方程参数求解的不足,具有方便、准确、快速的特点。

(2)证明了卡彼托夫两种校正公式在本质上是一致的,其参数 a,b 和 c 之间始终满足 $c=\frac{b}{a}$ 的关系。

(3)论述了瞬时产量与阶段产量的关系与差异,导出了相应的公式,证明了用传统方法 $Q=\frac{dN_p}{dt}$ 预测年产量的不合理性。

符号释义

a—统计系数,即式(1)、式(2)的截距,常数;b—统计系数,即式(1)、式(2)的斜率,常数;A—统计系数,即式(20)、式(24)、式(25)、式(27)、式(29)的截距,常数;B—统计系数,即式(20)、式(24)、式(25)、式(27)、式(29)的斜率,常数;c—校正系数;n—递减指数,$0<n<1$;t—递减期生产时间,a;t_{EL}—递减期的经济开发时间,a;D_i—初始递减率,a^{-1};Q_i—递减初始产量,t/a 或 $10^4 m^3/d$;Q—瞬时产量,t/a 或 $10^4 m^3/d$;$\bar{Q}$—阶段产量,t/a 或 $10^4 m^3/d$;Q_{EL}—经济极限瞬时产量,t/a 或 $10^4 m^3/d$;$\bar{Q}_{EL}$—经济极限阶段产量,t/a 或 $10^4 m^3/d$;N_p—油藏累计产量,t 或 $10^4 t$;G_p—气藏累计产量,$10^8 m^3$;N_R—油藏可采储量,t 或 $10^4 t$;G_R—气藏可采储量,$10^8 m^3$;N_p'—油藏递减前的累计产量,t 或 $10^4 t$;若为气藏则为 G_p',$10^8 m^3$;N_R'—油藏总可采储量,t 或 $10^4 t$;若为气藏则为 G_R',$10^8 m^3$。

参 考 文 献

[1]胡建国.衰减曲线分析的新方法[J].西安石油学院学报,1993,8(3):10-16.
[2]陈元千.广义的Копытов公式及其应用[J].石油勘探与开发,1991,18(1):56-61.
[3]王俊魁.对油气田产量衰减曲线的理论探讨[J].石油勘探与开发,1993,20(4):64-71.
[4]陈钦雷,等.油田开发设计与分析基础[M].北京:石油工业出版社,1982.

[5]朱亚东,张家详.碳酸盐岩油藏原油储量计算的动态方法[J].石油学报,1985,6(2):51-58.

[6]倪若石.处理产量衰减曲线的新方法及其在蒸汽吞吐中的应用[J].石油勘探与开发,1988,15(5):64-67.

[7]陈元千.确定递减类型的新方法[J].石油学报,1990,11(1):74-80.

[8]陈元千.确定定容气藏递减类型的新方法[J].石油勘探与开发,1984,11(3):52-59.

[9]周吉敏.双曲线递减规律参数求解的统计方法及递减规律的判别[J].石油勘探与开发,1990,17(5):60-67.

[10]胡建国.递减曲线分析的一种简易方法[J].江苏油气,1994,5(2):24-29.

求解 Копытов 衰减曲线校正参数 c 的最佳方法

产量衰减曲线之所以广泛应用于国内外气藏开发,是因为它具有一定的普遍性[1-4],既适于油田,也适于气田;既适于全油气藏,也适于单井;既适于弹性驱或溶解气驱开发的油气藏,也适于注水或天然水驱开发的油气藏。它不但可以预测油气藏未来产量的变化,而且可以预测油气藏的最终可采储量。

迄今普遍应用的衰减曲线是 Копытов 于 1970 年根据矿场实际资料分析研究后提出的:

$$N_p = a - \frac{b}{t} \tag{1}$$

但是,由式(1)绘制的曲线在油气藏开发初期常常是一条向累计产量坐标轴弯曲上翘的曲线,只有经过相当长的时间后才趋于一条直线。为了缩短应用时间,我国的油气藏工程师对式(1)进行了如下修正:

$$N_p = a - \frac{b}{t+c} \tag{2}$$

在应用式(2)时,虽然能够得到一条较好的直线,但 c 值的确定受人为因素的影响,精度难以保证。目前,c 值的确定有 2 种方法:一是用试差法[2],该法需要大量的作图与运算时间,且容易漏掉 c 的最优值;二是用公式法[4],该法受随机因素的影响大,不同的计算者选用不同点的数据进行计算,因而得到互不相同的结果,人为地产生了误差。两种方法均属近似的方法。本文提出了求解系数 c 的最佳方法,弥补了上述两种方法的不足。

1 方法原理

将式(2)进行微分,即得到预测油气藏瞬时产量的公式:

$$Q = \frac{b}{(t+c)^2} \tag{3}$$

传统油藏工程方法中,式(3)即为年(或月)产量的预测公式。然而,式(3)是经微分得到的,它揭示的是阶段(如年或月)末的瞬时产量。而通常广泛应用的年产量是指一年中年初至年末的平均产量,在数值上等于一年中的平均日产量乘以时间 365 天。众所周知,在产量递减期,某阶段初的产量水平一定高于该阶段末的产量水平。由此可见,在传统油藏工程方法中,将瞬时产量公式[式(3)]近似地当作年(或月)产量预测公式进行预测的做法是不尽合理的,其预测结果将比实际值偏低。在油气藏开发过程中,可将某一天的产量近似地当作瞬时产量。

根据式(2),第 t 年的累计产量减去第 $(t-1)$ 年的累计产量,即 $N_p(t) - N_p(t-1)$,便为第 t 年的产量。其表达式为:

$$\overline{Q} = \frac{b}{(t+c)(t+c-1)} \tag{4}$$

由式(2)可以求得：

$$t + c = \frac{b}{a - N_p} \tag{5}$$

将式(5)代入式(3)，得到瞬时产量与累计产量的关系式为：

$$Q = \frac{1}{b}(a - N_p)^2 \tag{6}$$

同理，将式(5)代入式(4)，可得年产量与累计产量的关系式为：

$$\overline{Q} = \frac{(a - N_p)^2}{b - a + N_p} \tag{7}$$

当 $t=0$ 时，$N_p=0$，由式(3)和式(6)分别得到递减初始的瞬时产量公式为：

$$Q_i = b/c^2 \tag{8}$$

$$Q_i = a^2/b \tag{9}$$

由于式(8)等于式(9)，所以求得：

$$c = b/a \tag{10}$$

同理，当 $t=0$ 时，$N_p=0$ 时，由式(4)和式(7)分别得到递减初始的瞬时产量公式为：

$$\overline{Q_i} = \frac{b}{c^2 - c} \tag{11}$$

$$\overline{Q_i} = \frac{a^2}{b - a} \tag{12}$$

因为式(11)等于式(12)，则有：

$$(b - ac)(b + ac) = a(b - ac) \tag{13}$$

由此可见，只有 $b-ac=0$，即 $c=b/a$ 时，式(13)才为一恒等式。并且满足 $t \to 0$ 时，$N_p \to 0$ 的条件。

通过证明发现，校正系数 c 与参数 a 和 b 之间始终满足，并且必须满足 $c=b/a$ 的规律关系。式(10)非常重要和有意义，它不但是求解 c 值的关键点，而且揭示了 Копытов 校正公式即式(2)中 a,b 和 c 三者之间内在规律关系。

如果在应用式(2)时，求得的 a,b 和 c 在 $t=0$ 的条件下，N_p 不能近似为0，即满足不了式(10)的条件，证明所确定的校正系数 c 有问题，不是最优值。

将式(2)右端通分，得到：

$$N_p = \frac{at + ac - b}{t + c} \tag{14}$$

把式(10)代入式(14)的分子，可得：

$$N_p = \frac{at}{t+c} \tag{15}$$

再将式(15)写成倒数的形式：

$$\frac{1}{N_p} = \frac{1}{a} + \frac{c}{a}\frac{1}{t} \tag{16}$$

令：

$$A = 1/a \quad 或 \quad a = 1/A \tag{17}$$
$$B = c/a \tag{18}$$

那么式(16)变为：

$$\frac{1}{N_p} = A + B\frac{1}{t} \tag{19}$$

将式(17)代入式(18)求得校正系数 c：

$$c = B/A \tag{20}$$

再将式(17)、式(20)式代入式(10)，求得 b：

$$b = B/A^2 \tag{21}$$

式(19)即为文本推导的 Копытов 校正曲线的变形形式，或称为替代式。它揭示了在直角坐标系中油气藏递减阶段积累产量的倒数与时间倒数之间的关系(图1和图2)。

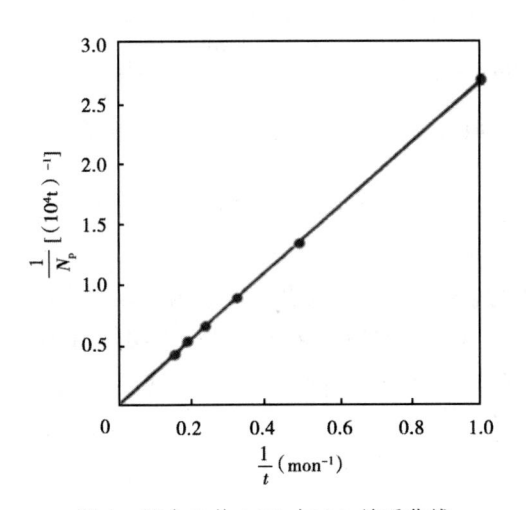

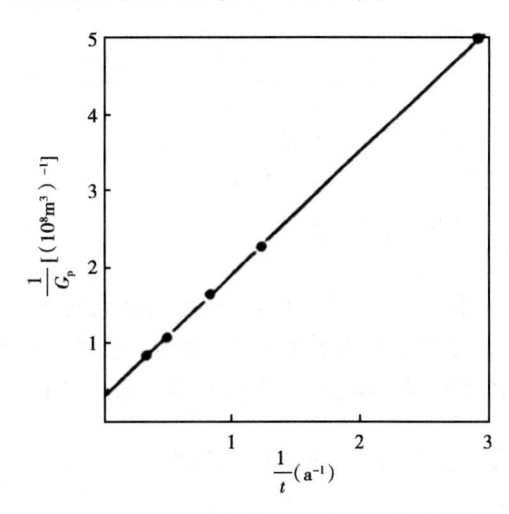

图1 桩古2井 $1/N_p$ 与 $1/t$ 关系曲线

图2 Vieksburg气藏 $1/G_p$ 与 $1/t$ 关系曲线

综上，由式(19)经过简单的回归得到 A 和 B，将其分别代入式(17)、式(20)和式(21)，可求得 a,b 和 c。再将所求得的 a,b 和 c 分别代入式(2)、式(3)和式(4)，即可进行油气藏累积产量、瞬时产量及年(或月)产量预测。

2 应用实例

以胜利油田桩西裂缝性潜山灰岩油藏的桩古 2 井和美国得克萨斯州南部维克斯伯格(Viksburg)气藏为例。

2.1 实例 1:桩古 2 井

桩古 2 井 1983 年的产量实际数据[5]列于表 1。将表 1 中的数据按式(19)作出 $1/N_p$—$1/t$ 关系曲线(图 1)。由图 1 可见,这种线性关系是令人满意的。

表 1 桩古 2 井实际产量、预测产量统计

时间 (mon)	月产油量(t)			相对误差(%)		累计产量(t)		相对误差 (%)
	实际值	式(4)预测	式(3)预测	式(4)	式(3)	实际	预测	
0	4341	3912.46	3835.00	9.87	11.16	0	0	0
1	3766	3760.56	3687.56	0.14	2.08	3766	3760.56	0.14
2	3557	3617.34	3548.46	1.69	0.24	7323	7377.90	0.75
3	3548	3482.16	3417.09	1.85	3.69	10871	10860.06	0.10
4	3336	3354.40	3292.87	0.55	1.29	14207	14214.46	0.05
5	3299	3233.56	3175.31	1.98	3.75	17506	17448.02	0.33
6	3226	3119.13	3063.94	3.31	5.02	20732	20567.15	0.79

把表 1 中的 t 和 N_p 代入式(19),回归得到直线截距 A、倾斜 B 和相关系数 R。由式(17)、式(21)、式(20)分别求得 a,b 和 c。

作出 $N_p t$ 和 $N_p(t+c)$ 与 t 和 $t(t+c)$ 关系曲线图,从图 3 看出校正后的曲线是一条相当好的直线。

月产量为一阶段产量,应该用推导的式(4)进行预测,为了比较瞬时产量与阶段产量的差异,表 1 同时给出了用式(3)的预测结果。不难看出,式(3)预测的结果明显低于实际值,证明传统用瞬时产量公式[式(3)]近似预测阶段产量的做法是不合理的。

2.2 实例 2:Viksburg 气藏

Viksburg 气藏的生产数据[6]见表 2。同实例 1 一样,作出 $1/G_p$—$1/t$ 关系曲线(图 2),回归得到 A,B 和 R 后,由式(17)、式(21)和式(20)分别算出 a,b 和 c。代入 c 作出用以观察校正效果的图 4。此例是将日产量作为瞬时产量处理,应选式(3)进行预测。由表 2 的预测看出,阶段产量公式(4)的预测结果误差很大,进一步证明了本文前面的论述是正确的,即瞬时产量与阶段产量之间存在着一定的差异,后者在数值上大于前者。传统将瞬时产量公式[式(3)]用作阶段(年或月)产量预测是欠妥的。

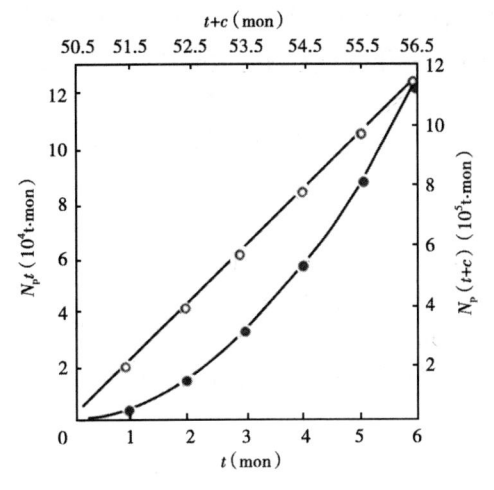

图 3 桩古 2 井 $N_p t$ 和 $N_p(t+c)$ 与 t 和 $(t+c)$ 的关系图

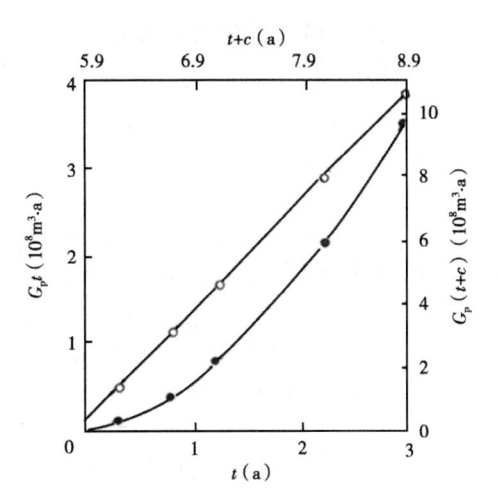

图 4 Vicksburg 气藏 $G_p t$ 和 $G_p(t+c)$ 与 t 和 $(t+c)$ 的关系

表 2 Vicksburg 气藏实际产量、预测产量统计表

时间	日产气量($10^4 m^3$)			相对误差(%)		累计气量($10^4 m^3$)		相对误差
(a)	实际值	式(3)预测	式(4)预测	式(3)	式(4)	实际	预测	(%)
0	17.68	16.979	20.443	3.96	15.63	0	0	0
0.33	15.66	15.229	18.139	2.75	15.83	1931.4	1936.85	0.28
0.80	13.38	13.168	15.477	1.58	15.67	4445.3	4366.10	1.78
1.21	11.62	11.693	13.606	0.63	17.09	6257.5	6223.02	0.55
2.20	8.90	9.010	10.279	1.24	15.49	9739.9	9932.00	1.97
2.94	7.37	7.565	8.530	2.65	15.74	11940.5	12161.92	1.85

3 小结

(1)本文基于对 Копытов 衰减曲线校正方程的研究,推导得出校正系数 c 与参数 a 和 b 之间始终满足并且必须满足 $c=b/a$ 的规律关系。

(2)本文推导给出的 Копытов 校正曲线的变形形式(或称替代形式),可以直接求解 a,b 和 c,具有简单、快速、准确的特点。弥补了传统确定 c 的方法,即试差法和公式法的不足。

(3)本文分析论证的瞬时产量与阶段(年或月)产量之间的关系、推导给出的阶段产量的预测公式经实例验证,较传统瞬时预测公式合理。

符号释义

a—统计系数,即式(1)、式(2)的截距,常数;b—统计系数,即式(1)、式(2)的斜率,常数;A—统计系数,即式(19)的截距,常数;B—统计系数,即式(19)的斜率,常数;c—校正系数,常数;N_p—油藏累计产油量,t;G_p—气藏累计产气量,$10^4 m^3$;Q—油、气藏某时刻的瞬时产量,t/mon(油),$10^4 m^3/d$(气);$\bar{Q}$—油、气藏某阶段(年或月)的产量,t/mon 或 t/a(油),$10^4 m^3/d$

（气）；Q_i—油、气藏递减初始的瞬时产量，t/mon（油），$10^4 m^3$/d（气）；$\overline{Q_i}$—油、气藏递减初始的阶段（年或月）产量，t/mon 或 t/a（油），$10^4 m^3$/d（气）；R—相关系数；t—递减期生产时间，a 或 mon。

参 考 文 献

[1] 胡建国. 衰减曲线分析的新方法[J]. 西安石油学院报, 1993, 8(3):10-16.

[2] 陈元千. 广义的 Копытов 公式及其应用[J]. 石油勘探与开发, 1991, 18(1):56-61.

[3] 王俊魁. 对油气田产量衰减曲线的理论探讨[J]. 石油勘探与开发, 1993, 20(4):64-71.

[4] 陈钦雷, 等. 油田开发设计与分析基础[M]. 北京:石油工业出版社, 1982.

[5] 周吉敏. 双曲线递减规律参数求解的统计方法及递减规律的判别[J]. 石油勘探与开发, 1990, 17(5):60-63.

[6] 陈元千. 确定定容气藏递减类型的新方法[J]. 石油勘探与开发, 1984, 11(3):52-59.

产量衰减方程参数求解的新方法

在油气藏(田)开发过程中,预测油气藏产量递减趋势是油气藏开发分析和油气藏动态预测的主要内容之一,是编制油气藏开发规划、设计油气藏开发调整方案的主要依据。

产量衰减方程很好地描述了油气藏产量递减规律,它不仅可以用以预测各种驱动类型油气藏的未来动态,而且可以确定递减阶段的可采储量,同时它也适用于单井产量预报和可采储量预测。由于衰减方程的广泛性和普遍性,使其在国内外的油气藏工程中得以广泛应用,并被我国列为标定油气藏可采储量和采收率的重点方法。

1970年,A. B Копытов 根据矿场生产实际资料,提出了描述累计产量随时间变化规律的经验公式,其式表示为[1]:

$$N_p = a - \frac{b}{t} \tag{1}$$

式中　N_p——油气藏或单井的累计产量,$10^4 \mathrm{m}^3$;
　　　a——截距;
　　　$-b$——斜率;
　　　t——递减阶段的开发时间,d 或 a。

式(1)具有一定的局限性,它仅适用于递减后期阶段,而不能用于油气藏递减初期阶段。同时,式(1)不能满足 $t \to 0$ 时,$N_p \to 0$ 的初始条件,为了提前应用时间和提高应用效果,式(1)被我国科技工作者修正改写为[2]:

$$N_p = a - \frac{b}{t + c} \tag{2}$$

式中　c——校正系数。

利用式(2)虽然可以很好地进行未来动态预报和可采储量预测,但这只是在参数 a,b 和 c 的确定十分准确的条件下,才能得到实现的。目前,确定参数的方法比较烦琐,尤其是校正系数 c 的计算因人而异,具有多解性,极大影响了衰减曲线的应用,这是公认的缺点。本文除对各种参数求解方法进行分析比较、指出不足之处外,提出了一种新的参数求解方法。

1　传统的参数求解方法

迄今,任何一种确定衰减参数的方法都是建立在瞬时产量与时间或累计产量与时间的规律关系基础之上。综观传统参数求解方法,可以概括划分为3种类型5种方法。第一类方法是内插公式法(即求 c 法)和试差法[3]。此类方法参数求解过程可以分两个步骤:(1)求得校正系数 c;(2)以 c 为已知,求解参数 a 和 b。内插公式法的缺点是受随机因素影响大,不同的计算者因用的数据不同、绘图和内插的精度不同,具有多解性,人为地产生误差。试差法需要大量的作图与运算时间,况且人工难以穷尽应该试凑的所有值,容易漏掉校正系数 c 的最优值,该方法同样会因人而异,即具有多解性。第二类方法是线性回归法。一种是利用瞬时产量与时间($\sqrt{Q_i/Q}=a+bt$,式中:Q_i为递减初始时油气藏或单井的产量,t/d 或 $10^4m^3/d$;Q 为油气藏或单井的瞬时产量,t/d 或 $10^4m^3/d$)的关系确定参数 a,b 和 c[4]。另一种是利用累计产量与时间($1/N_p = a + b/t$)的线性关系确定参数 a,b 和 c[5]。但文献[4]提出的方法将递减初始产量 Q_i 作为已知数据处理,在理论上是不尽合理的。第三类方法是利用最小二乘法对式(2)进行求解[6],此方法的特点同第二类方法一样可以一次完成全部参数的求解过程。由于是在计算机上完成,因此可以取得令人满意的 a,b 和 c。然而,不足之处也在于其只能在计算机上求解,简单的计算工具难以胜任,并且对无上机条件或计算机水平较低的现场人员来说是困难的,本文提供的参数求解新方法,除克服上述方法的不足之处外,具有易于操作,简单方便,容易掌握的特点。

2 新方法的推导

传统的参数求解方法只考虑了瞬时产量、累计产量、时间3项因素中的2项因素,如瞬时产量与时间、累计产量与时间的关系。本方法的特点在于,参数求解的同时考虑瞬时产量、累计产量和开发时间3项因素的作用。

由于:

$$Q = \frac{dN_p}{dt} \quad (3)$$

将式(2)代入式(3),求解瞬时产量与时间之间的关系公式:

$$Q = \frac{b}{(t+c)^2} \quad (4)$$

由式(4)解出 b 为:

$$b = Q(t+c)^2 \quad (5)$$

将式(5)代入式(2),经整理移项即有:

$$tQ + N_p = a - cQ \quad (6)$$

式(6)即为本文提出的参数求解方法的模型,它同时包含了开发时间 t、瞬时产量 Q 和累计产量 N_p 3项变量(或称3项因素)。由式(6)我们可以看出,递减期油气藏的瞬时产量 Q 与 $(tQ + N_p)$ 之间,在平面直角坐标系中呈线性关系。经回归,可以容易地求得 a 和 c。

当 $t = 0$ 时,递减初始累计产量 $N_p = 0$,即可由式(2)求得校正系数 c 与 a、b 之间的关系为:

$$c = b/a \quad (7)$$

至此,本文推导出了一种新的衰减曲线分析方法,它只需对式(6)进行一次简单的线性回归,便可求得全部参数 a,b 和 c。

3 方法应用举例

以某气井的实际生产资料为例,验证本方法的适用性和有效性。

表1列举了该气井的生产资料及有关数据。将表中的瞬时产量,即日产量乘以365天,化为年产量,以便与开发时间t(a)统一。然后,计算出$tQ+N_p$值,根据式(6)作出图1。图1的线性关系非常理想,证明本文提出的式(6),其所揭示的线性关系是存在的。经过线性回归,求得直线的截距a为57016.1987,斜率$-c$为-5.4947,相关系数R为-0.999968。由式(7)算出参数b为313286.907。将a,b和c分别代入式(2)和式(4),得到该气井的具体产量衰减经验公式,即式(8)和式(9)。

表1 某气井实际产量及有关数据

日期	t (a)	Q ($10^4 m^3/d$)	N_p ($10^4 m^3$)	Q ($10^4 m^3/a$)	$tQ+N_p$ ($10^4 m^3$)
1979.1.1	0	28.47	0	10391.55	0
1979.7.1	0.5	23.91	4753.77	8757.15	9117.345
1980.1.1	1.0	20.27	8767.44	7398.55	16165.990
1980.7.1	1.5	17.53	12240.25	6398.45	21837.925
1981.1.1	2.0	15.26	15229.15	5569.90	26368.950
1981.7.1	2.5	13.44	17847.99	4905.60	30111.990
1982.1.1	3.0	11.90	20153.71	4343.50	33184.210
1982.7.1	3.5	10.59	22146.31	3865.35	35675.035
1983.1.1	4.0	9.56	24025.05	3489.40	37982.650

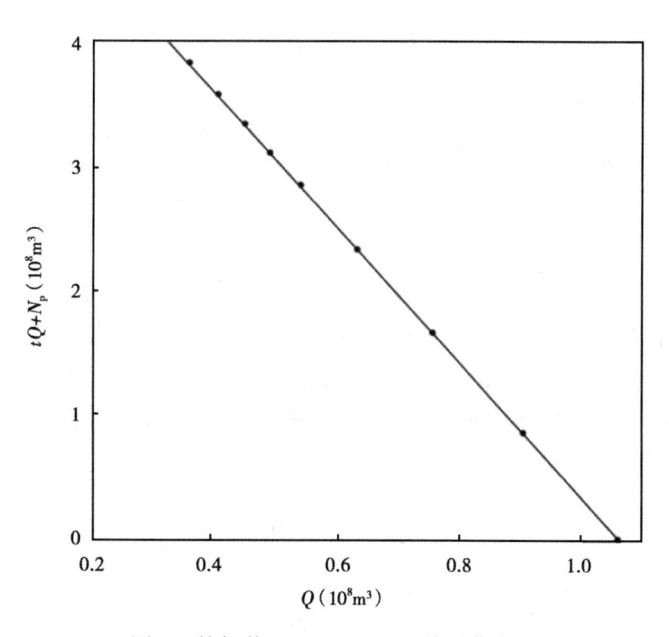

图1 某气井$(tQ+N_p)$—Q关系曲线图

$$N_p = 57016.1987 - \frac{313286.907}{t+5.4947} \tag{8}$$

$$Q = \frac{313286.907}{(t+5.4947)^2} \tag{9}$$

当 $t\to\infty$ 时，a 即为最大可采储量 $N_{Rmax} = 57016.2\times10^4 m^3$。如果该气井的最终经济极限产量假定为 $Q = 2\times10^4 m^3/d$ 或者 $Q = 730\times10^4 m^3/a$，由式(9)求得最终经济极限开发时间 $t = 15.22a$，将 t 代入式(8)，算出该气井递减阶段的最终经济极限可采储量 $N_R = 41892.3\times10^4 m^3$。表2为式(8)和式(9)的预测值与实际值，不难看出，预测结果是相当精确的。

表2 某气井实际产量与预测产量对比表

日期	t (a)	$Q(10^4 m^3/d)$ 实际	预测	相对误差 (%)	$N_p(10^4 m^3)$ 实际	预测	相对误差 (%)
1979.1.1	0	28.47	28.43	0.14	0	0	
1979.7.1	0.5	23.91	23.88	0.13	4753.77	4755.55	0.04
1980.1.1	1.0	20.27	20.35	0.39	8767.44	8778.88	0.13
1980.7.1	1.5	17.53	17.54	0.06	12240.25	12227.01	0.11
1981.1.1	2.0	15.26	15.28	0.13	15229.15	15215.07	0.09
1981.7.1	2.5	13.44	13.43	0.07	17847.99	17829.37	0.10
1982.1.1	3.0	11.90	11.89	0.08	20153.71	20135.92	0.09
1982.7.1	3.5	10.59	10.61	0.19	22146.31	22186.03	0.18
1983.1.1	4.0	9.56	9.52	0.42	24025.05	24020.22	0.02

4 结论

(1)本文基于对衰减方程以及传统参数确定方法的分析研究，将传统参数求解方法概括划分为3种类型5种方法，并比较指出了各种方法的优劣。

(2)传统的衰减方程参数求解方法无一例外的建立在瞬时产量与时间或累计产量与时间的关系基础之上，即只考虑3项变量中的2项变量。本方法突破了传统思路，使瞬时产量、累计产量和开发时间3项变量出现在同一模型(公式)之中，即瞬时产量乘以时间与累计产量之和，与瞬时产量之间，在此平面直角坐标系中呈线性关系。

(3)应用本方法，只需要进行一次简单的线性回归，即可实现衰减方程求解的全过程。经过实际资料验证，本方法简单方便、结果可靠、行之有效。

(4)衰减曲线的截距 a，不能看作是实际最大可采储量，仅为其上限，这是因为利用了时间 t 无穷大的假设。本文利用经济极限产量求出经济极限开发时间，然后计算经济极限可采储量比原方法更加切合实际。

参 考 文 献

[1] Копытов А В. Определение извлекаемых запасов и коэффциента нефтеотдачи по данным разработки залежей с карбонатными коллекторами. Нефтепромысловое дело，1970(2)：3-5.
[2] 陈钦雷,等. 油田开发设计与分析基础[M]. 北京：石油工业出版社,1982.
[3] 陈元千. 广义的 Копытов 公式及其应用[J]. 石油勘探与开发,1991,18(1)：56-61.
[4] 倪若石. 处理产量衰减曲线的新方法及其在蒸汽吞吐中的应用[J]. 石油勘探与开发,1988,15(5)：64-67.
[5] 张虎俊. 求解 Копытов 衰减曲线校正系数 c 的最佳方法[J]. 新疆石油地质,1995,16(3)：256-260.
[6] 王俊魁,潘洪真. 对产量衰减曲线的进一步探讨[J]. 新疆石油地质,1995,16(1)：48-51.

衰减曲线分析的简易方法

修正后的卡彼托夫公式,又称衰减曲线方程,是油气藏(田)及单井产量递减分析中最常用的方法之一。产量衰减方程不但可以预测未来产量的变化,同时也可用于递减阶段可采储量的确定。在实际递减分析中,衰减曲线的应用效果很大程度上取决于方程参数的求解。目前,具有代表性的参数求解方法主要有:内插公式法[1]、试差法[2]、典型曲线拟合法[3]和直线回归法[4]4种类型。本文基于对衰减曲线的研究,提出了一种简易的参数求解方法,它适用于时间任意取值条件下的衰减分析。

1 方法

根据油气藏递减率的定义,其微分表达为:

$$D = -\frac{dQ}{Qdt} \tag{1}$$

众所周知,油气藏开发进入递减阶段之后,其产量与递减率之间具有如下关系:

$$\frac{D}{D_i} = \left(\frac{Q}{Q_i}\right)^n \tag{2}$$

将式(1)代入式(2),经变形整理,积分得:

$$\int_{Q_i}^{Q} \frac{Q_i^n}{Q^{n+1}} dQ = \int_0^t -D_i dt \tag{3}$$

$$Q = \frac{Q_i}{(1 + nD_i t)^{1/n}} \tag{4}$$

对式(4)进行积分,可得:

$$N_p = \int_o^t Q_i (1 + nD_i t)^{-\frac{1}{n}} dt \tag{5}$$

$$N_p = \frac{Q_i}{(1-n)D_i} - \frac{Q_i}{(1-n)D_i}(1 + nD_i t)^{\frac{n-1}{n}} \tag{6}$$

显然,式(4)和式(6)是从递减率定义出发得到的Arps双曲线递减瞬时产量、累计产量方程。为了得到衰减方程,将式(6)改写为下式:

$$N_p = \frac{Q_i}{(1-n)D_i} - \frac{Q_i}{(1-n)D_i}(nD_i)^{\frac{n-1}{n}}\left(t + \frac{1}{nD_i}\right)^{\frac{n-1}{n}} \tag{7}$$

若设:

$$a = \frac{Q_i}{(1-n)D_i} \tag{8}$$

$$b = \frac{Q_i}{(1-n)D_i}(nD_i)^{\frac{n-1}{n}} \tag{9}$$

$$c = \frac{1}{nD_i} \tag{10}$$

则得：

$$N_p = a - b(t+c)^{\frac{n-1}{n}} \tag{11}$$

当 $n=1/2$ 时，由式(11)得到广泛应用的衰减曲线方程，即修正后的卡彼托夫公式：

$$N_p = a - \frac{b}{t+c} \tag{12}$$

由此可见，衰减方程则是 $n=1/2$ 的 Arps 双曲线递减[1,2]。当 $c=0$ 时，由式(12)得到卡彼托夫原式。

产量递减分析的关键在于参数求解，下面提出的参数求解方法克服了传统方法烦琐、具有多解性的缺点。

据式(12)，可以写出时间为 t' 时的累计产量：

$$N_p' = a - \frac{b}{t'+c} \tag{13}$$

将式(12)和式(13)改写为：

$$b = (a - N_p)(c+t) \tag{14}$$

$$b = (a - N_p')(c+t') \tag{15}$$

由式(14)和式(15)可得：

$$(a - N_p)(c+t) = (a - N_p')(c+t') \tag{16}$$

将式(16)整理后可得：

$$\frac{t'N_p' - tN_p}{t'-t} = a - c\frac{N_p' - N_p}{t'-t} \tag{17}$$

式(17)即为参数求解新模型，可见在平面直角坐标系中 $[(t'N_p'-tN_p)/(t'-t)]$ 与 $[(N_p'-N_p)/(t'-t)]$ 之间呈直线关系。式(17)为一通式，可用于时间任意取值条件下的参数求解。

若令 $t'>t$，并且时间等步长取值，即满足 $t'-t=h$，则式(17)可以简化为：

$$t'N_p' - tN_p = ah - c(N_p' - N_p) \tag{18}$$

式(18)线性回归所得斜率的负数即为 c，而截距除以时间步长 h 即得 a。

在进行油气藏递减分析时，应用最广泛的是以年为单位的数据。为此，令 $t>t'$，且 $t-t'=1a$。这样，第 t 年的累计产量 N_p 减去第 t' 年的累计产量 N_p'，得到第 t 年的年产量 $\overline{Q}$。由此，式

(17)经过简单的变换,可以写成年产量与累计产量的关系式:

$$t\overline{Q} + N_p = a + (1-c)\overline{Q} \tag{19}$$

式(19)是时间步长为1a的参数求解模型。它揭示了时间t和与之相对应的年产量、累计产量之间的线性关系。1减去斜率即为c值。

将式(8)、式(10)及$n=1/2$代入式(9),得到b:

$$b = ac \tag{20}$$

通过上述推导、分析,可见参数a和c由式(17)至式(19)回归得到,参数b由式(20)计算得到。至此,本文提出了一套完整的参数求解法。

将式(9)、式(10)及$n=1/2$代入式(4),或者式(12)对时间求导数,均能得到产量公式:

$$Q = \frac{b}{(t+c)^2} \tag{21}$$

式(21)是瞬时产量公式,用它预测年产量时,得到的其实是年末一瞬间的产量。而年产量指年初至年末每一时刻的平均产量。因此,递减期后者大于前者。由第t年的累计产量减去第$(t-1)$年的累计产量便得到第t年的年产量[4]:

$$\overline{Q} = \frac{b}{(t+c)(t+c-1)} \tag{22}$$

从严格的意义上讲,在实际工作中难以取得,甚至不能取得瞬时产量的。然而,在建立模型及参数求解时却常常用到瞬时产量。可以用下述公式实现瞬时产量与年产量的近似换算:

$$Q_t = \frac{1}{2}(\overline{Q}_t + \overline{Q}_{t+1}) \tag{23}$$

$$\overline{Q}_t = \frac{1}{2}(Q_{t-1} + Q_t) \tag{24}$$

在油气藏递减实际分析时,可以将日产量近似当作瞬时产量处理,用式(21)。式(19)和式(22)同样可用于月产量。如果用于气藏或气井的衰减分析时,将符号N_p改写为G_p即可。

2 实例

以Vicksburg气藏(表1)、某气井(表2)和中原某油区(表3)的实际生产资料为例,分别验证时间非等步长、等步长及步长为1取值条件下的参数求解模型,即验证式(17)、式(18)、式(19)。

表1 Vicksburg气藏的实际生产数据及有关资料表

t (a)	$G_p(10^4 m^3)$ 实际值	预测值	相对误差(%)	t' (a)	G_p' ($10^4 m^3$)
0	0	0	0.00	0.33	1931.4
0.33	1931.4	1962.53	1.61	0.80	4445.3

续表

t (a)	$G_p(10^4 m^3)$ 实际值	$G_p(10^4 m^3)$ 预测值	相对误差(%)	t' (a)	G_p' ($10^4 m^3$)
0.80	4445.3	4392.29	1.19	1.21	6257.5
1.21	6257.5	6226.23	0.50	2.20	9739.9
2.20	9739.9	9830.10	0.93	2.94	11940.5
2.94	11940.5	11959.71	0.16		

表2 某气井的实际生产数据及有关资料表

t (a)	$Q(10^4 m^3/d)$ 实际	Q 预测 式(21)	Q 预测 式(23)	$G_p(10^4 m^3)$ 实际	G_p 预测	t' (a)	$G_p'(10^4 m^3)$
0	28.47	28.44	29.420	0	0	0.5	4754
0.5	23.91	23.89	24.578	4754	4757.7	1.0	8767
1.0	20.27	20.35	20.848	8767	8782.2	1.5	12240
1.5	17.53	17.55	17.912	12240	12231.0	2.0	15229
2.0	15.26	15.28	15.559	15229	15219.4	2.5	17848
3.0	11.90	11.89	12.061	20154	20140.1	3.5	22146
3.5	10.57	10.61	10.740	22146	22190.0	4.0	24025
4.0		9.52	9.626	24026	24023.9		

表3 中原油区某油藏的实际生产数据及有关资料表

t (a)	$\bar{Q}(10^4 t/a)$ 实际值	预测值 式(22)	预测值 式(24)	$N_p(10^4 t)$ 实际值	N_p 预测值
0	59.52	59.732	53.936	0	0
1	39.44	40.148	40.793	39.44	40.146
2	29.69	28.839	29.172	69.13	68.985
3	22.73	21.718	21.907	91.86	90.702
4	16.50	16.945	17.060	108.36	107.647
5	12.99	13.589	13.663	121.35	121.237

将表1中Vicksburg气藏的t,G_p,t'和G_p'值代入式(17)作出图1,回归直线的截距(a)、斜率($-c$)和相关系数以及由式(20)求得的b见表4。将衰减方程参数a,b和c代入式(12),即可进行累计产气量预测,预测结果见表1。

表4 线性回归系数及模型参数

名称	公式	截距	斜率	相关系数	a	b	c
Vicksburg气藏	式(17)	33601.11718	-5.317793	-0.991630	33601.1	178757.9	5.32
某气井	式(18)	28498.32228	-5.489556	-0.998939	56996.6	312911.3	5.49
中原油区某油藏	式(19)	244.92112	-4.099224	-0.996921	244.9	1249.0	5.10

图 2 为表 2 中某气井的资料按式(18)绘制而成的,其直线截距(ah)、斜率($-c$)、相关系数见表 4。斜率的负数即为参数 c,截距除以时间步长 0.5a 得到参数 a,由式(20)确定参数 b(表 4)。由于该气井需要预测日产量,故选用式(21),也可由式(22)预测出年产量后再由式(23)近似换算。从表 2 的预测结果来看,前者的精度高于后者。

中原油区某油藏于 1979 年发现并投入开发,为一断块油藏。该油藏从 1986 年进入递减开发,表 3 列举了该油藏的实际生产数据。将表中数据代入式(19)作出图 3,直线回归系数及确定的衰减方程参数见表 4。衰减方程的截距 a 即为递减期的最大累计产油量,$N_{pmax} = 244.9 \times 10^4$t。油藏递减前的累计产油量为 $N_{p0} = 413.1 \times 10^4$t。这样,预测的可采储量为 $N_R = N_{p0} + N_{pmax} = 658 \times 10^4$t,与标定值几乎一致。式(22)预测的年产量比近似式(24)的计算值更加接近实际数据(表 3)。将实际产量与式(12)、式(22)的预测产量绘于图 4,可见二者的吻合程度是相当高的。

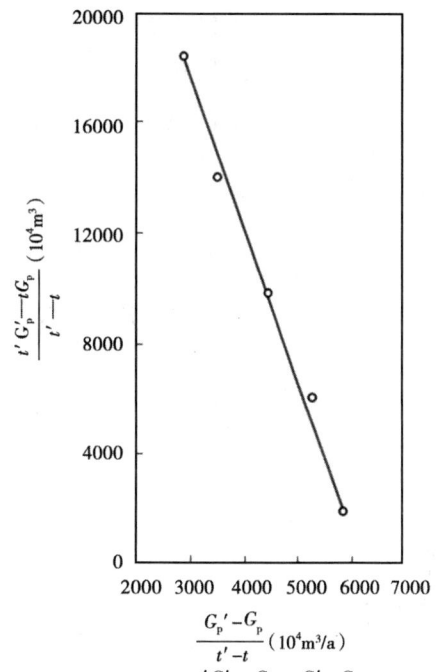

图 1 Vicksburg 气藏 $\dfrac{t'G_p'-tG_p}{t'-t}$ 和 $\dfrac{G_p'-G_p}{t'-t}$ 关系曲线

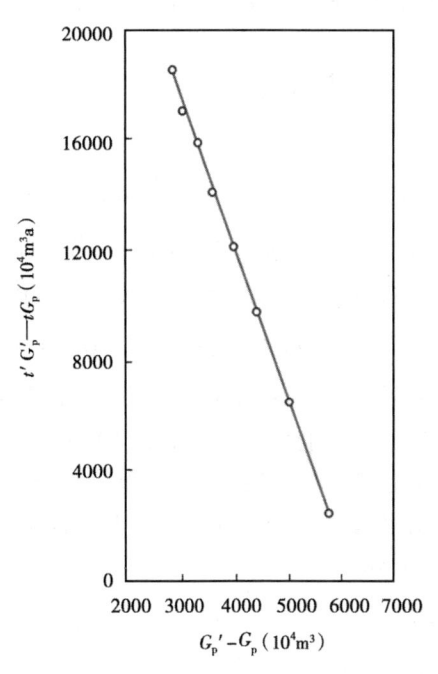

图 2 某气井 $t'G_p'-tG_p$ 和 $G_p'-G_p$ 关系曲线

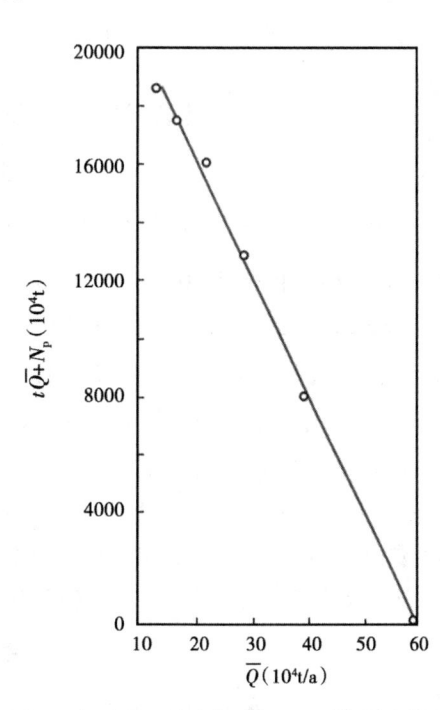

图 3 中原油区某油藏 $t\bar{Q}+N_p$ 和 $\bar{Q}$ 关系曲线

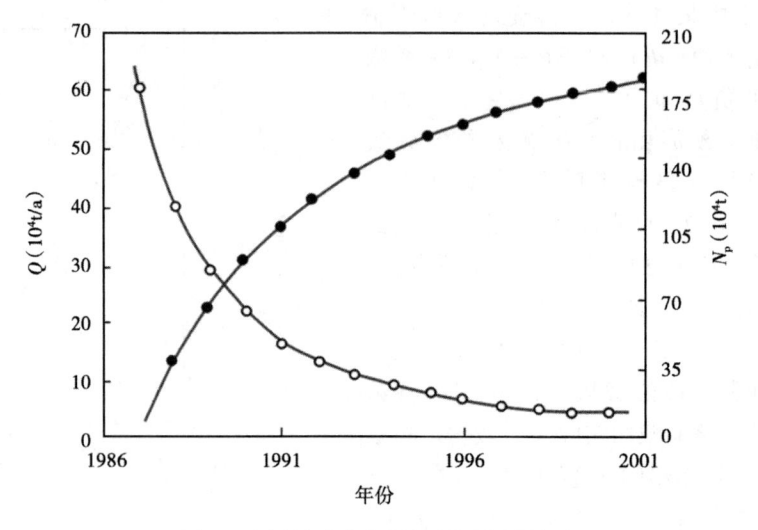

图 4 中原某油藏实际与预测产量关系

3 结论

(1)从递减率的概念出发,推导证明了衰减曲线方程即为 $n = 0.5$ 时的 Arps 双曲线递减。同时得到了衰减方程参数 a,b 和 c 之间始终满足 $b = ac$ 的关系,改变了传统认为 a,b 和 c 是 3 个独立量的观点。

(2)推导出了一种衰减参数求解的新方法,该方法简单、方便,克服了传统求解方法烦琐复杂、且具有多解性的不足。新方法适用于时间任意取值条件下的衰减分析,经实例验证是可靠、有效的。

(3)给出了年产量预测公式以及瞬时产量与年产量相互换算的近似公式。

符 号 释 义

D—递减率,a^{-1};D_i—初始递减率,a^{-1};Q—瞬时产量,油为 10^4t/d 或 10^4t/a,气为 10^4m^3/d 或 10^4m^3/a;$\bar{Q}$—年产量,10^4t/a 或 10^4m^3/a;Q_i—递减初始瞬时产量,油为 10^4t/d 或 10^4t/a,气为 10^4m^3/d 或 10^4m^3/a;Q_{t-1}—$(t-1)$时刻的瞬时产量,油为 10^4t/d 或 10^4t/a,气为 10^4m^3/d 或 10^4m^3/a;Q_t—t 时刻的瞬时产量,油为 10^4t/d 或 10^4t/a,气为 10^4m^3/d 或 10^4m^3/a;$\bar{Q}_t$—t 年的年产量,10^4t/a 或 10^4m^3/a;$\bar{Q}_{t+1}$—$(t+1)$年的年产量,10^4t/a 或 10^4m^3/a;N_p—累计产油量,10^4t;N_p'—t'时的累计产油量,10^4t;G_p—累计产气量,10^4m^3;G_p'—t'时的累计产气量,10^4m^3;t—开发时间,d 或 a;t'—开发时间,d 或 a;n—Arps 双曲线递减指数,$0<n<1$;h—时间步长,a;a—递减方程参数,即式(11)、式(12)的截距,常数;b—递减方程参数,即式(11)、式(12)的斜率,常数;c—递减方程参数,即式(11)、式(12)的校正系数,常数。

参 考 文 献

[1]陈钦雷,等.油田开发设计与分析基础[M].北京:石油工业出版社,1982.
[2]陈元千.广义的 Копытов 公式及其应用[J].石油勘探与开发,1991,18(1):56-61.
[3]胡建国,史成恩.用典型曲线拟合法分析衰减曲线[J].大庆石油地质与开发,1993,12(2):47-51.
[4]张虎俊.一种新型的衰减曲线及其应用[J].天然气工业,1995,15(5):32-35.

衰减方程参数之间的关系及其确定方法[❶]

衰减方程是研究油气藏(田)产量递减规律和确定可采储量的最主要数学手段之一。由于衰减方程适用于各种驱动类型的油气藏(田)或单井的衰减分析,所以在国内外被广泛应用。

然而,长期以来油气藏工程研究者在求解方程参数时通常采用各种近似的方法,这严重影响和制约了衰减方程的应用。

本文通过对衰减方程进行求导,然后积分的方法,证明了衰减方程3个参数之间始终满足 $b = ac$ 的关系。由此,提出了一种求解方程参数的新方法,并用实际算例所验证。

1 衰减方程参数之间的关系

А. В. Копытов 于1970年提出的经验公式为[1]:$N_p = a - b/t$。该式不适用于递减初期阶段,且不满足 $t = 0$ 时 $N_p = 0$ 的初始条件,所以对其进行了必要的修正[2]。修正后的方程称之为衰减方程或衰减曲线,其式为:

$$N_p = a - \frac{b}{t + c} \tag{1}$$

在式(1)中,当 $t \gg c$ 时,可将 c 对方程的影响忽略。换言之,Копытов 经验公式是衰减方程中 $c = 0$ 的特例。

众所周知,油气田的任何瞬时产量公式都可以由式(2)表示:

$$Q = \frac{dN_p}{dt} \tag{2}$$

将式(1)代入式(2),解得瞬时产量计算公式:

$$Q = \frac{b}{(t+c)^2} \tag{3}$$

同样,任何累计产量公式均可表示为式(4)的形式:

$$N_p = \int_0^t Q dt \tag{4}$$

为了确定参数之间的关系,再将式(3)代入式(4)求解,可得:

$$N_p = \frac{b}{c} - \frac{b}{t+c} \tag{5}$$

[❶] 本文合作者:徐玉庆。

式(4)和式(5)为式(2)和式(3)的逆过程。显然,式(5)与式(1)是完全相等的。不难看出,衰减方程参数 a,b 和 c 之间始终满足如下关系：

$$a = \frac{b}{c} \tag{6}$$

式(5)及式(6)揭示了衰减方程其实为2参数模型。

利用式(1)和式(3)可以预测累计产量、瞬时产量,而无法预测最常用的年产量。为此,笔者曾推导出了年产量预测公式[3]：

$$\overline{Q} = \frac{b}{(t+c)(t+c-1)} \tag{7}$$

在式(1)中,当 $t \to \infty$ 时,累计产量即为递减阶段的可采储量,即有：

$$N_R = a = \frac{b}{c} \tag{8}$$

油气藏(田)产量递减阶段的可采储量 N_R 与 c 有关。因此,笔者将 c 命名为可采储量因子或可采储量常数,它与油气藏(田)的地质条件有关。可见,传统将 c 称作校正系数是不妥的。

为了揭示衰减方程的本质和使其更加直观易用,将式(8)分别代入式(1)、式(3)和式(7),可分别得到累计产量、瞬时产量及年产量表达式：

$$N_p = N_R - \frac{cN_R}{t+c} \tag{9}$$

$$Q = \frac{cN_R}{(t+c)^2} \tag{10}$$

$$\overline{Q} = \frac{cN_R}{(t+c)(t+c-1)} \tag{11}$$

2 衰减方程参数确定方法

衰减方程同任何预测模型一样,其应用的难点和关键在于参数的求解。科学、合理的参数求解方法,是保证所求参数值客观、准确的前提和条件;而参数值的客观性和准确性直接影响着预测结果的精度。下面提出的参数求解方法较传统采用的近似法具有合理、简单、快速和精确的特点。

将式(1)两端同乘以 $(t+c)$,改写成如下形式：

$$N_p(t+c) = a(t+c) - b \tag{12}$$

由式(6)得 $b = ac$,并代入式(12),即有：

$$tN_p + cN_p = at \tag{13}$$

式(13)两端同除以 t,移项可得：

$$N_p = a - c\frac{N_p}{t} \tag{14}$$

在式(14)中,直线的截距即为递减阶段的可采储量。将式(8)代入式(14),还可得到:

$$N_p = N_R - c\frac{N_p}{t} \tag{15}$$

式(14)或式(15)即为本文提出的衰减方程参数确定的新方法,其揭示了产量递减阶段累计产量 N_p 与 $\frac{N_p}{t}$ 之间在平面直角坐标系内呈线性关系。由式(14)或式(15)的线性回归,容易求得参数 $a(N_R)$ 和可采储量常数 c,再由式(6)求得参数 b。至此,已完成了参数求解的全过程,只需将所求参数值代入式(1)、式(3)和式(7)或式(9)至式(11),即可进行累计产量、瞬时产量和年产量预测。

3 应用实例分析

3.1 实例1:以某气井为例[4]

表1列举了该气井递减阶段的实际生产资料及有关数据。首先按照式(15)作出图1,由图1可见,式(15)所揭示的线性关系是相当理想的。经回归截距 $a(G_R) = 57056.86032$,斜率 $-c = -5.499467$,相关系数 $R = -0.9999544$。由式(6)求得 $b = 313782.3204$。由于该例给出的是日产量和累计产量,故要用瞬时产量公式和累计产量公式,即用式(3)和式(1)[或者式(10)和式(9)]进行预测。从表1中的预测结果可见,预测精度还是比较高的。

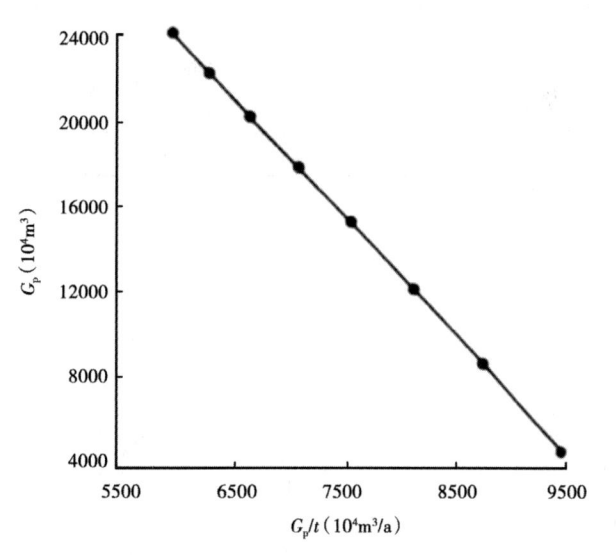

图1 某气井 G_p 与 G_p/t 关系

表1 某气井的实际产量与预测产量

日期	t (a)	$Q(10^4 m^3/d)$ 实际值	预测值	$G_p(10^4 m^3)$ 实际值	预测值
1979.1.1	0	28.47	28.423	0	0
1979.7.1	0.5	23.91	23.884	4753.77	4755.161
1980.1.1	1.0	20.27	20.351	8767.44	8778.699
1980.7.1	1.5	17.53	17.547	12240.25	12227.401
1981.1.1	2.0	15.26	15.285	15229.15	15216.244
1981.7.1	2.5	13.44	13.434	17847.99	17831.457
1982.1.1	3.0	11.90	11.900	20153.71	20138.978
1982.7.1	3.5	10.59	10.615	22146.31	22190.093
1983.1.1	4.0	9.56	9.527	24025.05	24025.289

3.2 实例2:以港东油田为例[4]

将表2中的数据计算出$\frac{N_p}{t}$,以式(15)作出图2。经过回归:$a(G_R) = 13148051.27$,$c = 9.955098$,$R = -0.99705$。由式(6)算得$b = 120935040.9$。由式(1)或式(9)预测的累计产量见表2。该例需要预测年产量,故选用式(7)或者式(11)进行预测。从表2中的预测结果可知,预测值与实际值是相当吻合的。

表2 港东油田的实际产量与预测产量

年份	t (a)	$\overline{Q}(t/a)$ 实际值	预测值	$N_p(t)$ 实际值	预测值
1975	0	1300000	1356551	0	0
1976	1	1100000	1108895	1100000	1108895
1977	2	950000	923385	2050000	2032280
1978	3	780000	780833	2830000	2813113
1979	4	630000	668927	3460000	3482040
1980	5	600000	579469	4060000	4061508

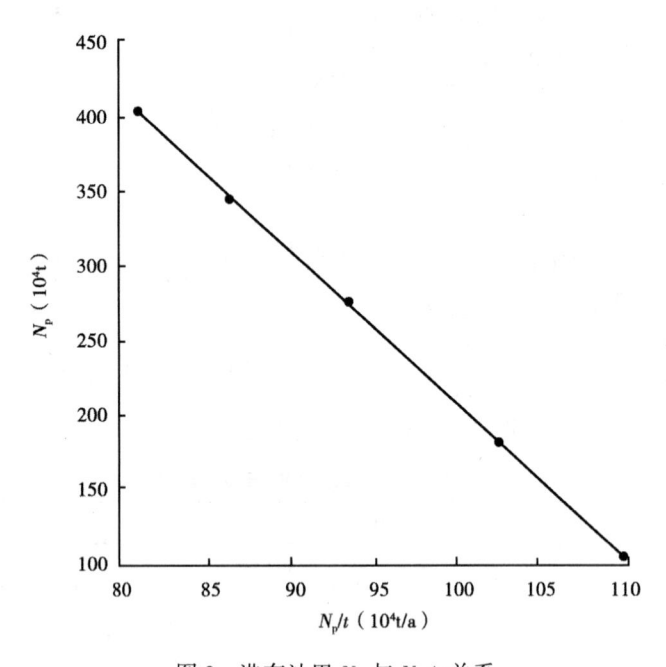

图2 港东油田 N_p 与 N_p/t 关系

4 结论

(1)长期以来,油气藏工程研究者在确定衰减方程参数时通常采用各种近似方法求解,这严重影响和制约了衰减方程的应用。针对上述问题,笔者通过对衰减方程进行求导,然后再积分的方法,得到衰减方程参数之间始终满足 $b = ac$ 的重要结论。

（2）基于衰减方程参数之间的关系（$b = ac$），首次提出了利用方程 $N_p = a(N_R) - cN_p/t$ 求解参数的新方法。在实例验证时，经实际作图和预测结果表明，方法是有效和可靠的。

（3）同时，还给出了能够反映衰减方程本质的直观表达式，即式（9）至式（11）可以描述和揭示累计产量、瞬时产量及年产量与时间 t 的内在关系。

参 考 文 献

[1] Копытов А В. Определение извлекаемых запасов нефти и газа в карбонатных коллекторах при разработке их на истощение. Нефтяное хозяйство,1970(12):32-35.
[2] 陈钦雷,等. 油田开发设计与分析基础[M]. 北京:石油工业出版社,1982.
[3] 张虎俊. 求解 Копытов 衰减曲线校正系数 c 的最佳方法[J]. 新疆石油地质,1995,16(3):256-260.
[4] 张虎俊. 一种新型的衰减曲线及其应用[J]. 天然气工业,1995,15(5):32-35.

衰减曲线的微分分析法

А. В. Копытов 于 1970 年根据矿场实际资料的分析，提出了一种描述时间与累计产量规律关系的经验公式，其式可以表示为[1]：

$$N_p = a - \frac{b}{t} \tag{1}$$

式(1)仅在递减后期成立，不能用于递减初期，并且 $t \to 0$ 时，不能满足 $N_p \to 0$ 的初始条件。为此，我国的油藏工程研究者对式(1)进行了修正[2]。修正后的 Копытов 公式，具有衰减曲线或衰减方程之称，其表达式为：

$$N_p = a - \frac{b}{t+c} \tag{2}$$

式(2)具有相当的普遍性，可以用于预测各种驱动类型的油、气藏及单井产量递减阶段的生产动态和可采储量，深受油气藏工程师喜爱。在式(2)中，当 $t \to \infty$ 时，则可采储量为：

$$N_R = a \tag{3}$$

式(2)应用的难点和关键是参数求解。目前，确定参数的方法可分为两类：一类方法是传统采用的内插公式法[2]和试凑法[3]。此类方法的求解步骤是，先确定 c，然后确定 a 和 b。这类方法受随机因素影响大，容易漏掉 c 的最优值，具有多解性。另一类方法是利用瞬时产量与时间[4]（$\sqrt{Q_i/Q} = A+Bt$）和累计产量与时间[5-7]（$1/N_p = A+B/t$）之间的线性关系直接确定参数 a，b 和 c。值得指出的是，文献[4]提出的求解方法由于将递减初始的瞬时产量 Q_i 作为已知数据处理，在理论上不合理。

本文方法除克服上述方法的缺陷外，还具有简便、快速、精度高和唯一解的优点。

1 方法及原理

1.1 方法 1——瞬时产量与时间关系法

对式(2)微分，可得：

$$dN_p = \frac{b}{(t+c)^2} dt \tag{4}$$

由于：

$$Q = \frac{dN_p}{dt} \tag{5}$$

将式(5)代入式(4),则瞬时产量公式为:

$$Q = \frac{b}{(t+c)^2} \tag{6}$$

式(6)开方,并取倒数,可得:

$$\frac{1}{\sqrt{Q}} = \frac{c}{\sqrt{b}} + \frac{1}{\sqrt{b}}t \tag{7}$$

1.2 方法2——累计产量与时间关系法[5-7]

因为:

$$N_p = \int_o^t Q \mathrm{d}t \tag{8}$$

将式(6)代入式(8),积分可得:

$$N_p = \int_o^t \frac{b}{(t+c)^2} \mathrm{d}t \tag{9}$$

$$N_p = \frac{b}{c} - \frac{b}{t+c} \tag{10}$$

由于式(8)至式(10)是式(4)至式(6)的逆过程,显然,式(10)与式(2)是等价(相等)的,故有:

$$a = \frac{b}{c} \tag{11}$$

对式(2)通分,则有:

$$N_p = \frac{at + ac - b}{t+c} \tag{12}$$

由式(11),可得:

$$ac = b \tag{13}$$

将式(13)代入式(12),即得:

$$N_p = \frac{at}{t+c} \tag{14}$$

式(14)取倒数,便有:

$$\frac{1}{N_p} = \frac{1}{a} + \frac{c}{a}\frac{1}{t} \tag{15}$$

1.3 方法3——瞬时产量与累计产量关系法

式(2)稍作形式变换:

$$a - N_p = \frac{b}{t+c} \tag{16}$$

式(16)取倒数,有:

$$\frac{1}{a - N_p} = \frac{c}{b} + \frac{1}{b}t \tag{17}$$

式(17)微分,则有:

$$\frac{1}{(a - N_p)^2}dN_p = \frac{1}{b}dt \tag{18}$$

将式(5)代入式(18),得:

$$\frac{1}{(a - N_p)^2}Q = \frac{1}{b} \tag{19}$$

式(19)开方,得到:

$$\frac{1}{a - N_p}\sqrt{Q} = \frac{1}{\sqrt{b}} \tag{20}$$

式(20)整理,得到:

$$N_p = a - \sqrt{b}\sqrt{Q} \tag{21}$$

1.4 方法4——瞬时产量、累计产量与时间关系法

对式(16)方程两端同乘以$(t+c)$可得:

$$(a - N_p)(t + c) = b \tag{22}$$

再对式(22)微分:

$$(t + c)d(a - N_p) + (a - N_p)d(t + c) = 0 \tag{23}$$

$$-(t + c)dN_p + (a - N_p)dt = 0 \tag{24}$$

$$-(t + c)\frac{dN_p}{dt} + (a - N_p) = 0 \tag{25}$$

将式(5)代入式(25),则得:

$$-(t + c)Q + a - N_p = 0 \tag{26}$$

式(26)经移项整理,可得:

$$N_p + tQ = a - cQ \tag{27}$$

在应用方法1时,式(7)的线性关系可确定直线的斜率和截距,c为截距与斜率之比,b即为斜率平方的倒数。a由式(11)确定。

方法2中,由式(15)截距的倒数求得参数a,斜率除以截距求得参数c,参数b由式(13)求得。

方法3在使用时,式(21)回归得到的截距值即为参数a,斜率负数的平方即为参数b,c由式(11)或式(13)得到。

在方法4的使用中,式(27)的截距即为所求参数a,斜率乘负1即为参数c,b由式(13)求得。

在应用方法1、方法3和方法4时,需要瞬时产量值,而瞬时值是难以取得甚至从严格意义上讲是无法采集的(因为瞬时是无限小的),在实际工作中通常广泛应用的是油气藏或单井的年产量与月产量。为此,可以用如下的公式将年产量或月产量近似换算为瞬时产量[8],以满足式(7)、式(21)和式(27)进行回归分析时之用。

$$Q_t = \frac{1}{2}(\overline{Q}_t + \overline{Q}_{t+1}) \tag{28}$$

年产量或月产量可由累计产量相减求得:

$$\overline{Q}_t = N_{p_t} - N_{p_{t-1}} \tag{29}$$

将式(2)代入式(28),经整理可得[5-7]:

$$\overline{Q}_t = \frac{b}{(t+c-1)(t+c)} \tag{30}$$

至此,衰减曲线分析的完整过程已经推导完毕,只要按上述过程进行分析,即能取得非常满意的结果。

2 应用实例分析

2.1 实例1:某气井[5-7]

表1列举了该气井的实际生产资料。因表中给出了日产量,故可以近似当作瞬时产量处理。在应用式(7)、式(21)和式(27)时,需将日产量Q乘以365,使之转化为年(瞬时)产量,以便与时间单位年统一。按照式(7)、式(15)、式(21)和式(27)分别作出图1至图4。如图中所示的线性关系是令人满意的。经回归分析,其直线截距、斜率和相关系数,以及求得的参数a、b和c见表2。

表1 某气井的实际生产数据与预测结果

日期	t (a)	Q实际值 (10^4m³/d)	方法1	方法2	方法3	方法4
			\multicolumn{4}{c}{Q预测值(10^4m³/d)}
1979.1.1	0	28.47	28.341	28.409	28.426	28.429
1979.7.1	0.5	23.91	23.832	23.879	23.883	23.884
1980.1.1	1.0	20.27	20.319	20.353	20.348	20.348
1980.7.1	1.5	17.53	17.529	17.554	17.544	17.543
1981.1.1	2.0	15.26	15.276	15.295	15.282	15.281
1981.7.1	2.5	13.44	13.432	13.445	13.430	13.429
1982.1.1	3.0	11.90	11.902	11.912	11.896	11.895
1982.7.1	3.5	10.59	10.620	10.627	10.610	10.609
1983.1.1	4.0	9.56	9.534	9.529	9.523	9.521

续表

日期	t (a)	$G_p(10^4 m^3)$ 实际值	$G_p(10^4 m^3)$ 预测值 方法1	方法2	方法3	方法4
1979.1.1	0	0	0	0	0	0
1979.7.1	0.5	4753.77	4742.954	4753.351	4755.429	4755.544
1980.1.1	1.0	8767.44	8758.894	8776.907	8778.451	87778.869
1980.7.1	1.5	12240.25	12203.080	12226.243	12226.633	12226.997
1981.1.1	2.0	15229.15	15189.498	15216.544	15214.832	15215.051
1981.7.1	2.5	17847.99	17803.726	17833.593	17829.334	17829.350
1982.1.1	3.0	20153.71	20111.259	20143.170	20136.114	20135.892
1982.7.1	3.5	22146.31	22163.078	22196.454	22186.480	22186.001
1983.1.1	4.0	24025.05	23999.457	24033.865	24020.935	24020.189

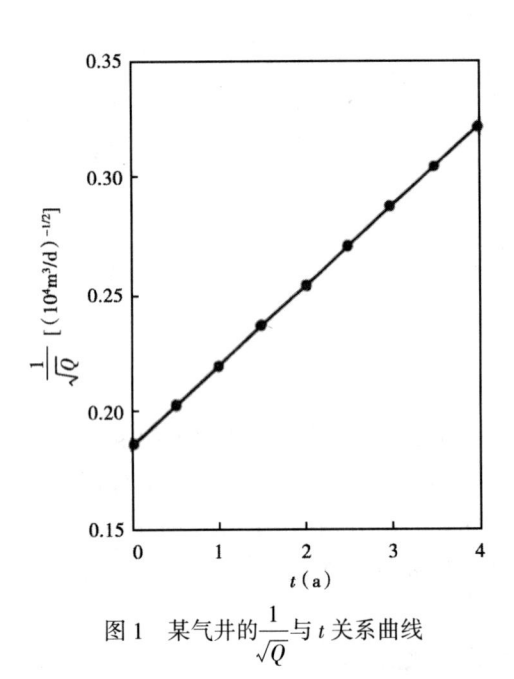

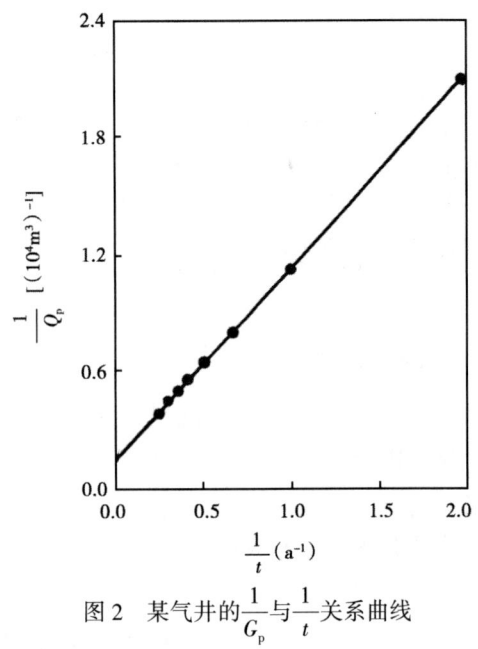

图1 某气井的 $\frac{1}{\sqrt{Q}}$ 与 t 关系曲线

图2 某气井的 $\frac{1}{G_p}$ 与 $\frac{1}{t}$ 关系曲线

表2 某气井式(7)、式(15)、式(21)和式(27)的相关参数

内容	方法1 式(7)	方法2 式(15)	方法3 式(21)	方法4 式(27)
截距	$9.823059976×10^{-3}$	$1.749796529×10^{-5}$	57027.60321	57016.1308
斜率	$1.779917741×10^{-3}$	$9.643996288×10^{-5}$	-559.8587237	-5.494701475
相关系数	0.99997568	0.999999111	-0.999975982	-0.999968094
参数 a	57142.01477	57149.50186	57027.60321	57016.1308
参数 b	315645.8883	314979.2416	313441.7905	313286.618
参数 c	5.523884475	5.511495838	5.496317097	5.494701475

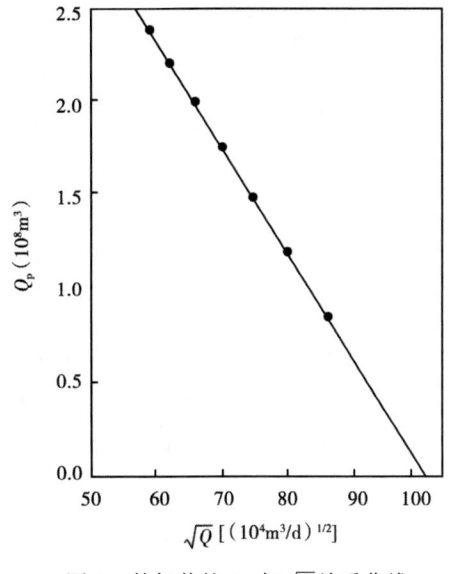

图 3 某气井的 G_p 与 $\sqrt{Q}$ 关系曲线

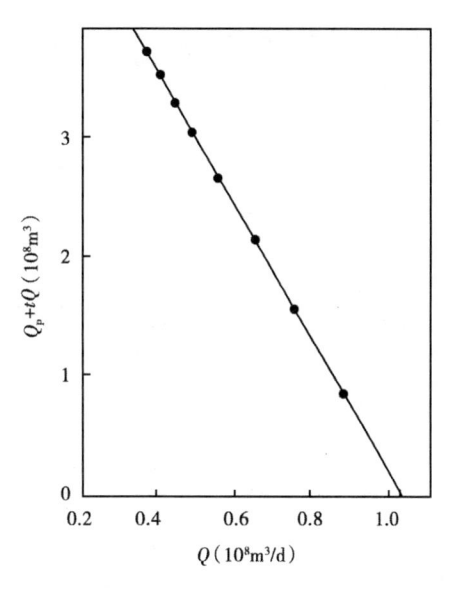

图 4 某气井的 G_p+tQ 与 Q 关系曲线

从表 2 看出,本文提出的 4 种方法其线性关系是非常理想的,并且,所确定的参数 a,b,c 也十分接近。将方法 1、方法 2、方法 3 及方法 4 所得的 a,b 和 c 分别代入式(2)和式(6),即可得到不同 t 条件下的累计产量与瞬时产量(表 1)。该气井递减阶段的可采储量为 $5.7\times10^8 \text{m}^3$。

2.2 实例 2:某油田

表 3 给出了某油田的矿场生产数据。首先将其年产量 $\bar{Q}$ 利用式(28)换算为瞬时产量,然后按照式(7)、式(15)、式(21)和式(27)作出相应的图 5 至图 8。图中反映的线性关系充分说明本文提出的 4 种线性规律是存在的。对图中直线进行回归分析,其截距、斜率、相关系数及确定的参数 a,b 和 c 值列入表 4。将方法 1、方法 2、方法 3 及方法 4 所求得的衰减曲线参数 a、b、c 值代入累计产量预测公式[式(2)]和年产量预测公式[式(30)],分别算得不同时间条件下的预测值(表 3)。

表 3 某油田的实际生产数据与预测结果

t (a)	Q 换算值 (10^4 t/a)	$\bar{Q}$ 实际值 (10^4 t/a)	$\bar{Q}$ 预测值(10^4 t/a)			
			方法 1	方法 2	方法 3	方法 4
0	4.385	4.62	4.810	4.673	4.762	4.759
1	3.945	4.15	4.228	4.155	4.199	4.197
2	3.555	3.74	3.746	3.717	3.731	3.729
3	3.205	3.37	3.342	3.346	3.336	3.336
4	2.890	3.04	3.000	3.027	3.001	3.001
5	2.610	2.74	2.708	2.752	2.714	2.714
6	2.630	2.48	2.457	2.513	2.467	2.467
7	2.130	2.24	2.239	2.304	2.252	2.252
8	1.925	2.02	2.049	2.119	2.063	2.064
9		1.83	1.881	1.957	1.898	1.898

续表

t (a)	N_p 实际值 (10^4t)	N_p 预测值(10^4t)			
		方法 1	方法 2	方法 3	方法 4
0	0	0	0	0	0
1	4.15	4.228	4.155	4.199	4.197
2	7.89	7.975	7.872	7.930	7.927
3	11.26	11.317	11.218	11.267	11.262
4	14.30	14.317	14.245	14.268	14.263
5	17.04	17.026	19.997	16.982	16.977
6	19.52	19.483	19.510	19.449	19.444
7	21.76	21.722	21.814	21.701	21.696
8	23.78	23.771	23.934	23.764	23.760
9	25.61	25.652	25.980	25.662	25.658

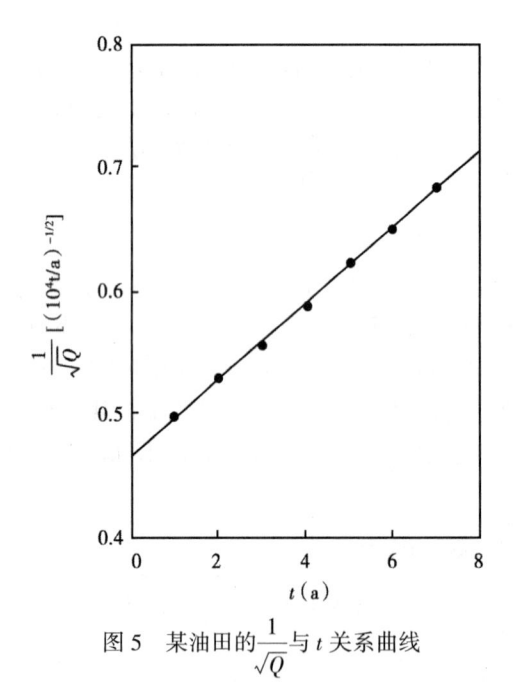

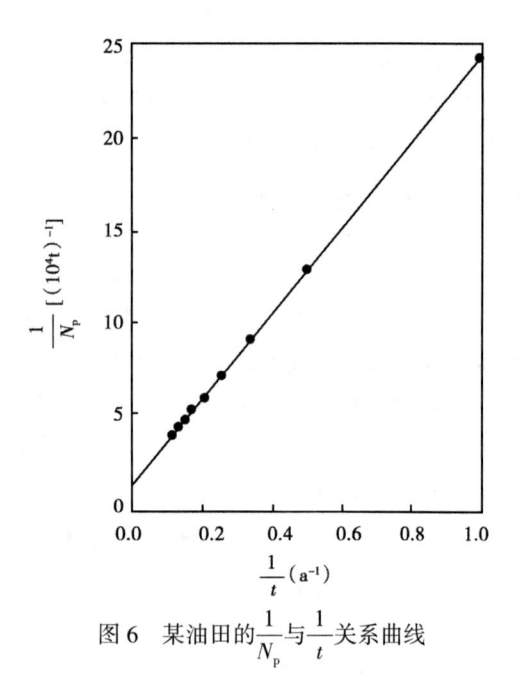

图 5 某油田的 $\frac{1}{\sqrt{Q}}$ 与 t 关系曲线

图 6 某油田的 $\frac{1}{N_p}$ 与 $\frac{1}{t}$ 关系曲线

从表 4 看出，除方法 2 外，其余 3 种方法所求得的衰减曲线参数是很接近的，这主要是方法 2 未涉及瞬时产量，而该例中的瞬时产量是一种近似值，致使 4 种方法所确定的曲线参数稍有差异。方法 3 和方法 4 所得结果几乎是一致的。由表 3 可知，4 种方法的预测结果是令人满意的，平均相对误差方法 1 仅 1.46%、方法 2 为 1.93%、方法 3 为 1.45%、方法 4 为 1.45%。

值得指出的一点是，实例 1 与实例 2 其实是两种不同类型的实例。实例 1 给出的是瞬时产量(日产量)，实例 2 给出的是阶段产量(年产量)；实例 2 建模时需要瞬时处理；预测公式不同，实例 1 用式(6)，实例 2 用式(30)。

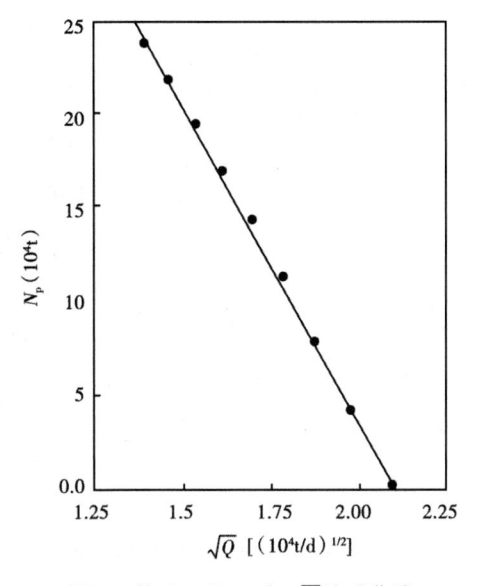

图7 某油田的 N_p 与 $\sqrt{Q}$ 关系曲线

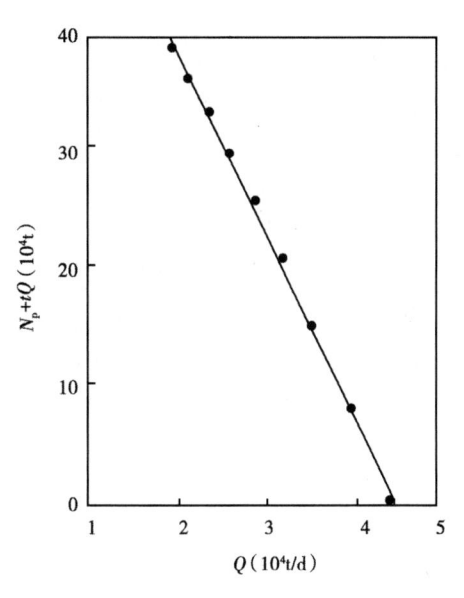

图8 某油田的 N_p+tQ 与 Q 关系曲线

表4 某油田式(7)、式(15)、式(21)和式(27)的截距、斜率、相关系数及参数 a、b、c

内容	方法1 式(7)	方法2 式(15)	方法3 式(21)	方法4 式(27)
截距	0.471374177	0.013365082	71.0533385	71.09864064
斜率	0.030325195	0.227337676	-33.63262525	-15.93918777
相关系数	0.998662127	0.999990721	-0.99872028	-0.998138375
参数 a	69.95690768	74.82183418	71.0533385	71.09864064
参数 b	1087.408651	1272.706074	1131.153481	1133.254584
参数 c	15.54397824	17.0098219	15.91977949	15.93918777

3 结论

(1)本文基于对衰减曲线(方程)各种分析方法的研究,指出了各种分析方法的不足,提出了利用微分法分析和确定衰减曲线参数的思路。本文方法1揭示了瞬时产量与时间的线性关系,方法2反映了累计产量与时间的线性规律,方法3刻画了瞬时产量与累计产量的线性特征,方法4描述了瞬时产量、累计产量和时间三项因素的内在联系。该方法仅需一次线性回归即可实现参数求解的全过程,简单方便,具有一定的理论价值和实际意义。

(2)本文同时还证明了衰减曲线参数 a,b 和 c 满足 $a=b/c$ 的关系,并给出了年产量预测公式和年产量近似转换为瞬时产量的关系式。这些都为衰减曲线分析和研究增添了新的内容。

(3)在应用本文方法时,若瞬时产量或年产量为波动较大的非光滑数据,应按照方法2、方法4、方法3和方法1的顺序选择公式。因为方法1对数据波动最敏感,方法3次之,方法4第3,方法2最不敏感。

符号释义

N_p—油藏或单井的累计产油量,10^4t;G_p—气藏或单井的累计产气量,10^4m³;N_{p_t}—第 t 时刻累计产油量,10^4t;$N_{p_{t-1}}$—第 $t-1$ 时刻累计产油量,10^4t;Q—油(气)藏或单井的瞬时产量,10^4t/a 或 10^4m³/d;$\overline{Q}$—油(气)藏或单井的年产量,10^4t/a 或 10^4m³/a;Q_t—第 t 时刻的瞬时产量,10^4t/a 或 10^4m³/d;Q_{t+1}—第 $t+1$ 时刻的瞬时产量,10^4t/a 或 10^4m³/d;$\overline{Q}_t$—第 t 年的年产量,10^4t/a 或 10^4m³/a;$\overline{Q}_{t+1}$—第 $t+1$ 年的年产量,10^4t/a 或 10^4m³/a;t—递减阶段的开发时间,d 或 a;a—衰减曲线(方程)参数,即式(1)、式(2)的截距,常数;b—衰减曲线(方程)参数,即式(1)、式(2)的斜率,常数;c—衰减曲线(方程)参数,即式(2)的校正系数,常数;R—线性相关系数,常数。

参 考 文 献

[1] Копытов А В. Определение извлекаемых запасов и коэффцчиента нефтеотдачи по данным разработки залежей с карбонатныи коллектороми. Нефтепромысловое дело,1970(2):3-5.
[2] 陈钦雷,等. 油田开发设计与分析基础[M]. 北京:石油工业出版社,1982.
[3] 陈元千. 广义的 Копытов 公式及其应用[J]. 石油勘探与开发,1991,18(1):56-61.
[4] 倪若石. 处理产量衰减曲线的新方法及其在蒸汽吞吐中的应用[J]. 石油勘探与开发,1988,15(5):64-67.
[5] 张虎俊. 一种新型的衰减曲线及其应用[J]. 天然气工业,1995,15(5):32-35.
[6] 张虎俊. Копытов 衰减校正曲线的理论分析与探讨[J]. 西安石油学院学报,1995,10(4):24-28.
[7] 张虎俊. 求解 Копытов 衰减曲线校正系数 c 的最佳方法[J]. 新疆石油地质,1995,16(3):256-260.
[8] 张虎俊. 衰减曲线分析的简易方法[J]. 断块油气田,1996,3(3):43-47.

第四章　新型递减模型的建立及求解

《预测油田产量的新模型及其应用》通过对 J. Aranofsky 等渗吸方程的研究,发现该方程在半对数坐标上,可采储量与剩余可采储量比值和开发时间的线性关系,截距为 0 不严谨,提出渗吸方程修正式。修正后的渗吸方程在半对数坐标上,开发初期仍然是一条上翘的曲线。故此,对修正方程再次校正,校正系数由试差法和插值法得到。对经过修正与校正的渗吸方程求导得到瞬时产量方程。同时论证了瞬时产量与年产量(阶段产量)之间的差异,给出了相应的预测公式,指出传统用瞬时产量公式预测阶段产量(如年产量)不合理:产量上升期瞬时公式预测结果比实际值偏高,产量递减期预测结果偏低。由此,提出了预测油田产量的一种 4 参数新模型。

《一种预测可采储量的简单适用方法》一文,从油田开发实际出发,视油田开发时间、年产油量和累计产油量 3 项因素为一个相互作用的整体系统,利用油田实际生产资料,通过数理统计和回归分析,提出了一种预测可采储量的简单适用方法——集 3 项因素于同一模型的累计产量与产量时间比线性关系法。

针对累计产量和产量与时间的比值呈线性关系,这一可采储量预测公式无法预测瞬时产量和累计产量的局限性,《产量递减曲线新模型的推导及应用》一文对统计经验公式先微分再积分,提出了一种预测瞬时产量的时间序列模型,进而对瞬时产量方程积分得到累计产量预测模型。论文在建立产量递减曲线新模型的同时,讨论了模型参数的取值范围,给出了参数求解的两种线性方法,以及年产量预测公式、年产量与瞬时产量换算近似公式。

《预测油田最终采收率的一种新方法》从油田开发实际出发,利用油田稳定递减阶段的生产数据,提出了累计递减率的概念,建立了累计递减率与采出程度的线性关系模型。该方法描述的是累计递减率与采出程度的关系,揭示了油田产量与开发过程的内在联系,因此适合于各类油田最终采收率的预测。

预测油田产量的新模型及其应用

通过对 J. Aranofsky(亚伦诺夫斯基)等推导的渗吸方程的分析研究,提出了渗吸方程的修正式,由此推导出了预测油田产量的一种新模型。并论证了瞬时产量与年产量之间的差异,给出了相应的预测公式。实例验证,本模型预测误差小,适用于各种驱动类型油藏及单井。

1 模型原理与推导

1976 年,美国提出用渗吸曲线图解法计算采收率。此法的基本原理是假设渗吸时间与采出油量呈一定函数关系,初期替换油量很小,以后逐渐增加,达到某一时间后油量接近一个极限值(可采储量)。这种假设与水驱油实验是相符合的。

J. Aranofsky 等推导出的渗吸方程式,简单模型为[1]:

$$R = E_R(1 - e^{-\lambda t}) \tag{1}$$

因为:

$$R = N_p/N \tag{2}$$

$$E_R = N_R/N \tag{3}$$

这样,式(1)可写为:

$$N_p = N_R(1 - e^{-\lambda t}) \tag{4}$$

将式(4)变换成如下形式:

$$N_R/(N_R - N_p) = e^{\lambda t} \tag{5}$$

式(5)取自然对数得:

$$\ln[N_R/(N_R - N_p)] = \lambda t \tag{6}$$

由式(6)可见,在半对数坐标上,$N_R/(N_R-N_p)$ 与 t 呈直线关系。在式(6)中截距为 0,斜率为 λ。

为了对这一理论进行验证,本文选取了开发历史悠久(最早投入开发的老君庙油田 K 油藏已有 56 年的历史)的玉门油区各油田(藏),以及开发时间较短且已处于后期开发的濮城油田(沙一段)、王庄油田和宁海油田,共 12 个油田为例作图分析和统计研究。从图 1 看出,大多数油田在开发达到一定阶段以后才出现如式(6)所揭示的直线规律。

通过对各油田实际资料的统计分析发现,大多数油田应用式(6)统计分析时,截距并不为 0。为此,本文对亚伦诺夫斯基等的渗吸方程,即式(1)做如下修正:

$$R = E_R(1 - \alpha e^{-\lambda t}) \tag{7}$$

式(7)便是渗吸方程的修正式。式中 α 可称之为修正系数。

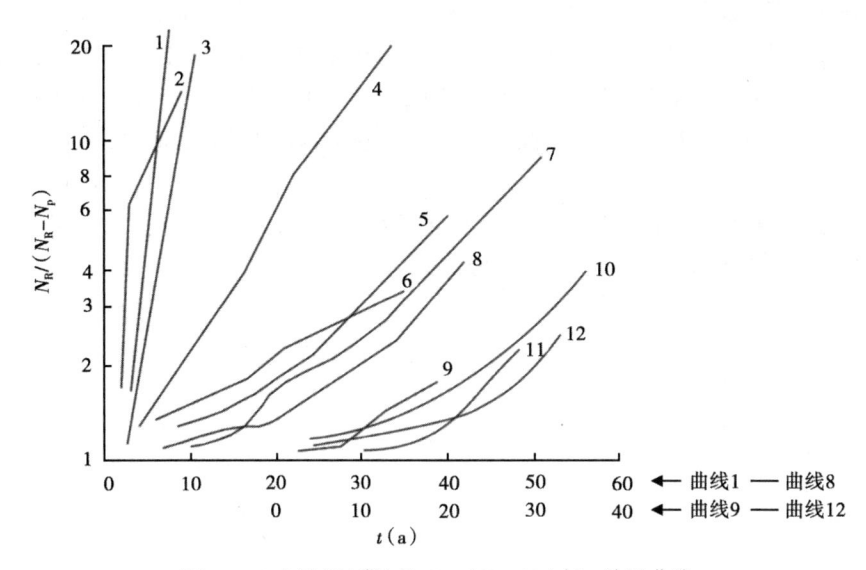

图 1　12 个油田(藏)的 $N_R/(N_R-N_p)$ 与 t 关系曲线

1—濮城油田砂一段;2—王庄油田;3—宁海油田;4—白杨河油田;5—老君调油田 K 油藏;
6—鸭儿峡油田 L 油藏;7—老君庙油田 L 油藏;8—老君庙油田 M 油藏;9—鸭儿峡油田 K 油藏;
10—石油沟油田;11—单北油田;12—鸭儿峡油田 S 油藏

式(4)和式(6)可变为:

$$N_p = N_R(1 - \alpha e^{-\lambda t}) \tag{8}$$

$$\ln[N_R/(N_R - N_p)] = -\ln\alpha + \lambda t \tag{9}$$

当 $\alpha=1$ 时,式(7)、式(8)和式(9)即为式(1)、式(4)和式(6)。也就是说,亚伦诺夫斯基等的渗吸方程是本文修正后的方程中 $\alpha=1$ 时的特例。

如图 1 所示,少数油田在开发初期即出现直线段,有些油田在不同的开发阶段还出现了 2~3 个直线段。但多数油田只是在开发工作进行到一定阶段后才出现直线段,在开发初期是一条上翘的曲线。为了提前应用时间和提高应用效果,需要对式(9)进行校正,使其成为一条理论的直线。校正式为:

$$\ln[N_R/(N_R - N_p) + c] = -\ln\alpha + \lambda t \tag{10}$$

校正系数 c 的确定方法为试差法和公式计算法。公式计算法的原理是:在 $N_R/(N_R-N_p)$ —t 关系曲线的横坐标上任意取 2 点 t_1, t_3,使 $t_2=(t_1+t_3)/2$,在曲线纵坐标上可相应地得到 $N_R/(N_R-N_p)$,经过一定的数学推导得到校正系数为:

$$c = N_R \frac{1/(N_R - N_{p_2})^2 - 1/[(N_R - N_{p_1})(N_R - N_{p_3})]}{1/(N_R - N_{p_1}) + 1/(N_R - N_{p_3}) - 2/(N_R - N_{p_2})} \tag{11}$$

将 c 代入式(10)后,在半对数坐标上可将 $N_R/(N_R-N_p)$ 与 t 校正成一条直线。

在通常情况下,一个油田的可采储量常常受标定方法和标定时间的影响,不同的标定方法(即预测方法)所确定的可采储量会有一定的误差[2,3]。同样,由于受科学技术、工艺条件及油田调整等因素的制约,不同的开发阶段所标定的可采储量其结果也会存在一定的差异。

图2反映了不同的可采储量对式(9)线性关系的影响。宁海油田的地质储量为 $1425×10^4t$,若其采收率为 34%,36%,38%,40%,42%,44% 和 48%,可得到图2中曲线1—曲线7的可采储量 N_R 分别为 $485×10^4t$,$513×10^4t$,$542×10^4t$,$568×10^4t$,$598×10^4t$,$627×10^4t$ 和 $684×10^4t$。由图中 $N_R/(N_R-N_p)$ 与 t 的关系曲线看出:可采储量偏小,曲线向上弯曲;可采储量偏大,曲线向下弯曲。当可采储量为 $542×10^4t$ 时,才是一条理想的直线。由此可见,不同的可采储量对式(9)所反映的线性关系会有一定的影响,但其仍然能够通过式(10)校正成一条直线,经过校正后的公式可以克服因可采储量欠准确而带来的误差。

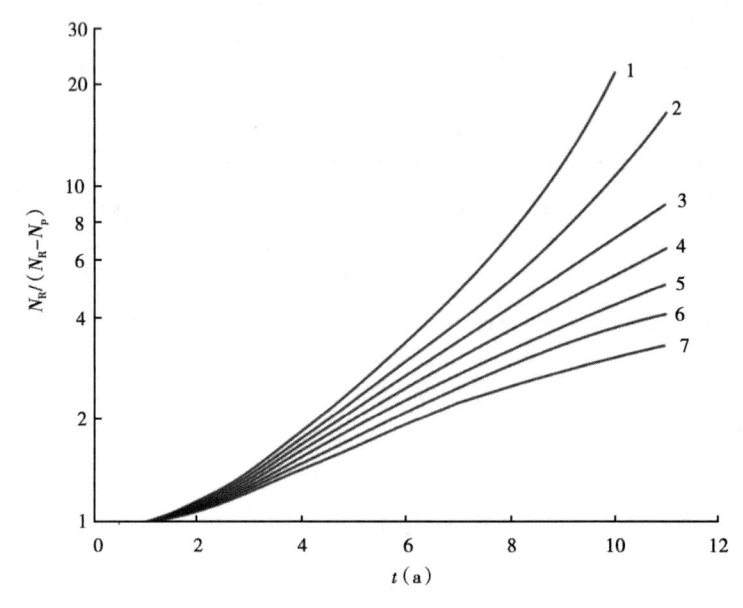

图2 宁海油田不同可采储量条件下的 $N_R/(N_R-N_p)$—t 关系曲线图

将式(10)反推可以导出经过 c 校正的式(8)变为:

$$N_p = N_R[1 - 1/(e^{\lambda t-\ln a} - c)] \tag{12}$$

对式(12)微分可得到产油量随时间变化的关系公式:

$$Q_o = N_R\lambda e^{\lambda t-\ln a}/(e^{\lambda t-\ln a} - c\lambda e^{\lambda t-\ln a})^2 \tag{13}$$

长期以来,油藏工程师们用累计产量与时间的微分比(即 $Q_o = dN_p/dt$)进行年产量预测,这在理论上是不尽合理的。因为由 dN_p/dt 得到的公式揭示的是产油量随时间变化的瞬时规律,即 t 时刻的产量变化规律;而年产量指的是年初至年末整个时间过程中的产量水平。因此,用 dN_p/dt 得到的公式预测年产量会产生较大的误差。

在图3中,t 时刻的瞬时产是 Q_t 要小于第 t 年的年产油量 $\overline{Q}_t$,但大于 $t+1$ 年的年产油量 $\overline{Q}_{t+1}$,这是对产量递减而言。图4揭示了产量上升期瞬时产量与年产量的关系,不难看出,t 时刻的瞬时产量 Q_t 要大于第 t 年的年产量 $\overline{Q}_t$,而小于第 $t+1$ 年的年产油量 $\overline{Q}_{t+1}$。从图3及图4揭示的规律可知,对于产量递减期,第 t 年的年产量 $\overline{Q}_t$ 永远大于年末产量 Q_t,而小于年初产量 Q_{t-1},即满足 $Q_t<\overline{Q}_t<Q_{t-1}$;对于产量上升期,年产量 $\overline{Q}_t$ 要大于年初产量 Q_{t-1},小于年末产量 Q_t,即满足 $Q_{t-1}<\overline{Q}_t<Q_t$。由此可见,$t$ 时刻的产量水平 Q_t 绝不等于 t 年的产量水平 $\overline{Q}_t$,它反映的是第 t 年末的

瞬时产油能力。

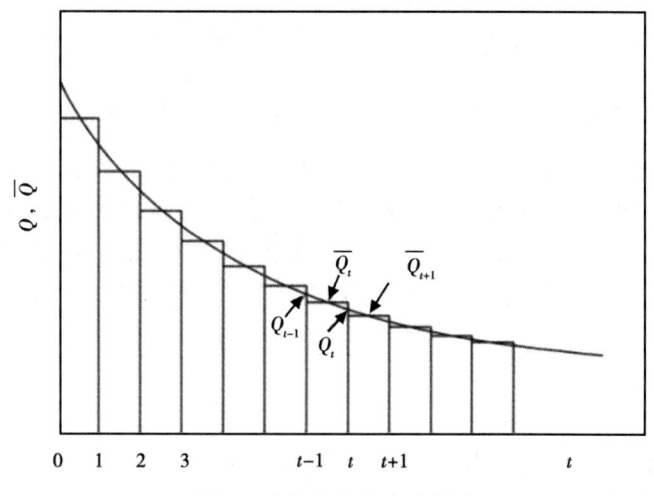

图3 油藏产量递减示意图

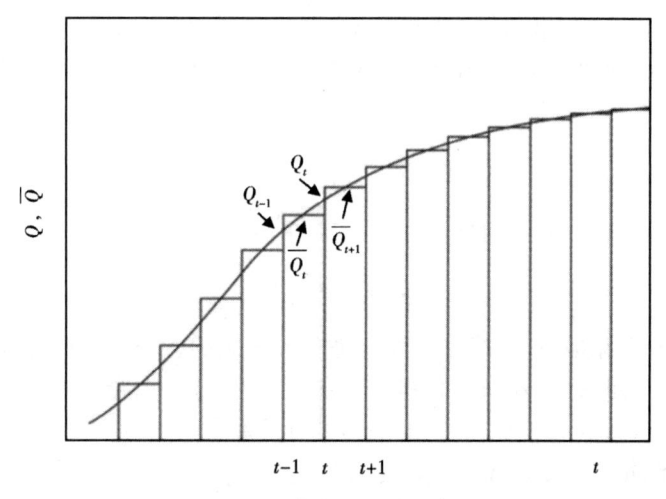

图4 油藏产量上升示意图

综上分析可知,式(13)是经微分(dN_p/dt)得到的,并非年产油量预测公式,而是一瞬时产量预测公式,反映的是阶段(年)末的产量变化规律。年产油量预测公式可以由第t年对应的累计产油量减去第t-1年对应的累计产油量而得到,即:

$$\overline{Q}_t = N_{p_t} - N_{p_{t-1}} \tag{14}$$

将式(12)代入式(14)即得到年产油量预测公式为:

$$\overline{Q}_o = N_R [1/(e^{\lambda(t-1)-\ln a} - c) - 1/(e^{\lambda t - \ln a} - c)] \tag{15}$$

当$c=0$时,式(13)和式(15)变为:

$$Q_o = N_R \lambda e^{\ln a - \lambda t} \tag{16}$$

$$\overline{Q}_o = N_R [e^{\ln a - \lambda(t-1)} - e^{\ln a - \lambda t}] \tag{17}$$

式(13)和式(15),即为本文推导的预测油田产量的新模型。如果以年或月作为时间单位时,那么,某一天的产量是可以当瞬时产量处理的。如某年末的产油能力,那么该年12月末最后一天的产油能力即为所求。因此,预测某天或某时刻的产量时用式(13),预测年或月产量时用式(15)。

本文方法与可采储量 N_R 关系密切,它是建立在一定的可采储量基础之上的。可采储量的标定误差即标定精度,影响着式(9)所揭示的线性关系,但其对瞬时产量 Q_o 和年产量 $\overline{Q}_o$ 即式(13)与式(15)的预测精度影响不大。因为式(13)和式(15)均来自式(10)。因此,影响式(13)和式(15)预测精度的因素是式(10)的直线化程度,即校正系数 c 的取值精度。由此可见,即使可采储量标定误差较大,但只要求得合理精确的 c,同样可以预测得到精确的结果。

2 模型应用举例

老君庙 L 油藏于1941年投入开发,至今已有54年开发历史,目前处于高含水后期开发阶段。其地质储量 2409×10^4 t,可采储量 1156×10^4 t。

由图1可见,该油藏在1976年以后 $N_R/(N_R-N_p)$ 与 t 在半对数坐标上呈一条很好的直线关系。用1976—1988年的数据建模,预测1989—1993年的年产油量。经过回归分析得到 $\ln a = 1.070119709$,$\lambda = 0.060080154$,$R = 0.999865726$。可得到瞬时产量、年产量与累计产量的预测公式:

$$Q_o = 1156 \times 0.06 e^{1.07 - 0.06t} \tag{18}$$

$$\overline{Q}_o = 1156 \times [e^{1.07 - 0.06(t-1)} - e^{1.07 - 0.06t}] \tag{19}$$

$$N_p = 1156 \times (1 - e^{1.07 - 0.06t}) \tag{20}$$

从回归得到的相关系数可见,模型的建立是令人满意的。表1是油藏建模阶段的实际生产数据与拟合结果,不难看出,式(19)的拟合结果比式(18)的拟合结果更接近于实际年产油量,前者的平均相对误差为3.38%,后者的平均相对误差为4.03%。拟合结果表明,用 dN_p/dt 得到的瞬时公式预测年产油量的做法是不尽合理的,这一点与前面的论证相一致。由式(20)拟合的油藏累计产油量与实际值相比误差很小,平均相对误差仅为0.16%。

表1说明本文方法的拟合精度是比较高的,表2是L油藏1989—1993年年产油量、累计产油量实际值与预测值的比较结果表。由表2中的数据显而易见,瞬时产量式[式(18)]的预测精度远远低于年产量公式[式(19)]的预测精度,式(18)的平均相对误差为2.54%,式(19)的平均相对误差为1.38%。式(20)预测的累计产油量相对误差均小于0.2%,还是相当精确的。

表1 老君庙油田L油藏年产量与累计产量实际与拟合结果

年份	年产量 $\overline{Q}_o(10^4 t/a)$ 实际值	拟合值 式(18)	拟合值 式(19)	累计产量 $N_p(10^4 t)$ 实际值	式(20)拟合值
1976年	22.14	23.32	20.03	769.70	767.33
1977年	22.29	21.96	22.63	791.99	789.97
1978年	21.35	20.68	21.32	813.34	811.28

续表

年份	年产量 $\bar{Q}_o(10^4 t/a)$ 实际值	年产量 $\bar{Q}_o(10^4 t/a)$ 拟合值 式(18)	年产量 $\bar{Q}_o(10^4 t/a)$ 拟合值 式(19)	累计产量 $N_p(10^4 t)$ 实际值	累计产量 $N_p(10^4 t)$ 式(20)拟合值
1979年	20.08	19.48	20.07	833.42	831.36
1980年	18.62	18.34	18.91	852.04	850.26
1981年	16.49	17.26	17.80	868.53	868.07
1982年	15.98	16.27	16.77	884.51	884.84
1983年	15.23	15.32	15.79	899.74	900.63
1984年	15.46	14.43	14.87	915.20	915.50
1985年	15.11	13.59	14.01	930.31	929.51
1986年	14.08	12.80	13.19	944.39	942.70
1987年	12.25	12.05	12.42	956.64	955.12
1988年	11.92	11.35	11.70	968.56	966.82

表2 老君庙油田L油藏年产量与累计产量实际、预测结果

年份	年产量 $\bar{Q}_o(10^4 t/a)$ 实际值	年产量 $\bar{Q}_o(10^4 t/a)$ 预测值 式(18)	年产量 $\bar{Q}_o(10^4 t/a)$ 预测值 式(19)	相对误差(%) 式(18)	相对误差(%) 式(19)	累计产量 $N_p(10^4 t)$ 实际值	累计产量 $N_p(10^4 t)$ 式(20)预测值	相对误差(%)
1989年	11.08	10.69	11.02	3.52	0.54	979.64	977.83	0.18
1990年	10.57	10.07	10.38	4.73	1.79	990.21	988.21	0.20
1991年	9.72	9.48	9.77	2.47	0.51	999.93	997.98	0.19
1992年	8.97	8.93	9.20	0.45	2.56	1008.90	1007.18	0.17
1993年	8.54	8.41	8.67	1.52	1.52	1017.44	1015.85	0.16

通过实际资料的拟合结果和预测结果,表明本文模型精度较高,是行之有效的。同时,证明了传统用微分($Q_o = dN_p/dt$)得到的瞬时产量公式进行年产油量预测的做法是不尽合理的。

3 结论

(1)本文基于对亚伦诺夫斯基等的渗吸方程的分析与研究,提出了渗吸方程的修正公式,发现并证明了在油田开发的一定阶段,可采储量 N_R 与剩余可采储量($N_R - N_p$)比在半对数坐标上与开发时间 t 呈线性关系,并对这一规律引入了校正系数 c 进行校正,使得应用时间提前。由此推导出了一种预测油田产量的新模型。经实例验证,本文方法是有效可行的。

(2)分析论证了不同可采储量(或者说可采储量的标定误差)对模型即式(9)线性关系的影响,指出可采储量误差并不影响产量的预测精度,影响预测精度的因素是式(10)直线化的程度,即校正系数 c 的精度。

(3)证明论述了瞬时产量 Q_o 与年产量 $\bar{Q}_o$ 之间的差异,推导给出了相应的预测公式,指出了传统用累计产量与时间的微分比 $Q_o = dN_p/dt$ 进行年产油量预测的不合理性,即:对于产量

上升期用公式 $Q_o = dN_p/dt$ 预测的年产量要比实际值偏高；对于产量递减期用公式 $Q_o = dN_p/dt$ 预测的年产量要比实际值偏低。

（4）本方法是建立在累计产油量与开发时间的基础之上。因此，适用于各种驱动类型油藏及单井。油藏在经过大的调整后，可采储量发生变化，曲线形态随之变化。所以，在应用时，要避开油田的调整期，选择稳定生产阶段。

符号释义

R—采油程度；E_R—采收率；N—地质储量，10^4t；N_R—可采储量，10^4t；$N_p(N_{p_t})$—累计产油量，10^4t；$Q_o(Q_t)$—瞬时产油量，10^4t/a；$\overline{Q}_o(\overline{Q}_t)$—年产油量，$10^4$t/a；$t$—开发时间，a；$\alpha$—修正系数，常数；$c$—校正系数，常数；$\lambda$—统计系数，常数；$R$—相关系数。

参考文献

[1] 杨通佑,等. 石油及天然气储量计算方法[M]. 北京:石油工业出版社,1990.
[2] 陈钦雷,等. 油田开发设计与分析基础[M]. 北京:石油工业出版社,1982.
[3] 张凤奎. 用累积产油量与剩余可采储量比预测油田产油量[J]. 石油勘探与开发,1994,21(2):66-68.

产量递减曲线新模型的推导及应用

油气藏产量递减曲线,是油气藏工程中应用极为广泛的一种方法。它不但可以预测油气藏未来产量的变化,而且能够用于预测技术可采储量和达到经济极限产量条件下的经济可采储量。目前,油气藏工程人员现场应用最广泛的产量递减曲线是 J. J. Arps 提出的双曲线递减和 А. В. Копытов 衰减校正曲线。然而,两种曲线参数求解麻烦、费事的缺点给实际应用带来了一定的局限性。本文基于文献[1]中所提出的预测可采储量的经验公式,推导得到了一种新型的产量递减曲线方程,它可以用于油气藏和单井的瞬时产量、累计产量、年产量和可采储量预测。经验证,模型是实用有效的。

1 新模型的建立

经过对油田实际开发资料的统计分析,具有如下的可采储量预测经验公式[1]:

$$\frac{Q}{t} = a + bN_p \tag{1}$$

式(1)中,当 $t\to\infty$ 时,$Q\to 0$,此时的累计产量即为油田的可采储量,即有:

$$N_R = -\frac{a}{b} \tag{2}$$

式(1)只是一个可采储量的预测公式,揭示了开发时间、瞬时产量、累计产量三者之间的内在关系。然而,式(1)不是反映瞬时产量与时间序列或累计产量与时间序列的数学模型(函数关系)。故用它是不能够进行瞬时产量和累计产量预测的。基于式(1),以下将解决上述问题。

对式(1)进行微分,可得:

$$\frac{t\mathrm{d}Q - Q\mathrm{d}t}{t^2} = b\mathrm{d}N_p \tag{3}$$

将式(3)两端同乘以 $t^2/(Q\mathrm{d}t)$,得到:

$$\frac{t\mathrm{d}Q}{Q\mathrm{d}t} = 1 + \frac{bt^2\mathrm{d}N_p}{Q\mathrm{d}t} \tag{4}$$

由于产量和累计产量的关系可表示为:

$$Q = \frac{\mathrm{d}N_p}{\mathrm{d}t} \tag{5}$$

将式(5)代入式(4),便得:

$$\frac{t\mathrm{d}Q}{Q\mathrm{d}t} = 1 + bt^2 \tag{6}$$

将式(6)两端同乘以 $\mathrm{d}t/t$,得到:

$$\frac{\mathrm{d}Q}{Q} = \left(\frac{1}{t} + bt\right)\mathrm{d}t \tag{7}$$

对式(7)积分,可得:

$$\int_{Q_\mathrm{i}}^{Q}\frac{\mathrm{d}Q}{Q} = \int_{t_\mathrm{i}}^{t}\left(\frac{1}{t} + bt\right)\mathrm{d}t \tag{8}$$

$$\ln\frac{Q}{Q_\mathrm{i}} = \ln\frac{t}{t_\mathrm{i}} + \frac{1}{2}(bt^2 - bt_\mathrm{i}^2) \tag{9}$$

由式(9)求解 Q,经整理得:

$$Q = t\mathrm{e}^{\ln\frac{Q_\mathrm{i}}{t_\mathrm{i}} - \frac{bt_\mathrm{i}^2}{2}}\mathrm{e}^{\frac{bt^2}{2}} \tag{10}$$

若设:

$$D = \mathrm{e}^{\left(-\frac{bt_\mathrm{i}^2}{2} + \ln\frac{Q_\mathrm{i}}{t_\mathrm{i}}\right)} \tag{11}$$

$$C = \mathrm{e}^{\frac{b}{2}} \tag{12}$$

则式(10)可以改写为:

$$Q = DC^{t^2}t \tag{13}$$

式(13)即为预测油气田(藏)递减阶段瞬时产量的新型公式。

将式(5)代入式(13),可得:

$$\frac{\mathrm{d}N_\mathrm{p}}{\mathrm{d}t} = DC^{t^2}t \tag{14}$$

再将式(14)分离变量对时间 t 积分得:

$$\int_{N_{\mathrm{p}_\mathrm{i}}}^{N_\mathrm{p}}\mathrm{d}N_\mathrm{p} = \int_{t_\mathrm{i}}^{t}DC^{t^2}t\mathrm{d}t \tag{15}$$

$$N_\mathrm{p} = N_{\mathrm{p}_\mathrm{i}} - \frac{DC^{t_\mathrm{i}^2}}{2\ln C} + \frac{DC^{t^2}}{2\ln C} \tag{16}$$

再令:

$$A = N_{\mathrm{p}_\mathrm{i}} - \frac{DC^{t_\mathrm{i}^2}}{2\ln C} \tag{17}$$

$$B = \frac{D}{2\ln C} \tag{18}$$

这样,式(16)可以改写为:

$$N_p = A + BC^{t^2} \tag{19}$$

式(19)即为预测油气藏递减阶段累计产量的新型方程。至此,本文推导出了一种新型产量递减曲线模型。由于式(13)与式(19)参数之间的关系比较烦琐复杂,为了统一参数,对式(19)进行微分,求得预测 Q 的公式为:

$$Q = 2B\ln(C)tC^{t^2} \tag{20}$$

由于式(19)是由式(13)积分得到的,而式(20)是由式(19)微分得到的,显然,式(20)与式(13)是等价的。这样,式(13)中的 D 值即为:

$$D = 2B\ln C$$

通过上述推导,由经验公式[式(1)]推导得到了瞬时产量预测公式[式(13)],又由瞬时产量公式推导得到了累计产量预测公式[式(19)]。如果能由瞬时公式和累计产量公式推导出式(1),则证明上述推导过程是严谨的,模型是可靠的。

由式(20)解出 BC^{t^2} 为:

$$BC^{t^2} = \frac{1}{2\ln C} \frac{Q}{t} \tag{21}$$

将式(21)代入式(19),得到:

$$N_p = A + \frac{1}{2\ln C} \frac{Q}{t} \tag{22}$$

式(22)两端同乘以 $1/(2\ln C)$,移项即可得到式(1)。自然 $Q/t \to 0$ 时,可采储量可由式(2)表示。可见,本文的推导是严谨的、科学的,模型是可靠的、正确的。

从式(22)中,不难看出可采储量为:

$$N_R = A \tag{23}$$

在式(19)中随着 t 的增大,N_p 是不断增大的。当 $t \to \infty$ 时,$N_{pmax} = N_R = A$。可见,随着 t 的增大,$|BC^{t^2}|$ 是逐渐减小且趋近于 0 的,由此可以推断出 C 和 B 的取值范围为:$C>0,B<0$。

2 参数求解方法

由于式(19)中含有 $A(N_R)$,B 和 C 三个参数,采用常规的最小二乘法难以处理,所以一般需要经过一些简单的数学处理才能够确定参数。以下给出确定模型参数的两种简单方法。

2.1 方法一

若令:

$$K = \frac{1}{2\ln C} \tag{24}$$

把式(24)代入式(22),则得:

$$N_p = A + K\frac{Q}{t} \tag{25}$$

由式(25)回归得到 $A(N_R)$ 和 K，再由式(24)求出 C 为：

$$C = e^{\frac{1}{2K}} \tag{26}$$

再由式(19)求和确定 B 的数值：

$$B = \frac{1}{n}\sum_{j=1}^{n}\left(\frac{N_{pj} - A}{C^{t_j^2}}\right) \tag{27}$$

2.2 方法二

由式(20)，可以得到：

$$\lg\frac{Q}{t} = \lg(2B\ln C) + \lg(C)t^2 \tag{28}$$

若设：

$$\alpha = \lg(2B\ln C) \tag{29}$$

$$\beta = \lg C \tag{30}$$

则式(28)即能改写为下式：

$$\lg\frac{Q}{t} = \alpha + \beta t^2 \tag{31}$$

回归式(31)得到 α 和 β 后，C 和 B 分别为：

$$C = 10^\beta \tag{32}$$

$$B = \frac{10^\alpha}{(2\ln 10)\beta} \tag{33}$$

由式(19)求和即能确定 $A(N_R)$：

$$A = \frac{1}{n}\sum_{j=1}^{n}(N_{pj} - BC^{t_j^2}) \tag{34}$$

3 瞬时产量与年产量的关系[2-4]

值得注意的是：式(20)是一瞬时产量预测公式，用它是不能够预测得到年产量的。例如用式(20)预测第 t 年的产量，实质上得到的是第 t 年末时刻的瞬时产量。而油气田的年产量指的是年初至年末的综合产量，实际上是平均产量的概念。在油气田产量上升阶段，年末的瞬时产量要大于年产量；在油气田产量下降阶段，年末的瞬时产量要小于年产量。只有在绝对稳产的条件下，二者才是相等的。

年产量可以由第 t 年的累计产量减去第 $(t-1)$ 年的累计产量得到，其表达式为：

$$\overline{Q}_t = B[C^{t^2} - C^{(t-1)^2}] = BC^{t^2}[1 - C^{(1-2t)}] \tag{35}$$

在实际工作中,我们很难甚至不能取得瞬时产量,然而在建立模型和确定参数时却常用到,如式(1)、式(25)和式(31)中。为此,可以用下面的公式进行瞬时产量和年产量的近似换算:

$$Q_t = \frac{1}{2}(\overline{Q}_t + \overline{Q}_{t+1}) \tag{36}$$

$$\overline{Q}_t = \frac{1}{2}(Q_{t-1} + Q_t) \tag{37}$$

公式中出现的 N_p 表示油田(藏)的累计产油量,如果是气田(藏)时,符号 N_p 改为 G_p 表示。

4 模型应用分析

选取一个油田和一个气田为实例,以验证本文提出的预测模型。

玉门油田老君庙 M 油藏为一低渗透块状砂岩油藏,已具有 40 年以上的开发历史。含油面积 11km², 原始地质储量 2236×10⁴t, 可采储量为 916.2×10⁴t, 注水开发。该油藏调整较为频繁,于 1988 年以后产量稳定递减,其实际生产数据及有关计算参数见表 1。北斯塔夫罗波尔—佩拉基阿金气田[5], 是苏联 20 世纪 50 年代最大的气田之一,含气面积 907km², 原始天然气地质储量 2573×10⁸m³, 可采储量 2259.6×10⁸m³, 属于不活跃底水控制气田。该气田于 1967 年投入开发,表 1 列举了其稳定递减阶段的实际开采数据及有关资料。将表 1 中实际油气田生产数据分别按式(25)和式(31)作出图 1 和图 2,得到的直线关系是较好的。对图 1 和图 2 中的直线进行回归,求得直线截距、斜率和相关系数,再根据方法一式(26)、式(27)和方法二式(32)、式(33)和式(34)分别求得模型参数,见表 2。从表 2 可见,两种参数求解方法所确定的参数值是基本一致的。利用方法一和方法二所确定的 M 油藏的可采储量分别为 934.9×

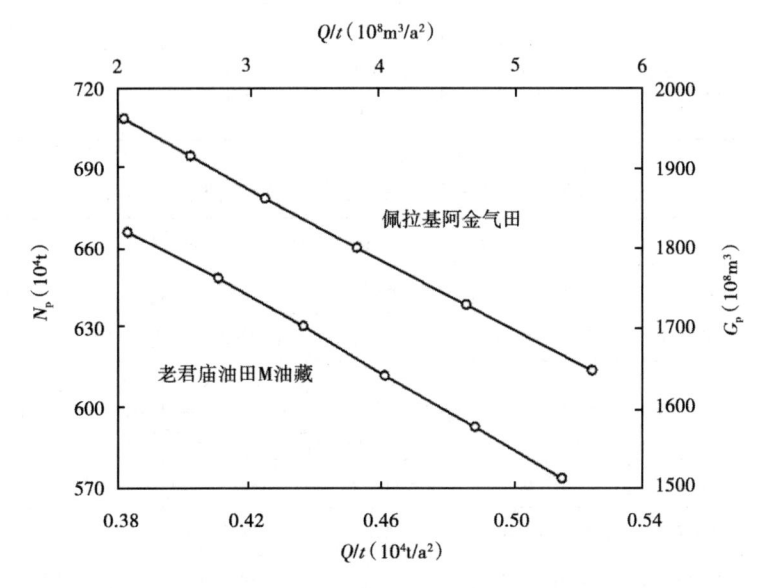

图 1 实例油气田的 N_p、G_p 与 Q/t 曲线

10^4t 和 933.7×10^4t，与 916.2×10^4t 实际值相对误差仅为 2.0% 和 1.9%。由方法一和方法二预测的佩位基阿金气田的采收率分别为 83.0% 和 83.2%，与标定值仅相差约 5%，这在气田天然气预测方面是比较精确的。将方法一和方法二所确定的模型参数 A, B 和 C 分别代入式(19)、式(20)和式(35)，预测出实例油气田的累计产量、瞬时产量和年产量，见表 3 和图 3、图 4（图 3、图 4 中的预测年产量和累计产量为方法一和方法二预测值之和除以 2）。可见本文模型的预测值与实际数据相当吻合。从表 1 和表 3 可以看出式(36)与式(20)计算的瞬时产量、式(37)与式(35)计算的年产量几乎是一致的。同时表 1 和表 3 的数据还反映出油气田递减阶段 t 时刻的瞬时产量要低于年产量。

表 1 实例油气田的开发数据及有关资料

名称	年份	t (a)	$\bar{Q}$ (10^4t/a 或 10^8m³/a)	N_p 或 G_p (10^4t 或 10^8m³)	Q (10^4t/a 或 10^8m³/a)	Q/t (10^4t/a² 或 10^8m³/a²)	t^2 (a²)
老君庙 M 油藏	1988	38	19.76	574.92	19.575	0.5151	1444
	1989	39	19.39	594.31	19.070	0.4890	1521
	1990	40	18.75	613.06	18.460	0.4615	1600
	1991	41	18.17	631.23	17.915	0.4370	1681
	1992	42	17.66	648.89	17.280	0.4114	1764
	1993	43	16.90	665.79	16.515	0.3841	1849
	1994	44	16.13	681.92			1939
佩拉基阿金气田	1971	15	89	1651	84.0	5.6000	225
	1972	16	79	1730	74.5	4.6563	256
	1973	17	70	1800	65.0	3.8235	289
	1974	18	60	1860	56.5	3.1389	324
	1975	19	53	1913	49.0	2.5789	361
	1976	20	45	1958	41.5	2.0750	400
	1977	21	38	1996			441

表 2 方法一和方法二的参数确定结果

名称	方法一——计算公式为式(25)至式(27)					
	截距 A	斜率 K	相关系数 R	参数 C	参数 B	参数 $A(N_R)$
M 油藏	934.928810	−697.295457	−0.999632	0.999283	−1014.05	934.93
佩拉基阿金	2136.30046	−87.131972	0.999749	0.994278	−1767.84	2136.30

名称	方法二——计算公式为式(31)至式(34)					
	截距 α	斜率 β	相关系数 R	参数 C	参数 B	参数 $A(N_R)$
M 油藏	0.164540	−3.126768×10^{-4}	−0.999585	0.999280	−1014.38	933.66
佩拉基阿金	1.296682	−2.456159×10^{-3}	−0.999756	0.994360	−1750.57	2140.76

表3 实例油气田的产量预测结果

名称	t (a)	$\overline{Q}$(10^4t/a 或 10^8m³/a) 方法一预测 式(35)	方法一预测 式(37)	方法二预测 式(35)	方法二预测 式(37)	N_p 或 G_p(10^4t 或 10^8m³) 式(19)预测 方法一	式(19)预测 方法二	Q(10^4t/a 或 10^8m³/a) 式(20)预测 方法一	式(20)预测 方法二
老君庙M油藏	38	19.894	19.892	19.900	19.897	574.972	575.142	19.622	19.625
	39	19.341	19.339	19.342	19.340	594.313	594.484	19.056	19.055
	40	18.764	18.762	18.760	18.759	613.077	613.245	18.468	18.463
	41	18.166	18.165	18.159	18.157	631.243	631.403	17.861	17.852
	42	17.552	17.550	17.540	17.539	648.794	648.943	17.240	17.226
	43	16.924	16.923	16.908	16.907	665.718	665.851	16.606	16.589
	44	19.286	16.285	16.267	16.266	682.004	682.118	15.964	15.943
佩拉基阿金气田	15	88.010	87.961	87.399	87.348	1650.223	1650.417	83.680	83.201
	16	79.214	79.196	78.859	78.838	1729.438	1729.276	74.712	74.475
	17	70.191	70.199	70.061	70.066	1799.629	1799.337	65.687	65.657
	18	61.261	61.291	61.381	61.345	1860.890	1860.655	56.895	57.033
	19	52.685	52.731	52.892	52.934	1913.575	1913.546	48.568	48.834
	20	44.662	44.720	44.977	45.034	1958.236	1958.522	40.872	41.229
	21	37.331	37.395	37.780	37.780	1995.567	1996.240	33.919	34.331

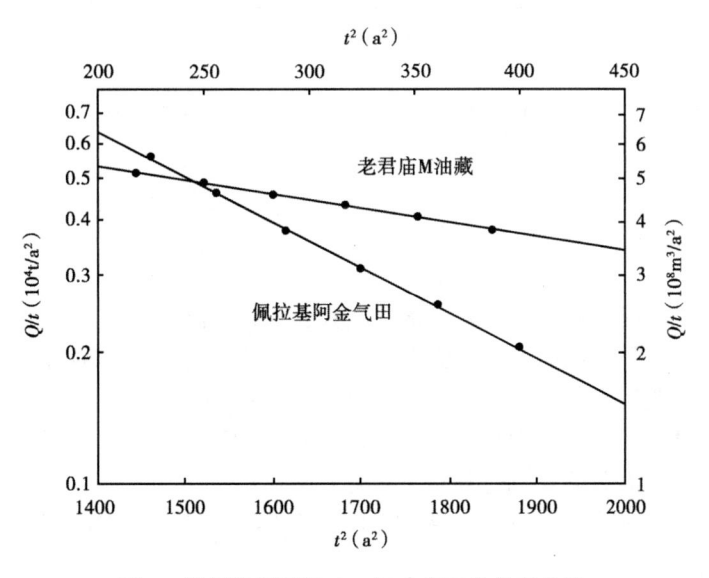

图2 实例油气田的 Q/t 与 t^2 半对数关系曲线

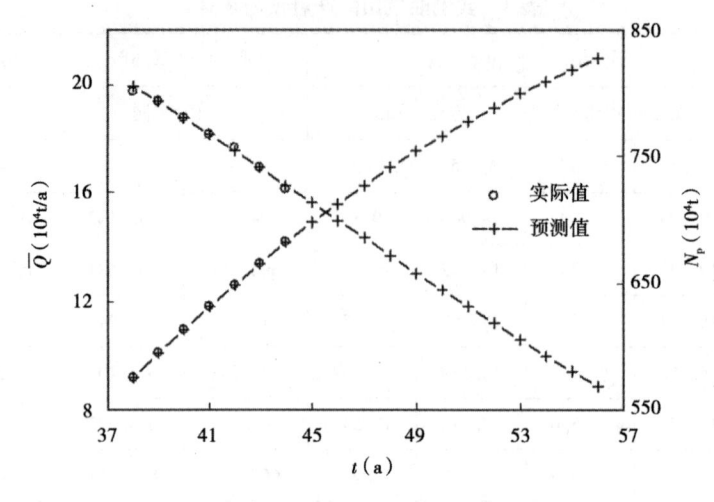

图3 老君庙M油藏实际产量与预测产量曲线

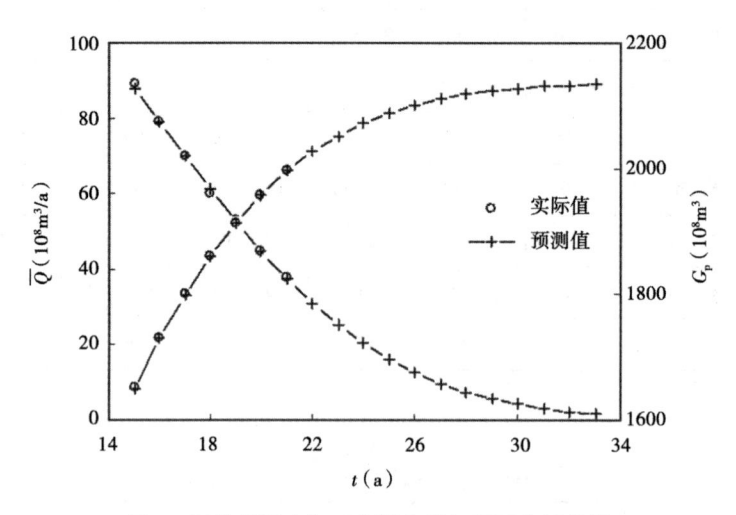

图4 佩拉基阿金气田实际产量与预测产量曲线

5 简单的结论

(1)基于文献[1]提出的预测可采储量的经验公式,推导建立了一种预测递减阶段油气田产量的新型模型。从理论上讨论了模型参数B和C的取值范围。该模型可以预测油气田可采储量、累计产量和瞬时产量。

(2)提出了模型参数确定的线性方法一和方法二。经过油气田实际资料验证表明:两种方法都是行之有效的,并且它们的计算结果十分接近。

(3)讨论了瞬时产量与年产量的关系,提出了年产量预测公式,同时给出了瞬时产量与年产量近似换算的公式。

(4)本文模型用于递减中后期产量预测较递减初期效果要好。该模型建模的基础是产量和时间,与油气田驱动类型无关,因此,适用于各种驱动类型的油气田(藏)及单井。

(5)在应用本模型时值得注意的是:由于$0<C<1$,而t^2往往很大,所以C值小数点后的取

值对 C^{t^2} 的影响很大,一般小数点 6 位以后的数字影响才不明显。为了保证精度,C 至少取小数点后 6 位以上。

符号释义

Q—油气田的瞬时产量,10^4t/a 或 10^8m^3/a;Q_{t-1},Q_t—$t-1$ 和 t 时刻的瞬时产量,10^4t/a 或 10^8m^3/a;$\overline{Q}_t$,$\overline{Q}_{t+1}$—t 年和 $t+1$ 年的年产量,10^4t/a 或 10^8m^3/a;Q_i—递减初始的瞬时产量 10^4t/a 或 10^8m^3/a;N_p—油田的累计产量,10^4t;N_{pi}—递减初始的累计产油量,10^4t;N_R—油田的可采储量,10^4t;G_p—气田的累计产量 10^8m^3;t—开发时间,a;t_i—递减初始的开发时间,a;a,b—式(1)的截距、斜率,常数;A,B,C—新模型即式(19)和式(20)的模型参数,常数;D,K—模型推导中所设的参数,常数;α,β—式(31)中的截距及斜率,常数;R—线性相关系数。

参考文献

[1] 张虎俊. 预测可采储量的简便方法[J]. 石油勘探与开发,1995,22(3):100-101.
[2] 张虎俊. 一种新型的衰减曲线及其应用[J]. 天然气工业,1995,15(5):32-35.
[3] 张虎俊. 求解 Копытов 衰减曲线校正系数 c 的最佳方法[J]. 新疆石油地质,1995,16(3):256-260.
[4] 张虎俊. Копытов 衰减校正曲线的理论分析与探讨[J]. 西安石油学院学报,1995,10(4):24-28.
[5] 胡建国,陈元千. t 模型应用及讨论[J]. 天然气工业,1995,15(4):26-29.

一种预测可采储量的简单适用方法

在油田开发过程中,可采储量是编制油田开发方案、进行油田调整和效果评价以及动态分析的重要依据。因此,合理准确地预测可采储量,是油田开发工作的一项重要内容。本文视油田开发时间、年产油量、累计产油量为一个相互作用的整体系统,将3项因素反映于同一模型(公式)中,在预测油田可采储量时取得了较为满意的结果。

1 方法原理

在油田开发中,随着开发时间的不断延伸,油田逐步由稳产期进入产量递减阶段,年产油量逐年降低,累计产油量越来越高,最终过渡到油田开发结束。此时,油田最大累计产油量即为油田可采储量。

苏联学者卡佩托夫提出预测油田可采储量(N_R)的著名公式:$N_p=a-b/t$。当 $t\to\infty$ 时,$N_R=N_{pmax}=a$,卡氏公式在国内外得到了广泛的应用。辽河油田刘斌把累计产油量和年产油量(Q_o)联系起来[1],建立了预测可采储量的公式,并在辽河油田的两个区块中得以验证。此公式为 $Q_o/N_p=a+bN_p$。当 $Q_o\to0$,$Q_o/N_p\to0$,即 $N_R=N_{pmax}=-a/b$。

卡佩托夫公式和刘斌公式只是揭示了开发时间、累计产油量和年产油量3项因素中的两项因素之间的规律关系。如何在可采储量预测中将开发时间、累计产油量、年产油量有机联系起来,形成一个包含3项因素于一体的预测模式,这是一个值得探索的问题。笔者从这一思路出发,并在油田实际资料的统计、分析后发现,当油田开发进入稳产阶段以后,年产油量和开发时间之比与累计产油量之间存在着较好的线性关系,即具有如下关系公式:

$$\frac{Q_o}{t} = a + bN_p \tag{1}$$

式中 Q_o——产油量,10^4t/a;

t——开发时间(从油田投入开发记起,依次为1,2,3…),a;

N_p——累计产油量,10^4t;

a,b——统计系数。

随着油田开发过程的深入,t值不断增大,Q_o将越来越小。由式(1)可见,当 $Q_o/t=0$ 时,油田累计产量 N_p 即为油田可采储量 N_R,其表达式为:

$$N_R = -\frac{a}{b} \tag{2}$$

根据稳产阶段开始时的实际生产数据统计出的 $Q_o/t - N_p$ 线形关系,再经一元线性回归,求得统计系数 a 和 b,就可以算出油田可采储量。

2 应用实例

现以玉门油区的3个油藏和2个油田为例,验证本文提出的预测可采储量方法。在这5个油藏(田)中,老君庙油田K层、L层和M层分别有55年、53年和49年的开发历史,开发时间较短的石油沟油田和白杨河油田也分别开发了38年和36年,5个油藏(田)均处于开发后期阶段,资料丰富,代表性强,可作为油田开发的典型。目前,老君庙L层、M层和K层和石油沟油田分别采出了可采储量的84.4%、73.9%、82.8%和74.9%,均为注水开发。白杨河油田已经到了开发结束阶段,停注后依靠天然能量开发,仅有5口井未报废,已采出可采储量的95%。

将上述油藏(田)的矿场生产数据绘制在直角坐标图上,得到相应 $Q_o/t—N_p$ 关系曲线(图1)。

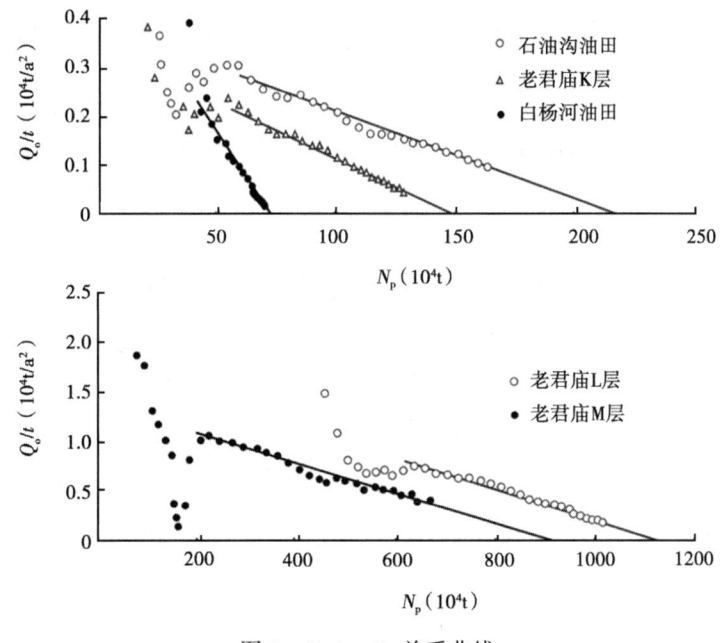

图1 $Q_o/t—N_p$ 关系曲线

由图1可见,油田进入稳产阶段以后,其年产量与开发时间之比和累计产油量之间在直角坐标系上存在着较好的线性关系,即本文提出的统计公式是符合开发规律的。经统计回归,可得到截距、斜率和相关系数,求得可采储量。

经过验证,5个油藏中最大相对误差为3.76%,最小相对误差仅0.41%(表1),这在油田可采储量预测中是比较精确的,完全可以满足实际工作需要。白杨河油田近于报废,年产油量仅2000t左右,预计达不到标定可采储量,目前采出了 $73.3×10^4$ t。

表1 可采储量预测实例统计表

油藏(田)	a	b	相关系数	可采储量(10^4t) 预测值	可采储量(10^4t) 标定值	相对误差(%)
老君庙L层	1.750937	-0.001539	-0.9856	1137.7	1156.3	1.61
老君庙M层	1.348065	-0.001494	-0.9702	902.3	916.2	1.52

续表

油藏(田)	a	b	相关系数	可采储量(10^4t) 预测值	可采储量(10^4t) 标定值	相对误差(%)
老君庙K层	0.257309	−0.001611	−0.9903	159.7	160.0	0.19
石油沟油田	0.372119	−0.001673	−0.9763	222.4	222.7	0.14
白杨河油田	0.388690	−0.005234	−0.9939	74.3	77.2	3.76

3 结论

本文把开发时间(t)、年产油量(Q_o)和累计产油量(N_p)3项因素联系在一起,经理论分析和实际资料的验证误差很小,实用性强。

本方法揭示的是油田开发过程中开发时间、年产油量和累计产油量之间的关系规律,与油田类型无关。

从现有资料来看,Q_o/t—N_p的线性关系主要存在于稳产阶段和递减阶段,故本方法只适用于在稳产阶段和递减阶段的可采储量预测,对于油田开发初期可采储量预测不适用。

参 考 文 献

[1] 刘斌.利用稳产阶段的开发数据预测可采储量的简单方法[J].石油勘探与开发,1991,18(5):72-74.

预测油田最终采收率的一种新方法

在油田开发的不同阶段,采收率预测是油田开发工作的一项重要内容,它关系到开发政策的制订、方案的编制、资金的投入以及开发效果与经济效益的好坏。在油田开发后期,如何简单方便、快速准确地预测最终采收率,是油藏工程师所共同关注的问题,本文在这一方面进行了一种有效尝试。

1 方法原理

当油田开发从稳产阶段进入产量递减阶段之后,其年产量将从稳产阶段的最后一年开始,向后逐年递减。即相邻两年的年产油量满足 $Q_{t-1}-Q_t>0$ 或 $Q_{t-1}/Q_t>1$ 的条件。于是提出累计递减率(D)的概念:

$$D = \frac{Q_i - Q_t}{Q_t} \tag{1}$$

式中　D——累计递减率;

Q_i——递减初始(即稳产阶段最后一年)的产油量,10^4t/a;

Q_t——递减阶段第 t 年的产油量,10^4t/a。

将累计递减概念应用于油田递减阶段生产实际,发现累计递减与采出程度之间存在着较好的线性关系,即有如下规律:

$$D = a + bR \tag{2}$$

式中　R——采出程度;

a,b——系数。

由式(1)和式(2)两式可知,当年产油量(Q_t)为 0,即累计递减率等于 1 时,此时的采出程度即为油田最终采收率(E_R),表达式为:

$$E_R = \frac{1 - a}{b} \tag{3}$$

对于水驱油田的可采储量预测,目前国内外采用的最终经济极限含水率为 95% 或 98%,我国采用的数值 98%。可见,式(3)为水驱油田的最大采收率(E_{Rmax}),而不是经济极限采收率。水驱油田经济极限采收率推导如下:

假定含水率上升是引起产量递减的唯一原因,且产液量 Q_{lc} 是不变的,设油田递减期的 Q_i 所对应的含水率为 f_{wi},再设经济极限年产油量对应的含水率为 f_{wel},则:

$$D = \frac{Q_i - Q_t}{Q_i} = 1 - \frac{Q_t}{Q_i} = 1 - \frac{Q_{lc}(1 - f_{wel})}{Q_{lc}(1 - f_{wi})} = \frac{f_{wel} - f_{wi}}{1 - f_{wi}} \tag{4}$$

本文递减阶段开始时的含水值 f_{wi} 为 60%，f_{wel} 为 98%，代入式(4)得累计递减率值：D = 0.95。用含水为 98% 时的 D 值代换式(3)中的 1，即得到水驱油田的经济极限采收率，其公式为：

$$E_R = \frac{0.95 - a}{b} \tag{5}$$

经上述分析，不难看出，对非水驱油田计算采收率，式(3)是适用的；对水驱油田，式(3)计算的结果稍微偏大，所以式(5)更适用。

结合油田的生产实际资料，运用上述模型方法，作出 D—R 的关系曲线，经过简单的回归计算，可得到系数 a 和 b，即可求得油田最终采收率。

2 应用实例

以玉门油区老君庙油田 L 层、K 层和白杨河油田为例，验证本文提出的预测最终采收率方法。

老君庙油田 L 层是玉门油区最大的油藏，可采储量 $1156×10^4$ t，表 1 为该油藏递减阶段的年产油量、采出程度及累计递减率，L 层从 1978 年开始递减，1977 年的年产油量（即 Q_i）为 $22.29×10^4$ t。K 层的可采储量 $160×10^4$ t，K 油藏与 L 油藏一样均有 50 年以上的开发历史，目前处于注水开发后期，采出程度分别达到了 40.35% 和 24.69%。白杨河油田是一个小油田，可采储量仅 $77×10^4$ t，已到了废弃阶段，停注后依靠天然能量开发，底水活跃，采出程度 24.68%，接近标定的最终采收率，由于该油田油井几乎全部报废，目前仅剩 5 口，达不到 26% 的设计采收率。

表 1 L 层年产量、采出程度及累计递减率

年份	1978	1979	1980	1981	1982	1983	1984	1985	1986	1987	1988	1989	1990	1991	1992	1993
$Q_t(10^4 t/a)$	21.35	20.08	18.62	16.49	15.98	15.23	15.46	15.11	14.08	12.25	11.92	11.08	10.57	9.72	8.97	8.54
$R(\%)$	33.67	34.60	35.37	36.05	36.72	37.35	37.99	38.62	39.20	39.71	40.21	40.67	41.11	41.51	41.88	42.23
$D(\%)$	4.22	9.92	16.47	26.02	28.31	31.67	30.64	32.21	36.83	45.04	46.52	50.29	52.58	56.39	59.76	61.69

式(2) D—R 关系曲线所反映的规律表明，通过上述油田实际开发资料的统计证实其线性关系是存在的，如图 1 所示。

通过统计分析和回归，得出直线截距、斜率和相关系数，可求得油田最终采收率（表 2）。经验证，3 个水驱油藏中最小相对误差（取绝对值）只有 0.3%，最大相对误差仅为 3.5%，这在油田最终采收率预测中是比较精确的。该模型作为预测最终采收率的一种新方法，完全能够满足实际工作的需要，且有简单适用的特点。

表 2 最终采收率预测实例统计表

油田（藏）	a	b	相关系数	最终采收率(%) 预测值	最终采收率(%) 标定值	相对误差（绝对值）(%)
老君庙油田 L 层	-2.098405	6.396304	0.988689	47.7	48	0.6
老君庙油田 K 层	-1.191840	7.123541	0.988717	30.1	30	0.3
白杨河油田	-2.651006	14.360029	0.998219	25.1	26	3.5

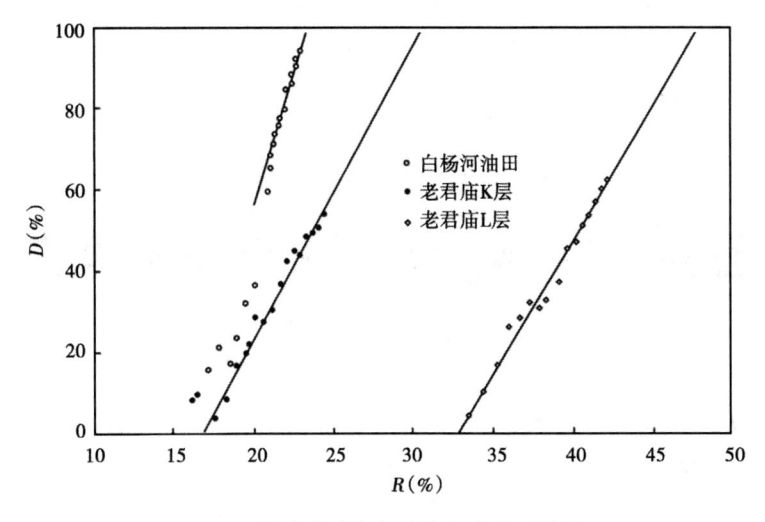

图1 累计递减率与采出程度关系曲线

3 结论

通过理论分析和油田开发实际资料的统计证实,在稳定递减阶段,累计递减率与采出程度在直角坐标系上呈线性关系,利用本文提出的方法进行油田最终采收率预测误差很小,是可行的。

本文方法描述的是累计递减率与采出程度的关系,其实质揭示了油田产量与开发过程的内部联系,与油田类型无关。因此,该方法适合于各类油田。

第五章 Weng 旋回研究及模型求解

1984年,翁文波院士出版了被誉为天下奇书的《预测论基础》一书,在我国迅速掀起了一股预测热潮。Weng 旋回随之也在油气产量预测领域广泛应用。但是,Weng 旋回是一个3参数方程,参数求解一直影响着模型的应用与预测的准确性。

《Weng 旋回参数求解的简单方法》提出了一种数值分析求解 Weng 旋回的方法,即利用方程在时间步长为1的条件下,相邻两时刻产量之比与时间之比在双对数坐标上的线性关系,通过线性回归求得两个参数。然后将求得的参数代入 Weng 旋回方程,取对数后线性回归求取剩余参数。利用两次线性回归求解参数的方法简单、方便,对现场油气藏工作者很适用。需要注意的是,Weng 旋回的实质是一个幂函数和一个指数函数之积构成的数学模型,故在参数选值时至少要保持小数点后4位以上,以利于提高预测精度。

《预测油气田产量的 Weng 旋回及其参数求解方法》一文,论述了油气田动态系统的非线性特征,研究了 Weng 旋回模型结构及性质。同时,对 Weng 旋回方程进行了简化,提出一种参数求解的新方法——联立方程求解法,即将产量历史数据分为等个数的3组,求和得到由3个方程构成的方程组,只需最基本的加减乘除运算便可确定模型参数。该方法不受人为因素的影响,具有简便和单一解的特点。

《建立 Weng 旋回模型的一种新方法》通过时间步长为1条件下 t 和 $(t+1)$ 时刻的 Weng 旋回方程,在消去1个参数后建立了一个线性数值方程,仅需要一次线性回归和一次求和平均运算,即可实现模型参数求解的全过程,该方法简单、方便、快速,具有一定的实际意义和使用价值。

《Weng 旋回模型参数求解的一种简便方法及其应用效果评述》简要回顾了油气田产量预测研究的历史和 Weng 旋回的提出及其特点;同时,对 Weng 旋回传统求解方法进行了评述。并在《建立 Weng 旋回模型的一种新方法》论文的基础上,推导提出了第二种数值线性回归求解法。

《Weng 旋回与 Poisson 分布和 Gamma 分布的对比与分析》通过对 Weng 旋回与 Poisson、Gamma 分布模型的对比、分析和研究,表明 Weng 氏模型原式与 Poisson 分布尽管具有相似的表现形式,但却是两个完全不同的模型,因为二者的自变量不具有同一数学意义(两个模型的自变量与常量正好相反);Weng 旋回的本质符合连续型 Gamma 随机分布数学原理,模型参数 n 规定取正整数的假设是不妥和多余的。Weng 旋回原式的自变量为特定的时间变量,故其在时间无穷大时的积分并不是油田可采储量。在上述研究的基础上,提出了 Weng 旋回模型的简明式和结构式,使其上升到一定的理论高度,更加具有实际意义和 Weng 旋回模型特点,同时给应用者带来了方便。

Weng 旋回参数求解的简单方法

预测是对未来的展望和分析。预测模型可分为统计预测模型和信息模型。在预测技术中,常把某一事物从兴起,经过成长、成熟,直到衰亡的全过程,称作生命旋回或兴衰周期。生命旋回是对于资源有限体系或非再生资源而言的,如矿产资源。已故中国科学院院士翁文波教授曾经提出一种预测整个生命过程的信息模型[1],称为 Weng 旋回[2]。Weng 旋回属于唯象模型,预测中不考虑今后科学技术的发展对生命过程的影响。

在油气田开发过程中,假设油气田的年产量 Q_t 正比于开发时间 t 的 n 次方函数兴起,同时又随着时间变量 t 的负指数函数衰减。这一过程用 Weng 旋回表示如下:

$$\begin{cases} Q_t = Bt^n e^{-t} \\ t = (Y - Y_0)/C \end{cases} \tag{1}$$

式中 Q_t——拟合的油气田产量;
Y——油气田投产后的开发年份;
Y_0——油气田的投产年份;
B,C,n——拟合系数或待定系数。

Weng 旋回,即式(1)具有如下性质[1]:

$$\frac{dQ_t}{dt} = Q_t \left(\frac{n}{t} - 1 \right)$$

当 $t<n$ 时,$\frac{dQ_t}{dt}>0$;当 $t=n$ 时,$\frac{dQ_t}{dt}=0$;当 $t>n$ 时,$\frac{dQ_t}{dt}<0$。

$$\frac{d^2Q_t}{dt^2} = Q_t \frac{1}{t^2}[(t-n)^2 - n]$$

当 $t=n\pm\sqrt{n}$ 时,$\frac{d^2Q_t}{dt^2}=0$。

从以上性质可知,油气田产量 Q_t 的兴衰可以分为 4 个阶段[1]:

(1)缓慢上升阶段,$t = 0 \sim (n-\sqrt{n})$;
(2)加速上升阶段,$t = (n-\sqrt{n}) \sim n$;
(3)快速下降阶段,$t = n \sim (n+\sqrt{n})$;
(4)缓慢下降阶段,$t = (n+\sqrt{n}) \sim \infty$。

由于 Weng 旋回参数求取麻烦,需要在计算机上完成,人工手算或简单的计算工具难以胜任[2]。因此,Weng 旋回未能被现场油气藏工作者所广泛应用。文献[2]和文献[3]给出了 Weng 旋回的近似公式以及计算机上求解参数的方法。为了方便油气藏现场工作者,本文介绍一种 Weng 旋回参数求解的简单方法。该法只需要两次简单的线性回归即可实现。

1 新方法

为了方便起见,将 Weng 旋回即式(1)写为式(2)的形式:

$$Q_T = \frac{B}{C^n} \frac{T^n}{(e^{1/C})^T} \tag{2}$$

式中 T——油气田投产后的开发年份与油气田的投产年份之间的时间,a,$T=(Y-Y_0)$。

同理,第 $T-1$ 年的年产量可以写成式(3)的形式:

$$Q_{T-1} = \frac{B}{C^n} \frac{(T-1)^n}{(e^{1/C})^{(T-1)}} \tag{3}$$

由式(2)除以式(3)可得:

$$\frac{Q_T}{Q_{T-1}} = \frac{T^n}{(T-1)^n} e^{-1/C} \tag{4}$$

式(4)取自然对数,得:

$$\ln \frac{Q_T}{Q_{T-1}} = -\frac{1}{C} + n\ln \frac{T}{T-1} \tag{5}$$

由式(5)可见,油气藏第 T 年的产量 Q_T 与第 $T-1$ 年的产量 Q_{T-1} 之比的自然对数 $\ln \frac{Q_T}{Q_{T-1}}$,与时间比的自然对数 $\ln \frac{T}{T-1}$ 之间呈线性关系。通过回归式(5)可以很容易地求得参数 C 与 n。

式(2)取自然对数,经整理得:

$$\frac{T}{C} + \ln Q_T = \ln \frac{B}{C^n} + n\ln T \tag{6}$$

式(6)揭示了 Weng 旋回中产量 Q_T 与时间 T 之间的规律关系,将式(5)求得的 C 代入式(6)即可进行统计回归。

若令:

$$Z = \frac{T}{C} + \ln Q_T \tag{7}$$

$$m = \ln \frac{B}{C^n} \tag{8}$$

这样,式(6)改写为:

$$Z = m + n\ln T \tag{9}$$

由式(8)可以求得参数 B 为:

$$B = C^n e^m \tag{10}$$

需要指出和注意的是,在回归式(5)和式(6)时可得到两个 n,它们在理论上应该是相等的,但在实际中往往会存在一个很小的差值。由于式(6)是预测模型即式(2)直接取自然对数得到的,因此,n 应该选择式(6)回归得到的数值。也就是说,C 由式(5)确定,n 与 B 由式(6)求得。

通过上述过程,即可简单、方便地求得 Weng 旋回中的所有参数 C,n 和 B,将其代入式(2)即可进行预测。

2 实例分析

选择罗马什金油田作为实例验证本文方法[4]。罗马什金油田是苏联的大型油田之一,1952 年投入开发,即采用正规的分区注水,年产 $8000 \times 10^4 t$ 保持了 6 年。表 1 列出了罗马什金油田自 1952 年至 1979 年 28 年的产油量及有关数据。

表 1 罗马什金油田年产量实际与拟合值及有关数据

年份	T(a)	$Q_T(10^4 t/a)$ 实际	$Q_T(10^4 t/a)$ 拟合	相对误差(%)	$\ln\dfrac{T}{T-1}$	$\ln\dfrac{Q_T}{Q_{T-1}}$	$\ln T$	$\dfrac{T}{C}+\ln Q_T$
1952	1	200	33	83.5			0	5.421
1953	2	300	176	41.33	0.6931	0.4055	0.693	5.949
1954	3	500	449	10.2	0.4055	0.5108	1.099	6.583
1955	4	1000	842	15.8	0.2877	0.6931	1.386	7.399
1956	5	1400	1334	4.71	0.2231	0.3365	1.609	7.858
1957	6	1900	1900	0	0.1823	0.3054	1.792	8.286
1958	7	2400	2514	4.75	1.1542	0.2336	1.946	8.642
1959	8	3050	3152	3.34	0.1335	0.2397	2.079	9.004
1960	9	3800	3793	0.18	0.1178	0.2199	2.197	9.347
1961	10	4400	4418	0.41	0.1054	0.1466	2.303	9.616
1962	11	5000	5013	0.26	0.0953	0.1278	2.398	9.867
1963	12	5600	5566	0.61	0.087	0.1133	2.485	10.103
1964	13	6040	6068	0.46	0.08	0.0756	2.565	10.301
1965	14	6600	6514	1.3	0.0741	0.0887	2.639	10.513
1966	15	6800	6900	1.47	0.069	0.0299	2.708	10.665
1967	16	7000	7224	3.2	0.0645	0.029	2.773	10.817
1968	17	7600	7487	1.49	0.0606	0.0822	2.833	11.022
1969	18	7900	7689	2.67	0.0572	0.0387	2.89	11.183
1970	19	8150	7833	3.89	0.0541	0.0311	2.944	11.337
1971	20	8000	7922	0.98	0.0513	-0.0186	2.996	11.441
1972	21	8000	7960	0.5	0.0488	0	3.045	11.564
1973	22	8000	7650	0.63	0.0465	0	3.091	11.687
1974	23	8000	7898	1.28	0.0445	0	3.135	11.809
1975	24	8000	7808	2.4	0.0426	0	3.178	11.932
1976	25	7775	7684	1.17	0.0408	-0.0285	3.219	12.026
1977	26	7500	7530	0.4	0.0392	-0.036	3.258	12.113
1978	27	7230	7350	1.66	0.0377	-0.0367	3.296	12.199
1979	28	6800	7149	5.13	0.0364	-0.0613	3.332	12.260

将表 1 中的数据按式(5)作出 $\ln\dfrac{Q_T}{Q_{T-1}}$ — $\ln\dfrac{T}{T-1}$ 的关系曲线,即图 1。除第 1 和第 2 点($t=$ 2,3 两点)远离直线(图中未画出)外,其余各点基本上在一条直线上,这一点证明了本文推导的式(5)其所提示的规律是存在的。回归 27 个点中后 25 个点的数据,得到直线的截距为 -0.122663(即 $-\dfrac{1}{C}$),斜率为 2.541451(即 n),相关系数 R 为 0.9764。由此,可以得到 $C=8.15$,代入式(7)计算出 Z,即 $(\dfrac{T}{C}+\ln Q_T)$(表 1)。然后作出式(6)[即式(9)]所反映的 Z(即 $\dfrac{T}{C}+\ln Q_T$)与 $\ln T$ 的线性关系(图 2)。从图 2 中不难看出,这种线性关系是比较理想的。经线性回归得到直线的截距(即 $\ln\dfrac{B}{C^n}$)为 3.603645,斜率(即 n)为 2.613227,R 为 0.9998,由式(10)求得 B 值为 8832.43。

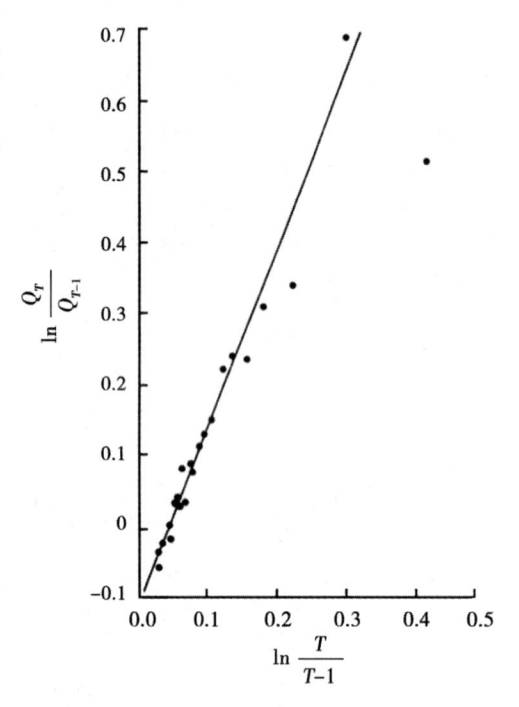

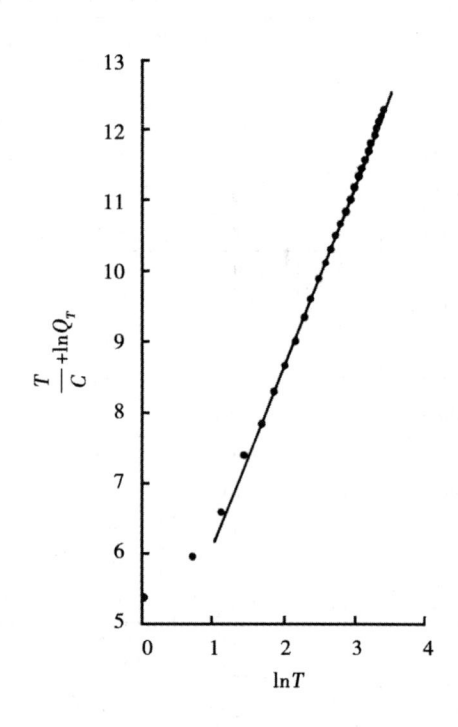

图 1 罗马什金油田的 $\ln\dfrac{Q_T}{Q_{T-1}}$ 和 $\ln\dfrac{T}{T-1}$ 关系曲线图　　图 2 罗马什金油田的 $\dfrac{T}{C}+\ln Q_T$ 和 $\ln T$ 关系曲线图

通过两次线性回归,得到的 n 基本上是一致的,二者仅相差了 0.07。将 $C=8.15$,$n=2.6132$ 和 $B=8832.43$ 代入式(2),得到 Weng 旋回表达式为:

$$Q_T = 36.73 T^{2.6132} \times 0.8845^T \tag{11}$$

将 $T=1\sim28$ 代入式(11)得到罗马什金油田年产量的历史拟合值,见表 1 及图 3。从表 1 及图 3 看出,除前 4 个拟合值与实际值相差较大外,其余各点的值是基本吻合的,后 24 点的平均相对误差仅为 1.79%,完全可以满足实际工作的需要。

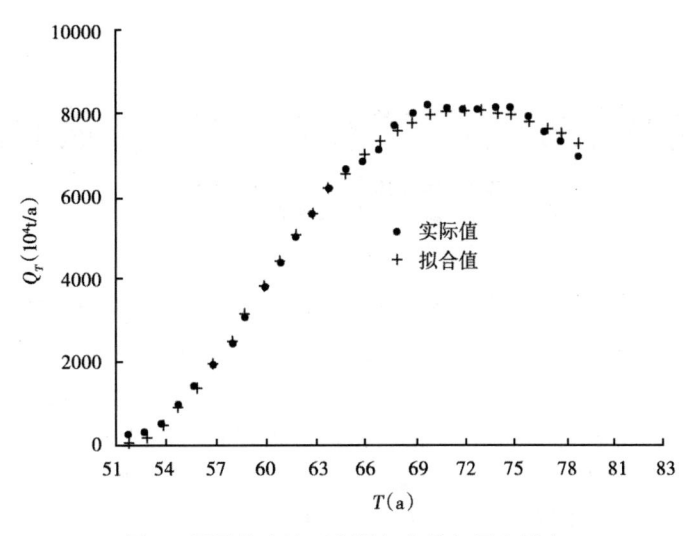

图3 罗马什金油田实际年产量与历史拟合

3 结束语

基于对 Weng 旋回的研究,提出了利用两次线性回归求解 Weng 旋回参数的方法。该方法简单、方便,人工手算或简单的计算工具完全可以胜任,极大地方便了计算机水平较低或无上机条件的油气藏工作者。作为一种新方法,经实例验证,完全是切实可行的,建议推广应用。

本文方法建立在两次线性回归的基础之上,C 由第一线性回归得到,n 和 B 由第二次线性回归求得。需要注意的是,Weng 旋回的实质是一个幂函数(T^n)和一个指数函数($e^{T/C}$)之积构成的。因此,在 C 与 n 的选取上,至少要保持小数点后 4 位以上,这样才能提高预测精度。

参 考 文 献

[1] 翁文波. 预测论基础[M]. 北京:石油工业出版社,1984.
[2] 赵旭东. 对油田产量与最终可采储量的预测方法介绍[J]. 石油勘探与开发,1986,13(2):72-78,71.
[3] 刘青年,等. 油田注水动态整体预测的数学模型//大庆油田勘探开发研究院. 大庆油田开发论文集之一——油藏工程方法研究[M]. 北京:石油工业出版社,1991.
[4] 金毓荪. 国外砂岩油田开发[M]. 哈尔滨:黑龙江科学技术出版社,1984.

预测油气田产量的 Weng 旋回及其参数求解方法

油气田开发是一个时间上不可逆转的动态系统。油气田开发动态系统的本质是非线性,如描述油气田动态系统状态变化的产油量或产气量指标,在整个油气田开发过程中都带有明显的非线性特征。在传统油气藏工程方法中,常把这类非线性问题作线性化处理。事实上,这种处理后的线性关系只能在一定条件下的有限时域内存在。因此,对于非线性问题通过线性处理,进而对系统进行预测,其结果的有偏性是毋庸置疑的。非线性系统其实是一种有(时间)序的结构,它的一个重要特点是,时间变量不再是一个与系统无关的几何变量,而是描述系统变化的自变量[1]。t 模型[1]和 Weng 旋回[2]从系统辨识理论和控制论的观点出发,从时间流中考察油气田产量变化的非线性系统特征。因此,二者均为一种功能模拟模型,只要系统的输出能达到所需的精度,那么模型的实用性也就肯定了。t 模型仅适用于具有单调递增或递减的非线性随机系统,而 Weng 旋回既适用于单调递增或递减的非线性随机系统,也适用于单调递增与递减共存的非线性随机过程。所以,从应用区域而言,Weng 旋回比 t 模型更广泛。

1 模型结构及求解新方法

预测是对未来的展望和分析。它是对事物"已知"的研究并推演未来的过程。从预测科学而言,预测模型通常分为统计预测模型和信息模型。在预测技术中,常把某一事物从兴起,经过成长、成熟直到衰亡的全过程,称作生命旋回或兴衰周期[2],而把客观世界中被选取的局部称作体系。生命旋回是针对事物生命总量有限体系而言的,例如矿产资源有限体系。

1.1 模型结构与性质

中国著名的预测论专家、已故中国科学院院士翁文波教授曾经提出一种预测整个生命过程的信息模型[2],称为 Weng 旋回[3]。Weng 旋回属于唯象模型,预测中不考虑今后科学技术的发展对生命过程的影响。Weng 旋回表述如下:

在油气田开发过程中,假设油气田的产量 Q 正比于开发时间 t 的 n 次方函数兴起,同时又随着时间变量 t 的负指数函数衰减。这一过程用 Weng 旋回表示如下:

$$\begin{cases} Q_t = Bt^n e^{-t} \\ t = (Y - Y_0)C \end{cases} \tag{1}$$

式中 Q_t——拟合的油气田产量,t/a;

t——离散时间,a;

Y——待预测的开发年份;

Y_0——投产前一年的年份;

B, n, C——拟合系数或待估参数,时变或非时变的。

Weng 旋回,即式(1)具有如下性质:

$$\frac{dQ_t}{dt} = Q_t\left(\frac{n}{t} - 1\right)$$

当 $t<n$ 时,$\frac{dQ_t}{dt}>0$;当 $t=n$ 时,$\frac{dQ_t}{dt}=0$;当 $t>n$ 时,$\frac{dQ_t}{dt}<0$。

$$\frac{d^2Q_t}{dt^2} = Q_t \frac{1}{t^2}[(t-n)^2 - n]$$

当 $t=n\pm\sqrt{n}$ 时,$d^2Q_t/dt^2=0$。

众所周知,函数的一阶导数描述函数的变化速度,即递增性或递减性,函数的二阶导数刻画函数变化的速率,即加速性或减速性。因此,从以上性质可知,油气田产量 Q_t 的兴衰可以分为 4 个阶段:

(1) 缓慢上升阶段,$t=0\sim(n-\sqrt{n})$;
(2) 加速上升阶段,$t=(n-\sqrt{n})\sim n$;
(3) 快速下降阶段,$t=n\sim(n+\sqrt{n})$;
(4) 缓慢下降阶段,$t=(n+\sqrt{n})\sim\infty$。

1.2 Weng 旋回参数求解的新方法

考虑到实际计算上的方便,将 Weng 旋回改为:

$$Q_k = \frac{B}{C^n}k^n e^{-\frac{k}{C}} \tag{2}$$

式中 k ——离散时间,$k=Y-Y_0$。

随着 Weng 旋回的提出[2],越来越多的油气藏工作者将其引入油气田产量预测领域[3,4]。Weng 旋回应用的难点和关键是模型参数的求解。目前所提出的参数求解方法有两种,即试差法[3]、推广递推梯度算法[4],文献[3]和文献[4]给出的模型结构只是 Weng 旋回模型的近似,因此,其参数求解方法也不是完全意义上的 Weng 旋回参数求解方法。

式(2)可改写为:

$$Q_t = at^n e^{bt} \tag{3}$$

其中:$a = \frac{B}{C^n}, b = -\frac{1}{C}, t = k$。

显而易见,式(3)与 Weng 旋回即式(1)是等价的。经过等价变换的 Weng 旋回表达式,即式(3)具有如下性质:

$$\frac{dQ_t}{dt} = Q_t\left(b + \frac{n}{t}\right)$$

当 $t<-\frac{n}{b}$ 时,$\frac{dQ_t}{dt}>0$;当 $t=-\frac{n}{b}$ 时,$\frac{dQ_t}{dt}=0$;当 $t>-\frac{n}{b}$ 时,$\frac{dQ_t}{dt}<0$。

$$\frac{d^2Q_t}{dt^2} = \frac{Q_t}{t^2}[b^2 t^2 + 2nbt + n(n-1)]$$

当 $t=-\dfrac{1}{b}(n\pm\sqrt{n})$ 时,$\dfrac{\mathrm{d}^2Q_t}{\mathrm{d}t^2}=0$。

由以上性质可知,产量兴衰的 4 个阶段为:

(1)缓慢上升阶段,$t=0\sim-\dfrac{1}{b}(n-\sqrt{n})$;

(2)加速上升阶段,$t=-\dfrac{1}{b}(n-\sqrt{n})\sim-\dfrac{n}{b}$;

(3)快速下降阶段,$t=-\dfrac{n}{b}\sim-\dfrac{1}{b}(n+\sqrt{n})$;

(4)缓慢下降阶段 $t=-\dfrac{1}{b}(n+\sqrt{n})\sim\infty$。

为了对式(3)求解,将式(3)取自然对数得到:

$$\ln Q_t = \ln a + n\ln t + bt \tag{4}$$

基于方程组求解的原理,笔者推导的 Weng 旋回参数确定的联立方程求解法,其基本原理为:将油气田的生产历史数据,即采集的资料点,分为 3 组。设总的资料点为 $(m_1+m_2+m_3)$ 个,第 1 组具有 m_1 个 (t,Q_t) 资料点,第 2 组具有 m_2 个 (t,Q_t) 资料点,第 3 组具有 m_3 个 (t,Q_t) 资料点。这样,由式(4)求和,即可得到由 3 个方程组成的方程组:

$$\begin{cases}\sum_{i=1}^{m_1}\ln Q_{ti} = m_1\ln a + n\sum_{i=1}^{m_1}\ln t_i + b\sum_{i=1}^{m_1}t_i & (5)\\ \sum_{i=m_1+1}^{m_1+m_2}\ln Q_{ti} = m_2\ln a + n\sum_{i=m_1+1}^{m_1+m_2}\ln t_i + b\sum_{i=m_1+1}^{m_1+m_2}t_i & (6)\\ \sum_{i=m_1+m_2+1}^{m_1+m_2+m_3}\ln Q_{ti} = m_3\ln a + n\sum_{i=m_1+m_2+1}^{m_1+m_2+m_3}\ln t_i + b\sum_{i=m_1+m_2+1}^{m_1+m_2+m_3}t_i & (7)\end{cases}$$

若令:

$$S_1 = \sum_{i=1}^{m_1}\ln Q_{ti} \tag{8}$$

$$S_{11} = m_1\ln a \tag{9}$$

$$S_{12} = \sum_{i=1}^{m_1}\ln t_i \tag{10}$$

$$S_{13} = \sum_{i=1}^{m_1}t_i \tag{11}$$

$$S_2 = \sum_{i=m_1+1}^{m_1+m_2}\ln Q_{ti} \tag{12}$$

$$S_{21} = m_2\ln a \tag{13}$$

$$S_{22} = \sum_{i=m_1+1}^{m_1+m_2}\ln t_i \tag{14}$$

$$S_{23} = \sum_{i=m_1+1}^{m_1+m_2} t_i \tag{15}$$

$$S_3 = \sum_{i=m_1+m_2+1}^{m_1+m_2+m_3} \ln Q_{ti} \tag{16}$$

$$S_{31} = m_3 \ln a \tag{17}$$

$$S_{32} = \sum_{i=m_1+m_2+1}^{m_1+m_2+m_3} \ln t_i \tag{18}$$

$$S_{33} = \sum_{i=m_1+m_2+1}^{m_1+m_2+m_3} t_i \tag{19}$$

将式(8)至式(19)分别代入式(5)至式(7)，则有：

$$\begin{cases} S_1 = S_{11} + nS_{12} + bS_{13} & (20) \\ S_2 = S_{21} + nS_{22} + bS_{23} & (21) \\ S_3 = S_{31} + nS_{32} + bS_{33} & (22) \end{cases}$$

由式(21)×S_{11}-式(20)×S_{21}、式(22)×S_{21}-式(21)×S_{31}，可得：

$$\begin{cases} S_2 S_{11} - S_1 S_{21} = n(S_{22}S_{11} - S_{12}S_{21}) + b(S_{23}S_{11} - S_{13}S_{21}) & (23) \\ S_3 S_{21} - S_2 S_{31} = n(S_{32}S_{21} - S_{22}S_{31}) + b(S_{33}S_{21} - S_{23}S_{31}) & (24) \end{cases}$$

由式(24)×($S_{23}S_{11}$-$S_{13}S_{21}$)-式(23)×($S_{33}S_{21}$-$S_{23}S_{31}$)，并经整理化简，即可求得 n：

$$n = \frac{(S_3 S_{21} - S_2 S_{31})(S_{23}S_{11} - S_{13}S_{21}) - (S_2 S_{11} - S_1 S_{21})(S_{33}S_{21} - S_{23}S_{31})}{(S_{32}S_{21} - S_{22}S_{31})(S_{23}S_{11} - S_{13}S_{21}) - (S_{22}S_{11} - S_{12}S_{21})(S_{33}S_{21} - S_{23}S_{31})} \tag{25}$$

由式(24)×($S_{22}S_{11}$-$S_{12}S_{21}$)-式(23)×($S_{32}S_{21}$-$S_{22}S_{31}$)，并经整理化简，即可求得 b：

$$b = \frac{(S_3 S_{21} - S_2 S_{31})(S_{22}S_{11} - S_{12}S_{21}) - (S_2 S_{11} - S_1 S_{21})(S_{32}S_{21} - S_{22}S_{31})}{(S_{33}S_{21} - S_{23}S_{31})(S_{22}S_{11} - S_{12}S_{21}) - (S_{23}S_{11} - S_{13}S_{21})(S_{32}S_{21} - S_{22}S_{31})} \tag{26}$$

由于 S_1，S_{12}，S_{13}，S_2，S_{22}，S_{23}，S_3，S_{32} 和 S_{33} 为已知数据，将所求得的 n 和 b 代入式(20)、式(21)和式(22)，求得 S_{11}，S_{21} 和 S_{31}，即可得到 a 为：

$$a = e^{\frac{S_{11}}{m_1}} = e^{\frac{S_{21}}{m_2}} = e^{\frac{S_{31}}{m_3}}$$

如果3组的资料点个数相等，即 $m_1 = m_2 = m_3 = m$，则有 $S_{11} = S_{21} = S_{31}$。这样，式(25)和式(26)可以简化为：

$$n = \frac{(S_3 - S_2)(S_{23} - S_{13}) - (S_2 - S_1)(S_{33} - S_{23})}{(S_{32} - S_{22})(S_{23} - S_{13}) - (S_{22} - S_{12})(S_{33} - S_{23})} \tag{27}$$

$$b = \frac{(S_3 - S_2)(S_{22} - S_{12}) - (S_2 - S_1)(S_{32} - S_{22})}{(S_{33} - S_{23})(S_{22} - S_{12}) - (S_{23} - S_{13})(S_{32} - S_{22})} \tag{28}$$

2 方法应用实例

下面以著名的罗马什金油田为例[3,4,6,7],说明本文的实际求解方法。

罗马什金油田位于鞑靼自治共和国的东部,发现于1948年。该油田的产层为泥盆系的 Д₁ 和 Д₂ 砂岩,埋深为1650~1850m。油田的含油面积为3800km²;地质储量45×10⁸t;可采储量20.31×10⁸t;油层平均有效厚度15m;孔隙度15%~20%;渗透率300~400mD;原始地层压力17.5MPa;饱和压力8.5~9.5MPa;原始气油比40~65m³/t;地面原油密度0.858g/cm³;地层原油黏度2.6~4.5mPa·s。该油田采用内部切割人工注水开发,于1952年投产,年产8000×10⁴t保持了6年。从1952年到1979年油田开发28年的产量数据见表1。

表1 罗马什金油田实际生产数据和预测结果

年份	t(a)	Q_t(10⁴t/a) 实际值	Q_t(10⁴t/a) 预测值	绝对误差 (10⁴t/a)	相对误差 (%)
1952	1	200	29	-171	-85.5
1953	2	300	165	-135	-45.0
1954	3	500	430	-70	-14.0
1955	4	1000	817	-183	-18.3
1956	5	1400	1307	-93	-6.6
1957	6	1900	1876	-24	-1.3
1958	7	2400	2496	+96	+4.0
1959	8	3050	3143	+93	+3.0
1960	9	3800	3794	-6	-0.1
1961	10	4400	4431	+31	+0.7
1962	11	5000	5036	+36	+0.7
1963	12	5600	5599	-1	0
1964	13	6040	6110	+70	+1.1
1965	14	6600	6563	-37	+2.3
1966	15	6800	6953	+153	+2.3
1967	16	7000	7279	+279	+4.0
1968	17	7600	7541	-59	-0.8
1969	18	7900	7740	-160	-2.0
1970	19	8150	7879	-271	-3.3
1971	20	8000	7961	-39	-0.5
1972	21	8000	7990	-10	-0.1
1973	22	8000	7971	-29	-0.4
1974	23	8000	7908	-92	-1.1
1975	24	8000	7806	-194	-2.4
1976	25	7775	7669	-106	-1.4
1977	26	7500	7503	+3	0
1978	27	7230	7311	+81	+1.1
1979	28	6800	7098	+298	+4.4

由表1中的实际生产数据可见,油田投入开发的前4年,其年产量上升百分比幅度明显高于其他年份。由此可知,开发前4年的资料品性较差,为提高参数求解精度,在实际求解时对其不予以考虑。将1956—1979年的24个资料点(t, Q_t)分为3组,每组8个资料点(t, Q_t)。第1组由1956—1963年的资料点(t, Q_t)构成,第2组由1964—1971的资料点(t, Q_t)构成,第3组由1972—1979年的资料点(t, Q_t)构成。将油田开发的实际资料代入式(8)至式(19),分别求得:$S_1 = 64.3798$,$S_{12} = 16.8092$,$S_{13} = 68$,$S_2 = 71.0828$,$S_{22} = 22.3484$,$S_{23} = 132$,$S_3 = 71.5408$,$S_{32} = 25.5541$,$S_{33} = 196$,$S_{11} = S_{21} = S_{31} = 8\ln a$,由式(27)和式(28)求得:$n = 2.6762$,$b = -0.1269$。由式(20)、式(21)、式(22)求得:$S_{11} = S_{21} = S_{31} = 28.0248$,则$a = e^{28.0248 \div 8} = 33.2183$。这样,将$a$,$n$和$b$代入式(3)则得到罗马什金油田的Weng旋回具体预测方程:

$$Q_t = 33.2183 t^{2.6762} e^{-0.1269t} \quad (29)$$

当$t = -\dfrac{n}{b} = -\dfrac{2.6762}{-0.1269} = 21(a)$时,$\dfrac{dQ_t}{dt} = 0$;当$t = -\dfrac{1}{b}(n - \sqrt{n}) = -\dfrac{2.6762 - \sqrt{2.6762}}{-0.1269} \approx 8(a)$和$t = -\dfrac{1}{b}(n + \sqrt{n}) = -\dfrac{2.6762 + \sqrt{2.6762}}{-0.1269} \approx 34(a)$时,$\dfrac{d^2 Q_t}{dt^2} = 0$。这样,罗马什金油田产量兴衰的4个阶段,其发生的年限为:

(1)$t = 0 \sim 8a$,即1951—1959年,为产量缓慢上升阶段;
(2)$t = 8 \sim 21a$,即1959—1972年,为产量加速上升阶段;
(3)$t = 21 \sim 34a$,即1972—1985年,为产量快速递减阶段;
(4)$t = 34 \sim \infty a$,即1985年至∞年,为产量缓慢递减阶段。

由图1可见,预测的4个发展阶段与实际发生阶段是基本一致的。

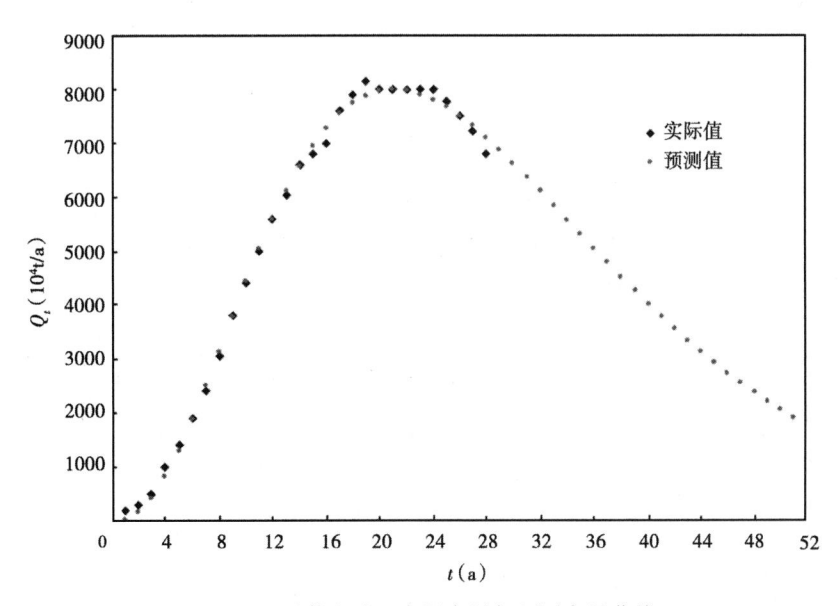

图1 罗马什金油田实际产量与预测产量曲线

将不同的t值代入式(29),预测结果见表1和图1。从表1和图1可以看出,除开发初的前4年预测值与实际值相差较大外,其余各年的数值是基本一致的,后24年的平均相对误差仅为1.74%,完全可以满足实际工作的需要。

3 结论与认识

(1)描述油气田动态系统变化的产油量或产气量指标带有明显的非线性。对于非线性问题[5,8],传统油藏工程方法采用线性处理的作法带有不可置疑的有偏性,处理后的线性关系只能在一定条件下的有限时域内存在。

(2)通过对 Weng 旋回模型结构的分析和研究,对 Weng 旋回进行了新的等价变换。基于方程组求解的原理,导出了 Weng 旋回参数求解的联立方程求解法。

(3)本文方法不受人为因素的影响,具有单一解的特点,并且方法简单、方便。

参 考 文 献

[1]黄伏生,赵永胜,刘青年. 油田动态预测的一种新模型[J]. 大庆石油地质与开发,1987,(6)4:55-62.

[2]翁文波. 预测论基础[M]. 北京:石油工业出版社,1984.

[3]赵旭东. 对油田产量与最终可采储量的预测方法介绍[J]. 石油勘探与开发,1986,13(2):72-78,71.

[4]刘青年,赵永胜,黄伏生. 油田注水动态整体预测的数学模型//大庆油田开发论文集之一——油藏工程方法研究[M]. 北京:石油工业出版社,1991.

[5]韩志刚. 非线性离散时间非随机系统未知参数估计的一类递推算法[J]. 黑龙江大学学报:自然科学版,1981,8(1):7-16,35.

[6]金毓荪. 国外砂岩油田开发[M]. 哈尔滨:黑龙江科学技术出版社,1984.

[7]陈元千,胡建国. 预测油气田产量和储量的 Weibull 模型[J]. 新疆石油地质,1995,16(3):260-255.

[8]《数学手册》编写组数学手册[M]. 北京:高等教育出版社,1984.

建立 Weng 旋回模型的一种新方法

油气田产量预测问题,是油气田开发中的一项非常重要和复杂的问题,横贯油气田开发过程的始末。它是制订经济计划与科学管理油气田以及正确做出决策的基础。

产量递减的概念源于 19 世纪末。从 19 世纪末至 20 世纪初以来的几十年中,石油科学工作者从不同角度出发,建立了众多油气田产量预测模型。在众多的预测模型中,应用广泛的模型绝大多数是一些描述递减阶段产量变化的模型,如 J. J. Arps 双曲线递减模型与各种水驱曲线模型。而能够预测油气田开发全过程产量变化的模型,除 B. Gompertz 模型等几种增长模型之外,几乎难于可见。1984 年在 Weng 旋回模型问世之后[1,2],由于其可以揭示整个开发过程中的产量变化规律,即可描述油气田产量的萌芽成长期(低速增长)、成长成熟期(加速增长)、成熟衰老期(快速递减)、衰老灭亡期(缓慢递减)4 个阶段,反映出一个完整的油气田产量兴衰周期(生命旋回)。因此,在我国油气田产量及可采储量预测中得到广泛应用。但由于 Weng 旋回模型是一个 3 参数模型,其参数求解一直是影响应用效果和困扰着油气藏工作者的一大难题。为此,本文推导提出了一种确定 Weng 旋回模型参数的简单、适用方法。

1 参数求解的新方法

众所周知,建立模型的过程,也就是确定模型参数的过程。任何一个模型,应用的首要任务就是模型参数的求解。科学而合理的模型参数(最优参数)是成功预测的基础。所以,模型参数的求解是模型应用的难点和关键。

纵观 Weng 旋回模型的参数求解方法,大概可归结为试凑法[2]、二元回归法[3]、一元回归法[4]、联立方程求解法[5]、分形求解法[6]等。

本文基于文献[4],推导提出又一种新的一元回归求解法,称之为文献[4]方法的姐妹法。

文献[4]将 Weng 旋回模型改写为式(1)的形式:

$$Q_t = \frac{B}{C^n} \frac{t^n}{(e^{1/C})^t} \tag{1}$$

若令 $a = B/C^n, b = n, c = e^{-1/C}$,则式(1)变为:

$$Q_t = a t^b c^t \tag{2}$$

式(2)即为 Weng 旋回模型的直观表达式。其中,$a>0, b>0, 0<c<1$。随着 t 增大,Q_t 正比于 t^b 兴起,同时又随着 c^t 衰落。反映了产量从兴起,经过成长、成熟,直到衰亡的生命旋回过程。油气田的可采储量,可由式(3)求得:

$$N_R = a[\ln(1/c)]^{-(b+1)} \Gamma(b+1) \tag{3}$$

式(2)的一阶导数为 $dQ_t/dt = Q_t(b/t + \ln c)$。当 $t < -b/\ln c$ 时,$dQ_t/dt > 0$;当 $t = -b/\ln c$ 时,$dQ_t/dt = 0$;当 $t > -b/\ln c$ 时,$dQ_t/dt < 0$。由此可知最高产量发生时间及最高产量为:

$$t^* = -b/\ln c \tag{4}$$

$$Q_{\max} = a(-b/\ln c)^b c^{-b/\ln c} \tag{5}$$

式(2)的二阶导数为 $d^2Q_t/dt^2 = (Q_t/t^2)[(b+t\ln c)^2 - b]$，当 $t = -(b\pm\sqrt{b})/\ln c$ 时，$d^2Q_t/dt^2 = 0$。
众所周知，函数的一阶导数描述函数的变化速度，即递增性或递减性；函数的二阶导数刻画函数变化的速度，即加速性或减速性。因此，由式(2)的一阶导数和二阶导数可知 Q_t 的兴衰过程：

(1)产量一般上升阶段，$t = 0 \sim -(b-\sqrt{b})/\ln c$；

(2)产量加速上升阶段，$t = -(b-\sqrt{b})/\ln c \sim -b/\ln c$；

(3)产量快速下降阶段，$t = -b/\ln c \sim -(b+\sqrt{b})/\ln c$；

(4)产量缓慢下降阶段，$t = -(b+\sqrt{b})/\ln c \sim \infty$。

为了求解式(2)，需要写出 $(t+1)$ 时刻的产量：

$$Q_{t+1} = a(t+1)^b c^{t+1} \tag{6}$$

式(2)和式(6)取自然对数，并移项可得：

$$\ln Q_t - \ln a - b\ln t = t\ln c \tag{7}$$

$$\ln Q_{t+1} - \ln a - b\ln(t+1) = (t+1)\ln c \tag{8}$$

式(8)除以式(7)，可得：

$$\frac{\ln Q_{t+1} - \ln a - b\ln(t+1)}{\ln Q_t - \ln a - b\ln t} = 1 + \frac{1}{t} \tag{9}$$

式(9)经过一定的化简整理，可得：

$$t\ln(Q_{t+1}/Q_t) - \ln Q_t = -\ln a + b[t\ln(1+1/t) - \ln t] \tag{10}$$

若设：

$$d = -\ln a \tag{11}$$

$$x = t\ln(1+1/t) - \ln t \tag{12}$$

$$y = t\ln(Q_{t+1}/Q_t) - \ln Q_t \tag{13}$$

把式(11)至式(13)代入式(10)，则有：

$$y = d + bx \tag{14}$$

式(14)回归求得 d 和 b 之后，模型参数 a 和 c 分别由式(15)和式(16)求得：

$$a = e^{-d} \tag{15}$$

$$c = \frac{1}{N}\sum_{i=1}^{N} e^{\frac{1}{t_i}\ln(Q_{t_i}/at_i^b)} \tag{16}$$

Weng 旋回模型参数求解的新方法推导完毕。

2 方法应用实例分析

埋北油田位于渤海西部埋北低凸起西高点,为一平缓的断鼻构造,开采层位为东营组中、细砂岩,连通性好,分布稳定。油层埋深1660m左右,厚度17.5~41.5m,平均孔隙度28.9%,平均渗透率1670mD。原始地层压力16.6MPa,饱和压力15.16MPa。该油田具有统一的油、气、水界面,属于有气顶和边水的层状砂岩油田。油田面积9.72km²,地质储量2084×10⁴t,可采储量495×10⁴t,采收率23.75%。埋北油田是我国第一个与外国石油公司合作开发的油田,于1972年发现,1977年12月建成试采平台,用9口井试采至1981年10月,46个月共产原油40×10⁴t。1985年按国际标准重新建成一组采油平台,1987年6月全面投产。至1995年底,综合含水78.8%,累计采油399.89×10⁴t,采出程度19.19%[7]。其生产数据及有关资料见表1。

表1 埋北油田实际产量和预测产量及有关数据表

t(a)	年份	Q_t(10⁴t/a) 实际	Q_t(10⁴t/a) 预测	x	y	t(a)	年份	Q_t(10⁴t/a) 实际	Q_t(10⁴t/a) 预测	x	y
1	1985	2.5	3.2	0.6931	1.0181	13	1997		19.4		
2	1986	17.3	13.2	0.1178	−1.6435	14	1998		15.6		
3	1987	31.5	25.3	−0.2356	−2.9835	15	1999		12.4		
4	1988	36.8	35.7	−0.4937	−3.1830	16	2000		9.7		
5	1989	40.9	42.6	−0.6978	−3.6746	17	2001		7.5		
6	1990	41.2	45.6	−0.8669	−3.7039	18	2002		5.8		
7	1991	41.3	45.3	−1.0112	−3.5700	19	2003		4.4		
8	1992	42.2	42.7	−1.1372	−4.2917	20	2004		3.3		
9	1993	39.4	38.5	−1.2490	−4.9740	21	2005		2.5		
10	1994	34.1	33.6	−1.3495	−3.8875	22	2006		1.9		
11	1995	32.9	28.6			23	2007		1.4		
12	1996		23.8			24	2008		1.0		

把表1中的t及Q_t实际值代入式(12)和式(13),分别计算出x和y(表1),按照式(14)作出图1。除最后一点(−1.3495,−3.8875)外,其余各点的回归结果为:截距$d=-1.56735$,斜率$b=2.6432$,相关系数$R=0.9573$。由式(15)和式(16)算出$a=4.7939$,$c=0.6611$。在求出了模型参数a,b和c之后,由式(3)算得$N_R=465.79×10⁴$t,再加上试采采出的$40×10⁴$t,则总可采储量应为$505.79×10⁴$t,采收率$E_R=24.27\%$,仅偏高2.2%。由式(4)和式(5)算得$t^*=6.387$a,$Q_{max}=45.8×10⁴$t/a。同时,还可以得到埋北油田产量兴衰的阶段:一般上升$t=0~2.458$a;加速上升$t=2.458~6.387$a;快速下降$t=6.387~10.315$a;缓慢下降$t≥10.315$a。再将a,b和c代入式(2),即可得到埋北油田的Weng旋回预测模型式(17)。其预测数据见表1和图2。从图2可见,拟合效果是比较好的,说明参数求解方法是可行和有效的。

$$Q_t = 4.7939 t^{2.6432} \times 0.6611^t \tag{17}$$

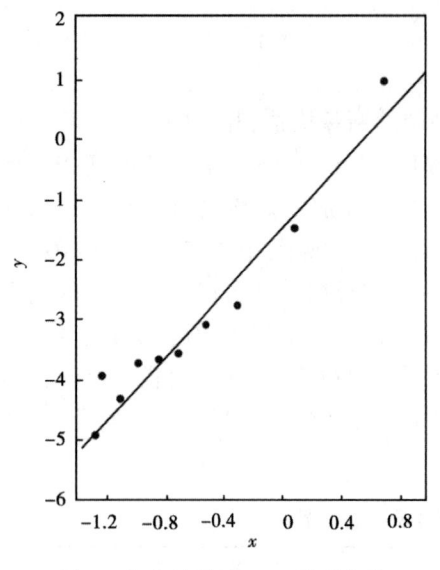

图1　埕北油田的 y—x 关系曲线

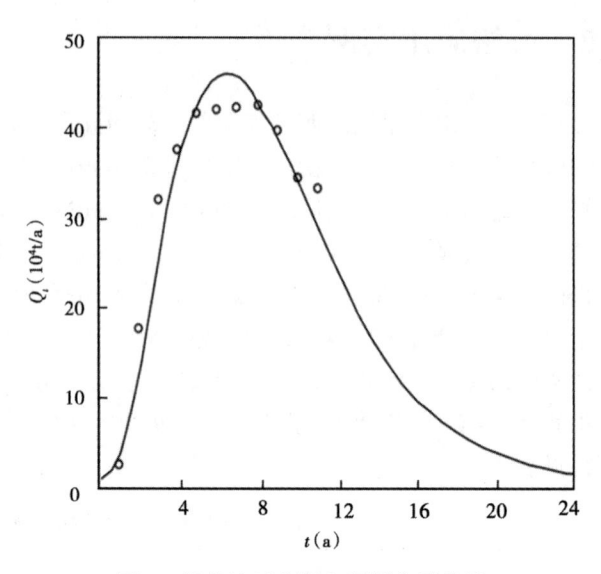

图2　埕北油田实际和预测产量曲线

3　结束语

本文针对 Weng 旋回模型含有 3 个参数,用常规求解方法难以奏效的不足,推导提出了一种参数求解的新方法。该方法仅需要一次一元线性回归和一次求和平均运算,即可实现模型参数求解的全过程,具有一定的实际意义和使用价值。文中实例验证表明,利用本文方法建立翁旋回模型简单、方便、快速、适用,具有良好的应用前景。

符号释义

Q_t——油气产量,10^4t/a 或 10^8m^3/a;t——开发时间,a;B,n,C,a,b,c——模型参数;N_R——可采储量,10^4t(若气则为 G_R,10^8m^3);t^*——最高年产量发生的时间,a;Q_{max}——最高年产量,10^4t 或 10^8m^3;d,x,y——所令的截距、自变量、因变量;N——资料点个数;i——序号。

参 考 文 献

[1]翁文波.预测论基础[M].北京:石油工业出版社,1984.
[2]赵旭东.用 Weng 旋回模型对生命总量有限体系的预测[J].科学通报,1987,32(18):1406-1409.
[3]关伟英,张璟.应用相对物质平衡原理和 Poisson 旋回模型预测 Et 油藏注水量[J].试采技术,1990,11(3):45-48.
[4]张虎俊,熊湘华.Weng 旋回参数求解的简单方法[J].石油学报,1997,18(2):89-93.
[5]张虎俊.预测油气田产量的 Weng 旋回及其参数求解方法[J].断块油气田,1997,4(3):25-29.
[6]付昱华.利用分形法求解翁氏预测模型[J].中国海上油气(地质),1996,10(5):325-329.
[7]李桂英.埕北油田采收率研究[J].中国海上油气(地质),1996,10(4):244-252.

Weng 旋回模型参数求解的一种简便方法及其应用效果评述[❶]

19 世纪末,产量递减的概念提出之后,人们对油气藏产量递减规律的研究与预报问题日益重视。自从 1905 年开始,几十年来,人们从不同角度建立起了多种油气田产量预测方法,如产量递减法、水驱曲线法和数值模拟法等。这些方法中,除数值模拟法等少数方法之外,绝大多数方法仅仅能够描述递减期的产量变化,而无法刻画开发全过程的产量变化规律。Weng 旋回的问世,为油气藏产量预报问题奠定了基础。

世界著名地质学家、地球物理学家、预测学大师,已故的中国科学院院士、中国石油天然气总公司石油勘探开发科学研究院教授翁文波先生,于 1984 年出版了被誉为天下奇书的《预测论基础》一书[1]。该书不但对我国所要发生的自然灾害进行了预言,同时首次提出和应用"Poisson 旋回"预测世界油气产量,这些都被后来的实践所验证。由于 Poisson 分布与翁氏提出的模型有着本质差别,石油数学地质学家赵旭东在《科学通报》将其正式命名为 Weng 旋回[2]。同时,赵旭东教授用 Weng 旋回模型拟合了 150 多个世界油气田开发实例的资料,都取得了满意的结果。从此,Weng 旋回模型被广泛用于油气藏(田)开发整个过程的产量和可采储量预测。

1 Weng 旋回模型的传统求解方法评述

一个模型应用的难点和关键是模型的求解,即模型的建立。在模型参数求解时,能否求得最优参数值,除与求解者的素质和能力有关外,还与所选用的求解方法有关。合理而准确的模型参数,即最优参数,是科学预测的基础。

Weng 旋回模型的原式为:

$$\begin{cases} Q_t = Bt^n e^{-t} \\ t = (Y - Y_0)/C \end{cases} \quad (1)$$

关于 Weng 旋回模型的参数求解问题,在翁先生的原著中也没有明确论述,只是在实例当中采用了先确定 C(只给出了一个确定的数值 10,但怎么确定的、为什么恰好是 10,就不得而知),然后再由历史数据中任意两点 (t_1, Q_{t_1}) 和 (t_2, Q_{t_2}) 的数据确定 B 和 n 的方法。这种方法即为最早的 Weng 旋回参数求解方法,存在两点不足:一是 C 怎么确定不知道;二是任选两个资料点确定 B 和 n 太随机,容易漏掉最优值,且不同的人会造成多解性。文献[2]给出了 Weng 旋回求解的试凑法,而文献[3][4]都将 Weng 旋回进行了修正(加了个常数项,变为 4 参数模型),变成了原公式的近似公式,再采用试差寻优的方法确定模型参数。文献[2-5]给出的试凑法,均属于近似求解的方法。众所周知,试凑法需要大量的运算。因此,手工或简单

[❶] 本文合作者:古发刚、柏顺全

的计算工具(如计算器)难以胜任烦琐的计算。然而,随着计算机的普及和软件开发的日益发展,这类方法(试凑法)亦可方便快速地求得最优参数。利用二元回归法求解参数,其优点是,可以使所有似合数据的残差平方和达到最小,但个别高噪声的数据信息对模型参数值的影响明显,因为二元回归不像一元回归那样,可以直观地从直线上观察出高噪声的数据点,进而排除它参加回归。数值线性回归法,具有简单、方便的特点,但对不光滑的产量数据应用效果较差。利用分形法求解模型参数[6],对于产量上升阶段预测误差很大,若用分段变维分形法加以修正,会有好的效果,但较麻烦。

需要指出的是,从数学角度而言,对于同一模型,如果实例数据是光滑和无噪声的理想数据,则不同的参数求解方法所求得的模型参数值,在理论上应该是完全一致的,进而拟合和预测的精度也是完全相同的。然而,这样的实例在实际工作中是根本不存在的。所以,不同的求解方法所得到的参数以及拟合和预测的精度也不尽相同。

纵观 Weng 旋回模型参数求解的诸方法,都是各有优劣的。本文基于文献[7]的研究成果,推导提出了又一种 Weng 旋回模型参数求解的新方法,该方法仅需要一次简单的线性回归即可实现,方便了油气藏现场工作者。

2 Weng 旋回模型参数求解的新方法

在文献[7]中,将 Weng 旋回模型即式(1)改写为:

$$Q_T = \frac{B}{C^n} \frac{T^n}{(e^{1/C})^T} \tag{2}$$

若令:

$$T = t \quad \text{和} \quad n = b \tag{3}$$

$$\frac{B}{C^n} = a \tag{4}$$

$$\frac{1}{e^{1/C}} = c \tag{5}$$

把式(3)、式(4)和式(5)代入式(2),即得:

$$Q_t = a t^b c^t \tag{6}$$

式(6)即为 Weng 旋回的简易表达式。

式(6)时间 t 从 $0 \sim +\infty$ 上积分得到可采储量 N_R 为:

$$N_R = a [\ln(1/c)]^{-(b+1)} \Gamma(b+1) \tag{7}$$

由式(7)可知,式(6)中的参数 a 又可表示为:

$$a = \frac{N_R}{[\ln(1/c)]^{-(b+1)} \Gamma(b+1)} \tag{8}$$

由式(6)确定出 a,b 和 c 之后,可由数学手册中的伽马函数表查得相应于 $b+1$ 的伽马函数值 $\Gamma(b+1)$,即可由式(7)计算出油气田的可采储量。

在式(6)中,一般 $b>1$,$0<c<1$。因此,随着油气田(藏)开发过程的延伸,油气田产量 Q_t 正比于开发时间 t 的 b 次方函数兴起,同时又随着时间变量 t 的指数函数衰落。反映了预测技术中,事物从兴起,经过成长、成熟,直到衰亡的全过程。故式(6)所示的 Weng 旋回模型,是一个生命旋回模型(或称兴衰周期模型)。

由式(6),我们可以写出时间为 $(t+1)$ 时的产量表达式:

$$Q_{t+1} = a(t+1)^b c^{t+1} \tag{9}$$

分别对式(6)和式(9)取自然对数,并移项可得:

$$\ln Q_t - \ln a - t\ln c = b\ln t \tag{10}$$

$$\ln Q_{t+1} - \ln a - (t+1)\ln c = b\ln(t+1) \tag{11}$$

由式(11)除以式(10)可得:

$$\frac{\ln Q_{t+1} - \ln a - (t+1)\ln c}{\ln Q_t - \ln a - t\ln c} = \frac{\ln(t+1)}{\ln t} \tag{12}$$

式(12)经过一定的化简、整理可得:

$$\frac{(\ln Q_t)\ln(t+1) - (\ln Q_{t+1})\ln t}{\ln(1+1/t)} = \ln a + (\ln c)\left[t - \frac{\ln t}{\ln(1+1/t)}\right] \tag{13}$$

若令:

$$\alpha = \ln a \tag{14}$$

$$\beta = \ln c \tag{15}$$

$$x = t - \frac{\ln t}{\ln(1+1/t)} \tag{16}$$

$$y = \frac{(\ln Q_t)\ln(t+1) - (\ln Q_{t+1})\ln t}{\ln(1+1/t)} \tag{17}$$

将式(14)至式(17)式代入式(13):

$$y = \alpha + \beta x \tag{18}$$

式(18)回归得到 α 和 β 之后,a,c 和 b 值分别由式(19)、式(20)和式(21)得到:

$$a = e^\alpha \tag{19}$$

$$c = e^\beta \tag{20}$$

$$b = \frac{1}{k}\sum_{i=1}^{k}\frac{\ln[Q_{t_i}/(ac^{t_i})]}{\ln t_i} \tag{21}$$

至此,本文已推导出了一种新的 Weng 旋回参数求解方法。

3 方法应用实例

以埕北油田为例[8],验证本文方法。

埕北油田是我国第一个与外国石油公司合作开发的油田,于1972年发现,1977年建成试采平台,并用9口试采井生产46个月,总共产油量40×10⁴t,采出程度1.9%;1980年与日本石油开发株式会社签订合作开发合同。1985年按国际标准重新建成一组采油平台,1987年6月油田全面投产。至1995年底,埕北油田累计产油399.89×10⁴t,采出程度19.19%,综合含水78.8%(表1)。

表1 埕北油田开发数据表

年份	年产油(10⁴t)	年产液(10⁴t/a)	年产水(10⁴t/a)	含水(%)	含水上升率(%)	采油速度(%)	采出程度(%)	阶段划分
1977.12—1981.12(试采期)	10.0(平均值)	10.6	0.6	2	1.7	0.48	1.9(至封井)	投产阶段
1985	2.5	2.53	0.03	0.7	—	0.12	2.07	
1986	17.3	17.5	0.2	1.4	0.8	0.83	2.87	
1987	31.5	35.3	3.9	7.3	8.8	1.51	4.38	
1988	36.8	52.7	15.9	22.0	11.8	1.77	6.53	稳定阶段
1989	40.9	69.3	28.4	36.4	8.6	1.96	8.62	
1990	41.2	90.5	49.3	45.0	5.7	1.98	10.08	
1991	41.3	120.0	78.7	65.6	4.5	1.98	12.06	
1992	42.2	153.0	110.9	72.6	3.7	2.02	14.08	
1993	39.4	166.4	127.0	77.9	2.8	1.89	15.97	
1994	34.1	153.0	118.9	78.5	0.37	1.64	17.01	递减阶段
1995	32.9	146.1	113.1	78.8	0.14	1.58	19.19	

埕北油田位于渤海西部埕北低凸起西高点,为一平缓的断鼻构造,开采层位为东营组的中、细砂岩,连通性好,分布稳定。主要油层埋深1660m左右,厚度17.5~41.4m,平均孔隙度28.9%,平均渗透率1670mD;地层原油黏度58.3mPa·s,油水黏度比170,气油比35m³/m³,地面原油密度0.955g/cm³;原始地层压力16.6MPa,压力系数1.0,饱和压力15.16MPa,地层温度78.8℃。该油藏具有统一的油、气、水界面,属于有气顶和边水的层状砂岩油藏。油田面积9.72km²,地质储量2084×10⁴t,1986年由中方计算的可采储量和采收率分别为534×10⁴t和25.64%。

将表2中的t及对应的Q_t代入式(16)和式(17),分别求得x和y(表2),并作出式(18)所示的图1。对图1中的直线经过线性回归(最后一点,即$t=10$的点除外)分析,可得直线截距$\alpha=1.89045$,斜率$\beta=-0.34560$,相关系数$R=-0.9325$。将α和β值代入式(19)和式(20)可求出模型参数$a=6.6224, c=0.7078$。再由式(21)算得模型参数$b=2.2309$。这样,即可写出埕北油田的Weng旋回模型表达式:

$$Q_t = 6.6224 t^{2.2309} \times 0.7078^t \tag{22}$$

表2 埕北油田的实际产量和预测产量及有关数据表

t(a)	年份	$Q_t(10^4$t/a) 实际	$Q_t(10^4$t/a) 预测	x	y	t(a)	年份	$Q_t(10^4$t/a) 实际	$Q_t(10^4$t/a) 预测	x	y
1	1985	2.5	4.69	1.0000	0.9163	14	1998		18.91		
2	1986	17.3	15.57	0.2905	1.8262	15	1999		15.61		
3	1987	31.5	27.24	−0.8188	2.8561	16	2000		12.76		
4	1988	36.8	36.63	−2.2126	2.9493	17	2001		10.34		
5	1989	40.9	42.65	−3.8275	3.6466	18	2002		8.31		
6	1990	41.2	45.32	−5.6234	3.6903	19	2003		6.64		
7	1991	41.3	45.26	−7.5727	3.4067	20	2004		5.27		
8	1992	42.2	43.15	−9.6548	4.9545	21	2005		4.16		
9	1993	39.4	39.72	−11.8543	6.6866	22	2006		3.26		
10	1994	34.1	35.56	−14.1589	4.3948	23	2007		2.55		
11	1995	32.9	31.14			24	2008		1.99		
12	1996		26.76			25	2009		1.54		
13	1997		22.64			26	2010		1.19		

由于 $\Gamma(b+1) = \Gamma(2.2309+1) = 2.2309\Gamma(1.2309+1) = 2.2309 \times 1.2309 \times \Gamma(1.2309) = 2.2309 \times 1.2309 \times 0.911 \approx 2.5016$。由式(7)算得可采储量 $N_R = 512.38 \times 10^4$t,加上试采期采出的 40×10^4t,可知最终可采储量为 552.38×10^4t、最终采收率为26.51%,二者仅比标定值高出约3.3%。将不同的 t 值赋予式(22),即可预测出埕北油田的产量(表2、图2)。由表2与图2可见,尽管埕北油田的产量比较散乱,但拟合效果仍然是不错的。

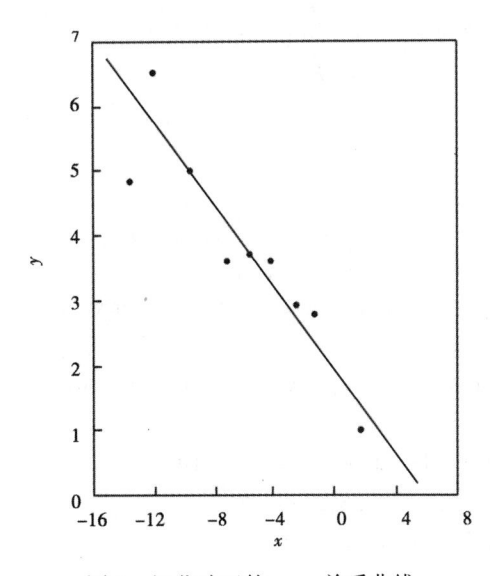

图1 埕北油田的 y—x 关系曲线

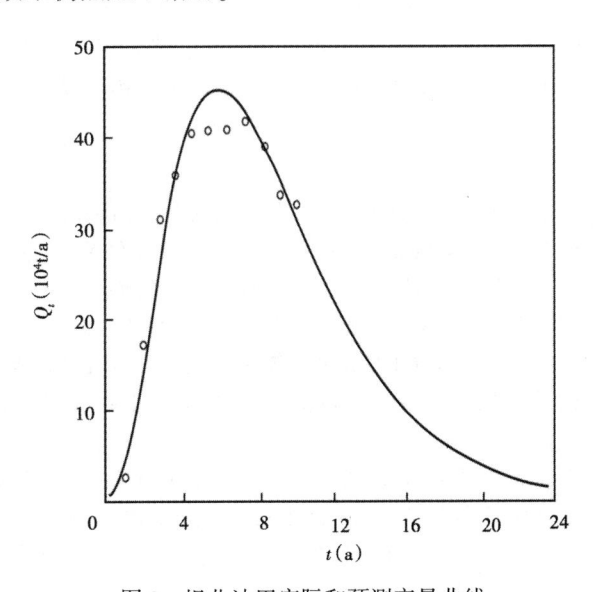

图2 埕北油田实际和预测产量曲线

4 新方法的应用效果评价

利用本文提出的 Weng 氏旋回模型参数求解方法,对罗马什金油田、萨马特洛尔油田、巴夫雷油田、什卡波夫油田、任丘油田、广华寺油田、喇嘛甸油田、兴隆台油田、双河油田、濮城油田、宁海油田、埕北油田、北斯塔夫罗波尔-别拉基阿金气田、科罗布科夫气田、威远气田等国内外 50 多个油气田的资料进行了求解和预测,均取得了令人满意的结果。所有实例的相关系数都大于 0.9,而产量与可采储量的预测误差均小于 1%,完全可以满足实际需要。

本文实例特选了产量散乱、波动较大的埕北油田,主要是为了验证所提出方法的适用性。经过实例分析,取得较好效果,充分肯定了本文提出方法是实用、有效、可靠的。

本文方法的特点是,可简便、方便、快捷、有效地建立起具体油气田的 Weng 旋回预测模型,建议油气藏工作者使用。

5 结论

文章简要介绍了油气田产量预测(方法)历史和 Weng 旋回模型的产生及其特点,介绍了 Weng 氏旋回模型的传统求解方法,并对它们进行了优劣评述。

提出了一种新的求解 Weng 旋回模型参数的数值线性回归法,并被实例所验证。同时,还对新方法的应用进行了评述。

需要指出的一点是,在应用本文方法建立起式(18)所示的 $y-x$ 图,进而对其进行回归时,需要弃掉噪声较大的个别数据。

符 号 释 义

Q_t—油气产量,10^4t/a 或 10^8m^3/a;Y,Y_0—待预测年份、投产前的年份;t,T—开发时间,a;B,n,C,a,b,c—模型参数;N_R—可采储量,10^4t(若气则为 G_R,10^8m^3);x,y—所设的自变量、因变量;α,β—式(18)中的截距、斜率;R—相关系数;k—资料点个数;i—序号。

参 考 文 献

[1] 翁文波. 预测论基础[M]. 北京:石油工业出版社,1984.
[2] 赵旭东. 用 Weng 旋回模型对生命总量有限体系的预测[J]. 科学通报,1987,32(18):1406-1409.
[3] 赵旭东. 对油田产量与最终可采储量的预测方法介绍[J]. 石油勘探与开发,1986,13(2):72-78,71.
[4] 刘青年,等. 油田注水动态整体预测的数学模型//大庆油田勘探开发研究院编. 大庆油田开发论文集之一——油藏工程方法研究[M]. 北京:石油工业出版社,1991.
[5] 关英伟,张璟. 应用相对物质平衡原理和 Poisson 旋回模型预测 Et 油藏注水量[J]. 试采技术,1990,11(3):45-48.
[6] 付昱华. 利用分形法求解翁氏预测模型[J]. 中国海上油气(地质),1996,10(5):325-329.
[7] 张虎俊,熊湘华. Weng 旋回参数求解的简单方法[J]. 石油学报,1997,18(2):89-93.
[8] 李桂英. 埕北油田采收率研究[J]. 中国海上油气(地质),1996,10(4):204-252.

Weng 旋回与 Poisson 分布和 Gamma 分布的对比与分析

已故中国科学院院士翁文波教授在 1984 年出版的《预测论基础》中,提出了利用 Poisson(泊松)分布概率函数来描述和形象生命总量有限体系的生命过程,并首次用于非再生矿产资源石油、天然气的产量预测[1]。石油数学地质学家赵旭东用翁氏公式对 150 多个油气田进行了成功试算,并将这一模型命名为 Weng 旋回[2,3]。由于 Weng 旋回可以很好地描述油气田产量的兴衰过程,目前已在我国得到了较为广泛的研究和应用[2-9]。但以往的研究大多数局限于模型参数的求解,而对其本质的研究较少,使得实际应用受到了一定的限制,甚至出现了一些误用。笔者研究发现,Weng 旋回模型原式虽然与 Poisson 分布具有相似的表现形式,但却是两个不同的数学模型,因为它们的自变量是不同的。Weng 旋回模型的本质符合概率统计学中的伽马(Gamma 或记为 Γ)分布原理。同时,本文还给出了 Weng 旋回的简明式和含有可采储量这一参数的、能够反映 Weng 旋回结构性质的结构式。

1 Weng 旋回与 Poisson 分布和 Gamma 分布的模型结构和性质特征

在预测科学和技术中,通常把某一事物从兴起,经过成长、成熟,直到死亡的全过程,称作生命旋回或兴衰周期、生命周期,而把客观世界中被选取的局部称作体系。对于许多生命总量有限的体系,如石油、天然气等不可再生矿产资源有限体系,其生命发展过程用 Weng 旋回表述,即为:在油气田开采过程中,假设油气田产量 Q_t 正比于时间 t 的 n 次方函数兴起,同时又随着 t 的负指数衰落。其模型函数为:

$$Q_t = At^n e^{-t} \quad (t \geq 0) \tag{1}$$

式中　Q_t——油气田产量;

　　　t——时间;

　　　A, n——模型参数,其中 n 在 Weng 氏旋回模型中规定取正整数,即 $n = 0, 1, 2, \cdots, n$。

1.1 Weng 旋回的时间与可采储量

在 Weng 旋回的原式,即式(1)中,时间 t 通常被认为是油气田的实际开采时间,这是一种误解。在 Weng 氏原著中的实例中[1],时间 t 是按式(2)取值的:

$$t = Y - Y_0 \tag{2}$$

式中　Y, Y_0——分别为待预测和投产前一年的年份。

由式(2)可知,$Y-Y_0$ 恰是油气田的实际开采时间 t_p,即 $Y-Y_0 = t_p$。可见,Weng 氏原式(1)中的时间(自变量)并非是真正意义上的实际开采时间,而是一种特定的时间,其值为实际开采时间的 $1/B$,即 $t = (1/B)t_p$。

式(1)中 t 从 $0\sim+\infty$ 积分,可得:

$$\int_0^{+\infty} Q_t dt = \int_0^{+\infty} At^n e^{-t} dt = A\Gamma(n+1) \xrightarrow{\text{当}n\text{为正整数时}} An! \tag{3}$$

传统认为[1-3] $\int_0^{+\infty} Q_t dt = An!$,$An!$ 即为油气田的可采储量(N_R)。这种认为显然是错误的,因为:第一,由式(3)可知 $\int_0^{+\infty} Q_t dt = A\Gamma(n+1)$,只有当 n 取正整数的特例时,积分值才为 $An!$。第二,即使 n 取正整数,积分结果 $An!$ 也不是油气田的可采储量,而是对应于特定时间的积分值,这一数值等于可采储量的 $1/B$。现推证如下:

将 Weng 旋回模型原式中的特定时间 t 转化为油气田的实际开采时间 t_p,即将 $t=(1/B)t_p$ 代入式(1),得到实际开发时间条件下的 Weng 旋回模型:

$$Q_{t_p} = (A/B^n) t_p^n e^{-t_p/B} \tag{4}$$

式(4)在 t_p 从 $0\sim+\infty$ 上积分,即得到实际开采时间条件下的可采储量 N_R,即:

$$N_R = \int_0^{+\infty} Q_{t_p} dt_p = \int_0^{+\infty} (A/B^n) t_p^n e^{-t_p/B} dt = AB\Gamma(n+1) \tag{5}$$

式(5)式中 n 取正整数特例时,$N_R = ABn!$。由式(5)和式(3)对比可知,式(3)少了一个 B 值。笔者推测这可能是文献[1-3]忽视了特定时间与实际开发时间的关系[$t=(1/B)t_p$]所致。

1.2 Weng 旋回不是 Poisson 分布

在翁文波院士的原著《预测论基础》中[1],翁先生自己将式(1)称之为 Poisson 旋回,尽管赵旭东教授认为式(1)并非是 Poisson 旋回,并将其命名为 Weng 旋回[2,3],但仍有不少作者认为且将式(1)称作 Poisson 旋回[4,5,9]。究竟 Weng 氏模型与 Poisson 分布(旋回)是否为同一模型?其本质有何区别?区别何在呢?为研究和回答这一问题,需要给出 Poisson 分布的数学模型[10,11]:

$$P(X=x) = \frac{\lambda^x e^{-\lambda}}{x!} \quad (\lambda>0; x=0,1,2,\cdots) \tag{6}$$

式(6)即为离散型单项 Poisson 随机分布的数学模型,其中自变量为 x,取值为 $0,1,2,\cdots$。令 $\sum_{+\infty} Q_t = \int_0^{+\infty} Q_t dt$,这样式(1)除以式(3)可得:

$$\frac{Q_t}{\sum_{+\infty} Q_t} = \frac{t^n e^{-t}}{\Gamma(n+1)} \xrightarrow{\text{当}n\text{取正整数时}} \frac{t^n e^{-t}}{n!} \tag{7}$$

由式(7)可见,Weng 旋回原式即式(1),可以表示成外形与 Poisson 分布(旋回)一致的形式。然而,式(7)与式(6)是两个完全不同的数学模型,其本质区别在于,式(6)中的自变量为 x、式(7)中的自变量为 t,显然两个自变量性质不同的数字模型不可能是同一模型。换言之,Poisson 分布中的常量参数 λ 在 Weng 氏模型中成了自变量 t,而自变量 x 却成了 Weng 氏模型中的常量参数 n。因此,Weng 旋回与 Poisson 分布是两个截然不同的数学模型,故将 Weng 旋回当作且称作 Poisson 旋回是错误的。

1.3 Weng 旋回的本质思想符合 Gamma 分布的数学原理

式(8)为连续型伽马随机分布的数学模型:

$$P(x) = \frac{\beta^{\alpha}}{\Gamma(\alpha)} x^{\alpha-1} e^{-\beta x} \tag{8}$$

由式(4)除以式(5),并整理得到:

$$Q_{t_p} = \frac{N_R}{B^{n+1} \Gamma(n+1)} t_p^n e^{-t_p/B} \tag{9}$$

式(9)即为含有可采储量的,可以反映 Weng 旋回结构和性质的,且以 Γ 分布表示的数学模型。在式(9)中若令 $n=\alpha-1, B=1/\beta, t_p=x$,则式(9)即为标准的 Γ 分布:

$$Q_x = N_R \frac{\beta^{\alpha}}{\Gamma(\alpha)} x^{\alpha-1} e^{-\beta x} \tag{10}$$

通过分析可见,Weng 旋回的实质和精华在于,它含有 Γ 概率密度分布的数学思想和原理。在此,笔者推测,翁文波院士将自己的模型称作泊松旋回[1]可能有两个方面的原因:一是翁先生的自谦;二是翁先生仅根据模型的表示形式,而忽略了其与 Poisson 分布的自变量不同。同时,这一点也是 Weng 旋回模型规定 n 取正整数的原因,因为 Poisson 分布的取值是如此的。既然 Weng 旋回符合 Γ 分布的思想原理,所以它是由 3 个参数控制的非线性概率密度连续型分布模型。由此可知,n 可取非负实数,对其取正整数的规定是不妥和多余的。

2 Weng 旋回的简明式和结构式及参数求解

为了使 Weng 旋回有别于其他预测模型和更具 Weng 旋回特色,同时为了简单明了和能够反映出模型结构和性质特征,在此,须给出其简明式和结构式。

2.1 Weng 旋回的简明式

由前面的推导可知式(4)与式(9)是等价的,这样,在式(4)或式(9)中,可令:

$$n = b \tag{11}$$

$$e^{-1/B} = c \tag{12}$$

$$a = \frac{A}{B^n} = \frac{N_R}{B^{n+1} \Gamma(n+1)} = \frac{N_R (-\ln c)^{b+1}}{\Gamma(b+1)} \tag{13}$$

将式(11)、式(12)和式(13)代入式(4),可得到 Weng 旋回的简明式:

$$Q_{t_p} = a t_p^b c^{t_p} \tag{14}$$

2.2 Weng 旋回的结构式

将式(11)和式(12)代入式(9)得到 Weng 旋回结构式:

$$Q_{t_p} = \frac{N_R(-\ln c)^{b+1}}{\Gamma(b+1)} t_p^{\ b} c^{t_p} \tag{15}$$

简明式(14)虽然简单明了,但没有反映出模型结构、性质和参数间的关系。结构式(15)虽说相对复杂,但揭示出了模型结构、性质与参数间的关系,并且还含有可采储量,故各具特色。

2.3 模型参数求解

式(14)取对数,且令 $x_1 = \lg t_p$, $x_2 = t_p$, $y = \lg Q_{t_p}$, $m_0 = \lg a$, $m_1 = b$, $m_2 = \lg c$,则式(14)可写为式(16)。式(14)和式(15)中的模型参数求解可通过下列式子完成:

$$y = m_0 + m_1 x_1 + m_2 x_2 \tag{16}$$

$$a = 10^{m_0} \tag{17}$$

$$b = m_1 \tag{18}$$

$$c = 10^{m_2} \tag{19}$$

$$N_R = \frac{a\Gamma(b+1)}{(-\ln c)^{b+1}} = \frac{10^{m_0}\Gamma(m_1+1)}{(-m_2\ln 10)^{m_1+1}} \tag{20}$$

当 $b+1>2$ 时,$\Gamma(b+1)$ 的数值式按(21)计算;当 $b+1<1$ 时,$\Gamma(b+1)$ 的数值按式(22)计算[11]:

$$\Gamma(b+1) = b\Gamma(b) \tag{21}$$

$$\Gamma(b+1) = \frac{\Gamma(b+2)}{b+1} \tag{22}$$

由于函数的一阶(时间)导数表示发展的速度,这样,可用 dQ_{t_p}/dt_p 表示油气田的产量变化速度。当 $dQ_{t_p}/dt_p = 0$ 时,此时的时间为最高产量发生的时间,此时的产量为最高产量。对式(14)求导,并整理可以得到:

$$t_{Q_m} = \frac{-b}{\ln c} \tag{23}$$

$$Q_{max} = a\left(-\frac{b}{\ln c}\right)^b c^{-b/\ln c} \tag{24}$$

3 应用实例分析

什卡波夫油田 Д$_{IV}$ 油藏位于俄罗斯巴什基尔自治共和国的西部。在地质构造上位于鞑靼穹隆的南部倾没端,为一北西向对称结构的地台型大型短轴背斜构造。该油藏于1955年投入开发,储层为泥盆系的 Д$_{IV}$ 砂岩,埋深2100m,含油面积368km^2,地质储量约 1.2×10^8t,孔隙度 13%~22%,平均渗透率 360mD,原始地层压力 20.6MPa,饱和压力 15.5MPa,原始气油比 120m^3/t,地层原油黏度 0.9mPa·s,地层水黏度 1.2 mPa·s,地下原油密度 0.743g/cm^3,地面原油密度0.815g/cm³,原油含蜡量5.1%,原油含硫量0.62%,油层温度39~40℃,设计生产井井网密度0.3km²/井。该油藏1956年开始边外注水,1960年开始内部注水,全面进入注水开发阶段。表1给出了该油藏开发15年的产量数据[12]。

表1 什卡波夫油田 Д$_{IV}$ 油藏实际产量和预测产量

年份	t (a)	年产量(10^4t/a) 实际值	年产量(10^4t/a) 预测值	累计产量(10^4t) 实际值	累计产量(10^4t) 预测值
1955	1	11.3	11.7	11.3	11.7
1956	2	87.4	76.8	98.7	88.5
1957	3	170	190.2	268.7	278.7
1958	4	310	315.7	578.7	594.4
1959	5	410	421	988.7	1015.4
1960	6	510	488.7	1498.7	1504.1
1961	7	542	515.6	2040.7	2019.7
1962	8	526	507.2	2566.7	2526.9
1963	9	474	473	3040.7	2999.9
1964	10	426	422.9	3466.7	3422.8
1965	11	342	365.4	3808.7	3788.2
1966	12	294	307	4102.7	4095.2
1967	13	242	251.9	4344.7	4347.1
1968	14	210	202.5	4554.7	4549.6
1969	15	167	160	4721.7	4709.6

将表1中的实际年产量数据按照式(16)进行二元线性回归分析,得到:$m_0 = 1.2719$,$m_1 = 3.3935$,$m_2 = -0.2039$,$R = -0.9983$。这样,由式(17)、式(18)和式(19)可以得到Weng旋回简式的模型参数:

$$a = 10^{1.2719} = 18.7$$
$$b = 3.9395$$
$$c = 10^{-0.2039} = 0.6253$$

将所求得的 b 值代入式(21),由伽马函数表[11]查得 $\Gamma(3.3935) = 0.8876$,即可由式(21)求得该油藏的 $\Gamma(b+1) = \Gamma(3.3935+1)$ 之值为:

$$\begin{aligned}\Gamma(b+1) &= b\Gamma(b)\\ &= 3.3935 \times \Gamma(3.3935)\\ &= 3.3935 \times 2.3935\Gamma(2.3935)\\ &= 3.3935 \times 2.3935 \times 1.3935\Gamma(1.3935)\\ &= 3.3935 \times 2.3935 \times 1.3935 \times 0.8876\\ &= 10.0463\end{aligned}$$

由式(20)求得该油藏的可采储量为:

$$N_R = \frac{18.7 \times 10.0463}{(-\ln 0.6253)^{3.3953+1}} = 5205 \times 10^4 t$$

已知该油藏的原始地质储量约为 $1.2 \times 10^8 t$，所以本文确定的该油藏的原油采收率为：

$$E_R = \frac{5205 \times 10^4 t}{1.2 \times 10^8 t} = 0.434(43.4\%)$$

将 b 和 c 代入式(23)，求得最高产量发生时间为：

$$t_{Q_m} = -\frac{3.3935}{\ln 0.6253} = 7.23a$$

再将 a，b 和 c 代入式(24)式得到最高年产量为：

$$Q_{max} = 18.7\left(-\frac{3.3925}{\ln 0.6253}\right)^{3.3925} \times 0.6253^{-\frac{3.3925}{\ln 0.6253}}$$

$$= 516.5 \times 10^4 t/a$$

把已求得的 a，b 和 c 代入式(14)，得到该油藏具体的 Weng 旋回预测数学模型：

$$Q_{t_p} = 18.7 t_p^{3.3935} \times 0.6253^{t_p} \tag{25}$$

赋式(25)不同的 t，得到该油藏年产量计算值，利用迭代法将年产量预测值逐年相加，即得到累计产量预测值(表1)。

图1为实际年产量与式(25)预测年产量曲线。从图1和表1中的预测结果看出，预测精度是比较高的。年产量预测值平均相对误差 4.5%，累计产量预测值平均相对误差 1.98%。

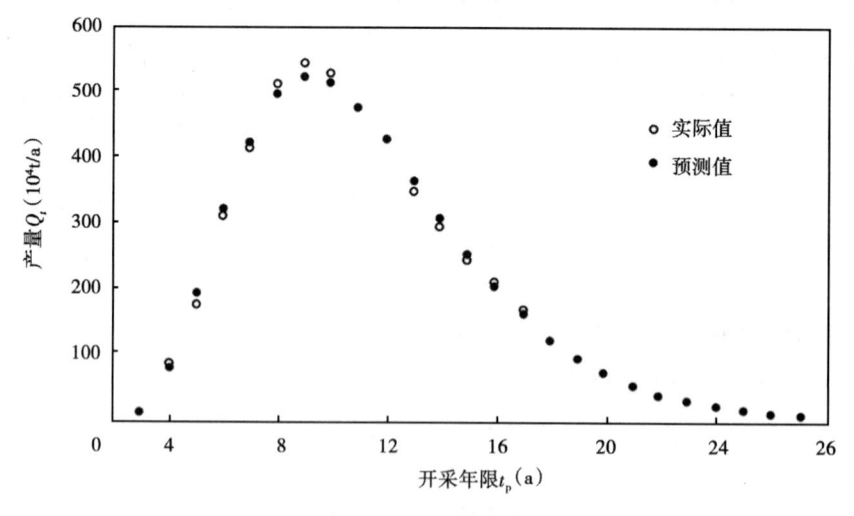

图1 什卡波夫油田 Д$_{IV}$ 油藏产量实际值与预测值对比

4 结论

(1)Weng 旋回与 Poisson 分布尽管有相似的表现形式，但却是两个不同的模型，因为二者的自变量不同。

(2)Weng旋回的本质符合Gamma概率随机分布的数学原理。

(3)本文给出的Weng旋回的结构式和简明式,有助于对Weng旋回的理解,并给实际应用带来了方便。应用实例表明,对于开发指标的预测有较高的精度。

参 考 文 献

[1]翁文波. 预测论基础[M]. 北京:石油工业出版社,1984.
[2]赵旭东. 用Weng旋回模型对生命总量有限体系的预测[J]. 科学通报,1987,32(18):1406-1409.
[3]赵旭东. 对油田产量和最终可采储量的预测方法介绍[J]. 石油勘探与开发,1986,13(2):72-78.
[4]关伟英,张璟. 应用相对物质平衡原理和Poisson旋回模型预测Et油藏注水量[J]. 试采技术,1990,11(3):45-48.
[5]刘青年,赵永胜,黄伏生. 油田注水动态整体预测的数学模型[J]. 石油学报,1989,10(1):54-62.
[6]张虎俊,熊湘华. Weng旋回参数求解的简单方法[J]. 石油学报,1997,18(2):89-93.
[7]张虎俊. 预测油气田产量的一种兴衰周期模型[J]. 小型油气藏,1996,1(2):46-49.
[8]陈元千. 对翁氏预测模型的推导及应用[J]. 天然气工业,1996,16(2):22-26.
[9]刘斌. 泊松旋回在油气田产量预测中的应用[J]. 试采技术,1995,16(2):20-24.
[10]陈家鼎,等. 概率统计讲义[M]. 北京:高等教育出版社,1988.
[11]《数学手册》编写组. 数学手册[M]. 北京:高等教育出版社,1979.
[12]金毓荪. 国外砂岩油田开发[M]. 哈尔滨:黑龙江科学技术出版社,1984.

第六章 Gompertz 等模型研究及求解

《油气田产量预测的一种功能模拟模型》论述了油气田开发系统的非线性特征,特别是描述系统变化的产量指标在整个开发过程中的非线性,认为油气田累计产量随时间变化呈现不对称"S"型有限增长规律,并基于其信息微分方程,提出了一种预测油气田产量的功能模拟模型及参数求解方法。并对油气田产量兴衰的四个阶段及瞬时产量和年产量关系进行了研究。模型从系统辨识理论和控制论的观点出发,从时间流中考察油气田产量系统的非线性特征,因而具有多功能性——不但可以预测油气田的累计产量、瞬时产量、年产量,而且可以预测最高瞬时产量、最高年产量及其发生时间与相应时刻的累计产量,同时,还可以预测油气田产量兴衰过程的时间界线和最终可采储量。

Gompertz(贡帕兹)模型是一个随时间成长(增长)的模型,广泛应用于经济增长预测。油气田开发指标受油气田开发系统本身非线性机制及开发过程中调整、挖潜措施等人为因素的影响,呈非线性变化特征。为此,笔者在《油气田开发指标预测的 Gompertz 模型》中,将贡帕兹模型推导扩展成为一个可以预测油气田累计产量、瞬时产量、年产量和可采储量等多项开发指标的多功能非线性预测模型,还提出确定模型参数的一种数值求解方法。

基于油气田开发的非线性特征和累计产量随时间变化呈有限增长的信息(规律),《预测油气田开发指标的 Hubbert 模型》一文,将 20 世纪 60 年代后期 Hubbert(赫伯特)研究美国石油勘探程度的数学模型,推导成预测油气田开发指标的多功能预测模型,提出累计产量数值线性求解法和累计产量联立方程求解法 2 种模型参数求解方法。

《预测可采储量的最简单方法及其在低渗透油田的应用》,基于对 Logistic 旋回的研究,推导提出了一种利用累计产量的倒数关系预测可采储量的新模型。该数值方法建模时只需要累计产量一项参数,而且只需进行一次简单的线性回归,即可确定可采储量,适用于各种类型的油气藏和单井。该方法具有简单、方便、快速的特点。

在本章内容中,需要指出的是,油气田产量预测的一种功能模拟模型与预测油气田开发指标的 Hubbert 模型,都可以推导变换为 Gompertz 模型的数学形式,即其本质是 Gompertz 模型。

油气田产量预测的一种功能模拟模型[①]

油气田开发系统是一个时间上不可逆转(单向性)的动态系统。这种系统的本质是非线性,如描述系统变化的产量指标在整个开发过程中都带有明显的非线性特征。在传统油气藏工程方法中,通常将这类非线性问题进行线性化处理。事实上,这种处理后的线性关系只能在一定条件下的有限时域内存在。因此,对于非线性问题通过线性处理,进而对系统进行预测,其结果的有偏性是毋庸置疑的。非线性系统其实是一种有序(时间序)的结构,这种结构体系的一个重要特点是,时间变量 t 不再是一个与系统无关的几何变量[1]。迄今,描述油气田产量系统的非线性模型主要有 t 模型[1]和 Weng 旋回等[2,4]。

本文通过对油气田产量非线性特征的研究,基于"S"形曲线的微分方程,提出了一种描述油气田产量非线性变化的数学模型,该模型从系统辨识理论和控制论的观点出发,从时间流中考察油气田产量系统的非线性,属于一种功能模拟模型(预测学中又称唯象信息模型)。只要这种模型的输出能够达到所需的精度,那么模型的实用性也就肯定了。

1 模型的建立

对于某些随时间呈不对称"S"形有限增长的信息,可以由如下方程表示:

$$\frac{dy}{ydt} = kb^t \tag{1}$$

式中 y——增长的信息;

t——时间;

k,b——待估参数,取值范围:$k>0,0<b<1$。

由于油气田的产量可分为上升(兴起)阶段和下降(衰落)阶段,上升阶段又可分为低速上升阶段和加速上升阶段,下降阶段也可分为快速下降阶段和缓慢下降阶段。因此,油气田累计产量的增长符合式(1)描述的"S"形增长规律:

$$\frac{dN_p}{N_p dt} = kb^t \tag{2}$$

式中 N_p——油气田的累计产量。

在理论上,当 $t \to +\infty$ 时,$N_p \to N_R$,式(2)中积分可得:

$$\int_{N_p}^{N_R} \frac{dN_p}{N_p} = k\int_t^{+\infty} b^t dt \tag{3}$$

[①] 本文合作者:刘世平、古发刚。

$$N_p = N_R (e^{\frac{k}{\ln b}})^{b^t} \tag{4}$$

式中 N_R——油气田的可采储量。

若令：

$$a = e^{\frac{k}{\ln b}} \tag{5}$$

则得：

$$N_p = N_R a^{b^t} \tag{6}$$

由于油气田的瞬时产量可由累计产量的微分方式表示，其式为：

$$Q_t = \frac{dN_p}{dt} \tag{7}$$

故有：

$$Q_t = N_R (\ln a)(\ln b) b^t a^{b^t} \tag{8}$$

众所周知，用瞬时产量公式[式(8)]预测第 t 年的产量时，其结果得到的将是第 t 年末与第($t+1$)年初的瞬时值。而实质上，油气田的年产量(包括月、季产量)是一累计的概念，并不是时间的连续函数。因此，在产量上升阶段，年末瞬时产量要大于年产量；而在产量下降阶段，年末瞬时产量要小于年产量，只有在绝对稳产的条件下二者才相等。瞬时产量从严格的意义上讲是无法采集的，并且在实际工作中也没有多少实际意义。这样，可由第 t 年的累计产量 N_{p_t} 减去第($t-1$)年的累计产量 $N_{p_{t-1}}$ 得到第 t 年的年产量 $\overline{Q}_t$：

$$\overline{Q}_t = N_{p_t} - N_{p_{t-1}} \tag{9}$$

将式(6)代入式(9)，即有：

$$\overline{Q}_t = N_R (a^{b^t} - a^{b^{t-1}}) \tag{10}$$

对式(8)求一阶导数，得到：

$$\frac{dQ_t}{dt} = (\ln b) Q_t [(\ln a) b^t + 1] \tag{11}$$

在式(11)中，当 $t < -\dfrac{\ln(-\ln a)}{\ln b}$ 时，$\dfrac{dQ_t}{dt} > 0$；当 $t = -\dfrac{\ln(-\ln a)}{\ln b}$ 时，$\dfrac{dQ_t}{dt} = 0$；当 $t > -\dfrac{\ln(-\ln a)}{\ln b}$ 时，$\dfrac{dQ_t}{dt} < 0$。

由此，可以得到最高瞬时产量发生时间 t_m 为：

$$t_m = -\frac{\ln(-\ln a)}{\ln b} \tag{12}$$

将式(12)代入式(8)和式(6)，可得到最高瞬时产量及最高瞬时产量发生时的累计产量：

$$Q_{t\max} = N_R (\ln a)(\ln b) b^{\frac{-\ln(-\ln a)}{\ln b}} a^{b^{\frac{-\ln(-\ln a)}{\ln b}}} \tag{13}$$

$$N_{pm} = N_R a^{b^{-\frac{\ln(-\ln a)}{\ln b}}} \tag{14}$$

对式(10)求一阶导数,得到:

$$\frac{d\overline{Q}_t}{dt} = N_R(\ln a)(\ln b)(a^t a^{b^t} - b^{t-1} a^{b^{t-1}}) \tag{15}$$

在式(15)中,当 $t < \frac{1}{\ln b}\ln\frac{b\ln b}{(1-b)\ln a}$ 时,$\frac{d\overline{Q}_t}{dt} > 0$;当 $t = \frac{1}{\ln b}\ln\frac{b\ln b}{(1-b)\ln a}$ 时,$\frac{d\overline{Q}_t}{dt} = 0$;当 $t > \frac{1}{\ln b}\ln\frac{b\ln b}{(1-b)\ln a}$ 时,$\frac{d\overline{Q}_t}{dt} < 0$。

由此,可得到最高年产量发生时间 $\overline{t}_m$ 为:

$$\overline{t}_m = \frac{1}{\ln b}\ln\frac{b\ln b}{(1-b)\ln a} \tag{16}$$

将式(16)代入式(10)和式(6),得到最高年产量,以及最高年产量发生时的累计产量为:

$$\overline{Q}_{t\max} = N_R[a^{b^{\frac{1}{\ln b}\ln\frac{b\ln b}{(1-b)\ln a}}} - a^{b^{\frac{1}{\ln b}\ln\frac{b\ln b}{(1-b)\ln a}-1}}] \tag{17}$$

$$\overline{N}_{pm} = N_R a^{b^{\frac{1}{\ln b}\ln\frac{b\ln b}{(1-b)\ln a}}} \tag{18}$$

为了确定油气田产量兴衰的阶段,还需要对式(8)和式(10)求二阶导数。

对式(8)求二阶导数,可得:

$$\frac{d^2 Q_t}{dt^2} = Q_t(\ln b)^2[(b^t \ln a + 1)^2 + b^t \ln a] \tag{19}$$

对于式(19),当 $t = \frac{1}{\ln b}\ln\frac{-3\mp\sqrt{5}}{2\ln a}$ 时,有 $\frac{d^2 Q_t}{dt^2} = 0$。

对式(10)求二阶导数,则有:

$$\frac{d^2 \overline{Q}_t}{dt^2} = N_R(\ln a)(\ln b)[(1 + b^t \ln a)b^t a^{b^t} - (1 + b^{t-1}\ln a)b^{t-1}a^{b^{t-1}}] \tag{20}$$

式(20)中,当 $\frac{d^2 \overline{Q}_t}{dt^2} = 0$ 时,无法用解析法求得 t 的根。为此,可用瞬时产量二阶导数 $\frac{d^2 Q_t}{dt^2}$ 为 0 时 t 的根加 0.5 逼近年产量二阶导数 $\frac{d^2 \overline{Q}_t}{dt^2}$ 为 0 时 t 的根,即当 $t = 0.5 + \frac{1}{\ln b}\ln\frac{-3\mp\sqrt{5}}{2\ln a}$ 时,$\frac{d^2 \overline{Q}_t}{dt^2} \approx 0$。

众所周知,函数的一阶导数描述函数变化的速度,即递增性或递减性;函数的二阶导数刻画函数变化的速率,即加速性或减速性。因此,由式(11)和式(19)可知,油气田瞬时产量 Q_t 兴衰的 4 个阶段。

(1)开始上升阶段:

$$t = 0 \sim \frac{1}{\ln b}\ln\frac{-3-\sqrt{5}}{2\ln a}$$

(2) 加速上升阶段：

$$t = \frac{1}{\ln b}\ln\frac{-3-\sqrt{5}}{2\ln a} \sim -\frac{\ln(-\ln a)}{\ln b}$$

(3) 快速下降阶段：

$$t = -\frac{\ln(-\ln a)}{\ln b} \sim \frac{1}{\ln b}\ln\frac{-3+\sqrt{5}}{2\ln a}$$

(4) 缓慢下降阶段：

$$t = \frac{1}{\ln b}\ln\frac{-3+\sqrt{5}}{2\ln a} \sim +\infty$$

同理，由式(15)和式(20)可知，油气田年产量 $\overline{Q}_t$ 兴衰的4个阶段其时间界限为：

(1) 开始上升阶段。

$$t = 0 \sim 0.5 + \frac{1}{\ln b}\ln\frac{-3-\sqrt{5}}{2\ln a}$$

(2) 加速上升阶段。

$$t = 0.5 + \frac{1}{\ln b}\ln\frac{-3-\sqrt{5}}{2\ln a} \sim \frac{1}{\ln b}\ln\frac{b\ln b}{(1-b)\ln a}$$

(3) 快速下降阶段。

$$t = \frac{1}{\ln b}\ln\frac{b\ln b}{(1-b)\ln a} \sim 0.5 + \frac{1}{\ln b}\ln\frac{-3+\sqrt{5}}{2\ln a}$$

(4) 缓慢下降阶段。

$$t = 0.5 + \frac{1}{\ln b}\ln\frac{-3+\sqrt{5}}{2\ln a} \sim +\infty$$

2 模型参数求解的方法

预测结果的可靠程度主要取决于所建立的数学模型。当数学模型确定后，应用的难点和关键是模型参数的求解，因为模型参数的合理与否直接影响着拟合和预测的精度。而影响模型参数求解的因素除数据信息、使用者的素质和经验之外，还有所选用的参数求解方法。由于本文模型含有 N_R, a 和 b 三个待定参数，故常规求解方法难以胜任，为此，本文给出一种简单易行方法。

由式(8)除以式(6)，取以10为底对数，可得：

$$\lg\frac{Q_t}{N_p} = \lg[\ln(a)\ln(b)] + \lg(b)t \tag{21}$$

若令：

$$\alpha = \lg[\ln(a)\ln(b)] \tag{22}$$

$$\beta = \lg b \quad 或 \quad b = 10^\beta \tag{23}$$

则得：
$$\lg \frac{Q_t}{N_p} = \alpha + \beta t \tag{24}$$

再对式(6)取以10为底的常用对数，可得：
$$\lg N_p = \lg N_R + \lg(a) b^t \tag{25}$$

若设：
$$m = \lg N_R \quad \text{或} \quad N_R = 10^m \tag{26}$$
$$n = \lg a \quad \text{或} \quad a = 10^n \tag{27}$$

则有：
$$\lg N_p = m + n b^t \tag{28}$$

应用式(24)时，需知瞬时产量数据，而实际工作中瞬时产量是无法确定的。为此，用第 t 年和第 $(t+1)$ 年的年产量之和的一半去逼近第 t 年末的瞬时产量[5]。

$$Q_t = \frac{1}{2}(\overline{Q}_t + \overline{Q}_{t+1}) \tag{29}$$

具体应用时，先用式(24)回归求得截距 α 和 β，并由式(23)求得 b。以 b^t 为自变量，回归式(28)，求得 m 和 n，即可由式(26)和式(27)求得参数 N_R 和 a。

3 模型应用实例

巴夫雷油田位于苏联鞑靼与巴什基利亚自治共和国交界处，是较早采用边外注水保持地层压力开发的油田之一[6]。主要产层为泥盆系的 Д₁ 层，岩性较为均质，渗透率较高。该油田发现于1946年，地质储量为 $11000×10^4$t，采收率60%，水淹区采收率60%~65%，其开发数据见表1。

表1 巴夫雷油田产量实际值与预测值及有关数据统计表

年份	t (a)	$\overline{Q}_t(10^4$t/a$)$ 实际值	预测值	$Q_t(10^4$t/a$)$ 换算值	预测值	$N_p(10^4$t$)$ 实际值	预测值	$\frac{Q_t}{N_p}$ (10^{-3}a^{-1})	b^t ($b=0.8494$)
1948	1	20	9.5	25.0	14.3	20	14.3	1250.00	0.8494
1949	2	30	21.8	35.0	30.7	50	36.1	700.00	0.7251
1950	3	40	43.1	50.0	57.3	90	79.2	555.60	0.6128
1951	4	60	75.2	80.0	94.9	150	154.4	533.30	0.5205
1952	5	100	117.9	115.0	142.2	250	272.2	460.00	0.4421
1953	6	130	168.5	205.0	195.5	380	440.8	539.50	0.3756
1954	7	280	222.9	295.0	250.1	660	663.7	447.00	0.3190
1955	8	310	275.9	330.0	300.7	970	939.6	340.20	0.2710

续表

年份	t(a)	$\overline{Q}_t(10^4\text{t/a})$ 实际值	$\overline{Q}_t(10^4\text{t/a})$ 预测值	$Q_t(10^4\text{t/a})$ 换算值	$Q_t(10^4\text{t/a})$ 预测值	$N_p(10^4\text{t})$ 实际值	$N_p(10^4\text{t})$ 预测值	$\dfrac{Q_t}{N_p}$ (10^{-3}a^{-1})	b^t ($b=0.8494$)
1956	9	350	322.7	352.5	343.1	1320	1262.3	267.00	0.2301
1957	10	355	359.8	370.0	374.6	1675	1622.2	220.90	0.1955
1958	11	385	385.1	387.5	393.7	2060	2007.3	188.10	0.1660
1959	12	390	398.2	385.0	400.7	2450	2405.5	157.10	0.1410
1960	13	380	399.7	375.0	396.9	2830	2805.2	132.50	0.1198
1961	14	370	391.2	367.5	384.2	3200	3196.4	114.80	0.1018
1962	15	365	374.9	352.5	364.6	3565	3571.2	98.88	0.0864
1963	16	340	352.7	335.0	340.3	3905	3924.0	85.79	0.0734
1964	17	330	326.9	315.0	313.1	4235	4250.8	74.38	0.0624
1965	18	300	298.9	285.0	284.6	4535	4549.8	62.84	0.0530
1966	19	270	270.4	265.0	265.1	4805	4820.1	55.14	0.0450
1967	20	260	242.2	250.0	228.5	5065	5062.3	49.36	0.0382
1968	21	240	215.3	225.0	202.3	5305	5277.6	42.41	0.0325
1969	22	210	190.0	180.0	178.1	5515	5467.7	32.64	0.0276
1970	23	150	166.8	135.0	155.9	5665	5634.4	23.83	0.0234
1971	24	120	145.7	115.0	135.8	5785	5780.1	19.88	0.0199
1972	25	110	126.7	105.0	117.9	5895	5906.8	17.81	0.0169
1973	26	100	109.8	95.0	102.0	5995	6016.5	15.85	0.0144
1974	27	90	94.8	87.5	88.0	6085	6111.4	14.38	0.0122
1975	28	85	81.7	77.5	75.7	6170	6193.1	12.56	0.0104
1976	29	70	70.3	65.0	65.1	6240	6263.4	10.42	0.0088
1977	30	60	60.3	55.0	55.8	6300	6323.7	8.73	0.0075
1978	31	50	51.7		47.8	6350	6375.4		0.0063

按式(29)算得 Q_t、求出 $\dfrac{Q_t}{N_p}$(表1)。再以式(24)作出图1,经回归得截距 $\alpha=3.06318$、斜率 $\beta=-0.07089$、相关系数 $R=-0.99705$。由式(23)得 $b=0.8494$。算出 b^t(表1),以式(28)作出图2,回归得 $m=3.82446$, $n=-3.14247$, $R=-0.99937$。由式(26)和式(27)式得 $N_R=6675$, $a=0.00072$。预测采收率 $E_R=6675/11000=0.607$ 或 60.7%,与60%的实际值几乎一致。由式(12)、式(13)和式(14)可得:$t_m=12.13\text{a}$、$Q_{t\max}=400.8\times10^4\text{t/a}$、$N_{pm}=2245.6\times10^4\text{t}$。由式(16)至式(17)、式(18)求得 $\overline{t}_m=12.63\text{a}$、$\overline{Q}_{t\max}=400.4\times10^4\text{t/a}$、$\overline{N}_{pm}=2658.5\times10^4\text{t}$。$t_m$ 与 $\overline{t}_m$ 相差0.5年,说明用 $\dfrac{\mathrm{d}^2Q_t}{\mathrm{d}t^2}$ 的根+0.5年逼近 $\dfrac{\mathrm{d}^2\overline{Q}_t}{\mathrm{d}t^2}=0$ 的根,具有足够的精度。

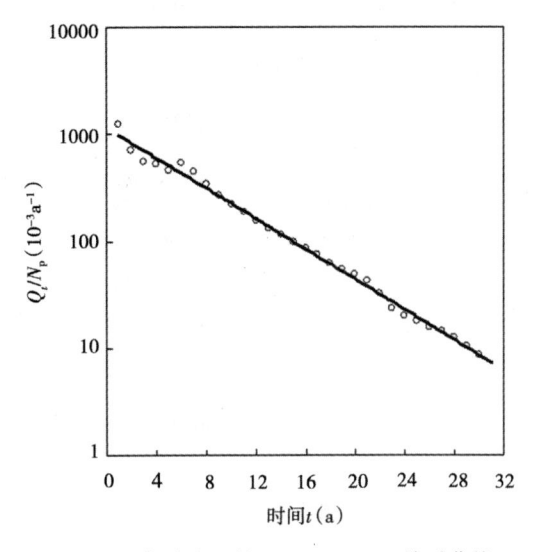

图1 巴夫雷油田的 $\lg(Q_t/N_p)$—t 关系曲线 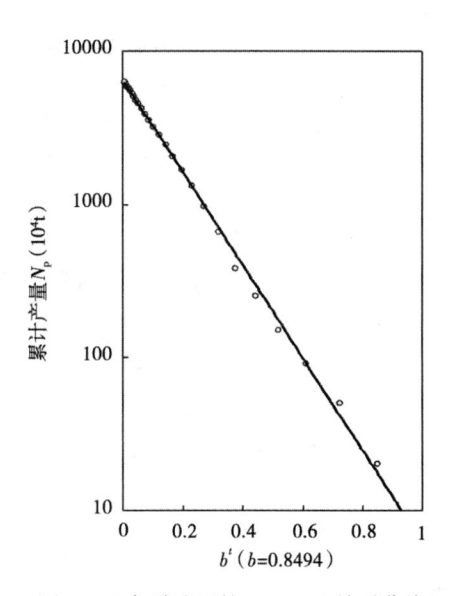 　　图2 巴夫雷油田的 $\lg N_p$—b' 关系曲线

该油田瞬时产量 Q_t 的变化过程为：
(1)慢速上升，$t=0\sim6.23a$，即1947年末至1953年3月末；
(2)加速上升，$t=6.23\sim12.13a$，即1953年3月末至1959年2月末；
(3)快速下降，$t=12.13\sim18.02a$，即1959年2月末至1964年12月末；
(4)缓慢下降，$t=18.02\sim+\infty a$，即1964年12月末至$+\infty$年（理论，实际不可能）。

同理，年产量 $\overline{Q}_t$ 的变化过程为：
(1)慢速上升，$t=0\sim6.73a$，即1947年至1953年9月；
(2)加速上升，$t=6.73\sim12.63a$，即1953年9月至1959年8月；
(3)快速下降，$t=12.63\sim18.52a$，即1959年8月至1965年6月；
(4)缓慢下降，$t=18.52\sim+\infty a$，即1965年6月至$+\infty$年（理论）。

将所求 N_p，a 和 b 值代入式(6)、式(8)和式(10)，可得巴夫雷油田累计产量、瞬时产量、年产量的具体预测模型数学表达式：

$$N_p = 5575 \times 0.00072^{0.8494^t} \tag{30}$$

$$Q_t = 7884 \times 0.8494^t \times 0.00072^{0.8494^t} \tag{31}$$

$$\overline{Q}_t = 6675 \times (0.00072^{0.8494^t} - 0.00072^{0.8494^{t-1}}) \tag{32}$$

式(30)至(32)的预测值见表1。从预测结果可见，本文作者提出的年产量预测模型其预测值与实际值吻合程度很好（图3、表1）。同时，由表1还可得知，在产量上升期年末瞬时产量预测值明显高于年产量预测值和实际值；产量下降期反之，充分说明不能用瞬时产量公式预测年产量。

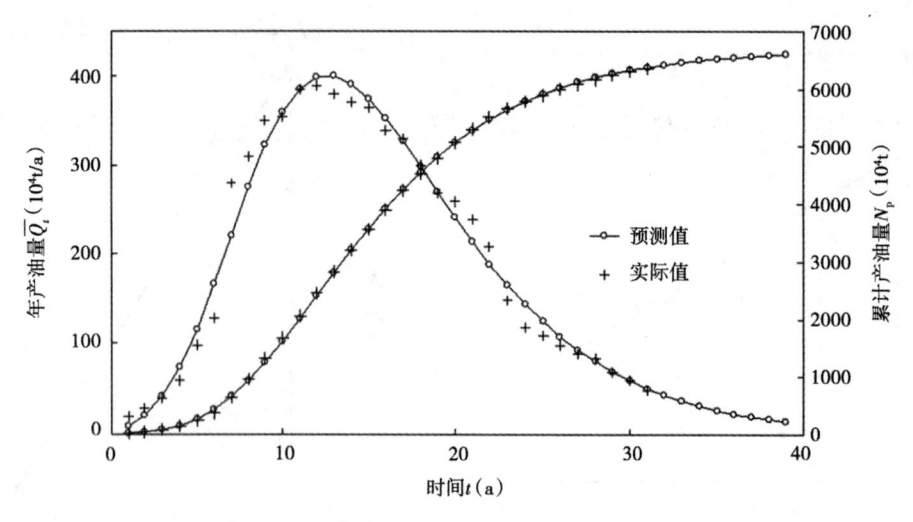

图3 巴夫雷油田的年产油量和累计产油量实际值与预测值曲线

4 结论

文章论述了油气田产量系统的非线性特征。基于油气田累计产量呈"S"形有限增长的规律,推导提出了一种预测油气田产量的功能模拟模型,并给出了其参数求解的简单方法[7]。该模型具有多功能性,可以预测油气田的瞬时产量、年产量、累计产量、可采储量,以及最高瞬时产量、最高年产量和它们发生的时间与相应的累计产量。模型还可以确定油气田瞬时产量和年产量兴衰的4个阶段。经实例验证表明,模型具有很好的实用性和有效性,无疑是油气田产量中远期预测的有效方法之一。

参 考 文 献

[1] 黄伏生,赵永胜,刘青年. 油田动态预测的一种新模型[J]. 大庆石油地质与开发,1987,6(4):55-62.
[2] 翁文波. 预测论基础[M]. 北京:石油工业出版社,1984.
[3] 赵旭东. 对油田产量与最终可采储量的预测方法介绍[J]. 石油勘探与开发,1986,13(2):72-78,71.
[4] 张虎俊,熊湘华. Weng 旋回参数求解的简单方法[J]. 石油学报,1997,18(2):89-93.
[5] 张虎俊. Копытов 衰减校正曲线的理论分析与探讨[J]. 西安石油学院学报,1995,10(4):24-28.
[6] 《国外砂岩油田开发》编写组. 国外砂岩油田开发[M]. 哈尔滨:黑龙江科学技术出版社,1984.
[7] 《数学手册》编写组. 数字手册[M]. 北京:高等教育出版社,1979.

油气田开发指标预测的 Gompertz 模型[●]

油气田开发指标预测是油气藏工程师的重要工作内容之一。由于油气田开发系统是一个开放的非线性系统,这就决定了描述系统状态的产油量或产气量等开发指标,在整个开发过程中都带有明显的非线性特征。以往的油气田开发指标预测模型,绝大多数仅局限于产量递减阶段,没有完全反映出整个开发过程中油气田开发指标的非线性变化。为此,笔者将著名的Gompertz(贡帕兹)模型推导扩展成为一个可以预测油气田累计产量、瞬时产量、年产量和可采储量等多项开发指标的多功能非线性预测模型。同时,还推导出了利用累计产量确定模型参数的一种简单方法。

1 模型推导和建立

对于经济增长预测和资源增长预测应用较多的是 Gompertz 模型[1-6],其数学表达式为:

$$y = e^{mn^t+c} \tag{1}$$

式中 y——随 t 增长的函数;
t——时间;
m,n,c——拟合系数,其中 $m<0, c>0, 0<n<1$。

式(1)中,由于 $0<n<1$,故当 $t\to\infty$ 时,$n^t\to 0$,可知 y 趋近于其极限值 e^c,即 $y\to e^c$,或 $y_{max} = e^c$。油气田地质储量属于资源有限体系,其累计产量始终随时间是增长的,若开发时间在理论上无穷大时,累计产量极限值即为油气田的可采储量。即 $t\to\infty$ 时,$N_p\to N_{pmax} = N_R$,由此可知,油气田累计产量随时间变化的规律符合 Gompertz 模型。将式(1)中的 e^c 改为 N_R,y 改为 N_p,则有:

$$N_p = e^{(mn^t+\ln N_R)} = N_R e^{mn^t} \tag{2}$$

式中 N_p——油气田的累计产量;
N_R——可采储量。

油气田的瞬时产量 Q_t 的通式可表示为:

$$Q_t = \frac{dN_p}{dt} \tag{3}$$

将式(2)代入式(3),解得 Q_t 为:

$$Q_t = N_R m \ln(n) n^t e^{mn^t} \tag{4}$$

式(4)是不能用于年产量预测的,其预测值仅为年末的瞬时产量。年产量为一阶段产量,

[●] 本文合作者:古发刚、柏顺全。

其实是平均产量,在数值上等于一年中每一时刻的瞬时产量平均值。瞬时产量主要用于油气藏工程研究,而年产量主要用于油气田开发实际工作。在产量上升期(年末)瞬时产量高于年产量,产量下降期相反,只有绝对稳产时二者方相等[7]。第 t 年的年产量 $\overline{Q}_t$ 可由第 t 年累计产量 N_{p_t} 减去第 $(t-1)$ 年的累计产量得到 $N_{p_{t-1}}$:

$$\overline{Q}_t = N_{p_t} - N_{p_{t-1}} \tag{5}$$

将式(2)代入式(5),可得:

$$\overline{Q}_t = N_R(e^{mn^t} - e^{mn^{t-1}}) \tag{6}$$

对于式(4)和式(6),具有以下性质:

$$\frac{dQ_t}{dt} = (\ln n) Q_t (mn^t + 1) \tag{7}$$

$$\frac{d\overline{Q}_t}{dt} = N_R m(\ln n) n^t (e^{mn^t} - \frac{1}{n} e^{mn^{t-1}}) \tag{8}$$

$$\frac{d^2 Q_t}{dt^2} = (\ln n)^2 Q_t [mn^t + (mn^t + 1)^2] \tag{9}$$

$$\frac{d^2 \overline{Q}_t}{dt^2} = N_R m(\ln n)^2 [(mn^t + 1) n^t e^{mn^t} - (mn^{t-1} + 1)] n^{t-1} e^{mn^{t-1}} \tag{10}$$

式(7)中,当 $t < -\dfrac{\ln(-m)}{\ln n}$ 时,$\dfrac{dQ_t}{dt} > 0$;当 $t = -\dfrac{\ln(-m)}{\ln n}$ 时,$\dfrac{dQ_t}{dt} = 0$;当 $t > -\dfrac{\ln(-m)}{\ln n}$ 时,$\dfrac{dQ_t}{dt} < 0$。

式(8)中,当 $t < \dfrac{1}{\ln n}\ln\dfrac{n\ln n}{m(1-n)}$ 时,$\dfrac{d\overline{Q}_t}{dt} > 0$;当 $t = \dfrac{1}{\ln n}\ln\dfrac{n\ln n}{m(1-n)}$ 时,$\dfrac{d\overline{Q}_t}{dt} = 0$;当 $t > \dfrac{1}{\ln n}\ln\dfrac{n\ln n}{m(1-n)}$ 时,$\dfrac{d\overline{Q}_t}{dt} < 0$。

式(9)中,当 $t = \dfrac{1}{\ln n}\ln\dfrac{-3 \mp \sqrt{5}}{2m}$ 时,$\dfrac{d^2 Q_t}{dt^2} = 0$;当 $t > \dfrac{1}{\ln n}\ln\dfrac{-3+\sqrt{5}}{2m}$ 或 $t < \dfrac{1}{\ln n}\ln\dfrac{-3-\sqrt{5}}{2m}$ 时,$\dfrac{d^2 Q_t}{dt^2} > 0$;当 $t \in \left(\dfrac{1}{\ln n}\ln\dfrac{-3-\sqrt{5}}{2m}, \dfrac{1}{\ln n}\ln\dfrac{-3+\sqrt{5}}{2m}\right)$ 时,$\dfrac{d^2 Q_t}{dt^2} < 0$。

式(10)中,当 $\dfrac{d^2 \overline{Q}_t}{dt^2} = 0$ 时,t 无解析根,为此,可用 $\dfrac{d^2 Q_t}{dt^2} = 0$ 时的根加 0.5 逼近 $\dfrac{d^2 \overline{Q}_t}{dt^2} = 0$ 时的根。即当 $t = 0.5 + \dfrac{1}{\ln n}\ln\dfrac{-3 \mp \sqrt{5}}{2m}$ 时,$\dfrac{d^2 \overline{Q}_t}{dt^2} \approx 0$。

众说周知,函数的一阶导数描述函数变化的速率,即递增性或递减性;函数的二阶导数刻画函数变化的速率,即加速性或减速性。

由式(7)和式(9)的性质可知瞬时产量 Q_t 兴衰变化的 4 个阶段。

(1)一般上升阶段：

$$t = 0 \sim \frac{1}{\ln n}\ln\frac{-3-\sqrt{5}}{2m}$$

(2)加速上升阶段：

$$t = \frac{1}{\ln n}\ln\frac{-3-\sqrt{5}}{2m} \sim -\frac{\ln(-m)}{\ln n}$$

(3)快速下降阶段：

$$t = -\frac{\ln(-m)}{\ln n} \sim \frac{1}{\ln n}\ln\frac{-3+\sqrt{5}}{2m}$$

(4)缓慢下降阶段：

$$t = \frac{1}{\ln n}\ln\frac{-3+\sqrt{5}}{2m} \sim \infty（理论）$$

同理,由式(8)和式(10)的性质可知年产量 $\overline{Q}_t$ 兴衰变化的 4 个阶段,其时间界限如下。

(1)一般上升阶段：

$$t = 0 \sim 0.5 + \frac{1}{\ln n}\ln\frac{-3-\sqrt{5}}{2m}$$

(2)加速上升阶段：

$$t = 0.5 + \frac{1}{\ln n}\ln\frac{-3-\sqrt{5}}{2m} \sim \frac{1}{\ln n}\ln\frac{n\ln n}{m(1-n)}$$

(3)快速下降阶段：

$$t = \frac{1}{\ln n}\ln\frac{n\ln n}{m(1-n)} \sim 0.5 + \frac{1}{\ln n}\ln\frac{-3+\sqrt{5}}{2m}$$

(4)缓慢下降阶段：

$$t = 0.5 + \frac{1}{\ln n}\ln\frac{-3+\sqrt{5}}{2m} \sim \infty（理论）$$

由式(7)和式(8)的性质可知最高瞬时产量、最年产量发生的时间 t_m 和 $\overline{t}_m$ 分别为：

$$t_m = -\frac{\ln(-m)}{\ln n} \tag{11}$$

$$\overline{t}_m = \frac{1}{\ln n}\ln\frac{n\ln n}{m(1-n)} \tag{12}$$

将式(11)代入式(4)和式(2)、式(12)代入式(6)和式(2),可以得到油气田最高瞬时产量 Q_{tmax} 及其相应时刻的累计产量 N_{pm}、最高年产量 $\overline{Q}_{tmax}$ 及其相应时刻的累计产量 $\overline{N}_{pm}$ 为：

$$Q_{tmax} = N_R m(\ln n)n^{-\frac{\ln(-m)}{\ln n}}e^{mn^{-\frac{\ln(-m)}{\ln n}}} \tag{13}$$

$$N_{pm} = N_R e^{mn^{-\frac{\ln(-m)}{\ln n}}} \tag{14}$$

$$\overline{Q}_{t\max} = N_{\mathrm{R}}[\mathrm{e}^{mn^{\frac{1}{\ln n}\ln\frac{n\ln n}{m(1-n)}}} - \mathrm{e}^{mn^{\frac{1}{\ln n}\ln\frac{n\ln n}{m(1-n)}-1}}] \tag{15}$$

$$\overline{N}_{\mathrm{pm}} = N_{\mathrm{R}}\mathrm{e}^{mn^{\frac{1}{\ln n}\ln\frac{n\ln n}{m(1-n)}}} \tag{16}$$

可采储量 N_{R} 减去累计产量 N_{p},即为剩余可采储量 N_{RR}。由式(2)可知:

$$N_{\mathrm{RR}} = N_{\mathrm{R}} - N_{\mathrm{p}} = N_{\mathrm{R}}(1 - \mathrm{e}^{mn^t}) \tag{17}$$

由剩余可采储量比瞬时产量、年产量,可得到油气田瞬时储采比 ω、年储采比 $\overline{\omega}$:

$$\omega = \frac{N_{\mathrm{RR}}}{Q_t} = (1 - \mathrm{e}^{mn^t})/[m(\ln n)n^t\mathrm{e}^{mn^t}] \tag{18}$$

$$\overline{\omega} = \frac{N_{\mathrm{RR}}}{\overline{Q}_t} = (1 - \mathrm{e}^{mn^t})/(\mathrm{e}^{mn^t} - \mathrm{e}^{mn^{t-1}}) \tag{19}$$

由于储采比的倒数即为采油或采气速度,由下式可知剩余可采储量的瞬时采油气速度 v_t、年采油气速度 $\overline{v}_t$ 为:

$$v_t = \frac{1}{\omega} = \frac{Q_t}{N_{\mathrm{RR}}} = [m(\ln n)n^t\mathrm{e}^{mn^t}]/(1 - \mathrm{e}^{mn^t}) \tag{20}$$

$$\overline{v}_t = \frac{1}{\omega} = \frac{\overline{Q}_t}{N_{\mathrm{RR}}} = (\mathrm{e}^{mn^t} - \mathrm{e}^{mn^{t-1}})/(1 - \mathrm{e}^{mn^t}) \tag{21}$$

2 模型参数求解方法

应用本文模型的首要任务是模型参数求解,这也是应用效果好坏的难点和关键。因为模型含有3个参数,故难以用常规方法确定,特提出如下的参数求解方法。

分别写出 t 和 $t+1$ 时的累计产量 $N_{\mathrm{p}t}$ 和 $N_{\mathrm{p}t+1}$:

$$N_{\mathrm{p}t} = N_{\mathrm{R}}\mathrm{e}^{mn^t} \tag{22}$$

$$N_{\mathrm{p}t+1} = N_{\mathrm{R}}\mathrm{e}^{mn^{t+1}} \tag{23}$$

式(23)除以式(22),可得:

$$\frac{N_{\mathrm{p}t+1}}{N_{\mathrm{p}t}} = \mathrm{e}^{m(n-1)n^t} \tag{24}$$

式(24)先取以 e 为底的对数,再取常用对数:

$$\lg\ln\frac{N_{\mathrm{p}t+1}}{N_{\mathrm{p}t}} = \lg[m(n-1)] + (\lg n)t = A + Bt \tag{25}$$

$$n = 10^B \tag{26}$$

$$m = \frac{10^A}{10^B - 1} \tag{27}$$

可采储量 N_R 可由式(2)求和平均得到：

$$N_R = \frac{1}{N} \sum_{t=1}^{N} \frac{N_{P_t}}{e^{mn^t}} \qquad (28)$$

3 模型应用实例

3.1 实例1：俄罗斯巴夫雷油田

以俄罗斯巴夫雷油田为例[8]，说明模型的具体应用过程和检验应用效果。

该油田发现于1946年，地质储量为11000×10^4t，采收率为60%，水淹区采收率为60%~65%。表1列举了其在1948—1978年31年的开发数据及预测值。

由表1中的实际累计产量计算出$\ln(N_{P_{t+1}}/N_{P_t})$（表1），按式(25)在半对数纸上做出图1。经过线性回归分析，直线截距$A=0.02588$、斜率$B=-0.07082$、相关系数$R=-0.9968$。由式(26)、式(27)和式(28)分别求得$n=0.8495$，$m=-7.045$，$N_R=6578\times10^4$t。计算的该油田采收率$E_R=6578/11000=0.598$或59.8%，与60%的实际值完全一致。由式(11)、式(13)和(14)求得最高瞬时产量发生时间$t_m=11.977$a、最高瞬时产量$Q_{t\max}=394.585\times10^4$t/a、最高瞬时产量发生时的累计产量$N_{pm}=2419.175\times10^4$t。再由式(12)、式(15)和式(16)求得最高年产量发生时间、最高年产量及相应时刻的累计产量为：$\bar{t}_m=12.484$a，$\bar{Q}_{t\max}=394.148\times10^4$t/a，$\bar{N}_{pm}=2618.926\times10^4$t。

表1 俄罗斯巴夫雷油田实际生产数据和预测结果

年份	t (a)	$\bar{Q}_t(10^4\text{t/a})$ 实际值	预测值	Q_t (10^4t/a)	$N_p(10^4\text{t})$ 实际值	预测值	$\ln\frac{N_{P_{t+1}}}{N_{P_t}}$ (10^{-3})	N_{RR} (10^4t)	$\bar{\omega}$ (a)	$\bar{v}_t$ (%)	ω (a)	v_t (%)
1948	1	20	10.7	16.1	20	16.4	916.3	6559.6	610.5	0.16	408.6	0.24
1949	2	30	24.0	33.6	50	40.5	587.8	6535.5	272.8	0.37	194.5	0.51
1950	3	40	46.6	61.4	90	87.1	510.8	6488.9	139.2	0.72	106.7	0.95
1951	4	60	79.9	100.0	150	166.9	510.8	6409.1	80.3	1.25	64.1	1.56
1952	5	100	123.2	147.7	250	290.0	418.7	6285.8	51.0	1.96	42.6	2.35
1953	6	130	173.9	200.7	380	464.1	552.3	6111.9	35.1	2.85	30.5	3.28
1954	7	280	227.6	254.1	660	691.7	385.1	5884.3	25.9	3.87	32.2	4.32
1955	8	310	279.1	302.9	970	970.7	308.1	5605.3	20.1	4.98	18.5	5.40
1956	9	350	323.9	343.2	1320	1294.6	238.2	5281.4	16.3	6.13	15.4	6.50
1957	10	355	358.7	272.3	1675	1653.2	206.9	4922.6	13.7	7.29	13.2	7.56
1958	11	385	381.8	389.3	2060	2035.2	173.4	4540.8	11.9	8.41	11.7	8.57
1959	12	390	392.9	394.6	2450	2428.1	144.2	4147.9	10.6	9.47	10.5	9.51
1960	13	380	392.8	389.4	2830	2820.9	122.9	3755.1	9.6	10.46	9.6	10.37
1961	14	370	383.2	375.8	3200	3204.1	108.0	3371.9	8.8	11.36	9.0	11.14
1962	15	365	366.2	355.7	3565	3570.3	91.09	3005.7	8.2	12.18	8.5	11.83
1963	16	340	343.7	331.2	3905	3914.0	81.13	2662.0	7.7	12.91	8.0	12.44

续表

年份	t (a)	$\overline{Q}_t(10^4 t/a)$ 实际值	$\overline{Q}_t(10^4 t/a)$ 预测值	Q_t $(10^4 t/a)$	$N_p(10^4 t)$ 实际值	$N_p(10^4 t)$ 预测值	$\ln\dfrac{N_{p_{t+1}}}{N_{p_t}}$ (10^{-3})	N_{RR} $(10^4 t)$	$\overline{\omega}$ (a)	$\overline{v}_t$ (%)	ω (a)	v_t (%)
1964	17	330	317.9	304.2	4235	4231.9	68.44	2344.1	7.4	13.56	7.7	12.98
1965	18	300	290.2	276.2	4535	4522.2	57.83	2053.8	7.1	14.13	7.4	13.45
1966	19	270	262.2	248.2	4805	4784.3	52.70	1791.7	6.8	14.63	7.2	13.85
1967	20	260	234.6	221.2	5065	5018.9	46.30	1557.1	6.6	15.07	7.0	14.21
1968	21	240	208.3	195.7	5305	5227.2	38.82	1348.8	6.5	15.44	6.9	14.51
1969	22	210	183.7	172.1	5515	5411.0	26.84	1165.0	6.3	15.77	6.8	14.77
1970	23	150	161.1	150.6	5665	5572.1	20.96	1003.9	6.2	16.05	6.7	15.00
1971	24	120	140.7	131.1	5785	5712.8	18.84	863.2	6.1	16.30	6.6	15.19
1972	25	110	122.3	113.8	5895	5835.1	16.82	740.9	6.06	16.50	6.5	15.36
1973	26	100	105.6	98.4	5995	5941.0	14.90	635.0	5.99	16.68	6.45	15.50
1974	27	90	91.5	84.9	6085	6032.5	13.87	543.5	5.94	16.83	6.40	15.62
1975	28	85	78.8	73.0	6170	6111.3	11.28	464.7	5.89	16.96	6.36	15.72
1976	29	70	67.8	62.7	6240	6179.1	9.569	396.9	5.86	17.08	6.33	15.81
1977	30	60	58.2	53.8	6300	6237.3	7.095	338.7	5.82	17.17	6.30	15.88
1978	31	50	49.8	46.1	6350	6287.1		288.9	5.80	17.25	6.27	15.95

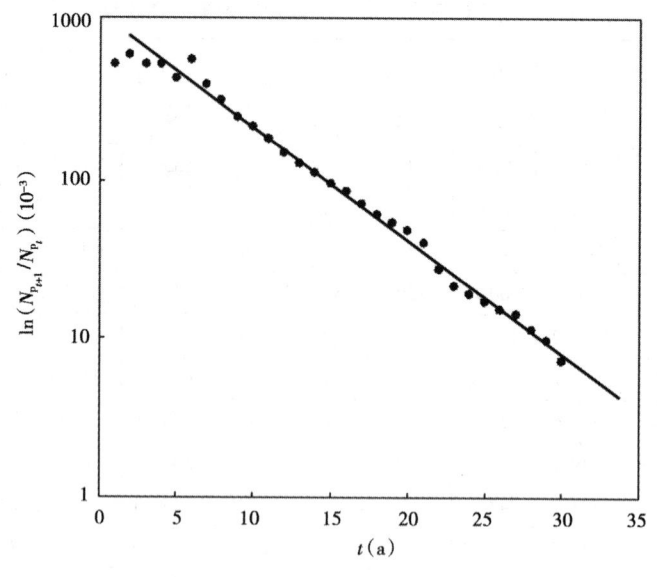

图 1 俄罗斯巴夫雷油田 $\lg\ln(N_{p_{t+1}}/N_{p_t})$—$t$ 关系曲线

瞬时产量 Q_t 的变化过程为：

(1) 慢速上升，$t=0\sim 6.077$a(1947—1953.1)；

(2) 加速上升，$t=6.077\sim 11.977$a(1953.1—1958.12)；

(3) 快速下降，$t=11.977\sim 17.878$a(1958.12—1964.11)；

(4)缓慢下降,$t=17.878\sim\infty$ a[1964.11$\sim\infty$(理论)]。

年产量的变化过程为:
(1)慢速上升,$t=0\sim6.577$a(1947—1953.7);
(2)加速上升,$t=6.577\sim12.484$a(1953.7—1959.6);
(3)快速下降,$t=12.484\sim18.378$a(1959.6—1965.5);
(4)缓慢下降,$t=18.378\sim\infty$ a[1965.5$\sim\infty$(理论)]。

将所求的N_R,m和n分别代入式(2)、式(4)、式(6)、式(17)、(18)、式(19)、式(20)和式(21),即可求得巴夫雷油田不同t条件下的累计产量、瞬时产量、年产量、剩余可采储量、剩余可采储量的瞬时储采比和年储采比、剩余可采储量的瞬时采油速度和年采油速度预测数据(表1)。图2给出了年产量和累计产量实际值与预测值,可见二者的吻合程度是令人满意的。

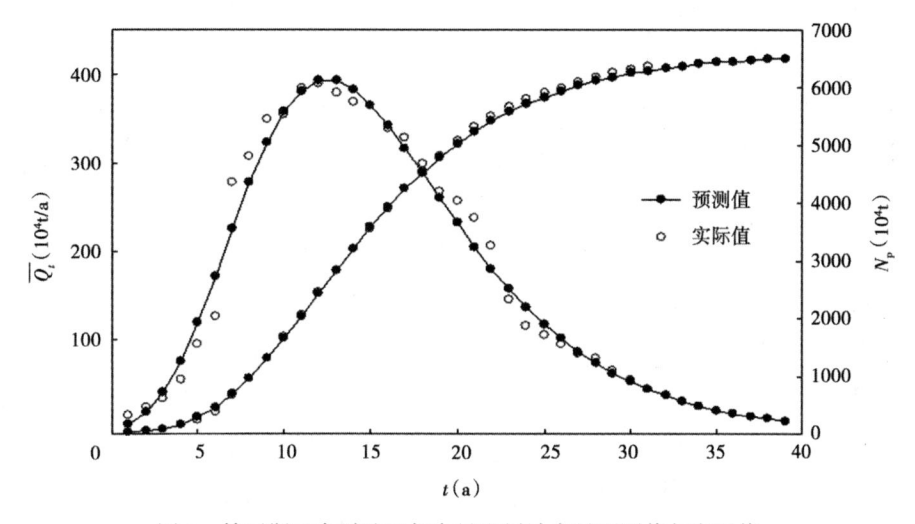

图2 俄罗斯巴夫雷油田年产量和累计产量预测值与实际值

3.2 实例2:江汉油区广华寺油田

表2列出了江汉油区广华寺油田的实际开发数据及有关资料。该油田地质储量510×10^4t,可采储量223×10^4t。至1994年底,油井开井数18口,年产油4.7559×10^4t,含水率82.49%,累计产油177.0969×10^4t,采出程度34.39%,已处于后期开发阶段。

表2 江汉油田广华寺油田实际生产数据和预测结果

年份	t(a)	$\overline{Q}_t(10^4$t/a) 实际值	预测值	$N_p(10^4$t) 实际值	预测值	$\ln\dfrac{N_{P_{t+1}}}{N_{P_t}}$	N_{RR} (10^4t)	$\overline{\omega}$ (a)	$\overline{v}_t$ (%)
1970	1	1.2918	0.8081	1.2918	1.5956	1323.4×10^{-3}	210.40	260.36	0.004
1971	2	3.5604	1.3617	4.8522	2.9573	280.5×10^{-3}	209.04	153.51	0.01
1972	3	1.5709	2.1132	6.4231	5.0705	371.8×10^{-3}	209.63	97.92	1.02
1973	4	2.8922	3.0514	9.3153	8.1219	277.5×10^{-3}	203.88	66.82	1.50
1974	5	2.9794	4.1367	12.2947	12.2586	288.3×10^{-3}	199.74	48.28	2.07
1975	6	4.1080	5.3070	16.4027	17.5656	285.1×10^{-3}	194.43	36.64	2.73

续表

年份	t(a)	$\bar{Q}_t(10^4$t/a) 实际值	预测值	$N_p(10^4$t) 实际值	预测值	$\ln\dfrac{N_{P_{t+1}}}{N_{P_t}}$	N_{RR} (10^4t)	$\bar{\omega}$ (a)	$\bar{v}_t$ (%)
1976	7	5.4116	6.4875	21.8143	24.0531	318.4×10⁻³	187.95	28.97	3.45
1977	8	8.1773	7.6025	29.9916	31.6556	283.2×10⁻³	180.34	23.72	4.22
1978	9	9.8201	8.5862	39.8117	40.2418	245.1×10⁻³	171.76	20.00	5.00
1979	10	11.0578	9.3889	50.8695	49.6308	195.4×10⁻³	162.37	17.29	5.78
1980	11	10.9797	9.9808	61.8492	56.6116	157.8×10⁻³	152.39	15.27	6.55
1981	12	10.5723	10.3513	72.4215	69.9629	131.7×10⁻³	142.04	13.72	7.29
1982	13	10.1922	10.5062	82.6137	80.4690	113.3×10⁻³	131.53	12.52	7.99
1983	14	9.9152	10.4641	92.5289	90.9331	102.1×10⁻³	121.07	11.57	8.64
1984	15	9.9507	10.2516	102.4796	101.1847	91.2×10⁻³	110.82	10.81	9.25
1985	16	9.7904	9.8997	112.2700	111.0844	78.5×10⁻³	100.92	10.19	9.81
1986	17	9.1657	9.4401	121.4357	120.5245	70.6×10⁻³	91.84	9.69	10.32
1987	18	8.8885	8.9032	130.3242	129.4277	60.9×10⁻³	82.57	9.27	10.78
1988	19	8.1822	8.3164	138.5064	137.7441	65.9×10⁻³	74.26	8.93	11.20
1989	20	9.4331	7.7032	147.9395	145.4472	45.1×10⁻³	65.55	8.64	11.58
1990	21	6.8249	7.0829	154.7644	152.5301	36.8×10⁻³	59.47	8.40	11.91
1991	22	5.7974	6.4708	160.5618	159.0009	37.7×10⁻³	53.00	8.19	12.21
1992	23	6.1655	5.8785	166.7273	164.8795	33.1×10⁻³	47.12	8.02	12.48
1993	24	5.6165	5.3143	172.3438	170.1938	27.2×10⁻³	41.81	7.87	12.71
1994	25	4.7531	4.7837	177.0969	174.9775		37.02	7.74	12.92
1995	26		4.2899		179.2675		32.73	7.63	13.11
1996	27		3.8346		183.1020		28.90	7.54	13.27
1997	28		3.4177		186.5198		25.48	7.46	13.41
1998	29		3.0386		189.5584		22.44	7.38	13.54
1999	30		2.6959		192.2540		19.75	7.33	13.65
2000	31		2.3869		194.6408		17.36	7.27	13.75

以表2中的累计产量计算出值 $\ln(N_{P_{t+1}}/N_{P_t})$（表2），按式(25)作出图3。经线性回归，得 $A=-0.15116$、$B=-0.05858$、$R=-0.9915$。由式(26)、式(27)和式(28)算出 $n=0.8738$，$m=-5.5595$，$N_R=212\times10^4$t。计算可采储量与标定值仅差了4.9%。由式(12)、式(15)和式(16)求得最高年产量发生时间、最高年产量及相应时刻的累计产量为：$\bar{t}_m=13.27$a，$\bar{Q}_{t\,max}=10.5132\times10^4$t/a，$\bar{N}_{pm}=83.3061\times10^4$t。

年产量变化的4个过程为：

(1) 慢速上升，$t=0\sim6.13$a(1969—1975.2)；

(2)加速上升,t=6.13~13.27a(1975.2—1982.3);
(3)快速下降,t=13.27~20.40a(1982.3—1989.5);
(4)缓慢下降,t=20.40~∞a[1989.5~∞(理论)]。

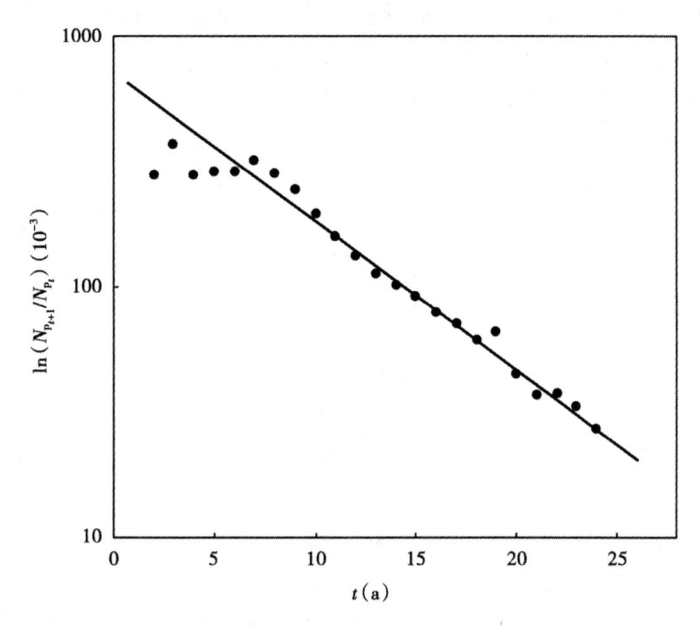

图3 江汉油区广华油田 $\lg\ln(N_{p_{t+1}}/N_{p_{(t)}})$—$t$ 关系曲线

将所求得的 N_R,m 和 n 分别代入式(2)、式(6)、式(17)、式(19)、式(21),可求得不同 t 值条件下的累计产量、年产量、剩余可采储量的年采储采比和采油速度预测数据(表2)。将年产量、累计产量预测值与实际值同绘于图4,可见预测值与实际值吻合程度还是比较好的。对于年产量比较离散(波动)的广华寺油田而言,能取得这样的预测结果,充分说明了本文模型的适应性是比较强的。

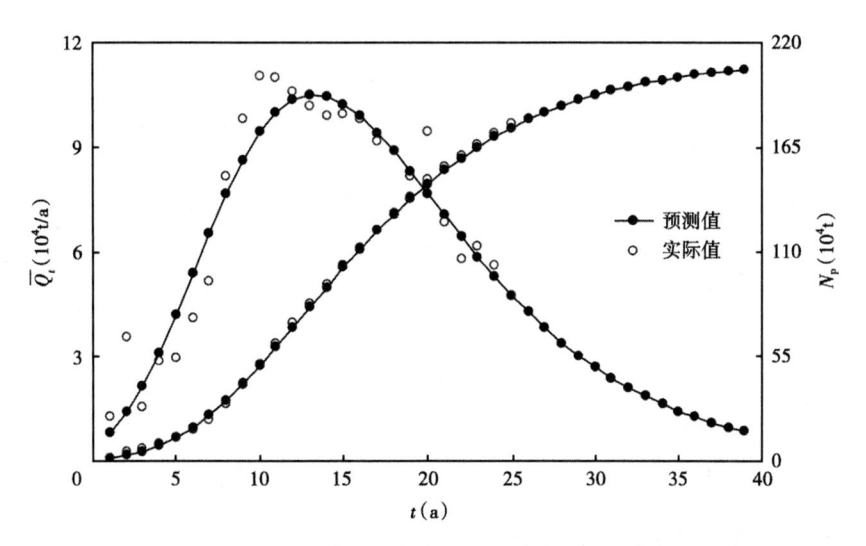

图4 江汉油区广华寺油田年产量和累计产量预测值与实际值

4 简要结论

油气田开发指标受油气田开发系统本身非线性机制及开发过程中调整、挖潜措施等人为因素的影响,呈非线性变化。传统的油气田开发指标预测模型,没有完全反映出整个开发过程中油气田开发指标的非线性变化,绝大多数仅局限于产量递减阶段。为此,笔者将贡帕兹模型引入油气田开发指标预测。

Gompertz 模型是一个随时间成长(增长)的模型,广泛应用于经济和资源增长预测。经过笔者推导和扩展后的贡帕兹模型,已成为一个可以预测油气田累计产量、瞬时产量、年产量和可采储量等多项开发指标的多功能非线性预测模型,适用于各种驱动类型的油气藏(田)。

实例表明,该模型及参数求解方法是有效的。

参 考 文 献

[1] 李业编. 预测学(增订本). 2 版[M]. 广州:华南理工大学出版社,1988.
[2] 天津市企业管理协会,天津大学系统工程研究所. 企业管理系统工程普及教材[M]. 天津:天津科学技术出版社,1987.
[3] 卡里勒,基勒特. FORTRAN 语言与计算机数学[M]. 蔡陛健. 译. 北京:石油工业出版社,1984.
[4] 童晓光,黎丙建,等. 老油区石油储量增长趋势预测及应用[J]. 石油勘探与开发,1991,18(6):25-31.
[5] 陈程,等. 累积产油量增长规律及相关参数预测[J]. 河南石油,1993,7(4):20-23.
[6] 胡建国,陈元千. 预测油气田产量的简单模型[J]. 中国海上油(地质),1995,9(1):54-59.
[7] 张虎俊. Копытов 衰减校正曲线的理论分析与探讨[J]. 西安石油学院学报,1995,10(4):24-28.
[8] 金毓荪. 国外砂岩油田开发[M]. 哈尔滨:黑龙江科学技术出版社,1984.

预测油气田开发指标的 Hubbert 模型

油气田可采储量、年产量等开发指标的预测是油气藏工程计算中的一项重要内容,也是油气藏工程师的任务和主要工作之一。油气田开发指标,是制订开发规划、编制开发调整方案的重要基础。因此,其预测的准确性和可靠性,会直接影响到规划、方案实施后的开发效果和经济效益。然而,油气田开发系统是一个开放的、非线性系统,描述系统状态的开发指标在整个开发过程中带有明显的非线性,这就要求油藏工程师所建立的预测模型必须从系统辨识理论出发,从时间流中考察油气田开发指标的非线性特征。为解决这一问题将 Hubbert 模型引入油气田开发系统,经过推导使其发展成为一个可以预测油气田累计产量、瞬时产量、年产量和可采储量等多项开发指标的多功能非线性预测模型。

1 预测模型的推导和建立

Hubbert(赫伯特)模型是一个随时间(t)增长的信息模型(y),其数学表达式为[1]:

$$y = m^{1+ne^{-bt}} \tag{1}$$

式中 y——随 t 增长的信息;
t——时间;
m, n, b——待估参数。

在式(1)中,当 $t \to \infty$ 时,$e^{-bt} \to 0$,$y \to m$(即 y 趋近于其极限值 m)。油气田的累计产量随开发时间始终是递增的,并且开发时间在理论上无穷大时,油气田的累计产量即为可采储量,即 $t \to \infty$ 时,$N_p \to N_R$。因此,油气田的累计产量满足 y 改为 N_p,则有:

$$N_p = N_R^{1+ne^{-bt}} = N_R N_R^{ne^{-bt}} \tag{2}$$

式中 N_p——油气田的累计产量;
N_R——可采储量。

由于油气田的瞬时产量 Q_t 可表示为:

$$Q_t = \frac{dN_p}{dt} \tag{3}$$

将式(2)代入式(3),解得瞬时产量为:

$$Q_t = (-nbN_R \ln N_R) e^{-bt} N_R^{ne^{-bt}} \tag{4}$$

瞬时产量主要用于油气藏工程研究,在实际工作中意义不大,并且难于采集。人们感兴趣和经常应用的年产量其实质是一年中的平均瞬时产量。应用式(4)预测第 t 年的产量,得到的其实是第 t 年末和第($t+1$)年初的瞬时值。因此,产量上升期年末瞬时产量高于年产量,产量下降期相反,只有在绝对稳产的条件下二者才相等[2,3]。第 t 年年产量 $\overline{Q}_t$ 可由第 t 年的累计产

量 N_{p_t} 减去第 $(t-1)$ 年的累计产量 $N_{p_{t-1}}$ 即：

$$\overline{Q}_t = N_{p_t} - N_{p_{t-1}} \tag{5}$$

将式(2)代入式(5)，可得年产量预测公式为：

$$\overline{Q}_t = N_R [N_R^{ne^{-bt}} - N_R^{ne^{-b(t-1)}}] \tag{6}$$

对式(4)和式(6)分别求一阶导数，可得：

$$\frac{dQ_t}{dt} = - Q_t [(nb\ln N_R) e^{-bt} + b] \tag{7}$$

$$\frac{d\overline{Q}_t}{dt} = - nbN_R\ln N_R [e^{-bt} N_R^{ne^{-bt}} - e^{-b(t-1)} N_R^{ne^{-b(t-1)}}] \tag{8}$$

当 $\frac{dQ_t}{dt}=0$、$\frac{d\overline{Q}_t}{dt}=0$ 时，可得油气田瞬时产量、年产量最大值发生的时间 t_m 和 $\bar{t}_m$ 分别为：

$$t_m = \frac{1}{b}\ln(-n\ln N_R) \tag{9}$$

$$\bar{t}_m = \frac{1}{b}\ln[(1-e^b)(n\ln N_R)/b] \tag{10}$$

将式(9)和式(10)分别代入式(4)和式(6)，可求得油气田最高瞬时产量 $Q_{t\max}$ 和最高年产量 $\overline{Q}_{t\max}$ 为：

$$Q_{t\max} = bN_R^{1-(1/\ln N_R)} \tag{11}$$

$$\overline{Q}_{t\max} = N_R \{ N_R^{b/[(1-e^b)\ln N_R]} - N_R^{be^b/[(1-e^b)\ln N_R]} \} \tag{12}$$

再将式(9)和式(10)代入式(2)，可得最高瞬时产量、最高年产量发生时刻的累计产量 N_{pm} 和 $\overline{N}_{pm}$：

$$N_{pm} = N_R^{1-1/\ln N_R} \tag{13}$$

$$\overline{N}_{pm} = N_R^{1+(b/\ln N_R)/(1-e^b)} \tag{14}$$

再对式(4)和式(6)求二阶导数，或者对式(7)和式(8)求一阶导数，可得：

$$\frac{d^2 Q_t}{dt^2} = b^2 Q_t \{ [(n\ln N_R)e^{-bt} + 1]^2 + (n\ln N_R)e^{-bt} \} \tag{15}$$

$$\frac{d^2 \overline{Q}_t}{dt^2} = nb^2 N_R \ln N_R \{ 2[(n\ln N_R)e^{-bt} + 1]e^{-bt} N_R^{ne^{-bt}} -$$
$$[(n\ln N_R)e^{-b(t-1)} + 1]e^{-b(t-1)} N_R^{ne^{-b(t-1)}} \} \tag{16}$$

在式(15)中，当 $t = -\frac{1}{b}\ln \frac{-3 \mp \sqrt{5}}{2n\ln N_R}$ 时，$\frac{d^2 Q_t}{dt^2}=0$；式(16)中，当 $\frac{d^2 \overline{Q}_t}{dt^2}=0$ 时，无解析根，为

此，可用 $\dfrac{d^2 Q_t}{dt^2} = 0$ 时的根加 0.5 逼近，即：$t = 0.5 - \dfrac{1}{b}\ln\dfrac{-3 \mp \sqrt{5}}{2n\ln N_R}$ 时，$\dfrac{d^2 \overline{Q}_t}{dt^2} \approx 0$。

众所周知，函数的一阶导数描述函数变化的速度，即递增性或递减性，函数的二阶导数刻画函数变化的速率，即加速性或减速性。由此可知，瞬时产量 Q_t 的变化过程为：

(1) 一般上升阶段。
$$t = 0 \sim -\dfrac{1}{b}\ln\dfrac{-3-\sqrt{5}}{2n\ln N_R}$$

(2) 加速上升阶段。
$$t = -\dfrac{1}{b}\ln\dfrac{-3-\sqrt{5}}{2n\ln N_R} \sim \dfrac{1}{b}\ln(-n\ln N_R)$$

(3) 快速下降阶段。
$$t = \dfrac{1}{b}\ln(-n\ln N_R) \sim -\dfrac{1}{b}\ln\dfrac{-3+\sqrt{5}}{2n\ln N_R}$$

(4) 缓慢下降阶段（理论）。
$$t = -\dfrac{1}{b}\ln\dfrac{-3+\sqrt{5}}{2n\ln N_R} \sim \infty\,(\text{理论})$$

同理，年产量变化的过程为：

(1) 一般上升阶段。
$$t = 0 \sim 0.5 - \dfrac{1}{b}\ln\dfrac{-3-\sqrt{5}}{2n\ln N_R}$$

(2) 加速上升阶段。
$$t = 0.5 - \dfrac{1}{b}\ln\dfrac{-3-\sqrt{5}}{2n\ln N_R} \sim \dfrac{1}{b}\ln[(1-e^b)(n\ln N_R)/b]$$

(3) 快速下降阶段。
$$t = \dfrac{1}{b}\ln[(1-e^b)(n\ln N_R)/b] \sim 0.5 - \dfrac{1}{b}\ln\dfrac{-3+\sqrt{5}}{2n\ln N_R}$$

(4) 缓慢下降阶段。
$$t = 0.5 - \dfrac{1}{b}\ln\dfrac{-3+\sqrt{5}}{2n\ln N_R} \sim \infty\,(\text{理论})$$

油气田的剩余可采储量 N_{RR} 可表示为：
$$N_{RR} = N_R - N_p \tag{17}$$

将式(2)代入式(17)，可得预测剩余可采储量为：
$$N_{RR} = N_R(1 - N_R^{ne^{-bt}}) \tag{18}$$

由剩余可采储量比瞬时产量、年产量，可得到瞬时储采比 ω、年储采比 $\overline{\omega}$ 为：

$$\omega = \frac{N_{RR}}{Q_t} = (1 - N_R^{ne^{-bt}}) / [(-nb\ln N_R)e^{-bt} N_R^{ne^{-bt}}] \tag{19}$$

$$\bar{\omega} = \frac{N_{RR}}{\bar{Q}_t} = (1 - N_R^{ne^{-bt}}) / [N_R^{ne^{-bt}} - N_R^{ne^{-b(t-1)}}] \tag{20}$$

由于储采比的倒数即为剩余可采储量的采油(或采气)速度,由式(19)和式(20)可知,剩余可采储量的瞬时采油(气)速度 v_t、年采油(气)速度 $\bar{v}_t$ 预测公式分别为:

$$v_t = [(-nb\ln N_R)e^{-bt} N_R^{ne^{-bt}}] / (1 - N_R^{ne^{-bt}}) \tag{21}$$

$$\bar{v}_t = [N_R^{ne^{-bt}} - N_R^{ne^{-b(t-1)}}] / (1 - N_R^{ne^{-bt}}) \tag{22}$$

至此,已将 Hubbert 模型推导发展成为一个油气田开发指标预测的多功能模型。

2 模型参数确定方法

模型参数的确定是模型应用的难点和关键。该模型含有 3 项参数,难以用常规方法确定,特提出累计产量线性法和联立方程求解法。

2.1 累计产量线性法(方法一)

分别写出 t 和 $t+1$ 时的累计产量 N_{P_t} 和 $N_{P_{t+1}}$ 得:

$$N_{P_t} = N_R N_R^{ne^{-bt}} \tag{23}$$

$$N_{P_{t+1}} = N_R N_R^{ne^{-b(t+1)}} \tag{24}$$

$$\ln N_{P_t} - \ln N_R = ne^{-bt} \ln N_R \tag{25}$$

$$\ln N_{P_{t+1}} - \ln N_R = ne^{-bt} e^{-b} \ln N_R \tag{26}$$

式(26)除以式(25),得:

$$\frac{\ln N_{P_{t+1}} - \ln N_R}{\ln N_{P_t} - \ln N_R} = e^{-b} \tag{27}$$

为便于作图,将式(27)中的自然对数转化为常用对数,并经整理可得:

$$\lg N_{P_{t+1}} = (1 - e^{-b}) \lg N_R + e^{-b} \lg N_{P_t} = A + B \lg N_{P_t} \tag{28}$$

式中,$A = (1-e^{-b})\lg N_R$,$B = e^{-b}$。

$$b = -\ln B \tag{29}$$

$$N_R = 10^{A/(1-B)} \tag{30}$$

b 和 N_R 已知后,由式(2)求和平均得 n:

$$n = \frac{1}{N} \sum_{i=1}^{N} \left(\frac{\ln N_{P_i}}{\ln N_R} - 1 \right) e^{bt_i} \tag{31}$$

2.2 联立方程求解法(方法二)

$$\ln N_p = \ln N_R + (n\ln N_R)\mathrm{e}^{-bt} \tag{32}$$

将油气田历年生产数据即采集的资料点(t, N_p)分为3组,设每组N个资料点(t, N_p)。将每组资料点数据代入式(32)求和,则有:

$$S_1 = N\ln N_R + (n\ln N_R)\mathrm{e}^{-b}[1 + \mathrm{e}^{-b} + \mathrm{e}^{-2b} + \cdots + \mathrm{e}^{-(N-1)b}] \tag{33}$$

$$S_2 = N\ln N_R + (n\ln N_R)\mathrm{e}^{-b(N+1)}[1 + \mathrm{e}^{-b} + \mathrm{e}^{-2b} + \cdots + \mathrm{e}^{-(N-1)b}] \tag{34}$$

$$S_3 = N\ln N_R + (n\ln N_R)\mathrm{e}^{-b(2N+1)}[1 + \mathrm{e}^{-b} + \mathrm{e}^{-2b} + \cdots + \mathrm{e}^{-(N-1)b}] \tag{35}$$

式中,$S_1 = \sum_{t=1}^{N} \ln N_{p_t}$, $S_2 = \sum_{t=N+1}^{2N} \ln N_{p_t}$, $S_3 = \sum_{t=2N+1}^{3N} \ln N_{p_t}$。

由[式(35) - 式(34)] / [式(34) - 式(33)],可得:

$$b = -\frac{1}{N}\ln\frac{S_3 - S_2}{S_2 - S_1} \tag{36}$$

在式(33)、式(34)和式(35)中由 $\dfrac{S_3 - N\ln N_R}{S_2 - N\ln N_R} = \dfrac{S_2 - N\ln N_R}{S_1 - N\ln N_R}$ 关系,可得:

$$N_R = \mathrm{e}^{\left[\frac{S_2^2 - S_1 S_3}{N(2S_2 - S_1 - S_3)}\right]} \tag{37}$$

在求得b和N_R之后,n可由式(38)求得:

$$n = \frac{S_1 + S_2 + S_3 - 3N\ln N_R}{(\mathrm{e}^{-b}\ln N_R)(1 + \mathrm{e}^{-bN} + \mathrm{e}^{-b2N})[1 + \mathrm{e}^{-b} + \mathrm{e}^{-2b} + \cdots \mathrm{e}^{-(N-1)b}]} \tag{38}$$

3 实例

以河南油区下二门油田Ⅰ层系为例[4],说明本文的具体应用及效果。下二门油田Ⅰ层系自1978年9月投产以来,先后经历4次大的调整,至1992年底累计产油量为118.2453×10⁴t,采出程度为27.2%,综合含水率87%,处于高含水产量递减阶段。其开发数据见表1。

表1 下二门油田Ⅰ层系实际产量及方法一预测数据

年份	t (a)	$\bar{Q}_t(10^4 \text{t/a})$ 实际值	$\bar{Q}_t(10^4 \text{t/a})$ 预测值	Q_t (10^4t/a)	$N_p(10^4\text{t})$ 实际值	$N_p(10^4\text{t})$ 预测值	N_{RR} (10^4t)	ω (a)	$\bar{\omega}$ (a)	v_t (%)	$\bar{v}_t$ (%)
1978	1	4.0898	2.8349	3.2624	4.0898	8.3122	207.5	63.6	73.19	1.57	1.37
1979	2	7.9046	3.7188	4.1859	11.9944	12.0310	203.8	48.68	54.79	2.05	1.82
1980	3	5.3789	4.6666	5.1499	17.3733	16.6975	119.1	38.66	42.67	2.59	2.34
1981	4	4.8895	5.6300	6.1044	22.2628	22.3276	193.5	31.69	34.36	3.16	2.91

续表

年份	t (a)	$\overline{Q}_t(10^4\text{t/a})$ 实际值	$\overline{Q}_t(10^4\text{t/a})$ 预测值	Q_t (10^4t/a)	$N_p(10^4\text{t})$ 实际值	$N_p(10^4\text{t})$ 预测值	N_{RR} (10^4t)	ω (a)	$\overline{\omega}$ (a)	v_t (%)	$\overline{v}_t$ (%)
1982	5	6.5588	6.5595	7.0011	28.8216	28.8870	186.9	26.70	28.50	3.75	3.51
1983	6	6.9077	7.4094	7.7980	35.7293	36.2964	179.5	23.02	24.27	4.34	4.13
1984	7	7.1718	8.1427	8.4634	42.9011	44.4391	171.4	20.25	21.04	4.94	4.75
1985	8	7.1035	8.7333	8.9769	50.0046	53.1725	162.6	18.12	18.62	5.52	5.37
1986	9	10.7854	9.1667	9.3295	60.7900	62.3391	153.5	16.45	16.74	6.08	5.97
1987	10	11.7400	9.4390	9.5225	72.5300	71.7781	144.0	15.12	15.26	6.61	6.55
1988	11	10.7289	9.5557	9.5650	83.2589	81.3339	134.5	14.06	14.07	7.11	7.11
1989	12	8.9335	9.5293	9.4724	92.1924	90.8631	124.9	13.19	13.11	7.58	7.63
1990	13	9.6323	9.3768	9.2635	101.8247	100.2399	115.6	12.47	12.32	8.02	8.11
1991	14	8.2754	9.1182	8.9587	110.1001	109.3581	106.4	11.88	11.67	8.42	8.57
1992	15	8.1453	8.5786	8.5786	118.2453	118.1312	97.7	11.38	11.13	8.78	8.98

3.1 方法一应用分析

将表中实际累计产量按式(28)绘于图1,从图中可见,这种线性关系(除第一点在直线外)还是相当好的。经线性回归分析,直线截距 $A=0.26501$、斜率 $B=0.88646$、相关系数 $R=$

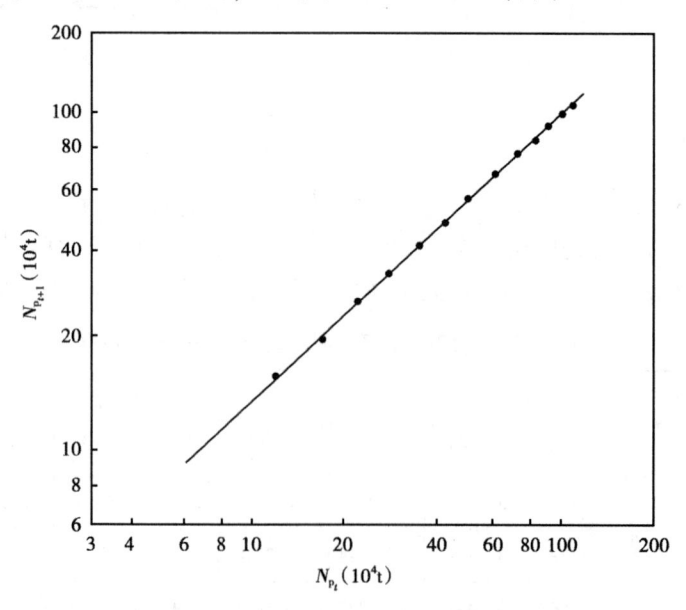

图1 下二门油田1层系 $\lg N_{P_{t+1}}$—$\lg N_{P_t}$ 关系图

0.99926。再由式(29)、式(30)和式(31)求得 $b=0.12052$，$N_R=215.8\times10^4$t，$n=-0.68357$。至此，已完成累计产量线性法(方法一)确定模型参数的全过程。已知该油田的水驱可采储量为 216.17×10^4t，与本文求得的 215.8×10^4t 极为吻合。由式(9)、式(11)、式(13)求得最高瞬时产量及其发生时间与相应时刻的累计产量为：$t_m=10.80$a，$Q_{tmax}=9.57\times10^4$t/a，$N_{pm}=79.39\times10^4$t。从式(10)、式(12)式(14)可知最高年产量及其发生时间与相应时刻的累计产量为：$\bar{t}_m=11.30$a，$\bar{Q}_{tmax}=9.56\times10^4$t/a，$\bar{N}_{pm}=84.22\times10^4$t。利用方法一所确定的瞬时产量 Q_t 变化的4个阶段为：

(1) 一般上升，$t=0\sim2.81$a(1977—1979.9.22)；
(2) 加速上升，$t=2.81\sim10.80$a(1979.9.22—1987.9.18)；
(3) 快速下降，$t=10.80\sim18.78$a(1987.9.18—1995.9.11)；
(4) 缓慢下降，$t=18.78\sim\infty$a[1995.9.11~∞(理论)]。

年产量 $\bar{Q}_t$ 变化的4个阶段为：

(1) 一般上升，$t=0\sim3.31$a(1977—1980.3.22)；
(2) 加速上升，$t=3.31\sim11.3$a(1980.3.22~1988.3.27)；
(3) 快速下降，$t=11.3\sim19.28$a(1988.3.27—1996.3.11)；
(4) 缓慢下降，$t=19.28$a~∞a[1996.3.11~∞(理论)]。

将 b，N_R 和 n 值分别代入式(2)、式(4)、式(6)、式(18)至式(22)即可预测不同 t 值条件下的累计产量 N_p、瞬时产量 Q_t、年产量 $\bar{Q}_t$、剩余可采储量 N_{RR}、剩余可采储量的瞬时储采比 ω 和年储采比 $\bar{\omega}$ 及瞬时采油速度 v_t 与年采油速度 $\bar{v}_t$ 之值(表1)。图2和图3绘制了年产量实际值("○")与预测值("—")及累计产量实际值("○")与预测值("—")关系。从图3和表1可见，累计产量实际与预测值吻合程度很高，除第1点外平均相对误差仅为1.849%，均方差只有1.328，精度令人满意。从图2和表1看出，该油层的实际年产量是一些相当离散的数据，如果用普通的预测模型是很难建模和预测的。本文预测值基本反映了该油层年产量的变

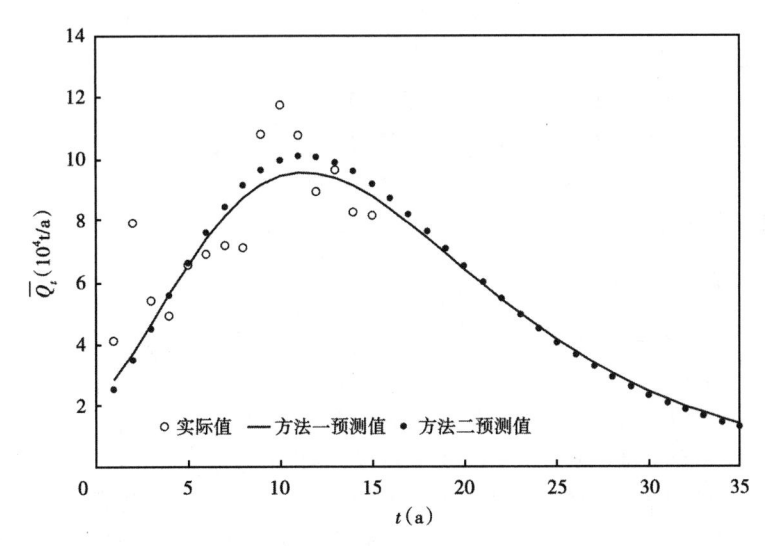

图2 下二门油田Ⅰ层系年产量实际与预测值曲线

化趋势,除第1和第2点的平均相对误差为11.91%,均方差为1.10。对于这样离散的历史数据,这一精度是常规预测模型无法比拟的。

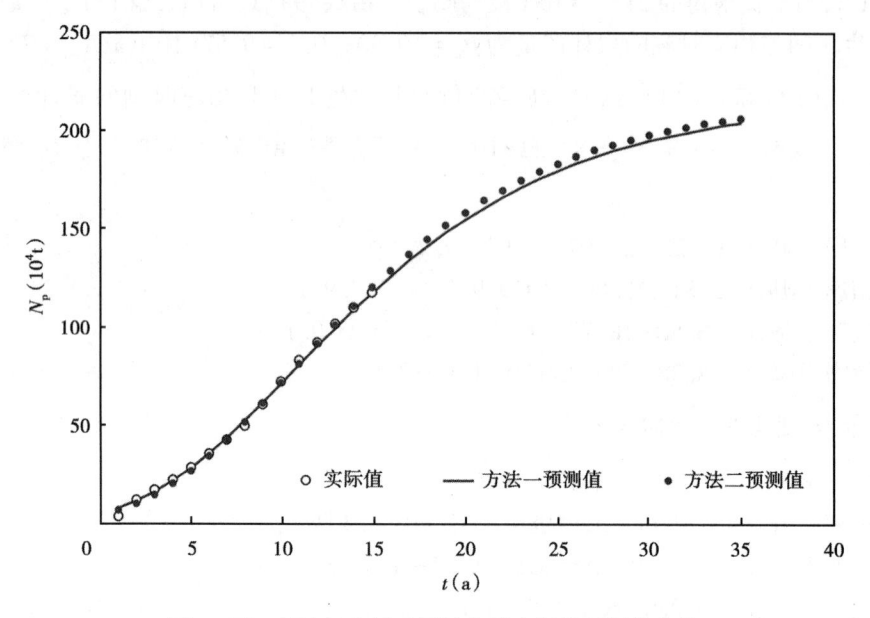

图3 下二门油田 I 层系累计产量实际与预测值曲线

3.2 方法二应用分析

该例具有15个资料点(t, N_p),将其按时间顺序分为3组,即$N=5$。求得:$S_1=13.2119$,$S_2=19.6384$,$S_3=23.0432$。由式(36)、式(37)、式(38)算得$b=0.12705$,$N_R=216.1\times10^4$t,$n=-0.73246$。方法一较方法二所求的可采储量误差极小。由式(9)、式(11)和式(13)可得:$t_m=10.79$a、$Q_{tmax}=10.10\times10^4$t/a,$N_{pm}=79.50\times10^4$t。由式(10)、式(12)和式(14)算得:$\bar{t}_m=11.29$a,$\bar{Q}_{tmax}=10.09\times10^4$t/a,$\bar{N}_{pm}=84.60\times10^4$t。

Q_t的4个变化阶段为:

(1)一般上升,$t=0\sim3.21$a(1977—1980.2.16);
(2)加速上升,$t=3.21\sim10.79$a(1980.2.16—1987.9.14);
(3)快速下降,$t=10.79\sim18.36$a(1987.9.14—1995.4.10);
(4)缓慢下降,$t=18.36\sim\infty$a[1995.4.10~∞(理论)]。

年产量$\bar{Q}_t$变化的4个阶段为:

(1)一般上升,$t=0\sim3.71$a(1977—1980.8.16);
(2)加速上升,$t=3.71\sim11.29$a(1980.8.16—1988.3.14);
(3)快速下降,$t=11.29\sim18.86$a(1988.3.14—1995.10.10);
(4)缓慢下降,$t=18.86\sim\infty$a[1995.10.10~∞(理论)]。

各项指标预测值见表2。图2和图3中"●"表示者为方法二预测值。除第1点外累计产量预测值平均相对误差4.97%、均方差1.559。除第1和第2点的年产量预测值平均相对误差为13.07%、均方差为1.12。

表2 下二门油田Ⅰ层系实际产量及方法二预测数据

年份	t (a)	$\overline{Q}_t(10^4 t/a)$ 实际值	$\overline{Q}_t(10^4 t/a)$ 预测值	Q_t (10^4t/a)	$N_p(10^4 t)$ 实际值	$N_p(10^4 t)$ 预测值	N_{RR} (10^4t)	ω (a)	$\overline{\omega}$ (a)	v_t (%)	$\overline{v}_t$ (%)
1978	1	4.0898	2.5265	2.9693	4.0898	6.7397	209.4	70.51	82.87	1.42	1.21
1979	2	7.9046	3.4538	3.9552	11.9944	10.1935	205.9	52.06	59.06	1.92	1.68
1980	3	5.3789	4.4812	5.0146	17.3733	14.6746	201.4	40.17	40.17	2.49	2.22
1981	4	4.8895	5.5524	6.0872	22.2628	20.2270	195.9	32.18	32.18	3.11	2.83
1982	5	6.5588	6.6060	7.1118	28.8216	26.8330	189.3	26.61	26.61	3.76	3.49
1983	6	6.9077	7.5832	8.0334	35.7293	34.4162	181.7	22.62	22.62	4.42	4.17
1984	7	7.1718	8.4347	8.8088	42.9011	42.8509	173.2	19.67	19.67	5.08	4.87
1985	8	17.1035	9.1246	9.4098	50.0046	51.9755	164.1	17.44	17.44	5.73	5.56
1986	9	10.7854	9.6321	9.8229	60.7900	61.6076	154.5	15.73	15.73	6.36	6.23
1987	10	11.7400	9.9508	10.0482	72.5300	71.5585	144.5	14.38	14.38	6.95	6.88
1988	11	0.7289	10.0865	10.0967	83.2589	81.6450	134.5	13.32	13.32	7.51	7.50
1989	12	8.9335	10.0541	9.9870	92.1924	91.6991	124.4	12.46	12.46	8.03	8.08
1990	13	9.6323	9.8750	9.7427	101.8247	101.5741	114.5	11.76	11.76	8.51	8.62
1991	14	8.2754	9.5739	9.3890	110.1001	111.1479	105.0	11.18	11.18	8.95	9.12
1992	15	8.1453	9.1762	8.9514	118.2453	120.3241	95.8	10.70	10.70	9.35	9.58

4 结论

(1)基于油气田产量的非线性变化,将Hubbert模型引入油气田开发,经推导使其扩展为一个可以预测油气田累计产量、瞬时产量、年产量等多项开发指标的多功能预测模型。同时还导出了参数确定的两种方法。

(2)由实例分析(表1和表2)可知,在产量上升期,预测的年末瞬时产量高于年产量实际值和预测值,年储采比高于年末瞬时储采比,年采油速度低于年末瞬时采油速度;产量下降期,情况相反。

(3)实例表明,参数求解方法一较方法二更佳。

参 考 文 献

[1]胡建国,陈元千.预测油气田产量的简单模型[J].中国海上油气(地质),1995,9(1):53-59.
[2]张虎俊.一种新型的衰减曲线及其应用[J].天然气工业,1995,15(5):32-35.
[3]张虎俊.Копытов衰减校正曲线的理论分析与探讨[J].西安石油学院学报,1995,10(4):24-28.
[4]陈程,舒广.累积产量增长规律及相关参数预测[J].河南石油,1993,7(4):20-23.

预测可采储量最简单方法及其在低渗透油田应用

在油气田开发过程中,可采储量是编制油(气)田开发方案,进行调整治理和效果评价,以及动态预测、分析的重要依据。由于可采储量关系到开发政策的制订、资金的投入及开发效果与经济效益的好坏,因此,合理准确地预测可采储量,是贯穿油(气)田开发过程的一项重要内容。据此,本文基于Logistic(逻辑斯蒂)旋回的研究,推导提出了一种利用累计产量的倒数关系预测可采储量的新模型。

1 模型原理

已故中国科学院院士翁文波教授在《预测论基础》[1]中,把事物从兴起、成长、成熟直到衰亡的过程,称为生命旋回或兴衰周期。并引入Logistic旋回模型:

$$X = \frac{A}{1 + ae^{bt}} \tag{1}$$

式中 X——发展中的某一事物;
A——整个生命过程中的极限值
a,b——待定系数或称拟合参数;
t——时间,a。

当 $b>0$ 时,式(1)表示事物 X 趋近于零的过程,即 $\lim_{t\to\infty} X \to 0$;当 $b<0$ 时,$\lim_{t\to\infty} X \to A$,即事物近于极限值 A 的过程。

$b<0$ 的Logistic旋回又称为皮尔(Pearl)模型。它描述了事物从兴起、成长到成熟,直至衰亡过程的一般规律。油(气)田投入开发后,在一定的井网、开发方式和开发工艺条件下,随着开发时间的延伸,累计产量越来越高,并逐渐趋近其极限值——可采储量。因此,这一过程符合 $b<0$ 的Logistic旋回模型,本文将其表示为:

$$N_{P_t} = \frac{N_R}{1 + ae^{bt}} \tag{2}$$

式中 N_{P_t},N_R——时间为 t 年的累计产油量和可采储量,10^4t。

当为气田时,将 N_{P_t} 和 N_R 改为 G_{P_t} 和 G_R(单位:$10^8 m^3$)。

将式(2)写成倒数形式:

$$\frac{1}{N_{P_t}} = \frac{1}{N_R} + \frac{a}{N_R}e^{bt} \tag{3}$$

$$\frac{1}{N_{P_t}} - \frac{1}{N_R} = \frac{a}{N_R}e^{bt} \tag{4}$$

同理,当时间为 $t+h$ 时,由式(4)可得:

$$\frac{1}{N_{P_{t+h}}} - \frac{1}{N_R} = \frac{a}{N_R}e^{b(t+h)} \tag{5}$$

由式(5)除以式(4)得到:

$$\frac{1/N_{P_{t+h}} - 1/N_R}{1/N_{P_t} - 1/N_R} = e^{bh} \tag{6}$$

式(6)经化简,整理即有:

$$\frac{1}{N_{P_{t+h}}} = \frac{1-e^{bh}}{N_R} + e^{bh}\frac{1}{N_{P_t}} \tag{7}$$

式中 h——时间步长,a。

式(7)揭示了油(气)田 $t+h$ 时间的累计产油(气)量倒数与 t 时间的累计产油(气)量倒数之间呈线性规律关系。

令:

$$m = \frac{1-e^{bh}}{N_R} \tag{8}$$

$$n = e^{bh} \tag{9}$$

则式(7)可以改写为:

$$\frac{1}{N_{P_{t+h}}} = m + n\frac{1}{N_{P_t}} \tag{10}$$

由式(8)和式(9)可以解出可采储量 N_R:

$$N_R = \frac{1-n}{m} \tag{11}$$

当时间步长 $h=1$ 年时,可得到油气藏第 $t+1$ 年的累计产油(气)量倒数与第 t 年的累计产油(气)量倒数之间的线性关系:

$$\frac{1}{N_{P_{t+1}}} = m + n\frac{1}{N_{P_t}} \tag{12}$$

式(10)与式(11)即为本文推导的预测油(气)田可采储量的新模型,在建模时只需要累计产量一项参数即可,并且只需进行一次简单的线性回归即可确定可采储量,具有简单、方便、快速的特点。

2 实例分析

玉门油区老君庙油田的 M 油藏和石油沟油田于 1941 年和 1955 年投入开发,分别具有 55 年与 41 年的开发历史,均处于开发后期阶段。两油田(藏)均为低渗透砂岩油藏,渗透率分别为 24mD 和 37mD。由于开发历史悠久、资料丰富,可作为油田开发的典型实例。长期以来,由于采用控水稳油技术开发,传统用水驱曲线预测可采储量的方法,已不再适用于 M 油藏和石油沟油田。据此,尝试用本文提出的新方法,对两油田进行可采储量预测。表 1 为两油田从

1959 年至 1994 年的实际累计产油量数据与有关资料。

将表 1 中的数据按式(12)作出老君庙 M 油藏和石油沟油田的 $\dfrac{1}{N_{\mathrm{P}_{t+1}}} - \dfrac{1}{N_{\mathrm{P}_t}}$ 关系曲线(图 1 和图 2)。由图中看出,线性关系是令人满意的,从而证明了本文模型所揭示的规律是存在的。经过回归,得到直线截距 m、斜率 n 及相关系数 R,由式(11)即可求得可采储量 N_{R}。预测结果见表 2。

表 1 老君庙油田 M 油藏与石油沟油田的实际累计产油量及有关数据

年份	t (a)	老君庙油田 M 油藏 N_{P_t} (10^4t)	$\dfrac{1}{N_{\mathrm{P}_t}}$ (10^{-7}t^{-1})	$\dfrac{1}{N_{\mathrm{P}_{t+1}}}$ (10^{-7}t^{-1})	石油沟油田 N_{P_t} (10^4t)	$\dfrac{1}{N_{\mathrm{P}_t}}$ (10^{-7}t^{-1})	$\dfrac{1}{N_{\mathrm{P}_{t+1}}}$ (10^{-7}t^{-1})
1959	1	79.78	12.534	10.277	17.3937	57.492	44.774
1960	2	97.30	10.277	8.961	22.3345	44.774	40.129
1961	3	111.59	8.961	7.969	24.9198	40.129	36.459
1962	4	125.49	7.969	7.217	27.4205	36.459	33.609
1963	5	138.56	7.217	6.655	29.7537	33.609	30.710
1964	6	150.27	6.655	6.422	32.0563	30.710	29.012
1965	7	155.72	6.422	6.288	34.4682	29.012	26.623
1966	8	159.03	6.288	6.176	37.5609	26.623	24.144
1967	9	161.92	6.176	5.936	41.4175	24.144	22.062
1968	10	168.46	5.936	5.435	45.3278	22.062	20.036
1969	11	183.98	5.435	4.897	49.9100	20.036	18.222
1970	12	204.19	4.897	4.425	54.8800	18.222	16.614
1971	13	225.98	4.425	4.032	60.1900	16.614	15.321
1972	14	248.04	4.032	3.691	65.2700	15.321	14.247
1973	15	270.92	3.691	3.402	70.1900	14.247	13.346
1974	16	293.97	3.402	3.147	74.9300	13.346	12.517
1975	17	317.81	3.147	2.932	79.8897	12.517	11.751
1976	18	341.04	2.932	2.748	85.1026	11.751	11.060
1977	19	363.96	2.748	2.601	90.4138	11.060	10.455
1978	20	384.53	2.601	2.477	95.6452	10.455	9.923
1979	21	403.78	2.477	2.364	100.7808	9.923	9.452
1980	22	422.99	2.364	2.264	105.7936	9.452	9.052
1981	23	441.65	2.264	2.176	110.4642	9.052	8.704
1982	24	459.63	2.176	2.086	114.8962	8.704	8.361
1983	25	479.30	2.086	2.007	119.5989	8.361	8.041
1984	26	498.32	2.007	1.934	124.3576	8.041	7.749
1985	27	517.15	1.934	1.867	129.0438	7.749	7.476
1986	28	535.55	1.867	1.801	133.7622	7.476	7.217
1987	29	555.16	1.801	1.739	138.5600	7.217	6.978
1988	30	574.92	1.739	1.683	143.3074	6.978	6.758
1989	31	594.31	1.683	1.631	147.9709	6.758	6.558
1990	32	613.06	1.631	1.584	152.4948	6.558	6.381

续表

年份	t (a)	老君庙油田 M 油藏			石油沟油田		
		N_{P_t} (10^4t)	$\frac{1}{N_{P_t}}$ (10^{-7}t^{-1})	$\frac{1}{N_{P_{t+1}}}$ (10^{-7}t^{-1})	N_{P_t} (10^4t)	$\frac{1}{N_{P_t}}$ (10^{-7}t^{-1})	$\frac{1}{N_{P_{t+1}}}$ (10^{-7}t^{-1})
1991	33	613.23	1.584	1.541	156.7175	6.381	6.225
1992	34	648.89	1.541	1.502	160.6375	6.225	6.083
1993	35	665.79	1.502	1.466	164.3907	6.083	5.949
1994	36	681.92	1.466		168.0865	5.949	

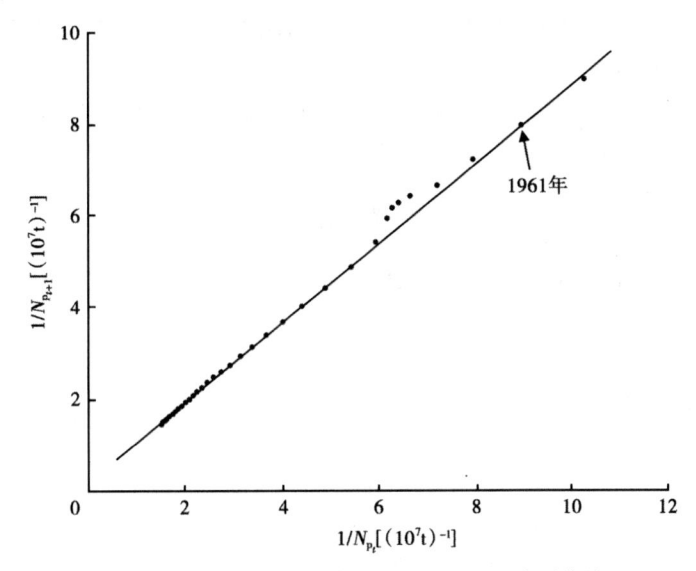

图 1 老君庙油田 M 油藏 $1/N_{P_{t+1}}$—$1/N_{P_t}$ 关系曲线

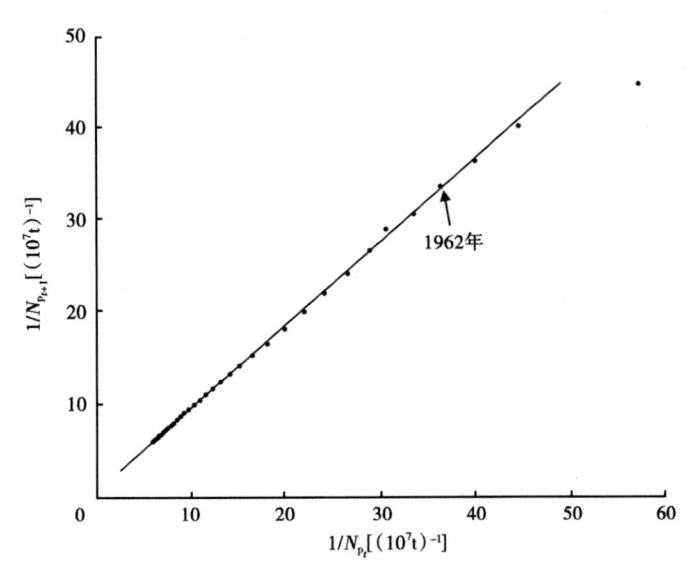

图 2 石油沟油田 $1/N_{P_{t+1}}$—$1/N_{P_t}$ 关系曲线

表2 老君庙油田M油藏与石油沟油田的回归参数及预测可采储量

油田(藏)	回归点数	m	n	R	$N_R(10^4t)$ 预测	$N_R(10^4t)$ 标定	相对误差(%)
老君庙油田M油藏	34	9.635361×10^{-5}	0.912208	0.9979	911.1	916	0.53
石油沟油田	33	43.21325×10^{-5}	0.903852	0.9997	222.5	223	0.22

3 结论

基于对Logistic旋回的研究,推导提出了一种利用累计产量的倒数关系预测可采储量的新模型。该方法建模时只需要累计产量一项参数,也适用于各种类型的油(气)藏及单井。并且有简单、方便、快速的特点。

经对老君庙油田M油藏及石油沟油田两个低渗透油藏(田)的应用,模型所揭示的线性关系很好,说明本方法具有较好的适用性。

参 考 文 献

[1]翁文波.预测论基础[M].北京:石油工业出版社,1984.

第七章　新型生命周期模型建立及求解

油气田开发系统是一个随时间变化的非线性系统,系统特征指标——油气产量在整个开发过程中呈非线性变化,Weng 旋回正是描述产量非线性变化的典型模型之一。《预测油气田产量的一种兴衰周期模型》一文借鉴 Weng 旋回原理,首次提出了油气田产量 Q_t 正比于某一常数 a,随着时间 t 的函数 b^t 上升(兴起),同时又随着 t 的另一种函数 $t^{1/c}$ 下降(衰落)这一刻画油气田产量非线性变化的兴衰周期模型,即 $Q_t = ab^t t^{1/c}$,并提出了联立方程组参数求解法。本文模型从系统辨识理论和控制论的观点出发,从时间流中考察油气田产量的非线性特征,属于有(时间)序的结构体系,从功能而言是一种功能模拟模型,或称唯象信息模型,预测过程中不考虑科学技术的发展对模型预测结果的影响。

《油气田产量预测的信息模型》基于油气田开发系统是开放的非线性系统,油气开发在时间上具有单向性和不可逆转性,描述油气田动态系统的状态变量——油气产量受动态系统本身非线性机制及开发过程中新储量的投入、各种增产措施等人为因素的制约和影响,随时间流呈上升和下降两个非线性变化过程的思想原理,构建和提出了一种仿真产量非线性变化的数学模型 $Q_t = at^{b+t/c}$,即产量 Q_t 是一个由常数 a、兴起函数 t^b 和衰落函数 $t^{t/c}$ 构成的复合函数。模型中,$a>0$、$b>0$、$c<0$,分别称之为尺度参数、兴起参数和衰减参数,兴起函数与衰落函数在模型中同时发生作用,只是产量上升时兴起函数占主导地位,产量下降时衰落函数占主导地位。从预测科学而言,本文模型属于唯象信息模型。

在《用生命旋回模型预测生命总量有限体系》一文中,笔者根据生命旋回(兴衰周期)原理和其预测范式,将确定型生命旋回模型的一般结构特点和预测原理概括为:在一个非线性预测模型中,同时含有一个兴起因子(函数)和一个败落因子,它们随时间的单向增大相互影响、制约,共同产生作用,使整个过程呈现出由兴到衰的规律。同时,构造出一个描述事物 Q 随时间 t 的变化,一方面随因子 t^b 而兴起,另一方面又随着因子 c^t 而衰落的生命旋回预测数学模型 $Q = a^{t^b c^t}$。模型参数 a,b,c 是与曲线基值、形状、缩尺有关的常数,其中 $a>1$、$b>0$、$0<c<1$。该模型为笔者首次提出,其价值在于可以描述多领域的有限增长规律。

《一种生命旋回信息模型的建立及应用》提出了一种描述生命旋回信息的分布密度函数。在此基础上,提出了一种预测油气田产量的新型生命旋回信息模型。该模型可广泛用于人口、经济、资源等多领域有限增长规律研究与预测。更为重要的是该模型的瞬时产量方程能够变换为与 Gompertz 模型微分方程相同的表达形式,但累计产量方程却弥补了 Gompertz 模型无法满足初始值为 0 的缺陷。

预测是对未来的展望和分析,是科学加艺术。本章模型都是建立在对历史信息拟合基础上的唯象基值信息模型,由于只能采集到"最后信息"以前的信源状态,反映当前人类科学技术水平下的体系变化,无法预判今后科技发展对预测体系的影响,对于实践是滞后的,所以远期预测结果可能会偏低。

预测油气田产量的一种兴衰周期模型

油气田的开发时间具有单向性和不可逆转性。因此,油气田产量系统是一个时间上不可逆转和单向行进的动态系统。油气田产量系统的本质是在整个开发过程中都带有明显的非线性特征。油气田产量,这种非线性系统其实是一种有(时间)序的结构,这种结构体系的一个重要特点是,时间变量 t 不再是一个与系统无关的几何变量,而是描述油气田产量系统的自变量。Weng 旋回正是这种结构体系的代表模型[1-3]。

在预测科学中,通常把预测模型分为统计预测模型和信息模型,并把某一事物从兴起,经过成长、成熟,直到衰亡的全过程,称作生命旋回或兴衰周期,而把客观世界中被选取的局部称作体系[1]。兴衰周期是针对事物生命总量有限体系而言的,如石油、天然气等矿产资源有限体系。已故中国科学院院士翁文波教授曾经提出过一种预测整个生命过程的信息模型[1],被称作 Weng 旋回[2],其表述如下:

在油气田开发过程中,假设油气田产量 Q 正比于开发时间 t 的 n 次方函数兴起,同时又随着时间变量 t 的负指数函数衰减。这一过程由 Weng 旋回表示如下:

$$\begin{cases} Q_t = Bt^n e^{-t} \\ t = (Y - Y_0)/C \end{cases} \tag{1}$$

式中 Q_t——油气田的产量;
 Y——待预测的年份;
 Y_0——投产前一年的年份;
 n, B, C——待定参数。

Weng 旋回具有如下性质:

$$\frac{dQ_t}{dt} = Q_t \left(\frac{n}{t} - 1 \right) \tag{2}$$

当 $t = n$ 时,$\frac{dQ_t}{dt} = 0$。由此,可以确定出最高产量发生时间的年份(Y_m)和最高产量值(Q_{tmax}):

$$Y_m = Cn + Y_0 \tag{3}$$

$$Q_{tmax} = B \left(\frac{n}{e} \right)^n \tag{4}$$

由于 $\frac{dQ_t}{dt} > 0$ 表示产量上升阶段,$\frac{dQ_t}{dt} < 0$ 表示产量下降阶段。这样,就可以写出 Weng 旋回产量兴起(上升)和衰落(下降)阶段的时间界限为:

(1)产量上升(兴起)阶段,$t = 0 \sim n$,即 $Y_0 \sim (Cn + Y_0)$ 年;

(2)产量下降(衰落)阶段,$t=n\sim\infty$,即$(Cn+Y_0)\sim\infty$年(仅为理论,实际不可能开发∞年)。

Weng旋回的实质和原理是油气田产量Q随着时间t的某种函数(如幂函数)兴起,同时又随着t的另一种函数(如负指数函数)衰落。本文基于Weng旋回的这一思想原理,以下将提出一种预测油气田产量的新型兴衰周期模型。

1 模型原理与结构

将油气田的开发时间t视为自变量,建立如下的函数关系:

$$f(t) = b^t \tag{5}$$

式中 t——油气田的开发时间,$0 \leqslant t < \infty$;

b——待定参数,$b>1$。

式(5)中,由于$b>1$,t单向增大,故式(5)为一兴起(递增)函数。

以时间t为自变量,再构造如下的函数:

$$g(t) = t^{\frac{t}{c}} \tag{6}$$

式中 c——待定参数,$c<0$。

在式(6)中,由于$c<0$,所以,随着t的增大,$\frac{t}{c}$为一减小的函数。可知,函数$t^{\frac{t}{c}}$为一衰落的函数或者递减的函数。

这样,由函数$f(t)$和$g(t)$以及一个大于0的常数a,可以构成一个产量兴衰周期函数(模型):

$$Q_t = ab^t t^{\frac{t}{c}} \tag{7}$$

式中 Q_t——油气田的产量;

a,b,c——待定参数或称拟合系数。

式(7)的物理意义为:油气田产量Q_t随着时间t的函数b^t兴起,同时又随着t的函数$t^{\frac{t}{c}}$衰落,符合Weng旋回的意义和兴衰周期的定义。

为了确定油气田产量峰顶值及其发生时间,需要对式(7)求一阶导数。由于式(7)无法直接求得其一阶导数,所以将式(7)改写为:

$$\ln Q_t = \ln a + t \ln b + \frac{t}{c}\ln t \tag{8}$$

对式(8)求一阶导数,经整理,得:

$$\frac{\mathrm{d}Q_t}{\mathrm{d}t} = Q_t\left(\ln b + \frac{\ln t}{c} + \frac{1}{c}\right) \tag{9}$$

令$\ln b + \frac{\ln t}{c} + \frac{1}{c} = 0$时,$\frac{\mathrm{d}Q_t}{\mathrm{d}t}=0$,解得$t = \mathrm{e}^{-(1+c\ln b)}$。可见,油气田最高产量发生的时间$t_\mathrm{m}$为:

$$t_m = e^{-(1+c\ln b)} \tag{10}$$

将式(10)代入式(7),可得油气田的最高产量 Q_{tmax} 为:

$$Q_{tmax} = ab^{e^{-(1+c\ln b)}} \left[e^{-(1+c\ln b)} \right]^{\frac{1}{c}e^{-(1+c\ln b)}} \tag{11}$$

众所周知,函数的一阶导数刻画函数的变化速度,即递增性或递减性。由式(9)可知,当 $t < e^{-(1+c\ln b)}$ 时,$\dfrac{dQ_t}{dt} > 0$,呈递增;当 $t > e^{-(1+c\ln b)}$ 时,$\dfrac{dQ_t}{dt} < 0$,呈递减。这样,式(7)所描述的兴衰过程为:

(1)产量上升阶段,$t = 0 \sim e^{-(1+c\ln b)}$;
(2)产量下降阶段,$t = e^{-(1+c\ln b)} \sim \infty$。

2 模型参数的确定

本文模型应用的好坏,其难点和关键是模型参数求解。由于本文模型含有3项参数 a,b 和 c,一般的参数求解方法是难以胜任的。为此,提出利用联立方程组求解法确定模型参数。将式(7)取常用对数,可得:

$$\lg Q_t = \lg a + t\lg b + \frac{t}{c}\lg t \tag{12}$$

将油气田的生产历史数据,即采集的资料点 (t, Q_t),分为3组。设总的资料点为 $(m_1 + m_2 + m_3)$ 个,第1组有 m_1 个资料点 (t, Q_t),第2组有 m_2 个资料点 (t, Q_t)。第三组有 m_3 个资料点 (t, Q_t)。由式(12)求和,即可得到方程组:

$$\sum_{i=1}^{m_1} \lg Q_{ti} = m_1 \lg a + \lg b \sum_{i=1}^{m_1} t_i + \frac{1}{c} \sum_{i=1}^{m_1} t_i \lg t_i \tag{13}$$

$$\sum_{i=m_1+1}^{m_1+m_2} \lg Q_{ti} = m_2 \lg a + \lg b \sum_{i=m_1+1}^{m_1+m_2} t_i + \frac{1}{c} \sum_{i=m_1+1}^{m_1+m_2} t_i \lg t_i \tag{14}$$

$$\sum_{i=m_1+m_2+1}^{m_1+m_2+m_3} \lg Q_{ti} = m_3 \lg a + \lg b \sum_{i=m_1+m_2+1}^{m_1+m_2+m_3} t_i + \frac{1}{c} \sum_{i=m_1+m_2+1}^{m_1+m_2+m_3} t_i \lg t_i \tag{15}$$

若令:

$$S_1 = \sum_{i=1}^{m_1} \lg Q_{ti} \tag{16}$$

$$n_1 = \sum_{i=1}^{m_1} t_i \tag{17}$$

$$l_1 = \sum_{i=1}^{m_1} t_i \lg t_i \tag{18}$$

$$S_2 = \sum_{i=m_1+1}^{m_1+m_2} \lg Q_{ti} \tag{19}$$

$$n_2 = \sum_{i=m_1+1}^{m_1+m_2} t_i \tag{20}$$

$$l_2 = \sum_{i=m_1+1}^{m_1+m_2} t_i \lg t_i \tag{21}$$

$$S_3 = \sum_{i=m_1+m_2+1}^{m_1+m_2+m_3} \lg Q_{ti} \tag{22}$$

$$n_3 = \sum_{i=m_1+m_2+1}^{m_1+m_2+m_3} t_i \tag{23}$$

$$l_3 = \sum_{i=m_1+m_2+1}^{m_1+m_2+m_3} t_i \lg t_i \tag{24}$$

将式(16)至式(24)代入式(13)至式(15),则得:

$$\begin{cases} S_1 = m_1 \lg a + n_1 \lg b + l_1/c & (25) \\ S_2 = m_2 \lg a + n_2 \lg b + l_2/c & (26) \\ S_3 = m_3 \lg a + n_3 \lg b + l_3/c & (27) \end{cases}$$

由式(26)×m_1-式(25)×m_2,式(27)×m_2-式(26)×m_3,可得:

$$\begin{cases} S_2 m_1 - S_1 m_2 = (n_2 m_1 - n_1 m_2)\lg b + (l_2 m_1 - l_1 m_2)/c & (28) \\ S_3 m_2 - S_2 m_3 = (n_3 m_2 - n_2 m_3)\lg b + (l_3 m_2 - l_2 m_3)/c & (29) \end{cases}$$

由式(29)×$(l_2 m_1 - l_1 m_2)$-式(28)×$(l_3 m_2 - l_2 m_3)$,并经整理,可以求得b:

$$b = 10^{\frac{(S_3 m_2 - S_2 m_3)(l_2 m_1 - l_1 m_2) - (S_2 m_1 - S_1 m_2)(l_3 m_2 - l_2 m_3)}{(n_3 m_2 - n_2 m_3)(l_2 m_1 - l_1 m_2) - (n_2 m_1 - n_1 m_2)(l_3 m_2 - l_2 m_3)}} \tag{30}$$

由式(29)×$(n_2 m_1 - n_1 m_2)$-式(28)×$(n_3 m_2 - n_2 m_3)$,经整理得:

$$c = \frac{(l_3 m_2 - l_2 m_3)(n_2 m_1 - n_1 m_2) - (l_2 m_1 - l_1 m_2)(n_3 m_2 - n_2 m_3)}{(S_3 m_2 - S_2 m_3)(n_2 m_1 - n_1 m_2) - (S_2 m_1 - S_1 m_2)(n_3 m_2 - n_2 m_3)} \tag{31}$$

在求得了b和c后,理论上a可由式(25)、式(26)和式(27)中的任一求得。但考虑到实际运算中由于小数点后有效数字的位数和4舍5入等造成的误差,a最好由式(25)至式(27)共同确定,即:

$$a = 10^{\frac{(S_1+S_2+S_3)-(n_1+n_2+n_3)\lg b-(l_1+l_2+l_3)/c}{m_1+m_2+m_3}} \tag{32}$$

如果当3个组的资料点个数相等时,即有:$m_1 = m_2 = m_3$。这样,式(30)至式(32)可简化为:

$$b = 10^{\frac{(S_3-S_2)(l_2-l_1)-(S_2-S_1)(l_3-l_2)}{(n_3-n_2)(l_2-l_1)-(n_2-n_1)(l_3-l_2)}} \tag{33}$$

$$c = \frac{(l_3-l_2)(n_2-n_1)-(l_2-l_1)(n_3-n_2)}{(S_3-S_2)(n_2-n_1)-(S_2-S_1)(n_3-n_2)} \tag{34}$$

$$a = 10^{[(S_1+S_2+S_3)-(n_1+n_2+n_3)\lg b-(l_1+l_2+l_3)/c]/(3m_1)} \tag{35}$$

3 模型应用实例

应用本文提供的模型及参数求解方法,通过对国内外的一些大中小型油气田实际拟合表明,新模型及其参数确定方法具有普遍适用性。下面以俄罗斯著名的罗马什金油田为例[2-4],说明本文模型的具体应用。

罗马什金油田是仅次于萨马特洛尔油田的俄罗斯第二大油田。该油田位于鞑靼自治共和国的东部,发现于 1948 年。该油田产层为泥盆系的 Д$_1$ 和 Д$_2$ 砂岩,埋深为 1650~1850m。含油面积 A = 3800km^2;地质储量 N = 45×10^{8}t;可采储量 N_R = 20.31×10^{8}t;油层平均有效厚度 h = 15m;孔隙度 ϕ = 15%;渗透率 K = 300~400mD;原始地层压力 p_i = 17.5MPa;饱和压力为 p_b = 8.5~9.5MPa;原始气油比 GOR = 40~65m^3/t;地面原油密度 ρ_o = 0.85g/cm^3;地层原油黏度 μ_o = 2.6~4.5mPa·s。该油田采用内部切割人工注水开发,投产于 1952 年,年产 8000×10^{4}t 保持了 6 年。从 1952 年至 1976 年油田开发 28 年的产量数据列于表 1。

表 1 俄罗斯罗马什金油田实际生产数据和预测结果

年份	t (a)	Q_t(10^{4}t/a) 实际值	预测值	绝对误差 (+,-)	相对误差 (%)
1952	1	200	337	+137	+68.5
1953	2	300	556	+256	+85.3
1954	3	500	831	+331	+66.2
1955	4	1000	1166	+166	+16.6
1956	5	1400	1559	+159	+11.4
1957	6	1900	2006	+106	+5.5
1958	7	2400	2502	+102	+4.2
1959	8	3050	3038	-12	-0.4
1960	9	3800	3602	-198	-5.2
1961	10	4400	4183	-217	-4.9
1962	11	5000	4767	-233	-4.6
1963	12	5600	5340	-260	-4.6
1964	13	6040	5889	-151	-2.5
1965	14	6600	6400	-200	-3.0
1966	15	6800	6863	+63	+0.9
1967	16	7000	7268	+268	+3.8
1968	17	7600	7607	+7	+0.1
1969	18	7900	7874	-26	-0.3
1970	19	8150	8066	-84	-1.0
1971	20	8000	8181	+181	+2.2
1972	21	8000	8219	+219	+2.7
1973	22	8000	8185	+185	+2.3

续表

年份	t (a)	$Q_t(10^4 t/a)$ 实际值	$Q_t(10^4 t/a)$ 预测值	绝对误差 (+,-)	相对误差 (%)
1974	23	8000	8080	+80	+1.0
1975	24	8000	7913	-87	-1.1
7976	25	7775	7689	-86	-1.1
1977	26	7500	7414	-86	-1.1
1978	27	7230	7098	-132	-1.8
1979	28	6800	6748	-52	-0.8

由于油田开发初的几年产量波动较大,连续性和稳定性相对以后的开发年份差,为了提高参数求解的精度,在实际求解时,不考虑前4年的资料。将1956—1979年的24个点资料点(t,Q_t)分为3组,每组8个资料点(t,Q_t)。第1组由1956—1963年的资料点(t,Q_t)构成,第2组由1964—1971年的资料点(t,Q_t)构成,第3组由1972—1979年的资料点(t,Q_t)构成。将第1组实际数据代入式(16)至式(18),将第2组的实际数据代入式(19)至式(21),将第3组实际数代入式(22)至式(24),可得到:$S_1 = 27.9598, n_1 = 68, l_1 = 64.2978$;$S_2 = 30.8709, n_2 = 132, l_2 = 161.2638$;$S_3 = 31.0698, n_3 = 196, l_3 = 272.6498$。已知$m_1 = m_2 = m_3 = 8$。由式(33)、式(34)和式(35)计算得到:

$$b = 2.1402$$
$$c = -5.3167$$
$$a = 157.7$$

将b和c代入式(10),得到罗马什金油田最高产量发生时间为:

$$t_m = e^{-(1-5.3167\ln 2.1402)} = 21.02(a)$$

再将a, b和c代入式(11)可得该油田最高产量:

$$Q_{tmax} = 157.7 \times 2.1402^{21.02} \times 21.02^{-3.9536} = 8219 \times 10^4 (t/a)$$

罗马什金油田产量兴衰阶段为:

(1)产量兴起(上升)阶段,$t = 0 \sim 21.02$ a,即1951—1972年;
(2)产量衰落(递减)阶段,$t = 21.02 \sim \infty$ a,即1972年以后到时间∞(理论上)。

再将a, b和c代入式(7),得到罗马什金油田的预测产量相关经验公式为:

$$Q_t = 157.7 \times 2.1402^t \times t^{-t/5.3167} \tag{36}$$

将不同的t代入式(36),预测得到不同t条件下的年产量,见表1。把年产量实际值和预测值绘于图1。从表1和图1可见,预测值和实际值吻合相当好。若除掉开发初的前5点,平均相对误差仅为2.3%。除掉前4点,平均相对误差为2.7%。充分说明本文模型及参数确定方法实用有效。

203

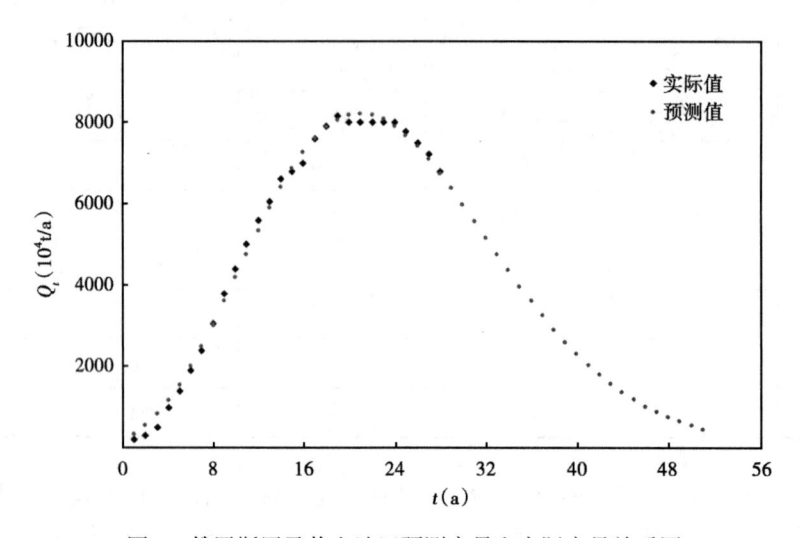

图1 俄罗斯罗马什金油田预测产量和实际产量关系图

4 结论

油气田产量在整个开发过程中呈非线性变化,Weng 旋回是描述油气田产量非线性变化的典型模型。Weng 旋回的基本原理是油气田产量随着时间 t 的一种函数兴起(上升),同时又随着 t 的另一种函数衰落(下降)。

本文基于 Weng 旋回的原理,从系统辨识理论和控制论的观点出发,从时间流中考察油气田产量的非线性特征,提出了预测油气田产量的兴衰周期模型及参数求解的联立方程组求解法。经过实例验证表明,模型有效可靠。

参 考 文 献

[1]翁文波. 预测论基础[M]. 北京:石油工业出版社,1984.
[2]赵旭东. 对油田产量与最终可采储量的预测方法介绍[J]. 石油勘探与开发,1986,13(2):72-78,71.
[3]刘青年,赵永胜,黄伏生. 油田注水动态整体预测的数学模型∥大庆油田开发论文集之一——油藏工程方法研究[M]. 北京:石油工业出版社,1991.
[4]陈元千,胡建国. 预测油气田产量和储量的 Weibull 模型[J]. 新疆石油地质,1995,16(3):250-255.

油气田产量预测的信息模型

油气田开发时间是单向的,不可逆转的,其动态系统是一个开放的非线性系统。描述油气田动态系统的状态变量——产油量或产气量,受油气田动态系统本身非线性机制及开发过程中挖潜调整措施等人为因素的制约和影响,呈明显的非线性。油气田产量的非线性变化,可以概括为产量兴起(上升)和衰落(下降)阶段。如何有效地刻画整个开发过程中油气田产量的非线性特征,这就要求预测模型同时具有与油气田产量类似的兴起和衰落双重功能。而 Weng 旋回就是具有这种双重功能的典型模型。

这种模型在预测中不考虑科学技术的发展对模型预测结果的影响。经 15 个油田和 10 个气田验证表明,模型具有广泛的适用性。

1 模型的提出与建立

预测,是对未来的分析和展望。它是由已知推演未知的过程。在预测科学中,通常把预测模型分为统计模型和信息预测模型,并把某一事物从兴起,经过成长、成熟,直到衰亡的全过程称作生命旋回或兴衰周期,而把客观世界中被选取的局部称作体系[1]。生命旋回或兴衰周期模型属于信息模型,它是针对事物生命总量有限体系而言的,如石油、天然气等矿产资源有限体系。

我国著名的预测论专家,已故中国科学院院士翁文波教授曾经提出过一种预测整个生命过程(如油气田开发过程)的信息模型[1],被称作 Weng 旋回[2,3],其数学表达式为:

$$\begin{cases} Q_t = Bt^n e^{-t} \\ t = (Y - Y_0)/C \end{cases} \quad (1)$$

式中　Q_t——油气田的产量;

　　　Y——待预测的年份;

　　　Y_0——投产前一年的年份;

　　　n,B,C——待定参数。

Weng 旋回,即式(1),可以这样理解:在油气田开发过程中,假定油气田产量 Q_t 正比于开发时间 t 的 n 次方函数兴起,同时又随着时间变量 t 的负指数函数衰减。

Weng 旋回所示的非线性系统,其实是一种有(时间)序的结构。这种结构体系的一个重要特点是,时间变量 t 不再是一个与系统无关的几何变量,而是描述油气田产量变化的自变量。

Weng 旋回的原理和实质是:在开发过程中,油气田产量 Q_t 随着时间 t 的一种函数兴起,同时又随着时间 t 的另一种函数衰落。基于这种原理,将提出一种新的油气田产量兴衰模型。

将油气田的开发时间 t 视为自变量,建立如下的函数关系:

$$f(t) = t^b \quad (2)$$

式中　t——油气田的开发时间，$t \in (0, \infty)$；
　　　b——待定参数，$b>0$。

式(2)中，由于$b>0$，t单向增大，故式(2)为一兴起(递增)函数。

同理，以t为自变量，再建立如下的函数：

$$g(t) = t^{t/c} \tag{3}$$

式中　c——待估参数，$c<0$。

在式(3)中，由于$c<0$，故随着t的增大，t/c为一减小的函数。可知，函数$t^{t/c}$为一衰减(递减)的函数。

将一个大于0的常数a和式(2)、式(3)相乘，可构成一个很有意义的兴衰周期模型(函数)：

$$Q_t = at^b t^{t/c} = at^{(b+t/c)} \tag{4}$$

式(4)即为描述油气田产量非线性变化的信息模型，其物理意义为：油气田产量Q_t随着时间t的函数t^b兴起(上升)，同时又随着时间t的函数$t^{t/c}$衰落(下降)，符合Weng旋回的原理和兴衰周期的定义。

需要指出的是，本文模型即式(4)中的时间t与Weng旋回即式(1)中的时间t还不是完全相同，前者取值为$0, 1, 2, \cdots, n$；后者取值为$0/c, 1/c, 2/c, \cdots, n/c$。

2　求解模型参数的方法

任何一个预测模型应用的好坏，其难点和关键在于模型参数的求解。由于本文模型含有3项参数a，b和c，因此，一般的参数求解方法是难以胜任的。为此，本文提出利用双对数法和联立方程组求解法确定模型参数。

2.1　模型参数求解的双对数法

按照式(4)，可写出$(t+1)$时刻的产量Q_{t+1}为：

$$Q_{t+1} = a(t+1)^b (t+1)^{(t+1)/c} \tag{5}$$

由式(5)除以式(4)可得：

$$\frac{Q_{t+1}}{Q_t} = \left(\frac{t+1}{t}\right)^b \left[\frac{(t+1)^{t+1}}{t^t}\right]^{1/c} \tag{6}$$

式(6)取常用对数并经整理可得：

$$\frac{\lg(Q_{t+1}/Q_t)}{\lg(1+1/t)} = b + \frac{1}{c} \frac{\lg[(t+1)(1+1/t)^t]}{\lg(1+1/t)} \tag{7}$$

式(7)线性回归，所得直线的截距即为b，而其斜率的倒数即为c。在确定了b和c值后，a可由式(8)求和平均得到：

$$a = \frac{1}{n} \sum_{i=1}^{n} (Q_{t_i}/t_i^{b+t_i/c}) \tag{8}$$

式中　n——资料点的个数；

i——序号。

2.2 模型参数求解的联立方程组求解法

对式(4)两边取对数,得:

$$\lg Q_t = \lg a + b\lg t + \frac{t}{c}\lg t \tag{9}$$

把油气田的生产数据点(t_i, Q_{t_i})分为3组。设总的资料点(数据点)为$(n_1+n_2+n_3)$个,第1、第2和第3组分别有n_1, n_2和n_3个资料点(t_i, Q_{t_i}),由式(9)求和,可得到如下方程组:

$$S_i = n_i \lg a + f_i b + l_i (1/c) \quad (i = 1, 2, 3) \tag{10}$$

其中

$$S_1 = \sum_{i=1}^{n_1} \lg Q_{t_i} \tag{11}$$

$$f_1 = \sum_{i=1}^{n_1} \lg t_i \tag{12}$$

$$l_1 = \sum_{i=1}^{n_1} t_i \lg t_i \tag{13}$$

$$S_2 = \sum_{i=n_1+1}^{n_1+n_2} \lg Q_{t_i} \tag{14}$$

$$f_2 = \sum_{i=n_1+1}^{n_1+n_2} \lg t_i \tag{15}$$

$$l_2 = \sum_{i=n_1+1}^{n_1+n_2} t_i \lg t_i \tag{16}$$

$$S_3 = \sum_{i=n_1+n_2+1}^{n_1+n_2+n_3} \lg Q_{t_i} \tag{17}$$

$$f_3 = \sum_{i=n_1+n_2+1}^{n_1+n_2+n_3} \lg t_i \tag{18}$$

$$l_3 = \sum_{i=n_1+n_2+1}^{n_1+n_2+n_3} t_i \lg t_i \tag{19}$$

式(10)是一个以$\lg a, b$和$1/c$为未知数的三元线性方程组,解出后可得:

$$b = \frac{(S_3 n_2 - S_2 n_3)(l_2 n_1 - l_1 n_2) - (S_2 n_1 - S_1 n_2)(l_3 n_2 - l_2 n_3)}{(f_3 n_2 - f_2 n_3)(l_2 n_1 - l_1 n_2) - (f_2 n_1 - f_1 n_2)(l_3 n_2 - l_2 n_3)} \tag{20}$$

$$c = \frac{(l_3 n_2 - l_2 n_3)(f_2 n_1 - f_1 n_2) - (l_2 n_1 - l_1 n_2)(f_3 n_2 - f_2 n_3)}{(S_3 n_2 - S_2 n_3)(f_2 n_1 - f_1 n_2) - (S_2 n_1 - S_1 n_2)(f_3 n_2 - f_2 n_3)} \tag{21}$$

$$a = 10^{[(S_1+S_2+S_3) - (f_1+f_2+f_3)b - (l_1+l_2+l_3)/c]/(n_1+n_2+n_3)} \tag{22}$$

若令 $n_1 = n_2 = n_3$，则式(20)、式(21)和式(22)可简化为：

$$b = \frac{(S_3 - S_2)(l_2 - l_1) - (S_2 - S_1)(l_3 - l_2)}{(f_3 - f_2)(l_2 - l_1) - (f_2 - f_1)(l_3 - l_2)} \quad (23)$$

$$c = \frac{(l_3 - l_2)(f_2 - f_1) - (l_2 - l_1)(f_3 - f_2)}{(S_3 - S_2)(f_2 - f_1) - (S_2 - S_1)(f_3 - f_2)} \quad (24)$$

$$a = 10^{[(S_1 + S_2 + S_3) - (f_1 + f_2 + f_3)b - (l_1 + l_2 + l_3)/c]/(3n_1)} \quad (25)$$

该模型的拟合精度可用如下两个指标检验：

$$\delta = \sqrt{\frac{1}{n}\sum_{i=1}^{n}[Q_{t_i}(实际) - Q_{t_i}(预测)]^2} \quad (26)$$

$$\eta = \frac{1}{n}\sum_{i=1}^{n}\left|1 - \frac{Q_{t_i}(预测)}{Q_{t_i}(实际)}\right| \times 100\% \quad (27)$$

式中　δ——均方差；

　　　η——平均百分比误差。

由于本文模型即式(4)，没有积分(函数)解析式。因此，不存在累计产量与时间的函数表达式。所以，可以利用迭代法，通过逐年累加年产量来预测累计产量。当年产量递减为 0 时，此时的累计产量即可采储量。

$$N_{P_t} = \sum_{t=1}^{n} Q_t \quad (28)$$

$$N_R = \sum_{t=1}^{t_R} Q_t \quad (29)$$

式中　t_R——年产量减到 0 时的最大开发时间，a。

3　对模型性质的讨论

本文模型的性质是一个兴衰周期模型。它是同时由一个兴起函数(t^b)和一个衰落函数($t^{t/c}$)构成的一种复合函数($at^{b+t/c}$)。在该模型中，b>0，称之为兴起参数；c<0，称之为衰减参数；a>0，称之为尺度参数。无论产量上升阶段还是产量下降阶段，该模型的兴起函数(t^b)部分和衰落函数($t^{t/c}$)部分都同时发生作用。但其差异在于：对于产量上升阶段，模型的兴起函数部分占有主导地位，而衰落函数部分居次要地位，使得模型整体上呈兴起之势；产量下降阶段，反之。这一点，可以用生命机体成长过程中的细胞代谢表述：即生物机体成长的青壮年时期，细胞是有生有灭的，只不过新生细胞的数量远远大于代谢死亡的细胞数量，才使得生物体能够长大和成熟。反之，生物体将衰老直至死亡。

通过 15 个油田和 10 个气田的开发历史数据拟合表明，该模型与 Weng 氏旋回模型在适用条件和性质上完全一致，具有等效的特点。模型适用于按照兴衰周期(生命旋回)划分的标准油气田开发模式[1]，即油气田产量由缓慢上升、加速上升、加速下降和缓慢下降 4 个阶段组成的开发模式。但需要指出的一点是，本模型对于井网调整频繁的油(气)田、边外储量较大且逐年投入开发的油田、开发过程中因采用各种稳产技术而长时间持续稳产的油田、由于地质条件及开发因素导致的产量波动较大且不满足兴衰规律的油田,应用效果较差。

4 模型应用实例分析

4.1 实例1:罗马什金油田[2-5]

罗马什金油田为俄罗斯第二大油田,位于鞑靼共和国东部,1948年发现,1952年投入开发,1954年采用内部切割注水。油田产层为泥盆系的 Д$_1$ 和 Д$_2$ 砂岩,埋深1650~1850m。含油面积3800km^2,地质储量 $45×10^8$t,可采储量 $24×10^8$t。表1列举了其28年的实际开发数据及有关资料。

表1 罗马什金油田实际及预测产量与有关数据

年份	$Q_t(10^4$t/a) 实际	预测 式(30)	预测 式(31)	绝对误差(+,-) 式(30)	绝对误差(+,-) 式(31)	相对误差(%) 式(30)	相对误差(%) 式(31)	x	y
1952	200	42	40	-158	-160	-79.0	-80.0	2.0000	0.5850
1953	300	196	195	-104	-105	-34.6	-35.6	4.7095	1.2599
1954	500	472	476	-28	-24	-5.6	-4.8	7.8188	2.4094
1955	1000	859	875	-141	-125	-14.1	-12.5	11.2126	1.5078
1956	1400	1341	1374	-59	-26	-4.2	-1.9	14.8275	1.6750
1957	1900	1894	1949	-6	+49	-0.3	+2.6	18.6234	1.5155
1958	2400	2497	2576	+79	+176	+3.3	+7.3	22.5727	1.7949
1959	3050	3128	3231	+78	+181	+2.6	+5.9	26.6548	1.8666
1960	3800	3766	3892	-34	+92	-0.9	+2.4	30.8543	1.3914
1961	4400	4394	4538	-6	+138	-0.1	+3.1	35.1589	1.3412
1962	5000	4997	5155	-3	+155	-0.1	+3.1	39.5584	1.3025
1963	5600	5561	5727	-35	+127	-0.7	+2.3	44.0448	0.9450
1964	6040	6078	6245	+38	+205	+0.6	+3.4	48.6110	1.1964
1965	6600	6539	6701	-61	+101	-0.9	+1.5	53.2512	0.4327
1966	6800	6940	7090	+140	+290	+2.1	+4.3	57.9602	0.4492
1967	7000	7277	7410	+277	+410	+4.0	+5.9	62.7337	1.3565
1968	7600	7550	7660	-50	+60	-0.7	+0.8	67.5677	0.6773
1969	7900	7759	7841	-141	-59	-1.8	-0.7	72.4589	0.5762
1970	8150	7905	7956	-245	-194	-3.0	-2.4	77.4040	-0.3622
1971	8000	7992	8008	-8	+8	-0.1	+0.1	82.4003	0.0000
1972	8000	8023	8002	+23	+2	+0.3	0.0	87.4454	0.0000
1973	8000	8001	7943	+1	-57	0.0	-0.7	92.5370	0.0000
1974	8000	7933	7836	-67	-164	-0.8	-2.1	97.6730	0.0000
1975	8000	7821	7687	-179	-313	-2.2	-3.9	102.8515	-0.6988
1976	7775	7672	7501	-103	-274	-1.3	-3.5	108.0708	-0.9181
1977	7500	7491	7283	-9	-217	-0.1	-2.9	113.3293	-0.9715
1978	7230	7281	7040	+51	-190	+0.7	-2.6	118.6255	-1.6860
1979	6800	7047	6776	+247	-24	+3.6	-0.4		

将该油田 1959—1979 年的产量分为 3 组,每组由 8 个资料点 (t_i, Q_{ti}) 构成。由式(11)至式(19)得到 $S_1 = 27.9598, f_1 = 7.3001, l_1 = 64.2978; S_2 = 30.8709, f_2 = 9.7058, l_2 = 161.2638; S_3 = 31.0698, f_3 = 11.0980, l_3 = 272.6498$。$n_1 = n_2 = n_3 = 8$。再由式(23)至式(25)算得模型参数为:$b = 2.2936, c = -37.1999, a = 41.5042$。由此,可以写出利用联立方程组求解法建立的罗马什金油田产油量具体预测模型:

$$Q_t = 41.5042 t^{2.2936 - t/37.1999} \tag{30}$$

利用双对数法求解模型参数时,令式(7)右边的自变量为 x,左边的因变量为 y,并计算出其值(表1),绘出图1。图中的点虽然比较离散,但仍具有明显的线性。经回归,当截距(b)为 2.3417、斜率($1/c$)为 -0.0286 时,相关系数最大,$R = -0.9463$。回归点数为 25,第 1 和第 2 点未参加回归。由所得截距、斜率值和(8)式确定的模型参数为:$b = 2.3417, c = -34.9591, a = 39.9244$。将 a, b 和 c 代入式(4),得到具体的预测数学模型:

$$Q_t = 39.9244 t^{2.3417 - t/34.9591} \tag{31}$$

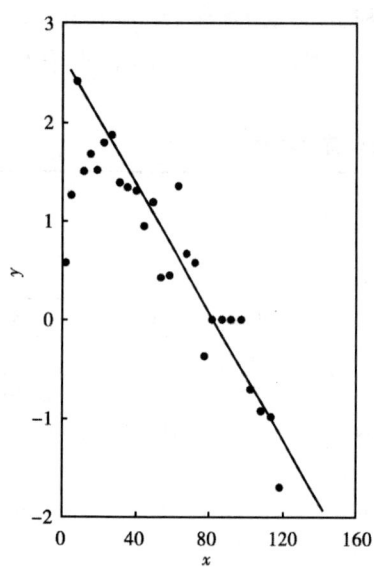

图 1 罗马什金油田的 y-x 图

由式(30)和式(31)预测的罗马什金油田年产量值见表 1 和图 2。式(30)28 个预测值的均方差为 115,平均相对误差 5.99%。而式(31)28 个预测值的均方差为 171,平均相对误差 6.80%。再来看看后 24 个预测值的误差分析:式(30)预测值的均方差为 23.8、平均相对误差为 1.43%,式(31)预测值的均方差为 179、平均误差为 2.42%。可见,式(30)较式(31)的预测精度要高一些。把式(30)和式(31)的预测值产量逐年相加,可得到累计产量,当 $t = 28a$ 时,式(30)和式(31)的预测值分别为 $14.8456 \times 10^8 t$ 和 $14.9007 \times 10^8 t$,与 $14.8945 \times 10^8 t$ 的实际值误差仅为 0.328% 和 0.04%。年产量为 0 时的极限开发时间,式(30)约为 112 年、式(31)约为 110 年,此时由式(30)和式(31)预测的可采储量分别为 $25.3 \times 10^8 t$、

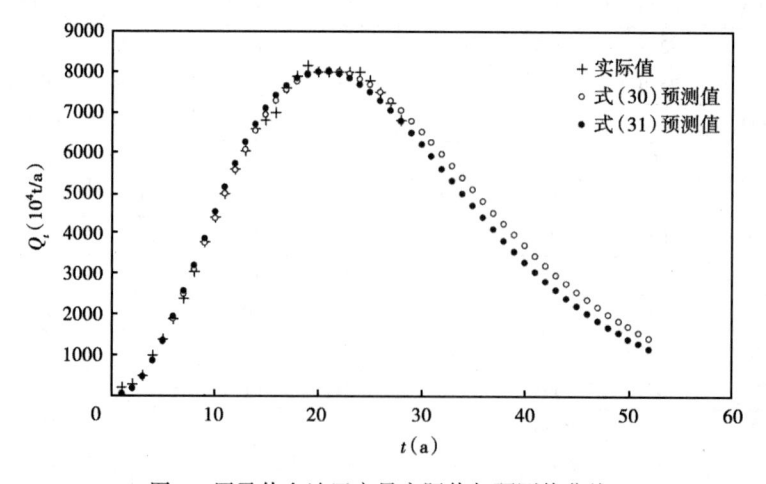

图 2 罗马什金油田产量实际值与预测值曲线

24.19×10⁸t,与24×10⁸t的标定值误差仅为5.4%和0.78%,可见本文模型具有相当高的预测精度。

再来研究一下开发过程中的不同阶段其产量分布及占预测可采储量的百分比情况。表2给出了罗马什金油田的开发过程以及不同阶段的年产量、累计产量与累计产量占预测可采储量的百分数。

表2 罗马什金油田不同阶段的产量预测值

$t(a)$		10	20	30	40	50	60	70	80	90	100	110
Q_t	式(30)	4394	7992	6528	3715	1703	673	239	78	24	7	2
(10^4t/a)	式(31)	4538	8008	6203	3301	1412	517	169	50	14	4	0.9
v_o	式(30)	0.98	1.78	1.45	0.83	0.38	0.15	0.05	0.017	0.005	0.0015	0.0004
(%)	式(31)	1.01	1.78	1.38	0.73	0.32	0.12	0.04	0.011	0.003	0.0009	0.0002
N_p	式(30)	18589	87187	161779	211396	236570	247277	251290	252656	253087	253215	253251
(10^4t)	式(31)	19146	88939	161706	207381	229052	237613	240578	241505	241774	241846	241864
N_p/N_R	式(30)	7.34	34.43	63.88	83.47	93.41	97.64	99.22	99.76	99.93	99.98	100
(%)	式(31)	7.92	36.55	66.88	85.74	94.70	98.24	99.47	99.85	99.96	99.99	100

表中数据表明,在开发的前40年已采出了可采储量的绝大部分(>80%),前50年已采出了近95%的可采储量,前60年基本上到了开发结束阶段(采油速度<0.2%),前70年已采出可采储量的99%以上。通过分析可见,尽管开发时间在理论上可以假定趋向无穷大($t\to\infty$时,$Q_t = 0$),但在实际开发过程中是根本不可能的。因为前60年所采出的油量已经几乎等于计算的可采储量,而后50年仅仅采出大约2%的可采储量,显然,这是极不经济的。

4.2 实例2:萨马特洛尔油田[4,5]

萨马特洛尔油田是俄罗斯最大的油田,位于西伯利亚盆地中央的沼泽地带,于1965年发现,1969年投入开发,采用内部切割注水保持地层压力。油田产层为白垩系的 AB 和 БВ 砂岩,埋深1605~2252m,含油面积1600km²,地质储量51.5×10⁸t,可采储量24×10⁸t。表3给出了该油田1969—1992年的开发数据及有关资料。

将实际产量数据分为3组,每组8个数据点,由式(11)至式(19)得到:$S_1 = 26.4317, f_1 = 4.6055, l_1 = 25.7458; S_2 = 33.2348, f_2 = 8.7151, l_2 = 110.4280; S_3 = 31.1281, f_3 = 10.4721, l_3 = 215.5742$。并由式(23)、式(24)和式(25)求得 $b = 3.1563, c = -13.7291, a = 52.6415$。由联立方程求解法建立的产量预测数学模型为:

$$Q_t = 52.6415 t^{3.1563 - t/13.7291} \tag{32}$$

计算出式(7)的自变量 x、因变量 y(表3),做出图3。除第一点外,其余各点的回归结果为:截距(b)为3.1631、斜率($1/c$)为-0.0713、相关系数(R)为-0.9507。由截距、斜率和式(8)可得:$b = 3.1631, c = -14.0317, a = 48.1911$。这样,即可写出双对数求解法建立的预测模型:

$$Q_t = 48.1911 t^{3.1631 - t/14.0317} \tag{33}$$

表3 萨马特洛尔油田实际、预测产量及有关数据

年份	$Q_t(10^4$t/a) 实际	预测 式(32)	预测 式(33)	$N_p(10^4$t) 实际	预测 式(32)	预测 式(33)	x	y
1969	130	53	48	130	53	48	2.0000	1.7258
1970	430	424	391	560	477	439	4.7095	2.0815
1971	1000	1327	1231	1560	1804	1670	7.8188	2.5955
1972	2110	2794	2604	3670	4598	4274	11.2126	2.7529
1973	3900	4709	4414	7570	9307	8688	14.8275	2.4714
1974	6120	6876	6480	13690	16183	15168	18.6234	2.2894
1975	8710	9075	8600	22400	25258	23768	22.5727	1.7617
1976	11020	11105	10584	33420	36363	34252	26.6548	1.4029
1977	13000	12813	12282	46420	49176	46634	30.8543	0.9179
1978	14320	14101	13595	60730	63277	60229	35.1589	0.5426
1979	15080	14924	14475	75810	78201	74704	39.5584	0.3009
1980	15480	15286	14914	91290	93487	89618	44.0448	-0.3686
1981	15030	15223	14943	106320	108710	104561	48.6110	-0.5966
1982	14380	14795	14613	120710	123503	119174	53.2512	-0.3882
1983	14000	14076	13990	134700	137581	133164	57.9602	-1.0769
1984	13060	13140	13143	147770	150721	146307	62.7337	-2.6971
1985	11090	12062	12141	158860	162783	158448	67.5677	-0.1744
1986	10980	10904	11047	169830	173687	169495	72.4589	-1.9524
1987	9880	9722	9914	179720	183409	179409	77.4040	-3.4679
1988	8270	8560	8787	188410	191969	188196	82.4003	-1.4105
1989	7720	7451	7699	196140	199420	195895	87.4454	-4.0309
1990	6400	6416	6675	202530	202584	202570	92.5370	-2.9638
1991	5610	5471	5730	208140	211307	208300	97.6730	-3.6639
1992	4800	4623	4875	212940	215930	213175		
1998		1432	1574		231056	229455		
2008		129	153		236041	235086		
2018		8	10		236428	235555		
2028		0.4	0.5		236448	235583		

由式(32)和式(33)预测的年产量及其逐年累加得到的累计产量见表3和图4。除开发初的前几年之外,其余各年的预测年产量、累计产量平均相对误差均小于3%。式(32)和式(33)预测的可采储量分别为23.64×10^{8}t和23.56×10^{8}t,相对误差仅为1.5%和1.8%。由表3可见,开发前30年的采出量已占可采储量的近98%,而前40年的采出量已占到了可采储量的99.8%。所以,萨马特洛尔油田的开发年限可定40年,即2008年结束。

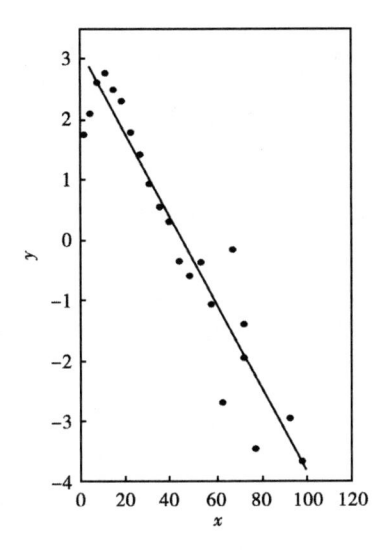

图3 萨玛特洛尔油田的 y-x 图

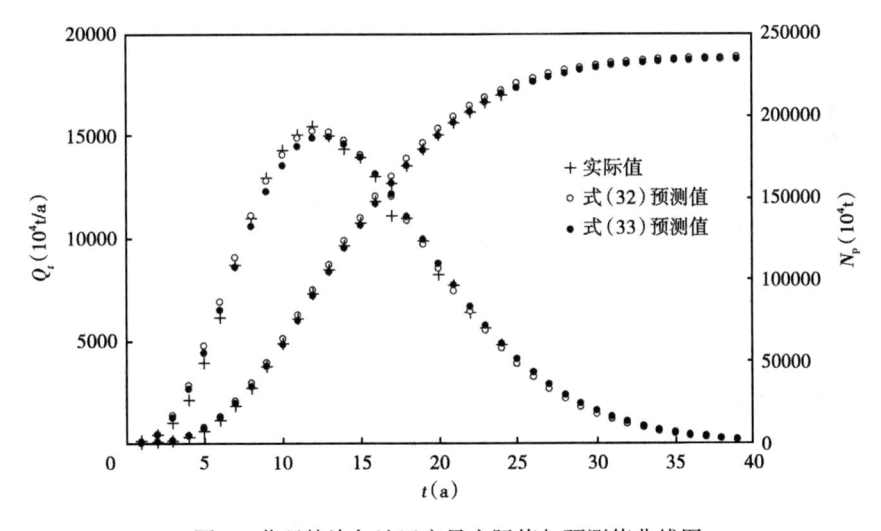

图4 萨玛特洛尔油田产量实际值与预测值曲线图

5 结论

油气田开发时间是单向的、不可逆转的。油气田开发系统是一个开放的、非线性系统。油气田产量随时间流呈兴起(上升)和衰落(下降)2个非线性变化阶段,原因是受油气田动态系统本身非线性机制及开发过程中挖潜、调整、治理措施等人为因素的制约和影响。

Weng旋回是预测油气田产量非线性变化的典型模型。本文基于Weng旋回的方法原理,提出了一种刻画油气田产量非线性变化的仿真模型,并给出了参数求解的联立方程组求解法和双对数法。同时,对模型性质及适用性等方面进行了讨论。本文模型同 Weng 旋回一样,是一种有(时间)序的结构体系,以系统辨识理论和控制论为基础,从时间流中考察油气田产量的非线性变化,同时具有兴起和衰落双重功能。模型从功能而言,属于一种功能模拟模型。从预测科学而言,属于唯象信息预测模型。对于非光滑数据,双对数求参法较联立方程组求参法效果要差。

通过对 15 个油田和 10 个气田的验证表明,该文模型具有广泛的适用性。

参 考 文 献

[1] 翁文波. 预测论基础[M]. 北京:石油工业出版社,1984.
[2] 赵旭东. 对油田产量与最终可采储量的预测方法介绍[J]. 石油勘探与开发,1986,13(2):72-78,71.
[3] 赵旭东. 用 Weng 旋回模型对生命总量有限体系的预测[J]. 科学通报,1987,32(18):1406-1409.
[4] 张国东. 翁氏产量预测模型求解新方法及应用[J]. 试采技术,1996,17(1):13-19.
[5] 《国外砂岩油田开发》编写组. 国外砂岩油田开发[M]. 哈尔滨:黑龙江科学技术出版社,1984.

用生命旋回模型预测生命总量有限体系[●]

预测是横贯自然与社会的一项长期的人类活动。早在中国汉代,科学家张衡就用他发明的地动仪预知地震的时间和方向;三国时期,诸葛亮对风的准确预报,是赤壁之战大获全胜的关键所在;现在,人们用万有引力定律可以预测数千年后的日食和月食现象[1]。诚然,预测是展望未来的窗口、科学决策的基石、把握未来的工具。

"见瓶水之冰,而知天下之寒"用一个极其简单的现象提示了一个深刻的哲理:预测是由"已知"推演"未知"的过程。迄今,人们已经能够成功预测自然、社会、经济、技术领域中许多事物的发展。本文用确定型生命旋回模型以石油、天然气非再生矿产资源为例,预测生命总量有限体系,具有普遍的意义。

1 生命旋回原理

人的一生是由出生,经过成长、成熟,直到死亡的过程构成的。倘若抛开生命的具体物质形态与内容,从运动和发展的角度出发,这个过程就可以理解为一个旋回,即"生命旋回"。因此,"生命"就是一个"旋回"。在人们的习惯当中,通常将人从出生直到死亡的生命旋回过程划分为童年、青年、成年和老年4个时期,而在这4个时期当中人的精力、体力等反映生命变化特征的指标呈现出由兴到衰的规律。所以,生命旋回又称(生命)兴衰周期。

由于自然与社会中任何事物的生存与发展都要受其自身生长(发展)能力(内部机制)与环境条件(外部机制)的制约和影响,从而使事物或事物的某些特征上呈现出与人的生命过程相类似的周期性。这样,在预测科学技术中,预测学家常把某一事物从兴起,经过成长、成熟,直到衰亡的全过程[2-8],称作生命旋回或兴衰周期,而把客观世界中被主观选取的局部(即观测对象)称作体系。显然,这种刻画事物发展规律的生命旋回应该更确切地称为"广义生命旋回"。

值得指出是,无论生命旋回的过程多长,但其总有衰灭(量值为0)的时刻,所以生命旋回是针对生命总量有限体系而言的。

综上所述,如果某一预测体系中事物(或事物的某些特征)具有从兴起到衰亡的全过程,就可以通过历史拟合建立一个确定型生命旋回模型,对事物进行描述和预测它的未来。

2 一个确定型生命旋回模型的应用

根据生命旋回原理和其预测范式,可以将确定型生命旋回模型的一般结构特点和预测原理概括为:在一个非线性预测模型中,同时含有一个兴起因子(函数)和一个败落因子,它们随时间的单向增大相互影响、制约,共同产生作用,使整个过程呈现为由兴到衰的规律。同时,构造出一个如下的生命旋回预测模型:

[●] 本文合作者:陈明强、熊湘华、刘战君。

$$Q = a^{t^b c^t} \tag{1}$$

式(1)中,参数 a,b 和 c 是与曲线的基值、形状、缩尺有关的常数,其中:$a>1, b>0, 1>c>0$。模型中当 t 增大时,则 t^b 增大、c^t 减小,可知 $\ln Q$ 的兴起正比于时间 t 的 b 次方函数,即 $\ln Q \propto t^b$;$\ln Q$ 的衰落正比于时间 t 的指数函数,即 $\ln Q \propto c^t$。由于 Q 的兴衰是 $\ln Q$ 兴衰的原因,显然事物 Q 随时间 t 的变化过程中,一方面随因子 t^b 而兴起,另一方面又随着因子 c^t 而衰落。

这一生命旋回模型具有如下性质:

$$\frac{dQ}{dt} = \left(\frac{b}{t} + \ln c\right) Q \ln Q \tag{A}$$

当 $t = -\frac{b}{\ln c}$ 时,$\frac{dQ}{dt} = 0$。由于函数的一阶导数描述函数的变化速度,即递增性或递性,可知事物 Q 的极盛时刻 t^* 及其极盛时刻的量值 $Q_{\max}$ 为:

$$t^* = -\frac{b}{\ln c} \tag{2}$$

$$Q_{\max} = a^{\left(-\frac{b}{e \ln c}\right)^b} \tag{3}$$

$$\frac{d^2 Q}{dt^2} = \frac{Q \ln Q}{t^2}\left[(b + t \ln c)^2 (1 + t^b c^t \ln a) - b\right] \tag{B}$$

由于 $(b + t \ln c)^2 (1 + t^b c^t \ln a) - b = 0$ 为一超越方程,所以 $\frac{d^2 Q}{dt^2} = 0$ 时,t 无解析解,用数值法求其近似解为 $t = t_1^{**}$ 或 $t = t_2^{**}$。函数的二阶段导数刻画函数变化的速率,即加速性或减速性。因而,由 $\frac{dQ}{dt} = 0$ 和 $\frac{d^2 Q}{dt^2} = 0$ 的解,可将事物 Q 由兴至衰的生命过程大致上分为 4 个阶段:一般上升,$t = 0 \sim t_1^{**}$;加速上升,$t = t_1^{**} \sim t^*(-\frac{b}{\ln c})$;快速下降,$t = t^*(-\frac{b}{\ln c}) \sim t_2^{**}$;缓慢下降 $t = t_2^{**} \sim \infty$。

应用上述模型,笔者对国内外近百个油气田的产量和我国轿车保有量,以及手表、自行车、电视机、收音机、缝纫机等 5 种工业消费品的年售量进行了预测,结果表明是可行的,预测值与实际值之间的相关系数一般都大于 0.99。下面仅以众多生命总量有限体系中的一个特款——油田开发为例。

油气田的形成是石油地质历史的演化结果,油气田中的油、气储量是有限和不可再生资源,属于生命总量有限体系。油气田从投产到产量枯竭是一个生命旋回。

萨马特洛尔油田是世界巨型油田之一,位于俄罗斯西伯利亚盆地中央沼泽地带,于 1965 年发现,1969 年投入开发。地质储量 51.5×10^8 t,可采储量 24×10^8 t。

用非线性最小二乘法估算模型参数。经计算萨马特洛尔油田的模型表达式为:

$$Q = 96.0665^{(t^{0.4919} \times 0.9613^t)}$$

1966 年至 1992 年,该油田产量实际值和预测值之间的相关系数在 0.999 以上,除前 2 点外平均相对误差不超过 3%。表 1 及图 1 给出了该油田年产量实际值与预测值。

由式(2)求得时间 $t^* = 12.436$a,即 1981 年 5 月 17 日,油田最高产量达 $Q_{\max} = 15600 \times 10^4$ t/a。当 $t_1^{**} = 6.836$a 和 $t_2^{**} = 18.001$a(即 1975.10.11 和 1986.12.31)时,$\frac{d^2 Q}{dt^2} \approx 0$。即可得知萨马特洛油田产量兴衰的 4 个阶段:

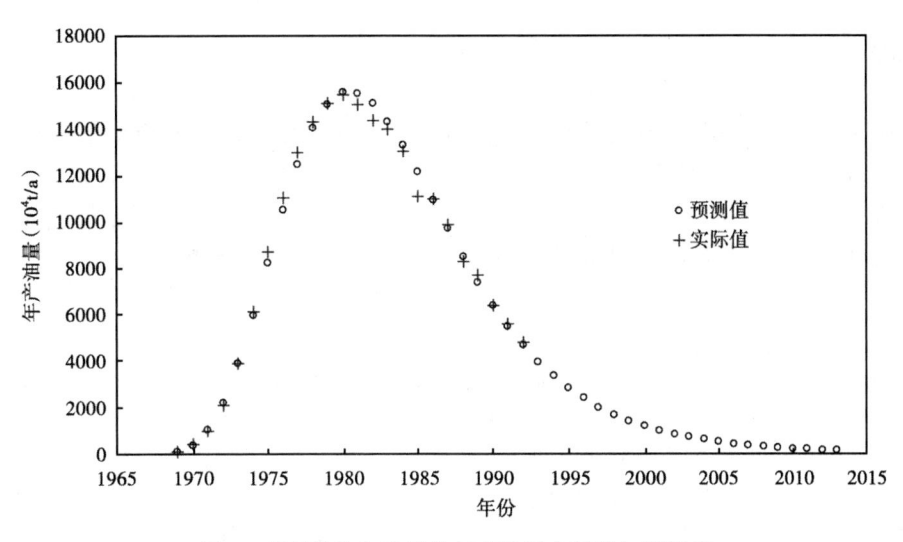

图 1 萨玛特洛尔油田的年产油量实际值与预测值

(1)一般上升阶段,1968.12.31—1975.10.1($t=0~6.836$a);
(2)加速上升阶段,1975.10.11—1981.5.17($t=6.836~12.436$a);
(3)快速下降阶段,1981.5.17—1986,12,31($t=12.436~18.001$a);
(3)缓慢下降阶段,1986.12.31—开采结束[$t=18.001~$(理论)∞ a]。

表 1 萨马特洛尔油田产量实际值和预测值统计表

年份	t(a)	年产量 $Q(10^4$t/a) 实际	年产量 $Q(10^4$t/a) 预测	年份	t(a)	年产量 $Q(10^4$t/a) 实际	年产量 $Q(10^4$t/a) 预测
1969	1	130	80.5	1986	18	10980	10912.6
1970	2	430	377.1	1987	19	9880	9689.0
1971	3	1000	1055.5	1988	20	8270	8509.9
1972	4	2110	2229.7	1989	21	7720	7406.3
1973	5	3900	3909.2	1990	22	6400	6396.7
1974	6	6120	5985.1	1991	23	5610	5489.6
1975	7	8710	8259.0	1992	24	4800	4687.8
1976	8	11020	10494.6	1993	25		3984.6
1977	9	13000	12471.5	1994	26		3376.6
1987	10	14320	14023.3	1995	27		2854.2
1979	11	15080	15056.0	1996	28		2408.3
1980	12	15480	15547.3	1997	29		2029.7
1981	13	15030	15532.9	1998	30		1709.6
1982	14	14380	15088.1	1999	31		1439.9
1983	15	14000	14308.3	2000	32		1213.1
1984	16	13060	13292.9	2001	33		1022.7
1985	17	11090	12134.7	2002	34		863.1

3 结语

预测是对未来的展望和分析,是科学加艺术。由于确定型生命旋回模型都是建立在对历史信息拟合基础上的唯象基值信息模型,它只能采集到"最后信息"以前的信源状态,反映当前人类科学技术水平下的体系变化,对于实践是滞后的,无法反映出今后科学技术的发展对预测体系的影响,所以远期预测结果可能会偏低。可见,预测毕竟是预测,它并不等于发生。

参 考 文 献

[1] 赵旭东. 用 Weng 旋回模型对生命总量有限体系的预测[J]. 科学通报,1987,32(18):1406-1409.
[2] 翁文波. 预测论基础[M]. 北京:石油工业出版社,1984.
[3] 赵旭东. 对油田产量与最终可采储量的预测方法介绍[J]. 石油勘探与开发,1986,13(2):72-78,71.
[4] 刘洪,李必强. 自然增长过程的分形规律研究与应用[J]. 科技导报,1996(10):21-24.
[5] 赵永胜. 耗散结构理论与油田动态自适应预测[J]. 新疆石油地质,1988,9(2):36-41.
[6] 贺太纲,郑崇勋. 混沌序列的非线性预测[J]. 自然杂志,1997,19(1):10-13.
[7] 张虎俊. 预测油气田产量的一种兴衰周期模型[J]. 小型油气藏,1996,1(2):46-49.
[8] 张虎俊. 油气田产量预测的信息模型[J]. 古潜山,1996(4):32-40.

一种生命旋回信息模型的建立及应用

油气田开发系统是一个时间上不可逆转的动态系统。这种系统的本质是其非线性,如描述系统变化的产量指标在整个开发过程中都带有明显的非线性特征。在传统的油气藏工程方法中,通常将这类非线性问题进行线性化处理。事实上,这种处理后的线性关系只能在一定条件下的有限时域内存在。因此,非线性问题通过线性处理后进行预测,其结果的有偏性是毋庸置疑的。非线性系统其实是一种有(时间)序的结构,这种结构体系的一个重要特点是,时间变量 t 不再是一个与系统无关的几何变量,而是描述系统的自变量[1]。对于油气田产量系统的非线性问题,最早由翁文波院士进行过有效的探索。Weng 旋回[2-4]从系统辨识理论和控制论的观点出发,从时间流中考察油气田产量系统的非线性特征,属于功能模拟模型,只要这种模型的输出能够达到所需的精度,那么模型的实用性就肯定了。

本文基于对 Weng 旋回模型结构的分析和研究,提出了一种描述油气田产量变化的新型功能模拟模型,从预测学的角度命名,称之为一种新的生命旋回信息模型。该模型属于唯象模型,预测中不考虑今后科学技术的发展对模型预测结果的影响。

1 Weng 旋回的模型结构及性质

预测是对未来的展望和分析,是由"已知"推演"未知"的过程。从预测科学而言,预测模型通常分为统计预测模型和信息模型。在预测技术中,常把某一事物从兴起,经过成长、成熟,直到衰亡的全过程,称作生命旋回或兴衰周期[2],而把客观世界中被选取的局部称作体系。生命旋回是针对事物生命总量有限体系而言,如石油、天然气等矿产资源有限体系。

我国著名预测论专家、已故的中国科学院院士翁文波先生曾经提出过一种预测整个生命过程的信息模型[2],被称作 Weng 旋回[3,4]。其表述如下:

在油气田开发过程中,假设油气田产量 Q 正比于开发时间 t 的 n 方函数兴起,同时又随着时间变量 t 的负指数函数衰减。这一过程由 Weng 旋回表示为:

$$\begin{cases} Q_t = Bt^n e^{-t} \\ t = (Y - Y_0)/C \end{cases}$$

式中 Q_t ——油田的瞬时产量;
Y ——待预测的年份;
Y_0 ——投产前一年的年份;
n, B, C ——待定参数或拟合系数。

Weng 旋回具有如下性质:

$$\frac{dQ_t}{dt} = Q_t \left(\frac{n}{t} - 1 \right)$$

当 $t<n$ 时,$\dfrac{\mathrm{d}Q_t}{\mathrm{d}t}>0$；当 $t=n$ 时,$\dfrac{\mathrm{d}Q_t}{\mathrm{d}t}=0$；当 $t>n$ 时,$\dfrac{\mathrm{d}Q_t}{\mathrm{d}t}<0$。

另有：

$$\dfrac{\mathrm{d}^2 Q_t}{\mathrm{d}t^2} = Q_t \dfrac{1}{t^2}[(t-n)^2 - n]$$

当 $t = n \pm \sqrt{n}$ 时,$\dfrac{\mathrm{d}^2 Q_t}{\mathrm{d}t^2}=0$。

众所周知,函数的一阶导数描述函数的变化速度,即递增性或递减性,函数的二阶导数刻画函数的变化速率,即加速性或减速性。因此,可知油气田产量 Q_t 兴衰的4个阶段为：

(1) 建产阶段,产量缓慢上升。

$$t = 0 \sim (n - \sqrt{n})$$

(2) 高产阶段,产量快速上升。

$$t = (n - \sqrt{n}) \sim n$$

(3) 递减阶段,产量快速下降。

$$t = n \sim (n + \sqrt{n})$$

(4) 后期阶段,产量缓慢下降。

$$t = (n + \sqrt{n}) \sim \infty$$

Weng 旋回的实质和原理是油气田产量 Q 随着时间的一种函数(幂函数)兴起,同时又随着 t 的另一种函数(负指数函数)衰落。利用 Weng 旋回的原理,笔者已成功地构造出一系列兴衰周期(生命旋回)模型,其中一些得以发表[5,6],一些正在审理和等待刊出。而本文模型的提出同样是以 Weng 旋回为基础和原理的。

2 新模型推导和建立

对于变量 x 可以建立如下指数函数关系：

$$f(x) = \mathrm{e}^{bx} \tag{1}$$

式(1)中,当 $b<0$,x 取 $0\sim\infty$ 时,随着 x 的单向增大,式(1)为一(衰)减函数,其最小值取极限为0。即 $x\to\infty$ 时,$f(x)\to 0$。

再以 $f(x)$ 为自变量,建立如下的函数关系：

$$g[f(x)] = \mathrm{e}^{af(x)} \tag{2}$$

式(2)中,当 $a<0$ 时,随着 x 的增大,$f(x)$ 减小,式(2)始终为一增大的函数或称兴起函数。

由函数 $f(x)$ 和 $g[f(x)]$ 及其参数 b 和 a 可以构成一个非常有意义的函数：

$$\phi(x) = ab\mathrm{e}^{a\mathrm{e}^{bx}}\mathrm{e}^{bx} \tag{3}$$

式中 $\phi(x)$ ——分布密度函数；

x ——分布变量,区间为 $0\sim\infty$；

a, b——待估参数。

式(3)中,由于$a<0, b<0$,则$ab>0$。该模型揭示了函数$\phi(x)$随着x的增大,正比于函数$e^{ae^{bt}}$兴起,同时又随着e^{bt}而衰落。该模型符合Weng旋回的原理,称之为兴衰周期模型或生命旋回模型。

若对式(3)进行积分,在x为$0\sim\infty$区间内,可以得到其分布函数$F(x)$等于$(1-e^a)$:

$$\begin{aligned} F(x) &= \int_0^\infty \phi(x)\mathrm{d}x \\ &= \int_0^\infty abe^{ae^{bx}}e^{bx}\mathrm{d}x \\ &= \int_0^\infty e^{ae^{bx}}\mathrm{d}(ae^{bx})\mathrm{d}x \\ &= e^{ae^{bx}}\big|_0^\infty = 1 - e^a \end{aligned} \qquad (4)$$

将该分布模型引入到油气田产量变化的描述,则式(3)可以改写为:

$$Q_t = abce^{ae^{bt}}e^{bt} \qquad (5)$$

式中 Q_t——油气田瞬时产量;
t——油气田的开发时间;
c——由分布函数的数学模型转换为油气田产量实用模型时,需要引入的模型转换常数。

众所周知,油气田的累计产量N_p可表示为:

$$N_\mathrm{p} = \int_0^t Q_t \mathrm{d}t \qquad (6)$$

将式(5)代入式(6),积分可得:

$$\begin{aligned} N_\mathrm{p} &= \int_0^t abce^{ae^{bt}}e^{bt}\mathrm{d}t \\ &= c\int_0^t e^{ae^{bt}}\mathrm{d}(ae^{bt}) \\ &= ce^{ae^{bt}}\big|_0^t = c(e^{ae^{bt}} - e^a) \end{aligned} \qquad (7)$$

在式(7)中,当$t\to 0$时,可得到油气田的最大累计产量N_pmax,即可采储量N_R:

$$N_\mathrm{R} = c(1 - e^a) \qquad (8)$$

由式(8)得$c = \dfrac{N_\mathrm{R}}{1 - e^a}$,并代入式(5)和式(7)得:

$$Q_t = \frac{abN_\mathrm{R}}{1 - e^a}e^{ae^{bt}}e^{bt} \qquad (9)$$

$$N_\mathrm{p} = \frac{1 - N_\mathrm{R}}{1 - e^a}(e^{ae^{bt}} - e^a) \qquad (10)$$

式(9)和式(10)即为本文提出的新模型。式(10)中,当e^a趋近于0而忽略不计时,即得到应用广泛的贡泊兹模型。

瞬时产量模型,即式(9)具有如下性质:

$$\frac{dQ_t}{dt} = Q_t(abe^{bt} + b)$$

当 $t < -\frac{1}{b}\ln(-a)$ 时,$\frac{dQ_t}{dt} > 0$;当 $t = -\frac{1}{b}\ln(-a)$ 时,$\frac{dQ_t}{dt} = 0$;当 $t > -\frac{1}{b}\ln(-a)$ 时,$\frac{dQ_t}{dt} < 0$。

$$\frac{d^2Q_t}{dt^2} = Q_t[(abe^{bt} + b)^2 + ab^2e^{bt}]$$

当 $t = \frac{1}{b}\ln\left(\frac{-3\mp\sqrt{5}}{2a}\right)$ 时,$\frac{d^2Q_t}{dt^2} = 0$。

据上述性质和函数一阶导数、二阶导数的物理意义可知,油气田瞬时产量 Q_t 兴衰的4个阶段:

(1)建产阶段,产量缓慢上升。

$$t = 0 \sim \frac{1}{b}\ln\frac{-3-\sqrt{5}}{2a}$$

(2)高产阶段,产量快速上升。

$$t = \frac{1}{b}\ln\frac{-3-\sqrt{5}}{2a} \sim -\frac{1}{b}\ln(-a)$$

(3)递减阶段,产量快速下降。

$$t = -\frac{1}{b}\ln(-a) \sim \frac{1}{b}\ln\frac{-3+\sqrt{5}}{2a}$$

(4)后期阶段,产量缓慢下降。

$$t = \frac{1}{b}\ln\frac{-3+\sqrt{5}}{2a} \sim +\infty$$

由 $\frac{dQ_t}{dt}=0$,可知最高瞬时产量发生的时间为:

$$t_m = -\frac{1}{b}\ln(-a) \tag{11}$$

将式(11)代入式(9)和式(10),得到最高瞬时产量与相应时刻的累计产量:

$$Q_{t\max} = \frac{bN_R}{(e^a-1)e} \tag{12}$$

$$N_{pm} = \frac{N_R(1-e^{a+1})}{(e^a-1)e} \tag{13}$$

油气田的剩余可采储量 N_{RR} 可以表示为:

$$N_{RR} = N_R - N_p \tag{14}$$

将式(10)代入式(14),可得:

$$N_{RR} = \frac{N_R}{1-e^a}(1-e^{ae^{bt}}) \tag{15}$$

剩余可采储量的瞬时储采比 RPR 公式为:

$$RPR = \frac{N_{RR}}{Q_t} \tag{16}$$

把式(9)和式(15)代入式(16),即得:

$$RPR = \frac{1}{ab}\frac{1-e^{ae^{bt}}}{e^{ae^{bt}}e^{bt}} \tag{17}$$

剩余可采储量的瞬时采油气速度 v_t 可由瞬时储采比 RPR 的倒数得到:

$$v_t = \frac{1}{RPR} = ab\frac{e^{ae^{bt}}e^{bt}}{1-e^{ae^{bt}}} \tag{18}$$

3 年产量模型及性质和功能

由于油气田 t 时刻的瞬时产量只是一个数学上的概念,从严格的意义上讲是根本无法确定的,因此没有什么实际意义。而在实际工作中广泛应用和具有重要意义的是油气田的年产量。所以,值得注意和指出的是,式(9)所反映的是油气田瞬时产量,用它是不能够进行年产量预测的。因为年产量其实质是一阶段产量,在数值上等于年末与年初累计产量的差值。倘若用式(9)预测第 t 年的年产量,得到的将是第 t 年末和第 $(t+1)$ 年初的瞬时产量。在产量上升阶段,第 t 年末的瞬时产量大于第 t 年的年产量;产量下降阶段,反之。只有在绝对稳产条件下瞬时产量 Q_t 才等于年产量 $\overline{Q}_t$。所以,年产量可以由前后两年的累计产量相减得到[7]:

$$\overline{Q}_t = N_{P_t} - N_{P_{t-1}} \tag{19}$$

将式(10)代入式(19)得到:

$$\overline{Q}_t = \frac{N_R}{1-e^a}[e^{ae^{bt}} - e^{ae^{b(t-1)}}] \tag{20}$$

为了确定产量上升阶段、产量下降阶段和最高年产量 $\overline{Q}_{t\max}$ 发生时间 $\overline{t}_m$,对式(20)求导数得:

$$\frac{d\overline{Q}_t}{dt} = \frac{abN_R}{1-e^a}[e^{bt+ae^{bt}} - e^{b(t-1)+ae^{b(t-1)}}]$$

当 $t < \frac{1}{b}\ln\frac{be^b}{a(1-e^b)}$ 时,$\frac{d\overline{Q}_t}{dt} > 0$;当 $t = \frac{1}{b}\ln\frac{be^b}{a(1-e^b)}$ 时,$\frac{d\overline{Q}_t}{dt} = 0$;当 $t > \frac{1}{b}\ln\frac{be^b}{a(1-e^b)}$ 时,$\frac{d\overline{Q}_t}{dt} < 0$。

故最高年产量发生时间 $\bar{t}_m$ 为：

$$\bar{t}_m = \frac{1}{b}\ln\frac{be^b}{a(1-e^b)} \tag{21}$$

将式(21)代入式(20)和式(10)，得到最高年产量与相应时刻的累计产量：

$$\bar{Q}_{tmax} = \frac{N_R}{1-e^a}(e^{\frac{be^b}{1-e^b}} - e^{\frac{b}{1-e^b}}) \tag{22}$$

$$\bar{N}_{pm} = \frac{N_R}{1-e^a}(e^{\frac{be^b}{1-e^b}} - e^a) \tag{23}$$

为了确定年产量上升和下降的快慢，还需要对式(20)求二阶导数：

$$\frac{d^2\bar{Q}_t}{dt^2} = \frac{ab^2 N_R}{1-e^a}\{(ae^{bt}+1)e^{bt+ae^{bt}} - [ae^{b(t-1)}+1]e^{b(t-1)+ae^{b(t-1)}}\}$$

当令 $\frac{d^2\bar{Q}_t}{dt^2} = 0$ 时，用解析法无法求得 t 的根，所以用瞬时产量二阶导数 $\frac{d^2 Q_t}{dt^2}$ 为 0 时的根加 $0.5(a)$ 逼近。这样，油气田年产量 $\bar{Q}_t$ 兴衰的 4 个阶段其时间界限为：

(1)建产阶段，产量缓慢上升。

$$t = 0 \sim \frac{1}{2} + \frac{1}{b}\ln\frac{-3-\sqrt{5}}{2a}$$

(2)高产阶段，产量快速上升。

$$t = \frac{1}{2} + \frac{1}{b}\ln\frac{-3-\sqrt{5}}{2a} \sim \frac{1}{b}\ln\frac{be^b}{a(1-e^b)}$$

(3)递减阶段，产量快速下降。

$$t = \frac{1}{b}\ln\frac{be^b}{a(1-e^b)} \sim \frac{1}{2} + \frac{1}{b}\ln\frac{-3+\sqrt{5}}{2a}$$

(4)后期阶段，产量缓慢下降。

$$t = \frac{1}{2} + \frac{1}{b}\ln\frac{-3+\sqrt{5}}{2a} \sim \infty$$

由式(15)除以式(20)、式(20)除以式(15)，分别得到剩余可采储量的年储采比 $\overline{RPR}$ 和年采油气速度 $\bar{v}_t$：

$$\overline{RPR} = \frac{1-e^{ae^{bt}}}{e^{ae^{bt}} - e^{ae^{b(t-1)}}} \tag{24}$$

$$\bar{v}_t = \frac{e^{ae^{bt}} - e^{ae^{b(t-1)}}}{1-e^{ae^{bt}}} \tag{25}$$

应用本文模型对具体油气田产量进行预测的难点和关键是模型参数的求解。由于应用累计产量公式[式(10)]和年产量公式[式(20)]很难确定参数。所以利用瞬时产量公式[式(9)]确定模型参数。

将式(9)改写为如下形式：

$$\frac{Q_t}{e^{bt}} = \frac{abN_R}{1-e^a}e^{ae^{bt}} \tag{26}$$

式(26)取自然对数得：

$$\ln\frac{Q_t}{e^{bt}} = \ln\frac{abN_R}{1-e^a} + ae^{bt} \tag{27}$$

尚若令：

$$B = \ln\frac{abN_R}{1-e^a} \tag{28}$$

故有：

$$\ln\frac{Q_t}{e^{bt}} = B + ae^{bt} \tag{29}$$

应用式(29)时需要瞬时产量 Q_t，而油气田开发中理论上根本无法确定 t 时刻的瞬时产量数值。为此，可用第 t 年和第 $(t+1)$ 年的年产量和的一半逼近 t 时刻(即 t 年末)的瞬时产量：

$$Q_t = \frac{1}{2}(\overline{Q}_t + \overline{Q}_{t+1}) \tag{30}$$

式(29)利用试差法求解。给定不同的 b，得到相应的线性相关系数，相关系数最大的 b 值为最佳 b 值。此时，当由线性回归方程求得直线的截距 B 和斜率 a 之后，可由式(28)确定出油气田的可采储量 N_R：

$$N_R = \frac{e^B(1-e^a)}{ab} \tag{31}$$

4 模型应用实例

应用本文模型通过对包括玉门油田在内的国内外一些大中小型油气田的实际资料拟合表明，模型具有普遍的适用性。下面以苏联北斯塔罗夫波尔—别拉基阿金气田为例，以说明本文模型的实用性和具体操作过程。

北斯塔夫罗波尔—别拉基阿金气田，是苏联于20世纪50年代勘探开发的最大气田之一。该气田位于北斯塔罗夫波尔和别拉基阿金穹状隆起上，产气层是渐新统的哈杜姆层和始新统绿色岩系。另外，中新统的乔克拉克和卡拉岗层中也有小气层。该气田于1950年发现，埋藏深度为800~1000m，含气面积约590km²，原始天然气地质储量2285×10⁸m³，预计采收率可达90%以上。表1给出了该气田1957年至1977年间的实际开发数据。

表1 北斯塔夫罗波尔-别拉基阿金气田实际和预测产量

年份	t (a)	$\overline{Q}_t(10^8 m^3/a)$ 实际值	$\overline{Q}_t(10^8 m^3/a)$ 预测值	$Q_t(10^8 m^3/a)$ 式(30)换算值	$Q_t(10^8 m^3/a)$ 式(32)预测值	$N_p(10^8 m^3)$ 实际值	$N_p(10^8 m^3)$ 预测值	N_{RR} ($10^8 m^3$)
1957	1	19	21.7	31.0	29.2	20	21.7	2156.6
1958	2	43	38.4	51.0	48.4	63	60.1	2118.2
1959	3	59	59.6	70.5	71.2	122	119.7	2058.6
1960	4	82	83.2	87.0	95.0	204	202.8	1975.5
1961	5	92	106.2	102.5	116.8	295	309.0	1869.3
1962	6	113	126.0	125.0	134.2	408	435.0	1743.3
1963	7	138	140.6	143.0	145.8	546	575.6	1602.7
1964	8	148	149.1	149.5	151.3	694	724.6	1453.7
1965	9	151	151.6	154.0	151.0	845	867.2	1302.1
1966	10	157	148.8	157.5	146.0	1002	1025.0	1153.3
1967	11	158	141.9	156.5	137.4	1160	1166.9	1011.4
1968	12	155	132.2	146.0	126.6	1315	1299.1	879.2
1969	13	137	120.5	123.0	114.5	1452	1419.7	758.6
1970	14	109	108.3	99.0	102.0	1562	1528.0	650.3
1971	15	89	95.9	84.0	89.8	1651	1623.9	544.3
1972	16	79	83.9	74.5	78.2	1730	1707.8	470.5
1973	17	70	72.8	65.0	67.5	1800	1780.6	397.7
1974	18	60	62.6	56.5	57.9	1860	1843.2	335.1
1975	19	53	53.6	49.0	49.4	1913	1896.8	281.5
1976	20	45	45.5	41.5	41.9	1958	1942.3	236.0
1977	21	38	38.6	35.4	35.4	1996	1980.9	197.4

首先将表1中实际年产量按式(30)换算为瞬时产量(表1),然后给予不同的b,计算出e^{bt}和Q_t/e^{bt},再由式(29)进行线性回归分析。当$b=-0.188$时,得到相关系数$R=0.9982$和最佳直线(表2、图1),此时直线的截距$B=7.6087$,斜率$a=-4.8848$。将b,B和a代入式(31)得该气田的可采储量$N_R=2178.3\times10^8 m^3$,计算出采收率E_R可达95%。将a,b和N_R代入式(11)、式(12)和式(13)求得最高瞬时产量发生时间、最高瞬时产量和相应时刻的累计产量分别为:$t_m=8.44a$,$Q_{tmax}=151.8\times10^8 m^3/a$,$N_{pm}=790.86\times10^8 m^3$。同样,由式(21)、式(22)和式(23)算得最高年产量发生时间、最高年产量及相应时刻的累计产量为:$\overline{t}_m=8.94a$,$\overline{Q}_{tmax}=151.58\times10^8 m^3/a$,$\overline{N}_{pm}=867.84\times10^8 m^3$。最高瞬时产量和最高年产量发生时间仅相差了0.5年,证明笔者用瞬时产量二阶导数为0时的根加0.5年去逼近年产量二阶导数为0时的根,具有足够的精度。还可得知,虽然最高瞬时产量和最高年产量相差不大,然而其相应时刻的累计产量值却相距甚远。

表 2　北斯塔夫罗波尔—别拉基阿金气田的有关计算和预测数据

年份	t (a)	$b=-0.188$ e^{bt}	Q_t/e^{bt}	RPR	v_t (%)	$\overline{RPR}$	$\overline{v_t}$ (%)
1957	1	0.8286	37.4	73.9	1.35	99.2	1.01
1958	2	0.6866	74.3	3.8	2.28	55.2	1.81
1959	3	0.5689	123.9	28.9	3.46	34.5	2.89
1960	4	0.4714	184.5	20.8	4.81	23.8	4.21
1961	5	0.3906	262.4	16.0	6.25	17.6	5.68
1962	6	0.3237	387.7	13.0	7.70	13.8	7.23
1963	7	0.2682	533.2	11.0	9.10	11.4	8.77
1964	8	0.2222	672.7	9.6	10.41	9.8	10.25
1965	9	0.1842	836.3	8.6	11.60	8.6	11.64
1966	10	0.1526	1032.2	7.9	12.66	7.7	12.90
1967	11	0.1264	1237.8	7.4	13.59	7.1	14.03
1968	12	0.1048	1393.5	6.9	14.40	6.7	15.03
1969	13	0.0868	1416.8	6.6	15.09	5.3	15.90
1970	14	0.0719	1376.3	5.4	15.69	6.0	16.65
1971	15	0.0596	1409.3	6.2	16.20	5.8	17.29
1972	16	0.0494	1508.4	6.0	16.62	5.6	17.84
1973	17	0.0409	1588.2	5.9	16.98	5.5	18.30
1974	18	0.0339	1661.1	5.8	17.29	5.35	18.70
1975	19	0.0281	1743.8	5.7	17.54	5.26	19.02
1976	20	0.0233	1782.4	5.6	17.75	5.18	19.30
1977	21	0.0193		5.58	17.92	5.12	19.53

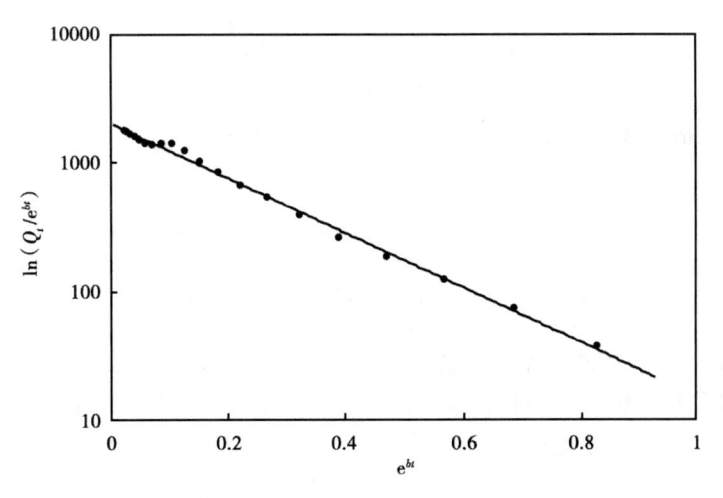

图 1　北斯塔夫罗波尔—别拉基阿金气田的 $\ln(Q_t/e^{bt})$—e^{bt} 关系

该气田瞬时产量 Q_t 兴衰的 4 个阶段界限为：
(1)产量缓慢上升，$t = 0~3.32a$，即 1956 年末至 1959 年 4 月末；
(2)产量快速上升，$t = 3.32~8.44a$，即 1959 年 4 月末至 1964 年 5 月末；
(3)产量快速下降，$t = 8.44~13.56a$，即 1964 年 5 月末至 1967 年 7 月末；
(4)产量缓慢下降，$t = 13.56~\infty a$，即 1969 年 7 月末至 ∞ 年末(理论值，实际不可能)。

该气田年产量 $\overline{Q}_t$ 兴衰的 4 个阶段界限为：
(1)产量缓慢上升，$t = 0~3.82a$，即 1956 年至 1959 年 10 月；
(2)产量快速上升，$t = 3.82~8.94a$，即 1959 年 10 月至 1964 年 11 月；
(3)产量快速下降，$t = 8.94~14.06a$，即 1964 年 11 月至 1970 年 1 月；
(4)产量缓慢下降，$t = 14.06~\infty a$，即 1970 年 1 月至 ∞ 年(理论)。

将 a,b 和 N_R 值代入式(9)、式(17)、式(18)得到预测该气田瞬时产量和剩余可采储量的瞬时储采比、瞬时采气速度的具体数学模型为：

$$Q_t = 2015.66 e^{-4.8848 e^{-0.188t}} e^{-0.188t} \tag{32}$$

$$RPR = 1.0889 \frac{1 - e^{-4.8848 e^{-0.188t}}}{e^{-4.8848 e^{-0.188t}} e^{-0.188t}} \tag{33}$$

$$v_t = 0.9183 \frac{e^{-4.8848 e^{-0.188t}} e^{-0.188t}}{1 - e^{-4.8848 e^{-0.188t}}} \tag{34}$$

再将 a,b 和 N_R 值代入式(20)、式(24)和式(25)可得年产量与剩余可采储量的年储采比、年采气速度的具体预测表达式：

$$\overline{Q}_t = 2194.9 [e^{-4.8848 e^{-0.188t}} - e^{-4.8848 e^{-0.188(t-1)}}] \tag{35}$$

$$\overline{RPR} = \frac{1 - e^{-4.8848 e^{-0.188t}}}{e^{-4.8848 e^{-0.188t}} - e^{-4.8848 e^{-0.188(t-1)}}} \tag{36}$$

$$\overline{v}_t = \frac{e^{-4.8848 e^{-0.188t}} - e^{-4.8848 e^{-0.188(t-1)}}}{1 - e^{-4.8848 e^{-0.188t}}} \tag{37}$$

把 a,b 和 N_R 值代入式(10)和式(15)得到预测气田累计产量与剩余可采储量的预测数学式：

$$N_p = 2194.9 (e^{-4.8848 e^{-0.188t}} - e^{-4.8848}) \tag{38}$$

$$N_{RR} = 2194.9 (1 - e^{-4.8848 e^{-0.188t}}) \tag{39}$$

由式(32)至式(39)预测的不同 t 值下的数据见表 1 和表 2。从预测结果可见，本文提出的年产量预测模型预测值与实际吻合程度很好(表 1 和图 2。)；在产量上升预测年末瞬时产量明显高于年产量实际和预测值，产量下降阶段情况正好相反。产量上升期剩余可采储量的年储采比高于年末瞬时储采比，产量下降期相反；产量上升期剩余可采储量的年采气速度低于年末瞬时采气速度，产量下降期相反。这些充分说明了不能够将年产量近似当作瞬时产量处理。

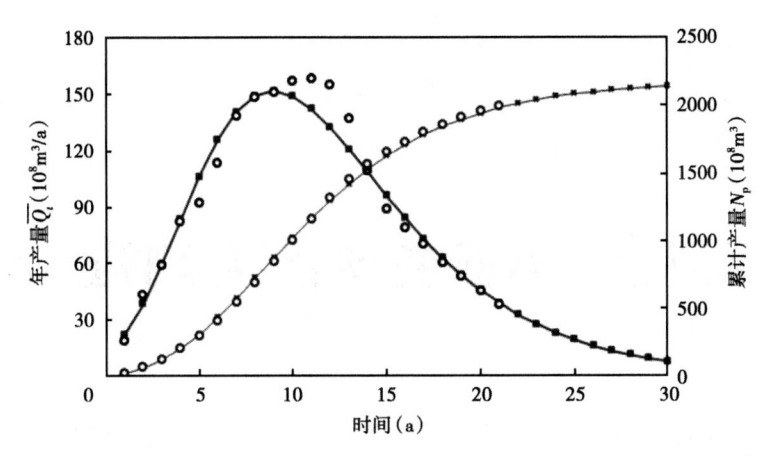

图 2 北斯塔夫罗波尔—别拉基阿金气田的年产量和累计产量实际值与预测值

5 结论

本文论述了油气田产量系统的非线性特征,对于预测油气田产量的非线性模型 Weng 旋回进行了系统介绍和研究分析。并基于 Weng 旋回的思想原理提出了一个分布函数模型,并将其引入油气田产量预测领域,形成了一种完整的预测油气田产量与可采储量及相关指标的生命旋回信息模型。同时还论述了年产量与瞬时产量的本质及差异,并经实例得以验证。

本文模型功能广泛,适用于油气田开发的各个阶段,是提供中长远程产量指标预测的有效手段。

参 考 文 献

[1] 黄伏生,赵永胜,刘青年. 油田动态预测的一种新模型[J]. 大庆石油地质与开发,1987,6(4):55-62.
[2] 翁文波. 预测论基础[M]. 北京:石油工业出版社,1984.
[3] 赵旭东. 用 Weng 旋回模型对生命总量有限体系的预测[J]. 科学通报,1987,32(18):1406-1409.
[4] 张虎俊,熊湘华. Weng 旋回参数求解的简单方法[J]. 石油学报,1997,18(2).89-93.
[5] 张虎俊. 预测油气田产量的一种兴衰周期模型[J]. 小型油气藏,1996,1(2):46-49.
[6] 张虎俊. 油气田产量预测的信息模型[J]. 古潜山,1996(4):32-40.
[7] 张虎俊. Копытов 衰减校正曲线的理论分析与探讨[J]. 西安石油学报,1995,10(4):24-28.

第八章 水驱曲线新模型的建立

《预测可采储量新模型的推导及应用》基于油田开发过程中含水率不断升高的规律,提出含水递增率概念,建立了累计产油量与含水率双对数关系水驱曲线新模型。实例验证表明,新模型和累计液油比与累计产水量关系水驱曲线预测的可采储量几乎一致。需要注意的是,对数坐标的性质决定了直线上点的间距是由稀变密的,因此,实际回归时需要对直线附近前期的点进行相关系数验证,不可轻易放弃。

《新水驱曲线模型的建立及参数求解方法》基于对甲型、新型水驱曲线和纳扎洛夫水驱曲线的研究,提出了一种含有累计产水量与累计产油量的 3 参数水驱曲线新模型,并给出了参数求解的内插公式法和微分线性法。内插公式法简单方便,但是会造成多解性;微分线性法具有单一解,但受水油比(含水率)影响较大。

在纳扎洛夫水驱曲线研究的基础上,《由纳扎洛夫水驱曲线推导的两种水驱曲线模型及应用》《水驱曲线分析的二种新方法》《与纳扎洛夫水驱曲线等效的两种水驱曲线模型及应用》3 篇论文,分别提出了揭示累计产液量倒数、累计产水量倒数与累计产油量倒数;累计油液比、累计油水比与累计产油量;累计水油比与累计产液量、累计产水量之间呈线性关系的 6 种水驱曲线新模型。新模型与纳扎洛夫模型具有等效性。

校正后的甲型水驱曲线,确定校正系数 C 的方法通常有内插公式法和试差法 2 类近似计算方法。《确定水驱曲线校正系数 C 的简单方法》提出利用水油比与累计产水量的线性关系直接求取 C 的方法,克服了传统求 C 法烦琐且多解性的缺陷,具有简便、快速的特点,但对水油比非光滑数据适应性变差。

在油田注水开发过程中,累计注水量、累计产油量属于随时间增长的函数。《新型注采特征曲线的推导及应用》提出了一种反映累计注水量与累计产油量双对数线性关系的新型注采特征曲线,同时提出了利用迭代法确定配注水量的方法。

借鉴甲型水驱曲线校正的思路与原理,《热采油藏注采特征曲线的校正及简便处理方法》《确定注蒸汽开发稠油油藏原油采收率的三参数注采特征曲线法》两篇论文,对注蒸汽稠油油藏累计注汽量与累计产油量半对数线性注采特征曲线,进行了提前应用时间校正,使之成为一条 3 参数注采特征新曲线。对于模型参数求解,提出了 3 种方法,即内插公式求 C 法、累计注汽量与瞬时汽油比线性回归法、累计注汽量等步长数值线性法。

预测可采储量新模型的推导及应用

油田可采储量的预测是油藏工程师最为重要的工作之一。预测可采储量的方法很多,利用水驱曲线预测可采储量的方法在国内外得到广泛应用。然而,水驱曲线方程本身并没有直接揭示累计产油量与含水率的关系,在可采储量预测时需要经过一系列数学运算,建立起水油比和累计产油量之间的关系后才能得以实现。本文模型直接反映了含水率与累计产油量之间的规律关系,经实际应用是行之有效的。

1 模型原理

油田开发阶段按含水率的高低,可分为低含水期、中含水期和高含水期,而在整个开发过程中油田含水率始终是不断升高的。根据这一规律,提出了含水递增率的概念,表示如下:

$$J = \frac{df_w}{f_w dt} \tag{1}$$

式中 J——含水递增率,a^{-1};
f_w——油田含水率;
t——开发时间,a。

将式(1)分离变量积分可得:

$$\int_{f_{wi}}^{f_w} \frac{df_w}{f_w} = J\int_{t_0}^{t} dt \tag{2}$$

$$f_w = f_{wi} e^{J(t-t_0)} \tag{3}$$

式中 f_{wi}——开发后某时间的含水率;
t_0——开发后的某一时间,a。

油田开发过程中累计产油量同含水率一样随时间是连续增加的。据此,文献[1]引出累计产量递增率的概念,表示如下:

$$I = \frac{dN_p}{N_p dt} \tag{4}$$

式中 I——累计产量递增率,a^{-1};
N_p——油田累计产油量,$10^4 t$;
t——开发时间,a。

对式(4)进行分离变量积分得:

$$\int_{N_{pi}}^{N_p} \frac{dN_p}{N_p} = I\int_{t_0}^{t} dt \tag{5}$$

$$N_{\mathrm{p}} = N_{\mathrm{pi}} \mathrm{e}^{I(t-t_0)} \tag{6}$$

式中　N_{pi}——开发后某时间的累计产油量，10^4t。

由式(6)除以式(3)可得：

$$\frac{N_{\mathrm{p}}}{f_{\mathrm{w}}} = \frac{N_{\mathrm{pi}}}{f_{\mathrm{wi}}} \mathrm{e}^{(I-J)(t-t_0)} \tag{7}$$

再由式(3)可得：

$$t - t_0 = \frac{1}{J} \ln \frac{f_{\mathrm{w}}}{f_{\mathrm{wi}}} \tag{8}$$

将式(8)代入式(7)，化简得：

$$\frac{N_{\mathrm{p}}}{f_{\mathrm{w}}} = \frac{N_{\mathrm{pi}}}{f_{\mathrm{wi}}} \mathrm{e}^{\frac{I-J}{J} \ln \frac{f_{\mathrm{w}}}{f_{\mathrm{wi}}}}$$

$$= \frac{N_{\mathrm{pi}}}{f_{\mathrm{wi}}} (\mathrm{e}^{\ln \frac{f_{\mathrm{w}}}{f_{\mathrm{wi}}}})^{(I-J)/J}$$

$$= \frac{N_{\mathrm{pi}}}{f_{\mathrm{wi}}} \left(\frac{f_{\mathrm{w}}}{f_{\mathrm{wi}}}\right)^{(I-J)/J}$$

$$= \frac{N_{\mathrm{pi}}}{f_{\mathrm{wi}}^{I/J}} f_{\mathrm{w}}^{(I-J)/J} \tag{9}$$

变换式(9)得：

$$N_{\mathrm{p}} = \frac{N_{\mathrm{pi}}}{f_{\mathrm{wi}}^{I/J}} f_{\mathrm{w}}^{I/J} \tag{10}$$

令：

$$a = \frac{N_{\mathrm{pi}}}{f_{\mathrm{wi}}^{I/J}} \tag{11}$$

$$b = I/J \tag{12}$$

则式(10)变为：

$$N_{\mathrm{p}} = a f_{\mathrm{w}}^{b} \tag{13}$$

式(13)为本文推导的累计产油量与含水率之间的(呈 a 倍的)幂函数表达式。

将式(13)取以 10 为底的常用对数得：

$$\lg N_{\mathrm{p}} = \lg a + b \ln f_{\mathrm{w}} \tag{14}$$

令：

$$A = \lg a \quad 和 \quad B = b \tag{15}$$

则式(14)变为：

$$\lg N_{\mathrm{p}} = A + B \lg f_{\mathrm{w}} \tag{16}$$

由式(16)可以看出,油田累计产油量与含水率之间呈双对数线性关系(图1),根据油田实际开发资料所作的图1证实了这一规律的存在。

将式(16)变形可以得到：

$$N_p = 10^{A+B\lg f_w} \tag{17}$$

式(17)即为本文推导的预测油田累计产油量的基本公式。若令 $A+B\lg f_w = x$,可见油田累计产量与含水率之间呈指数关系。

当含水率 $f_w = 98\%$ 时,可由式(17)得到预测油田可采储量的模型,表示如下：

$$N_R = 10^{A+B\lg 98} \tag{18}$$

或者：

$$N_R = 10^{A+1.991226B} \tag{19}$$

2 应用实例

把文献[2,3]提供的4个油田的有关资料列于表1,以便对本文方法进行验证。

表1 4个油田的 N_p 与 f_w 数据统计表

年份	濮城油田沙一段 N_p (10^4t)	濮城油田沙一段 f_w (%)	宁海油田 N_p (10^4t)	宁海油田 f_w (%)	王庄油田 N_p (10^4t)	王庄油田 f_w (%)	埕东油田 N_p (10^4t)	埕东油田 f_w (%)
1974							26.19	6.10
1975							82.26	14.25
1976							170.20	17.29
1977							271.40	32.96
1978							386.52	45.10
1979							490.07	58.08
1980							587.30	65.83
1981							669.80	71.08
1982							745.06	76.00
1983	125.84	1412	49.40	12.1			817.76	76.00
1984	176.83	20.49	132.48	27.4	83.19	9.3	890.83	77.4
1985	264.79	29.38	215.86	54.1	162.24	34.7	991.60	76.10
1986	353.62	50.05	284.35	67.1	180.30	71.1	1091.60	84.33
1987	413.14	70.42	341.68	72.5	184.40	66.2	1186.70	86.68
1988	452.58	81.22	388.30	79.9	187.45	71.5	1276.70	88.37
1989	482.27	86.85	420.43	83.6	190.18	73.3	1352.30	89.86
1990	505.00	91.56	443.70	89.5	192.83	75.8	1428.50	91.10
1991	521.50	94.37	463.59	91.4	194.64	83.2		
1992	534.49	95.43	483.25	91.7	196.23	83.3		

由表 1 可见,埕东油田于 1974 年正式开发,濮城油田(沙一段)、宁海油田和王庄油田几乎同时投入开发,4 个油田均处于后期高含水开发,已采出了绝大多数的可采储量。

将表 1 内的开发数据按式(16),在双对数坐标上作出累计产油量与含水率的关系曲线(图 1)。

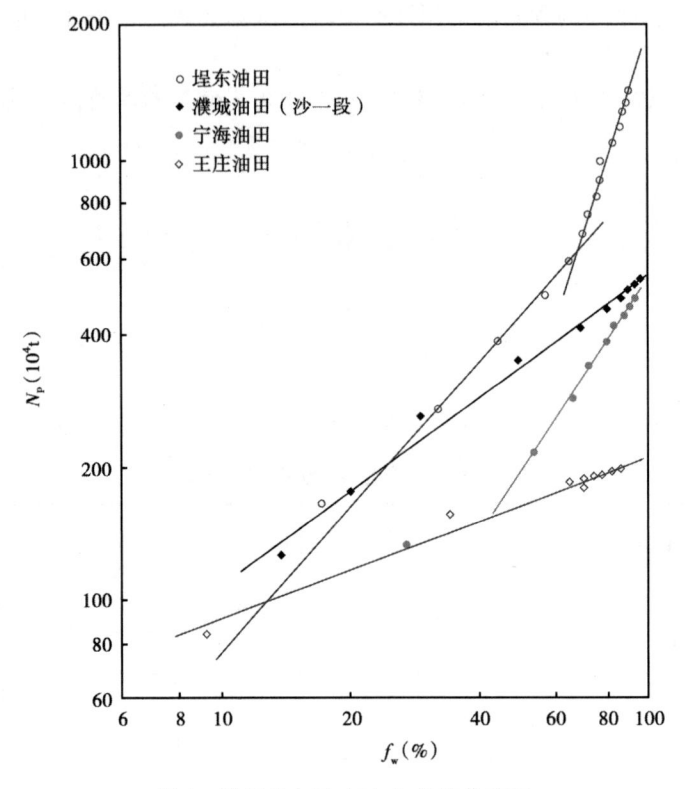

图 1 油田的 $\lg N_p$ 与 $\lg f_w$ 关系曲线图

由图 1 可见,除埕东油田的关系曲线为两条相交的直线外,其余油田在整个开发过程中均为一条较好的直线。由此可见,式(16)所揭示的规律可以表述为:在整个开发过程中或者开发过程中的不同阶段,累计产油量与含水率之间呈双对数线性关系。

对图 1 中各油田的直线进行线性回归分析,得到相应直线的截距 A、斜率 B 和相关系数 R,见表 2,即可由式(17)和式(18)进行油田累计产油量及可采储量预测。

表 2 4 个油田的可采储量预测结果

油田	回归时间	A	B	R	可采储量(10^4t) 预测	可采储量(10^4t) 已知*	相对误差(%)
濮城油田(沙一段)	1983—1992	1.328234	0.740131	0.992476	537.4	535.0	0.45
宁海油田	1985—1992	−0.276709	1.504143	0.996207	522.9	512.5	2.03
王庄油田	1984—1992	1.575064	0.377425	0.982878	212.1	212.5	0.19
埕东油田	1980—1990	−2.145954	2.699775	0.982971	1697.9	1682.7	0.90

表 2 中的"已知*"可采储量是由水驱曲线 $L_p/N_p=a+bW_p$ 计算得到的,其中域诚油田沙一段、宁海油田和王庄油田的可采储量是由我国著名油藏工程专家陈元千先生计算的,详见文献[2];埕东油田的"已知*"可采储量是由笔者计算的,方程 $L_p/N_p=a+bW_p$ 的回归时间为 1986—1990 年,A 为 1.964951,B 为 5.108729×10^{-4},R 为 0.999880。

经两种预测方法的结果对比,相对误差非常小,最大相对误差仅 2%,这在可采储量预测当中是相当精确的,完全可以满足油田可采储量预测和标定的要求。

根据式(17)预测的不同含水率条件下的累计产油量值,作图(图2),形成一条理论曲线,并将油田实际累计产油量(表1)点在图上。从图2看出,实际值与理论值(预测)两者的吻合性还是相当好的。

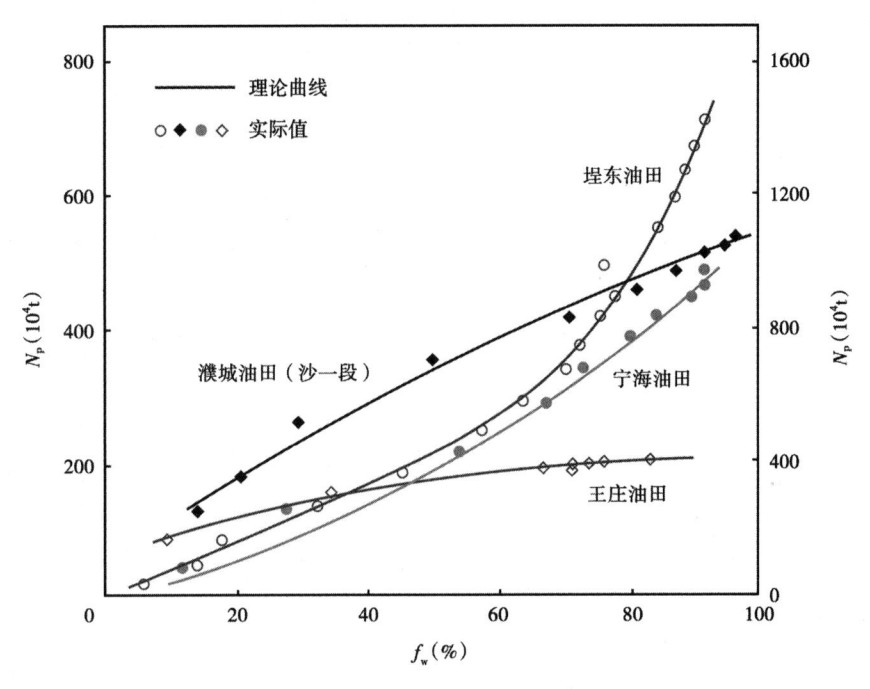

图 2 油田实际开发数据与预测结果对比图
埕东油田使用右侧纵坐标指标

3 结论

(1)本文基于油田开发过程中含水率不断升高的规律,提出了含水递增率的概念,并建立了预测可采储量的新模型。实际资料表明,在整个开发过程中或者开发过程中的不同阶段,累计产油量与含水率之间呈双对数线性关系,经实际应用,误差很小,用本文方法预测油田可采储量简单方便,是行之有效的。

(2)经过实例验证,本文方法与水驱曲线 $L_p/N_p=a+bW_p$ 预测的结果几乎一致。因此,本文建议将两种方法联合使用,效果会更好。

(3)由于对数坐标本身的性质决定了直线上的点(从左到右、由下至上)的间距是由大到小的,即点由稀变得越来越密,最后几乎连成了线。因此,在回归时,千万不可放弃前面貌似不在一条直线上的点,因为对数坐标的单位间隔不同于直角坐标,实际回归时需要对直线附近的点进行验证,观察相关系数的高低。

参 考 文 献

[1] 胡建国,陈千元,张盛宗. 预测油气田产量的新模型[J]. 石油学报,1995,16(1):79-86.
[2] 陈千元. 对纳扎洛夫确定可采储量经验公式的理论推导及应用[J]. 石油勘探与开发,1995,22(3):63-68.
[3] 胡建国. 新型水驱曲线及其简便处理方法[J]. 试采技术,1994(2):25-31.

新水驱曲线模型的建立及参数求解方法

  确定水驱油田的可采储量及采收率有多种方法,水驱曲线最初作为一种统计规律出现后,已得到了不断完善和发展。由于水驱曲线在预测未来动态,及确定可采储量或采收率方面的独到性和有效性,决定了水驱曲线在国内外水驱油田的广泛应用。

  目前,普遍采用的水驱曲线有 6 种,它们是由童宪章院士命名的甲型、乙型水驱曲线[1,2],由陈元千教授命名的新型水驱曲线[3],Timmerman(蒂麦尔曼)水驱曲线[4,5],以及 Назаров(纳扎洛夫)的 2 种水驱曲线[6-9]。

  本文在对水驱曲线研究的基础上,利用甲型、新型水驱曲线和 Назаров 的 2 种水驱曲线,提出了一种含有 3 项参数的水驱曲线模型,并给出了参数求解的内插公式法和微分线性法。应用实例表明,新水驱曲线模型是有效的可靠的。

1 新水驱曲线模型的推导

1.1 由甲型、新型水驱曲线推导

由童宪章院士和陈元千教授命名的甲型、新型水驱曲线[1-3],其表达式如下:

$$\lg W_p = A_1 + B_1 N_p \tag{1}$$

$$\lg L_p = A_2 + B_2 N_p \tag{2}$$

式(1)和式(2)分别对时间 t 求导数得:

$$\frac{1}{2.303 W_p} \frac{dW_p}{dt} = B_1 \frac{dN_p}{dt} \tag{3}$$

$$\frac{1}{2.303 L_p} \frac{dL_p}{dt} = B_2 \frac{dN_p}{dt} \tag{4}$$

已知:$dW_p/dt = Q_w, N_p/dt = Q_o, dL_p/dt = Q_1, Q_w/Q_o = WOR, Q_1 = Q_o + Q_w, Q_1/Q_o = 1 + WOR$。故由式(3)和式(4)可分别得到如下关系式:

$$W_p = \frac{WOR}{2.303 B_1} \tag{5}$$

$$L_p = \frac{1 + WOR}{2.303 B_2} \tag{6}$$

  式(5)和式(6)为甲型、新型水驱曲线分别对应的累计产水量、累计产液量与水油比的关系式。由式(6)减式(5),可得:

$$N_p = \frac{1}{2.303B_2} + \frac{1}{2.303}\left(\frac{1}{B_2} - \frac{1}{B_1}\right)WOR \tag{7}$$

令：

$$a = \frac{1}{2.303B_2} \tag{8}$$

$$b = \frac{1}{2.303}\left(\frac{1}{B_2} - \frac{1}{B_1}\right) \tag{9}$$

将式(8)和式(9)代入式(7)得：

$$N_p = a + bWOR \tag{10}$$

由式(10)可见，如果某水驱油田的参数 a 和 b 为已知数据时，即可进行累计产油量与可采储量预测。在此，可以设想式(10)一定是某水驱曲线对应的微分表达式。以下将证明这一水驱曲线的存在。

由于：$Q_w/Q_o = WOR$，将式(10)改写为式(11)：

$$N_p = a + b\frac{Q_w}{Q_o} \tag{11}$$

$$N_pQ_o = aQ_o + bQ_w \tag{12}$$

已知：$dN_p/dt = Q_o$，$dW_p/dt = Q_w$，式(12)可以变换成：

$$N_p\frac{dN_p}{dt} = a\frac{dN_p}{dt} + b\frac{dW_p}{dt} \tag{13}$$

式(13)可以进一步改写为：

$$\frac{d\left(\frac{1}{2}N_p^2\right)}{dt} = \frac{d(aN_p)}{dt} + \frac{d(bW_p)}{dt} \tag{14}$$

式(14)两端同乘以 dt，整理得：

$$d\left(\frac{1}{2}N_p^2\right) = d(aN_p + bW_p) \tag{15}$$

对式(15)进行不定积分，令积分常数为0，可得：

$$\frac{1}{2}N_p^2 = aN_p + bW_p \tag{16}$$

式(16)两端同乘以 $1/N_p$，移项整理得：

$$\frac{W_p}{N_p} = -\frac{a}{b} + \frac{1}{2b}N_p = \alpha + \beta N_p \tag{17}$$

式中，$-a/b = \alpha$；$1/(2b) = \beta$。

式(17)即为式(10)所对应的水驱曲线模型数学表达式。经过线性回归求得 α 和 β，即能

算得 $b=1/(2\beta)$, $a=-\alpha/(2\beta)$。

1.2 由纳扎洛夫水驱曲线推导

纳扎洛夫的 2 种水驱曲线[6-9]，表达式为：

$$\frac{L_p}{N_p} = a_1 + b_1 L_p \tag{18}$$

$$\frac{L_p}{N_p} = a_2 + b_2 W_p \tag{19}$$

将式(18)和式(19)分别改写为式(20)和式(21)：

$$L_p = -\frac{a_1}{b_1} + \frac{1}{b_1}\frac{L_p}{N_p} \tag{20}$$

$$W_p = -\frac{a_2}{b_2} + \frac{1}{b_2}\frac{L_p}{N_p} \tag{21}$$

由于 $L_p = N_p + W_p$，由式(20)减式(21)可得：

$$N_p = \frac{a_2 b_1 - a_1 b_2}{b_1 b_2} + \frac{b_2 - b_1}{b_1 b_2}\frac{L_p}{N_p} \tag{22}$$

$$\frac{L_p}{N_p} = \frac{a_1 b_2 - a_2 b_1}{b_2 - b_1} + \frac{b_1 b_2}{b_2 - b_1}N_p \tag{23}$$

已知：$L_p/N_p = (N_p + W_p)/N_p = 1 + W_p/N_p$，这样，式(23) 可以化简写成：

$$\frac{W_p}{N_p} = \frac{a_1 b_2 - a_2 b_1 - b_2 + b_1}{b_2 - b_1} + \frac{b_1 b_2}{b_2 - b_1}N_p = \alpha + \beta N_p \tag{24}$$

其中：

$$\alpha = (a_1 b_2 - a_2 b_1 - b_2 + b_1)/(b_2 - b_1), \beta = b_1 b_2/(b_2 - b_1)$$

可见，由纳扎洛夫的两种水驱曲线同样可以推导出如式(17)所示的水驱曲线。式(17)为本文推导的水驱曲线雏形，但还不能称作新水驱曲线，因为其用于实例分析时往往是一条曲线（图 1）。这就需要对其进行有效的校正。经过校正的水驱曲线，即笔者提出的新水驱曲线。

从卡彼托夫产量衰减方程校正原理出发[10]，将式(17)改写为如下形式：

$$N_p = -\frac{\alpha}{\beta} + \frac{1}{\beta}\frac{1}{N_p/W_p} \tag{25}$$

在式(25)中将 N_p/W_p 视为自变量，并对其进行校正，可得：

$$N_p = -\frac{\alpha}{\beta} + \frac{1}{\beta}\frac{1}{c + N_p/W_p} \tag{26}$$

再将式(26)整理变形，可得：

$$\frac{W_p}{N_p + cW_p} = \alpha + \beta N_p \tag{27}$$

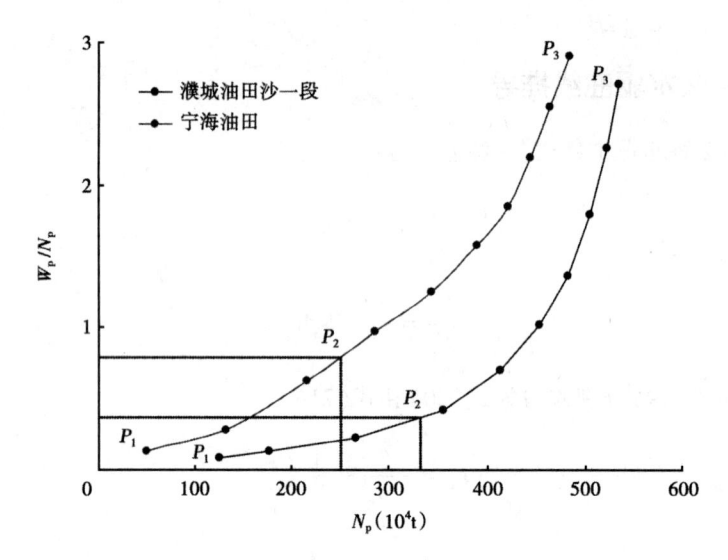

图1　濮城油田沙一段和宁海油田的 W_p/N_p—N_p 关系曲线

式(27)便是式(17)对应的校正公式,即为笔者提出的新水驱曲线模型数学表达式。可见式(17)是式(27) $c=0$ 的特例。

将式(27)两端同乘以 (N_p+cW_p),经移项整理得:

$$[(1-\alpha c)-\beta c W_p]W_p = \alpha N_p + \beta N_p^2 \tag{28}$$

将式(28)微分,经过一系列的运算,整理可得:

$$W_p = \frac{(1-\alpha c)(dW_p/dN_p)-\alpha}{\beta c} - \left(\frac{2}{c}+\frac{dW_p}{dN_p}\right)N_p \tag{29}$$

因为 $WOR = Q_w/Q_o = (dW_p/dt)/(dN_p/dt) = dW_p/dN_p$,故式(29)可以写为:

$$W_p = \frac{(1-\alpha c)WOR-\alpha}{\beta c} - \left(\frac{2}{c}+WOR\right)N_p \tag{30}$$

将式(30)代入式(28),经过一系列运算,化简整理得到:

$$N_p^2 + \frac{2(\alpha c-1)}{\beta c}N_p + \frac{(\alpha c-1)[(1-\alpha c)WOR+\alpha]}{\beta^2 c(1+cWOR)} = 0 \tag{31}$$

由式(31)可得:

$$N_p + \frac{\alpha c-1}{\beta c} = \pm\sqrt{\left(\frac{\alpha c-1}{\beta c}\right)^2 \frac{1}{(1+cWOR)(1-\alpha c)}} \tag{32}$$

由于 $N_p+(\alpha c-1)/(\beta c)$ 必须大于0,故式(32)取正号,经过化简整理可得:

$$N_p = \frac{1-\alpha c}{\beta c}\left[1-\sqrt{\frac{1}{(1-\alpha c)(1+cWOR)}}\right] \tag{33}$$

由于 $WOR=f_w/(1-f_w)$,则式(33)可以变换为:

$$N_p = \frac{1-\alpha c}{\beta c}\left\{1 - \sqrt{\frac{1-f_w}{(1-\alpha c)[1+(c-1)f_w]}}\right\} \tag{34}$$

式(34)即为新水驱曲线式(27)所对应的 N_p 与 f_w 的关系公式。显然,只要确定了参数 α,β 和 c 后,即可进行累计产油量与可采储量预测。

2 参数确定方法

新水驱曲线式(27)的参数确定可分为两步:第 1 步为 c 的确定;第 2 步为 α 和 β 的确定。只要确定了合理的 c 后,即可由简单的线性回归求得 α 和 β。因此,式(27)参数求解的关键和实质是 c 的求解。c 的确定本文给出两种方法。

2.1 内插公式法[10]

校正系数 c 可以由内插公式法(即求 c 法)求得。具体的求解方法为:在 W_p/N_p—N_p 曲线上取两个端点 $P_1(N_{p1}, W_{p1}/N_{p1})$ 和 $P_3(N_{p3}, W_{p3}/N_{p3})$。令 $N_{p2} = (N_{p1} + N_{p3})/2$,在曲线上查得 N_{p2} 对应的 W_{p2}/N_{p2}。求倒数,即求 N_{p1}/W_{p1},N_{p2}/W_{p2} 和 N_{p3}/W_{p3},由式(35) 即可求得 c。

$$c = \frac{(N_{p2}/W_{p2})(N_{p1}/W_{p1} + N_{p3}/W_{p3}) - 2(N_{p1}/W_{p1})(N_{p3}/W_{p3})}{(N_{p1}/W_{p1} + N_{p3}/W_{p3}) - 2(N_{p2}/W_{p2})} \tag{35}$$

2.2 微分线性法

将式(27)微分,可得:

$$\frac{(N_p + cW_p)dW_p - W_p d(N_p + cW_p)}{(N_p + cW_p)^2} = \beta dN_p \tag{36}$$

将式(36)化简整理,可得:

$$N_p \frac{dW_p}{dN_p} - W_p = \beta(N_p + cW_p)^2 \tag{37}$$

将 $WOR = dW_p/dN_p$ 代入式(37),开方后经变换整理,即有:

$$\frac{N_p}{W_p} = -c + \frac{1}{\sqrt{\beta}}\frac{\sqrt{N_p WOR - W_p}}{W_p} \tag{38}$$

将油田的实际生产资料代入式(38),即能回归求取 c。因为式(38)是微分得到的线性关系,故称之为微分线性法。

3 新水型驱曲线的应用实例

选取高含水开发后期的濮城油田沙一段和宁海油田的生产数据[8,9]为例,验证本文方法。将表 1 中的数据按式(17)作出图 1,首先用内插公式法确定 c。选 1983 年和 1992 年的数据点为 P_1 和 P_3,内插 P_2 点。濮城油田 $N_{p1} = 125.84$,$N_{p1}/W_{p1} = 125.84/10.77 = 11.684$;$N_{p3} = $

534.49，N_{p3}/W_{p3} = 534.49/1452.87 = 0.386；令 N_{p2} = (125.84+534.49)/2 = 330.165，由图 1 查得 N_{p2} 对应的 W_{p2}/N_{p2} = 0.35，即 N_{p2}/W_{p2} = 2.857。由式(35)得到 c = 4.07。同理，宁海油田 N_{p1} = 49.4，N_{p1}/W_{p1} = 7.904；N_{p3}/W_{p3} = 0.344；N_{p2} = (49.4+483.25)/2 = 266.325，由图中查得 W_{p2}/N_{p2} = 0.83，即 N_{p2}/W_{p2} = 1.20，由式(35)得到 c = 0.76。利用微分线性法计算 c，令 $x = \sqrt{N_p WOR - W_p}/W_p$，按照式(38)计算出 N_p/W_p 与 x(表1)，作出图2。经过对式(38)回归，宁海油田的截距($-c$)为 -4.2254，斜率($1/\sqrt{\beta}$)为 90.3740，相关系数 R 为 0.9499；濮城油田沙一段的截距($-c$)为 -3.0107，斜率($1/\sqrt{\beta}$)为 51.8152，R 为 0.9886。可见宁海油田 c = 4.23，濮城油田 c = 3.01。通过分析可见两种方法求得的 c 存在一定的差距。令 $y = W_p/(N_p+cW_p)$，代入由两种方法求得的 c，计算出 y(表1)。按式(27)作出图3和图4。对(27)式回归，可以得到不同 c 条件下的直线截距 α、斜率 β 和 R，将油田

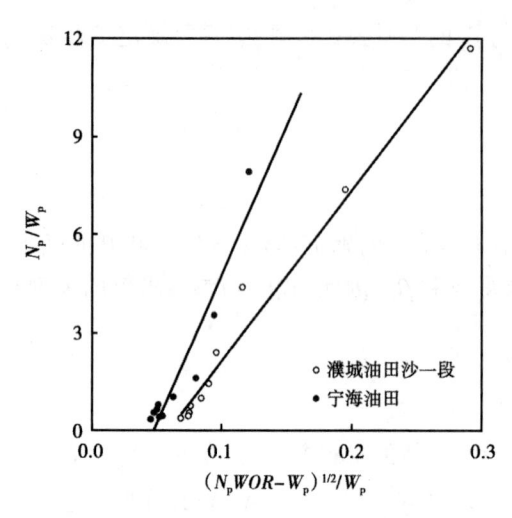

图 2 濮城油田沙一段和宁海油田的 N_p/W_p—$(N_p WOR-W_p)^{1/2}/W_p$ 关系曲线

含水率极限取 f_{wmax} = 98%(0.98)，由式(34)可计算得到油田的可采储量，结果见表2。

表 1 濮城油田沙一段和宁海油田的开发数据及有关资料

名称	年份	N_p (10^4t)	W_p (10^4t)	WOR	N_p/W_p	x	y 公式法	y 线性法
濮城油田沙一段	1983	125.84	10.77	0.164	11.682	0.292	0.064	0.068
	1984	176.83	23.92	0.258	7.391	0.195	0.088	0.096
	1985	264.79	60.52	0.416	4.374	0.116	0.119	0.136
	1986	353.62	149.53	1.002	2.365	0.096	0.157	0.186
	1987	413.14	291.27	2.381	1.418	0.090	0.185	0.226
	1988	452.58	461.90	4.325	0.980	0.084	0.201	0.251
	1989	482.27	657.94	6.605	0.733	0.076	0.211	0.268
	1990	505.0	904.44	10.848	0.558	0.075	0.219	0.281
	1991	521.5	1181.27	16.762	0.441	0.074	0.225	0.291
	1992	534.49	1452.87	20.882	0.368	0.068	0.229	0.297
宁海油田	1983	49.4	6.25	0.138	7.905	0.121	0.115	0.082
	1984	132.48	37.58	0.377	3.525	0.094	0.233	0.129
	1985	215.86	135.9	1.179	1.588	0.080	0.426	0.172
	1986	284.35	275.47	2.040	1.032	0.063	0.558	0.190
	1987	341.68	428.68	2.676	0.797	0.051	0.642	0.199
	1988	388.3	612.23	3.975	0.634	0.050	0.717	0.206
	1989	420.23	777.57	5.098	0.541	0.048	0.769	0.210

续表

名称	年份	N_p (10^4t)	W_p (10^4t)	WOR	N_p/W_p	x	y 公式法	y 线性法
宁海油田	1990	443.7	974.97	8.524	0.455	0.054	0.823	0.213
	1991	463.59	1186.59	10.628	0.391	0.052	0.869	0.216
	1992	483.25	1404.22	11.048	0.344	0.045	0.906	0.219

表2 濮城油田沙一段和宁海油田计算结果数据表

项目	濮城油田沙一段 c	$\alpha(10^{-3})$	$\beta(10^{-4})$	R	$N_R(10^4$t)	宁海油田 c	α	$\beta(10^{-4})$	R	$N_R(10^4$t)
内插公式法	4.0	13.9597	4.0689	0.9994	537.5	0.76	0.0179	18.2395	0.9986	595.7
微分线性法	3.0	-8.0244	5.6925	0.9989	551.0	4.23	0.1496	1.4357	0.9993	535.5

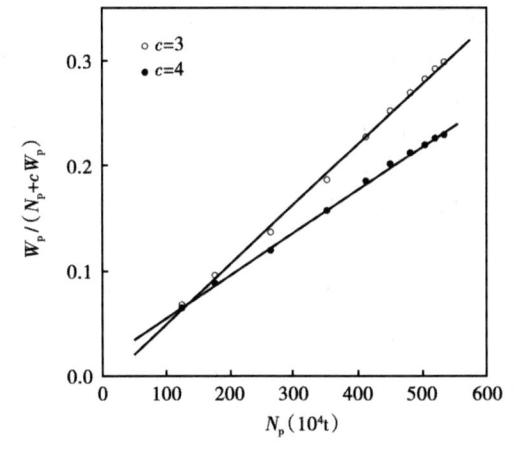

图3 濮城油田沙一段 $W_p/(N_p+cW_p)—N_p$ 关系曲线

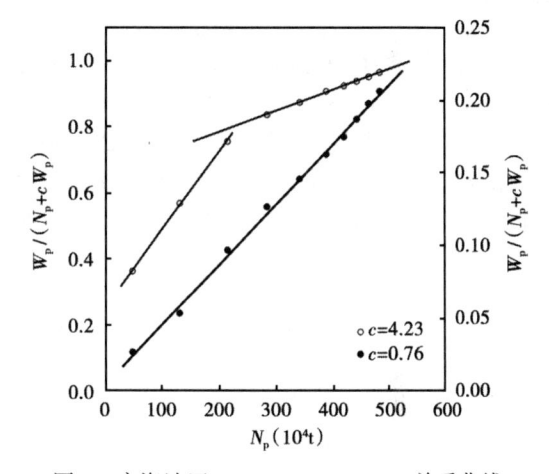

图4 宁海油田 $W_p/(N_p+cW_p)—N_p$ 关系曲线

4 结论与认识

(1)本文基于对甲型、新型水驱曲线和纳扎洛夫水驱曲线的研究,提出了一种含有3项参数的新水驱曲线,并给出了其参数求解的两种方法,即内插公式法和微分线性法。经过实例验证表明,方法是有效可靠的。

(2)利用内插公式法确定c,方法的优点是简单方便,但也存在一定的缺点。即不同的人选用的数据点不同、内插和作图的精度不同,会造成多解性。微分线性法虽然具有单一解的优点,但受水油比(含水率)影响较大,如果水油比变化规律性差,同样不能求得理想的c。该方法选择c的依据是相关系数最大,然而相关系数并不是选择c的唯一条件,因此相关系数最大的c并非是最优的c(限于篇幅,本文不做进一步论述)。

(3)通过濮城油田沙一段和宁海油田实例表明,内插公式法较微分线性法求得的c精度要高(其他油田是否具有这一特性,还有待于进一步研究),这一点可以由图3和图4中的线性关系得以证实。图4中用微分线性法求得的c(4.23)作的直线,前3点明显在直线外。

符 号 释 义

N_p, W_p, L_p—分别为累计产油、累计产水、累计产液,10^4t;$A_1, A_2, a, \alpha, a_1, a_2$—分别为直线截距;$B_1, B_2, b, \beta, b_1, b_2$—分别为直线斜率;$Q_o, Q_w, Q_l$—分别为年产油、年产水、年产液,$10^4$t/a;$R$—相关系数;$WOR$—水油比;$c$—校正系数或待定参数;$f_w$—含水率,%或小数;$x, y$—所设的自变量与因变量。

参 考 文 献

[1] 童宪章. 天然水驱和人工注水油藏的统计规律探讨[J]. 石油勘探与开发,1978,5(6):38-67,79.

[2] 童宪章. 油井产状和油藏动态分析[M]. 北京:石油工业出版社,1981.

[3] 陈元千. 一种新型水驱曲线关系式的推导及应用[J]. 石油学报,1993,14(2):65-73.

[4] Timmerman E H. 实用油藏工程(第2卷)[J]. 北京:石油工业出版社,1982.

[5] 陈元千. 对 Timmerman 经验公式的推导及对比[J]. 试采技术,1995,16(1):23-28.

[6] Назаров С Н. К Оценке Извлекаемых Запасов Нефти по Интегральным Кривых Отбора Нефтмии воды,Азербайджанское Нефтянов Хозяйство,1972(5):20-21.

[7] Назаров С Н. Исследование Определяющих Параметров Нефтеотдачи. Известия Высших Учебных З аведений,Нефти и Газ,1982(6):25-30.

[8] 陈元千. 对纳扎洛夫确定可采储量经验公式的理论推导及应用[J]. 石油勘探与开发,1995,22(3):63-68.

[9] 张虎俊. 由纳扎洛夫水驱曲线推导的两种水驱曲线模型及应用[J]. 古潜山,1995(2):30-35.

[10] 陈钦雷,等. 油田开发设计与分析基础[M]. 北京:石油工业出版社,1982.

由纳扎洛夫水驱曲线推导的两种水驱曲线模型及应用

对于天然水驱或人工注水开发的油田,应用水驱曲线进行未来动态预测和可采储量计算是广泛而有效的,因为水驱曲线法是一种利用生产资料研究动态与可采储量的方法。它的特点是建立在油田实际资料的基础上,直接预测动态变化与可采储量。由于纳扎洛夫水驱曲线[1]形式简单、应用方便和精度较高,在苏联和我国都得到了广泛的应用。

通过对纳扎洛夫两种水驱曲线的分析研究后,提出了两种倒数关系的水驱曲线,经应用可靠有效。

1 水驱曲线新模型的推导

1.1 纳扎洛夫水驱曲线经验公式

纳扎洛夫根据大量水驱油田开发数据的统计和研究,提出了如下两个水驱曲线经验公式[2,3]:

$$\frac{L_p}{N_p} = a_1 + b_1 L_p \tag{1}$$

$$\frac{L_p}{N_p} = a_2 + b_2 W_p \tag{2}$$

式(1)是累计液油比与累计产液量的直线关系;式(2)是累计液油比与累计产水量的直线关系。

根据文献[1]的研究,在式(1)及式(2)中:

$$b_1 = \frac{B_{oi}}{V_p S_{of}} = \frac{1}{N_{RL}} = \frac{1}{conset} \tag{3}$$

$$b_2 = \frac{B_{oi}}{V_p S_{of}} = \frac{1}{N_{RL}} = \frac{1}{conset} \tag{4}$$

式中 a_1, a_2——积分常数。

式(1)及式(2)相对应的累计产油量与含水率的关系式分别为:

$$N_p = \frac{1}{b_1}[1 - \sqrt{a_1(1-f_w)}] \tag{5}$$

$$N_p = \frac{1}{b_2}[1 - \sqrt{(a_2-1)(1-f_w)/f_w}] \tag{6}$$

当取经济极限含水率时,可由式(5)和式(6)算得可采储量。

以上为纳扎洛夫两个水驱曲线的基本情况。

1.2 新水驱曲线模型 I 的推导

将式(1)改写成如下形式:

$$L_p = \frac{a_1}{\frac{1}{N_p} - b_1} \tag{7}$$

把式(7)变为倒数的形式可得:

$$\frac{1}{L_p} = -\frac{b_1}{a_1} + \frac{1}{a_1}\frac{1}{N_p} \tag{8}$$

令:

$$A_1 = -\frac{b_1}{a_1} \tag{9}$$

$$B_1 = \frac{1}{a_1} \tag{10}$$

则式(8)可写成:

$$\frac{1}{L_p} = A_1 + B_1 \frac{1}{N_p} \tag{11}$$

式(11)即为本文推导的累计产液量与累计产油量倒数关系的新水驱曲线模型。它揭示了油田开发累计产液量的倒数与累计产油量的倒数呈线性关系。

由式(9)和式(10)可以解出:

$$a_1 = \frac{1}{B_1} \tag{12}$$

$$b_1 = -\frac{A_1}{B_1} \tag{13}$$

将式(12)和式(13)代入式(5):

$$N_p = -\frac{B_1}{A_1}\left[1 - \sqrt{\frac{1}{B_1}(1-f_w)}\right] \tag{14}$$

式(14)经化简整理可得:

$$N_p = \frac{1}{A_1}\left[\sqrt{B_1(1-f_w)} - B_1\right] \tag{15}$$

式(15)即为本文推导的与新水驱曲线模型 I,即式(11)相对应的累计产油量与含水率的关系公式,代入经济极限含水率值便可预测可采储量。

1.3 新水驱曲线模型Ⅱ的推导

由于：
$$L_p = N_p + W_p \tag{16}$$

将式(16)代入式(2)得到：
$$\frac{N_p + W_p}{N_p} = a_2 + b_2 W_p \tag{17}$$

式(17)化简变形可得：
$$W_p = \frac{1-a_2}{b_2 - \frac{1}{N_p}} \tag{18}$$

式(18)取倒数得：
$$\frac{1}{W_p} = \frac{b_2}{1-a_2} - \frac{1}{1-a_2}\frac{1}{N_p} \tag{19}$$

若令：
$$A_2 = \frac{b_2}{1-a_2} \tag{20}$$

$$B_2 = -\frac{1}{1-a_2} \tag{21}$$

那么，式(19)变为：
$$\frac{1}{W_p} = A_2 + B_2 \frac{1}{N_p} \tag{22}$$

式(22)便是本文推导的累计产水量与累计产油量倒数关系的新水驱曲线模型。它反映了油田开发过程中累计产水量的倒数与累计产油量的倒数之间呈直线关系的规律。

由式(20)和式(21)可以解出：
$$a_2 = \frac{B_2 + 1}{B_2} \tag{23}$$

$$b_2 = -\frac{A_2}{B_2} \tag{24}$$

将式(23)和式(24)代入式(6)，有：
$$N_p = -\frac{B_2}{A_2}\left[1 - \sqrt{\frac{1}{B_2}\frac{1-f_w}{f_w}}\right] \tag{25}$$

式(25)经化简整理可得：
$$N_p = \frac{1}{A_2}\left[\sqrt{B_2(1-f_w)/f_w} - B_2\right] \tag{26}$$

式(26)即为本文推导的与新水驱曲线模型Ⅱ,即式(22)相对应的累计产油量与含水率的关系公式,代入不同的含水值便可进行可采储量与未来动态预测。

2 水驱曲线新模型的应用

下面以文献[1]提供的算例为例,验证本文方法,并与文献[1]的结果进行比较。实例中的3个油田几乎是同时投入开发,王庄油田是一个天然底水驱动的古潜山裂缝油藏。3个油田的开发数据列于表1。

表1 3个油田的开发数据表

年份	濮城油田(沙一段) L_p (10^4t)	W_p (10^4t)	N_p (10^4t)	宁海油田 L_p (10^4t)	W_p (10^4t)	N_p (10^4t)	王庄油田 L_p (10^4t)	W_p (10^4t)	N_p (10^4t)
1983	136.61	10.77	125.84	55.65	6.25	49.40			
1984	200.75	23.92	176.83	170.06	37.58	132.48	89.00	5.81	83.19
1985	325.31	60.52	264.79	351.76	135.90	215.86	210.17	47.83	162.34
1986	503.15	149.53	353.62	559.82	275.47	284.35	272.39	92.09	180.30
1987	704.41	291.27	413.14	770.36	428.68	341.68	284.53	100.13	184.40
1988	914.48	461.90	452.58	1000.53	612.23	388.30	295.25	107.80	187.45
1989	1140.21	657.94	482.27	1198.00	777.57	420.23	305.49	115.31	190.18
1990	1409.44	904.44	505.00	1418.67	974.97	443.70	316.43	123.60	192.83
1991	1702.77	1181.27	521.50	1650.18	1186.59	463.59	327.14	132.51	194.63
1992	1987.36	1452.87	534.49	1887.47	1404.22	483.25	336.70	140.47	196.23

将表1内所列3个油田的有关数据,按式(11)和式(22)的直线关系,分别绘于图1、图2和图3上。3个油田除最初两三年的点在直线外,其余各点均在直线上。从图中可以明显地

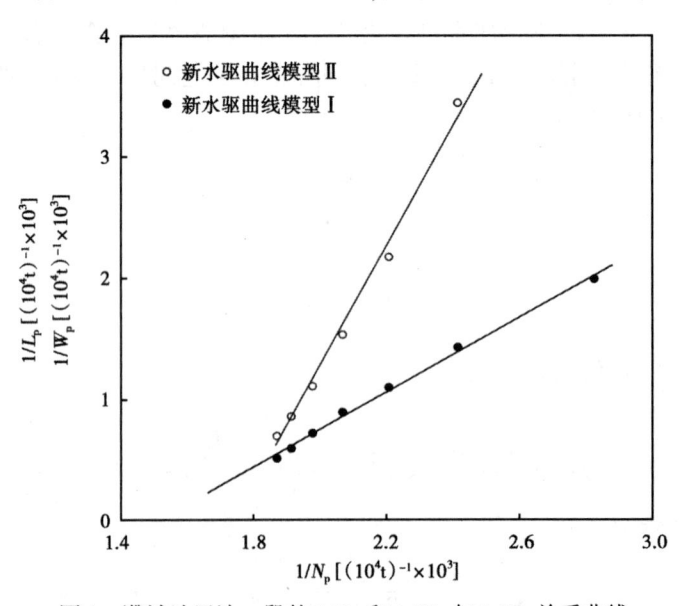

图1 濮城油田沙一段的 $1/L_p$ 和 $1/W_p$ 与 $1/N_p$ 关系曲线

看出，$1/L_p$，$1/W_p$ 与 $1/N_p$ 的线性关系都是非常好的，两条直线有相交的趋势。说明随着含水率的升高和开发程度的深化，累计产水量增加的速度，远大于累计产油量增加的速度，使得累计产液量与累计产水量倒数之间的差值不断缩小，二者逐渐接近。也就是说，在油田开发的后期，引起油田产液量增加的主要原因是产水量的增加，产油量增加得非常缓慢。因此，在濒临开发结束时，产水量的增加速度可以近似看作是产液量的增加速度。

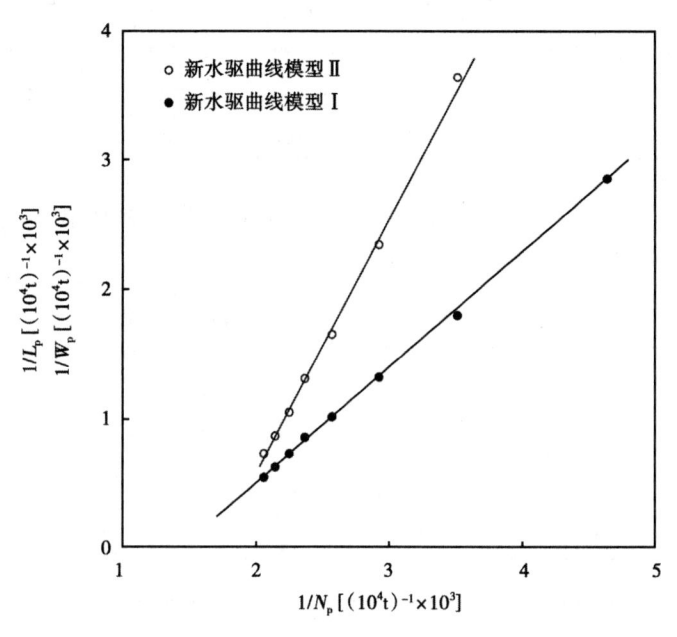

图 2 宁海油田的 $1/L_p$、$1/W_p$ 与 $1/N_p$ 关系曲线

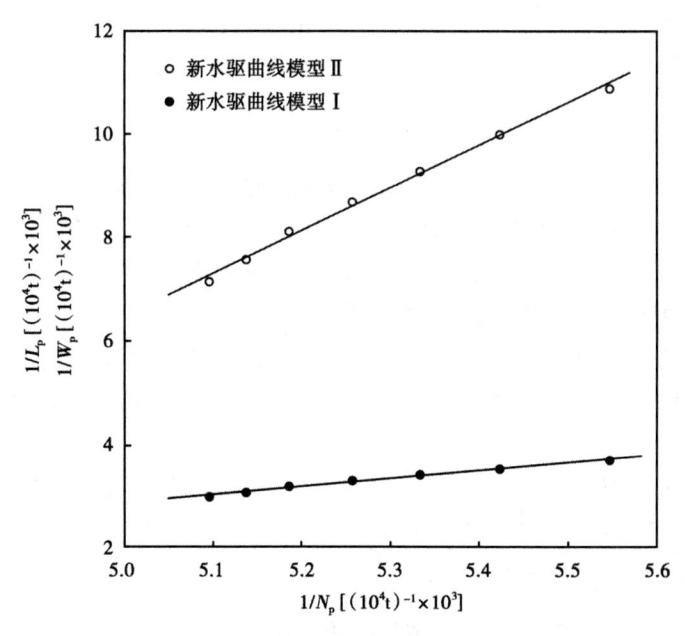

图 3 王庄油田的 $1/L_p$、$1/W_p$ 与 $1/N_p$ 关系曲线

根据式(11)和式(22)的直线关系,利用线性回归,求得3个油田直线方程的截距、斜率和相关系数,见表2。

表 2 新型水驱曲线参数统计表

油田名称	$\frac{1}{L_p}=A_1+B_1\frac{1}{N_p}$			$\frac{1}{W_p}=A_1+B_2\frac{1}{N_p}$		
	A_1	B_1	R_1	A_2	B_2	R_2
濮城油田(沙一段)	2.599242×10⁻³	1.666546	0.9990	−8.732211×10⁻³	4.983210	0.9961
宁海油田	1.249245×10⁻³	0.892518	0.9996	−3.514624×10⁻³	2.017352	0.9992
王庄油田	5.403699×10⁻³	1.647298	0.9967	−0.037013×10⁻³	8.676958	0.9978

由式(15)与式(26),当 $f_w=100\%$ 时,求得3个油田的极限可采储量 N_{RL};当 f_w 取经济极限的最大含水率 $f_w=98\%$ 时,分别得到3个油田的可采储量,见表3。

表 3 新型水驱曲线与纳扎洛夫水驱曲线预测结果对比表

油田名称	$\frac{1}{L_p}=A_1+B_1\frac{1}{N_p}$		$\frac{1}{W_p}=A_2+B_2\frac{1}{N_p}$		$\frac{L_p}{N_p}=a_1+b_1L_p$		$\frac{L_p}{N_p}=a_2+b_2W_p$	
	$N_{RL}(10^4t)$	$N_R(10^4t)$	$N_{RL}(10^4t)$	$N_R(10^4t)$	$N_{RL}(10^4t)$	$N_R(10^4t)$	$N_{RL}(10^4t)$	$N_R(10^4t)$
濮城油田(沙一段)	641.2	570.9	570.7	534.2	634.5	572.2	570.8	535.0
宁海油田	680.8	578.9	574.0	516.3	679.3	577.8	566.3	512.5
王庄油田	304.9	271.3	234.4	223.1	305.1	271.4	221.8	212.5

经与文献[1]计算结果对比,本文新水驱曲线模型Ⅰ即式(11)与纳扎洛夫经验公式[式(1)]计算的结果几乎一致。新水驱曲线模型Ⅱ即式(22)与纳扎洛夫经验公式[式(2)]计算的结果非常接近。

3 对新模型的结论

(1)基于对纳扎洛夫两种水驱曲线公式的分析,通过简单的推导得到了两种新的水驱曲线,以及与之相对应的含水率和累计产油量关系式。

(2)所推导的新水驱曲线是建立在累计产液量与累计产油量,累计产水量与累计产油量的基础之上,是一种倒数关系的新型水驱曲线模型。

(3)从图中两条直线相交的趋势发现,随着含水升高,开发程度深化,累计产水量增加的速度远大于累计产油量增加的速度。因此,在油田开发的结束阶段,产液量增加的主流是产水量的增加。

(4)由模型预测结果经与文献[1]计算结果对比,发现新水驱曲线模型Ⅰ即式(11)与纳扎洛夫经验公式[式(1)]预测的结果基本一致。新水驱曲线模型Ⅱ即式(22)与纳扎洛夫经验公式[式(2)]预测的结果也非常接近。

符 号 释 义

L_p—累计产液量,10^4m^3 或 10^4t;W_p—累计产水量,10^4m^3 或 10^4t;N_p—累计产油量,10^4m^3

或 10^4t;N_{RL}—极限可采储量,10^4m³ 或 10^4t;N_R—经济可采储量,10^4m³ 或 10^4t;L_p/N_p—累计液油比;W_p/N_p—累计水油比;Q_o—产油量,10^4m³/a 或 10^4t/a;Q_w—产水量,10^4m³/a 或 10^4t/a;Q_l—产液量,10^4m³/a 或 10^4t/a;f_w—含水率,小数或%;B_{oi}—原始原油含油饱和度;S_{of}—可流动含油饱和度;V_p—油田储层孔隙体积,10^4m³;constant—常数;a_1,b_1—方法1即式(1)中直线截距和斜率;a_2,b_2—方法2即式(2)中直线截距和斜率;A_1,B_1—新水驱曲线模型Ⅰ即式(11)中直线截距和斜率;A_2,B_2—新水驱曲线模型Ⅱ即式(22)中直线截距和斜率;R_1,R_2—新水驱曲线模型Ⅰ和模型Ⅱ即式(11)和式(22)中线性回归相关系数。

参 考 文 献

[1] 陈元千. 对纳扎洛夫确定可采储量经验公式的理论推导及其应用[J]. 石油勘探与开发,1995,22(3):63-68.

[2] Назаров С Н К Оценке Извлекаемых Запасов Нефти по Интегральным Кривым Отбора Нефтмии воды, Азербайджанское Нефтянов Хозяйство,1972(5):20-21.

[3] Назаров С Н Исследование Определяющих Параметров Нефтеотдачи. Известия Высших Учебных Заведений,Нефти и Газ,1982(6):25-30.

[4] 林志芳,俞启泰. 水驱特征曲线计算油田可采储量方法[J]. 石油勘探与开发,1990,17(6):64-71.

[5] 俞启泰. 水驱油田产量递减规律[J]. 石油勘探与开发,1993,20(4):72-80.

水驱曲线分析的二种新方法

研究水驱油田可采储量及采收率有很多种方法。水驱曲线作为一种统计规律出现后,得到了不断的完善和发展,已在国内外水驱油田广泛应用。水驱曲线不仅可以预测油田开发的未来动态,而且在确定可采储量或采收率方面更加独到和有效。所以,我国已进入中高含水期的水驱油田,普遍采用了水驱曲线法预测可采储量。

在水驱曲线的多种表达式中,Назаров(纳扎洛夫)的两种水驱曲线由于其形式简单、应用方便和精度较高等特点,在苏联和我国得到广泛应用,1993年被列为我国可采储量标定的排头方法[1]。

本文基于纳扎洛夫的两种水驱曲线,提出了两种水驱曲线分析的新方法,即两种新水驱曲线。

1 方法原理

纳扎洛夫根据大量水驱油田开发资料的统计分析和研究[2-5],提出了两种水驱曲线经验公式。其一为累计液油比与累计产液量的线性关系,表达式为:

$$\frac{L_p}{N_p} = a_1 + b_1 L_p \tag{1}$$

$$N_p = \frac{1}{b_1}[1 - \sqrt{a_1(1-f_w)}] \tag{2}$$

纳扎洛夫的另一水驱曲线经验公式为累计液油比与累计产水量的直线关系,表达式为:

$$\frac{L_p}{N_p} = a_2 + b_2 W_p \tag{3}$$

$$N_p = \frac{1}{b_2}[1 - \sqrt{(a_2-1)(1-f_w)/f_w}] \tag{4}$$

式(2)、式(4)分别为经验公式即式(1)和式(3)对应的累计产油量与含水率的关系公式。本文将式(1)和式(2)称之为纳扎洛夫方法1,式(3)和式(4)称为纳扎洛夫方法2。

将式(1)变形,得到:

$$L_p\left(\frac{1}{N_p} - b_1\right) = a_1 \tag{5}$$

式(5)两端同除以 L_p,得:

$$\frac{1}{N_p} - b_1 = \frac{a_1}{L_p} \tag{6}$$

式(6)两端同乘以 N_p，可得：

$$1 - b_1 N_p = \frac{a_1 N_p}{L_p} \tag{7}$$

式(7)经过整理，即可得到：

$$\frac{N_p}{L_p} = \frac{1}{a_1} - \frac{b_1}{a_1} N_p \tag{8}$$

若令：

$$\alpha_1 = \frac{1}{a_1} \tag{9}$$

$$\beta_1 = -\frac{b_1}{a_1} \tag{10}$$

即式(8)可写成：

$$\frac{N_p}{L_p} = \alpha_1 + \beta_1 N_p \tag{11}$$

式(11)即为纳扎洛夫经验公式即式(1)推导的新水驱曲线模型，它反映的是累计油液比与累计产油量的线性关系。

式(11)对时间 t 求导数得到：

$$\frac{L_p dN_p - N_p dL_p}{L_p^2 dt} = \beta_1 \frac{dN_p}{dt} \tag{12}$$

由于：

$$\frac{dN_p}{dt} = Q_o \tag{13}$$

$$\frac{dL_p}{dt} = Q_l \tag{14}$$

$$Q_l = Q_o + Q_w \tag{15}$$

即式(12)可以写成：

$$\frac{L_p Q_o - N_p(Q_o + Q_w)}{L_p^2} = \beta_1 Q_o \tag{16}$$

因为：

$$\frac{Q_w}{Q_o} = WOR \tag{17}$$

则式(16)可变成如下形式：

$$\beta_1 L_p^2 - L_p + (WOR + 1) N_p = 0 \tag{18}$$

由求根公式，从式(18)解出 L_p：

253

$$L_p = \frac{1}{2\beta_1}[1 \pm \sqrt{1 - 4\beta_1(WOR + 1)N_p}] \tag{19}$$

因为 L_p 始终>0,式(19)取"+"号得:

$$L_p = \frac{1}{2\beta_1}[1 + \sqrt{1 - 4\beta_1(WOR + 1)N_p}] \tag{20}$$

把式(20)代入式(11):

$$\frac{N_p}{[1 + \sqrt{1 - 4\beta_1(WOR + 1)N_p}]/(2\beta_1)} = \alpha_1 + \beta_1 N_p \tag{21}$$

式(21)经过化简整理,可得:

$$\frac{\beta_1}{\alpha_1}N_p^2 + 2N_p + \frac{\alpha_1}{\beta_1}\left[1 - \frac{1}{(WOR + 1)\alpha_1}\right] = 0 \tag{22}$$

利用求根公式,解出 N_p:

$$N_p = \frac{\alpha_1}{2\beta_1}\left\{-2 \pm \sqrt{4 - 4\frac{\beta_1}{\alpha_1}\frac{\alpha_1}{\beta_1}\left[1 - \frac{1}{(WOR + 1)\alpha_1}\right]}\right\} \tag{23}$$

因为 N_p 始终>0,式(23)取"+"号,并化简整理,可得:

$$N_p = -\frac{\alpha_1}{\beta_1}\left[1 - \sqrt{\frac{1}{(WOR + 1)\alpha_1}}\right] \tag{24}$$

由于:

$$WOR = \frac{f_w}{1 - f_w} \tag{25}$$

那么,式(24)即可写成:

$$N_p = -\frac{\alpha_1}{\beta_1}[1 - \sqrt{(1 - f_w)/\alpha_1}] \tag{26}$$

式(26)即为新水驱曲线[式(11)]相对应的累计产油量与含水率的关系公式。将式(11)和式(26)称为新方法Ⅰ。

因为:

$$L_p = N_p + W_p \tag{27}$$

将式(27)代入式(3),得到:

$$1 + \frac{W_p}{N_p} = a_2 + b_2 W_p \tag{28}$$

式(28)变形,有:

$$W_p\left(\frac{1}{N_p} - b_2\right) = a_2 - 1 \tag{29}$$

式(29)两端同除以 W_p:

$$\frac{1}{N_p} - b_2 = \frac{a_2 - 1}{W_p} \tag{30}$$

式(30)两端同乘以 N_p:

$$1 - b_2 N_p = \frac{(a_2 - 1)N_p}{W_p} \tag{31}$$

式(31)经过变形整理,即得:

$$\frac{N_p}{W_p} = \frac{1}{a_2 - 1} - \frac{b_2}{a_2 - 1} N_p \tag{32}$$

若令:

$$\alpha_2 = \frac{1}{a_2 - 1} \tag{33}$$

$$\beta_2 = -\frac{b_2}{a_2 - 1} \tag{34}$$

那么,式(32)即为:

$$\frac{N_p}{W_p} = \alpha_2 + \beta_2 N_p \tag{35}$$

式(35)即为纳扎洛夫经验公式即式(3)推导的新水驱曲线,其揭示了累计油水比与累计产油量之间的直线关系。

式(35)对时间 t 求导数:

$$\frac{W_p dN_p - N_p dW_p}{W_p^2 dt} = \beta_2 \frac{dN_p}{dt} \tag{36}$$

因为:

$$\frac{dW_p}{dt} = Q_w \tag{37}$$

把式(13)和式(37)式代入式(36)得:

$$\frac{W_p Q_o - N_p Q_w}{W_p^2} = \beta_2 Q_o \tag{38}$$

再将式(17)代入式(38),经变换则有:

$$\beta_2 W_p^2 - W_p + WORN_p = 0 \tag{39}$$

根据求根公式,从式(39)中解出 W_p:

$$W_p = \frac{1}{2\beta_2}(1 \pm \sqrt{1 - 4\beta_2 WORN_p}) \tag{40}$$

因为 W_p 始终大于0,式(40)取"+"号得:

$$W_p = \frac{1}{2\beta_2}(1 + \sqrt{1 - 4\beta_2 WOR N_p}) \tag{41}$$

将式(41)代入式(35):

$$\frac{N_p}{(1 + \sqrt{1 - 4\beta_2 WOR N_p})/(2\beta_2)} = \alpha_2 + \beta_2 N_p \tag{42}$$

式(42)经过一定的化简整理,便有:

$$\beta_2^2 N_p^2 + 2\alpha_2 \beta_2 N_p + \alpha_2^2 \left(1 - \frac{1}{WOR \alpha_2}\right) = 0 \tag{43}$$

依求根公式,由式(43)解出 N_p:

$$N_p = \frac{1}{2\beta_2^2}\left[-2\alpha_2\beta_2 \pm \sqrt{4\alpha_2^2\beta_2^2 - 4\alpha_2^2\beta_2^2\left(1 - \frac{1}{WOR \alpha_2}\right)}\right] \tag{44}$$

由于 N_p 始终大于0,式(44)取"+"号,化简整理可以得到:

$$N_p = -\frac{\alpha_2}{\beta_2}\left(1 - \sqrt{\frac{1}{WOR \alpha_2}}\right) \tag{45}$$

将式(25)代入式(45),得:

$$N_p = -\frac{\alpha_2}{\beta_2}\left[1 - \sqrt{(1-f_w)/(\alpha_2 f_w)}\right] \tag{46}$$

式(46)便是新水驱曲线式(35)所对应的累计产油量与含水率的关系式。将式(35)和式(46)称为新方法Ⅱ。

综上所述,由式(11)和式(35)回归得到参数后,即可由式(26)和式(46)进行动态预测与确定可采储量。

2 应用实例

为了便于和纳扎洛夫方法进行比较,特选文献[1]提供的算例为例,以验证本文方法的有效性与实用性。选为实例的3个油田,将其实际开发数据列于表1。

表1 3个油田的开发数据表

年份	濮城油田(沙一段) L_p (10^4t)	W_p (10^4t)	N_p (10^4t)	宁海油田 L_p (10^4t)	W_p (10^4t)	N_p (10^4t)	王庄油田 L_p (10^4t)	W_p (10^4t)	N_p (10^4t)
1983	136.61	10.77	125.84	55.65	6.25	49.40			
1984	200.75	23.92	176.83	170.06	37.58	132.48	89.00	5.81	83.19
1985	325.31	60.52	264.79	351.76	135.90	215.86	210.17	47.83	162.34
1986	503.15	149.53	353.62	559.82	275.47	284.35	272.39	92.09	180.30
1987	704.41	291.27	413.14	770.36	428.68	341.68	284.53	100.13	184.40

续表

年份	濮城油田(沙一段)			宁海油田			王庄油田		
	L_p (10^4t)	W_p (10^4t)	N_p (10^4t)	L_p (10^4t)	W_p (10^4t)	N_p (10^4t)	L_p (10^4t)	W_p (10^4t)	N_p (10^4t)
1988	914.48	461.90	452.58	1000.53	612.23	388.30	295.25	107.80	187.45
1989	1140.21	657.94	482.27	1198.00	777.57	420.23	305.49	115.31	190.18
1990	1409.44	904.44	505.00	1418.67	974.97	443.70	316.43	123.60	192.83
1991	1702.77	1181.27	521.50	1650.18	1186.59	463.59	327.14	132.51	194.63
1992	1987.36	1452.87	534.49	1887.47	1404.22	483.25	336.70	140.47	196.23

将表1中3个油田的有关数据按式(11)绘于图1上,按式(35)绘于图2上。由图1和图2可见,式(11)与式(35)所揭示的规律是存在的。

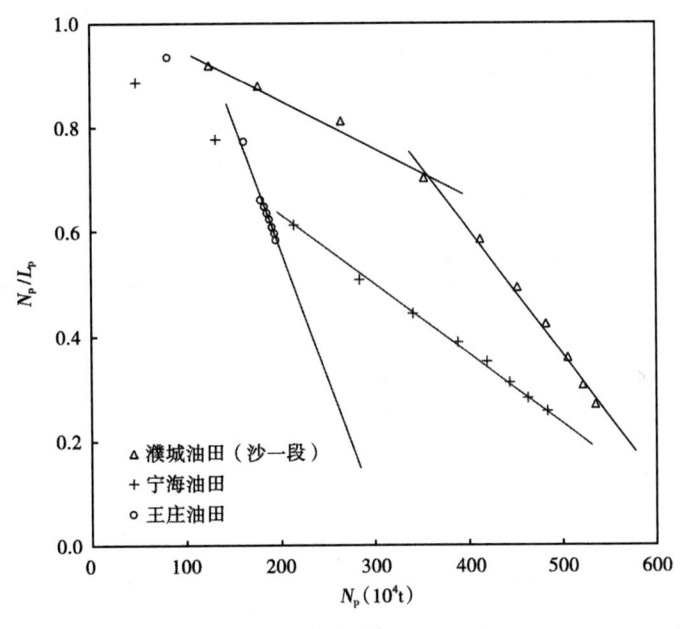

图1　3个油田的 N_p/L_p—N_p 关系曲线

图1和图2所反映的直线关系,经过简单的线性回归,分别得到其直线截距 α_1 和 α_2,斜率 β_1 和 β_2 以及相关系数 R(表2)。回归参数代入式(26)和式(46),当含水率取极限值 f_{wL} = 100%和经济极限值 f_w = 98%时,得到相应的极限可采储量与经济可采储量。结果见表3。表3中纳扎洛夫方法1和方法2的结果由陈元千教授在文献[1]中计算得到。

表2　新水驱曲线参数回归统计表

油田名称	$\dfrac{N_p}{L_p}=\alpha_1+\beta_1 N_p$			$\dfrac{N_p}{W_p}=\alpha_2+\beta_2 N_p$		
	α_1	β_1	R	α_1	β_1	R
濮城油田(沙一段)	1.679875	-0.002627	-0.9982	4.917565	-0.008597	-0.9943
宁海油田	0.890088	-0.001305	-0.9986	1.992229	-0.003452	-0.9980
王庄油田	1.642450	-0.005384	-0.9966	8.282676	-0.034965	-0.9961

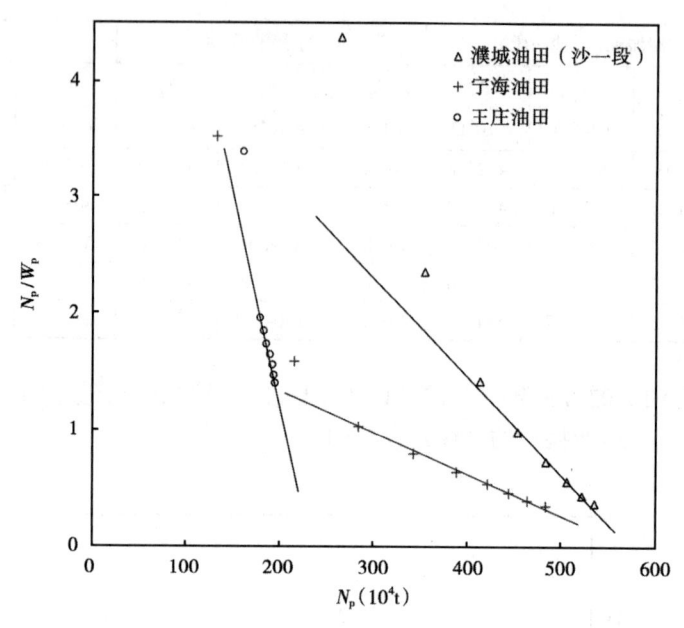

图 2 3 种油田的 N_p/W_p—N_p 关系曲线

表 3 新方法与纳扎洛夫方法预测结果对比表

油田名称	纳扎洛夫方法 1 N_{RL} (10^4t)	纳扎洛夫方法 1 N_R (10^4t)	新方法 I N_{RL} (10^4t)	新方法 I N_R (10^4t)	纳扎洛夫方法 2 N_{RL} (10^4t)	纳扎洛夫方法 2 N_R (10^4t)	新方法 II N_{RL} (10^4t)	新方法 II N_R (10^4t)
濮城油田（沙一段）	643.5	572.2	639.5	569.7	570.8	535.0	572.0	535.2
宁海油田	679.3	577.8	682.2	580.0	566.3	512.5	577.2	518.8
王庄油田	305.1	271.4	305.1	271.4	221.8	212.5	236.9	225.1

经比较，新方法 I 与纳扎洛夫方法 1 预测的结果几乎一致，新方法 II 与纳扎洛夫方法 2 预测的结果基本一致。

3 结语

(1) 通过对纳扎洛夫两种水驱曲线经验公式的分析和研究，推导得到了累计油液比与累计产油量、累计油水比与累计产油量之间关系的两种新水驱曲线，以及两种新水驱曲线相对应的累计产油量与含水率之间的关系表达式。

(2) 本文新方法 I 与纳扎洛夫方法 1 预测的结果几乎一致，而新方法 II 与纳扎洛夫方法 2 预测的结果非常接近。说明两种新方法预测可采储量是可靠有效的。

(3) 本文推导的新水驱曲线形式简单，使用方便，经实际开发资料的验证，结果可靠，建议油藏工程师们应用。

符 号 释 义

L_p—累计产液量,$10^4m^3/a$ 或 $10^4t/a$;W_p—累计产水量,10^4m^3 或 10^4t;N_p—累计产油量,10^4m^3 或 10^4t;N_{RL}—极限可采储量,10^4m^3 或 10^4t;N_R—经济可采储量,10^4m^3 或 10^4t;Q_o—产油量,$10^4m^3/a$ 或 $10^4t/a$;Q_w—产水量,$10^4m^3/a$ 或 $10^4t/a$;Q_l—产液量,$10^4m^3/a$ 或 $10^4t/a$;f_w—含水率,小数或%;WOR—水油比;a_1,b_1 和 a_2,b_2—纳扎洛夫公式方法1和方法2中的截距与斜率;α_1,β_1 和 α_2,β_2—新方法Ⅰ和新方法Ⅱ中的截距与斜率;R—相关系数。

参 考 文 献

[1] 陈元千. 对纳扎洛夫确定可采储量经验公式的理论推导及应用[J]. 石油勘探与开发,1995,22(3):63-68.
[2] Назаров С Н. К Оценке Извлекаемых Запасов Нефти по Интегральным Кривых Отбора Нефтмии воды,Азербайджанское Нефтянов Хозяйство,1972(5):20-21.
[3] Назаров С Н. Исследование Определяющих Параметров Нефтеотдачи. Известия Высших Учебных Заведений,Нефти и Газ,1982(6):25-30.
[4] 林志芳,俞启泰. 水驱特征曲线计算油田可采储量方法[J]. 石油勘探与开发,1990,17(6):64-71.
[5] 俞启泰. 水驱油田产量递减规律[J]. 石油勘探与开发,1993,20(4):72-80.

与纳扎洛夫水驱曲线等效的两种水驱曲线模型及应用

一个全面进入开发,并且已经进入稳定生产阶段的天然水驱或人工注水开发油田,应用水驱曲线进行未来动态预测和可采储量计算,无疑是广泛而有效的。

水驱曲线的特点是建立在油田的实际资料基础上,可以直接预测动态变化和计算可采储量,是油藏工程计算中的主要手段之一。

1 模型原理

在苏联及我国广泛应用的纳扎洛夫水驱曲线,由于其形式简单、应用方便和精度较高等特点,1993年被列为我国可采储量及采收率标定的重点方法[1]。

纳扎洛夫根据大量水驱油田开发资料的统计分析,得到了如下两个经验公式[2-4]:

$$\frac{L_p}{N_p} = a_1 + b_1 L_p \tag{1}$$

$$\frac{L_p}{N_p} = a_2 + b_2 W_p \tag{2}$$

式(1)和式(2)相对应的累计产油量与含水率关系式,分别为式(3)和式(4):

$$N_p = \frac{1}{b_1}\left[1 - \sqrt{a_1(1-f_w)}\right] \tag{3}$$

$$N_p = \frac{1}{b_2}\left[1 - \sqrt{(a_2-1)(1-f_w)/f_w}\right] \tag{4}$$

由于:

$$L_p = N_p + W_p \tag{5}$$

将式(5)代入式(1)左端,可得:

$$\frac{W_p + N_p}{N_p} = a_1 + b_1 L_p \tag{6}$$

整理式(6),得到:

$$\frac{W_p}{N_p} = (a_1 - 1) + b_1 L_p \tag{7}$$

若令:

$$A_1 = a_1 - 1 \tag{8}$$

$$B_1 = b_1 \tag{9}$$

则式(7)可以写成:

$$\frac{W_p}{N_p} = A_1 + B_1 L_p \tag{10}$$

式(10)即为与纳扎洛夫水驱曲线经验公式一[式(1)]等效的水驱曲线模型,称之为(等效)模型Ⅰ。它揭示了累计水油比与累计产液量之间呈线性关系。

式(10)对时间 t 求导数,得:

$$\frac{N_p \mathrm{d}W_p - W_p \mathrm{d}N_p}{N_p^2 \mathrm{d}t} = B_1 \frac{\mathrm{d}L_p}{\mathrm{d}t} \tag{11}$$

因为:

$$\frac{\mathrm{d}W_p}{\mathrm{d}t} = Q_w \tag{12}$$

$$\frac{\mathrm{d}N_p}{\mathrm{d}t} = Q_o \tag{13}$$

$$\frac{\mathrm{d}L_p}{\mathrm{d}t} = Q_l \tag{14}$$

$$Q_l = Q_o + Q_w \tag{15}$$

那么,式(11)即可写成:

$$\frac{N_p Q_w - W_p Q_o}{N_p^2} = B_1 (Q_o + Q_w) \tag{16}$$

由式(16)解出 W_p:

$$W_p = N_p \left[\frac{Q_w}{Q_o} - B_1 \left(\frac{Q_w}{Q_o} + 1 \right) N_p \right] \tag{17}$$

由于:

$$\frac{Q_w}{Q_o} = WOR \tag{18}$$

那么,式(17)便可写为:

$$W_p = N_p [WOR - B_1 (WOR + 1) N_p] \tag{19}$$

将式(19)及式(5)代入式(10),经化简整理可得:

$$(1 - B_1 N_p)^2 = \frac{A_1 + 1}{WOR + 1} \tag{20}$$

$(1-B_1 N_p)^2$ 必须大于0,开方取"+"号,得到:

$$N_p = \frac{1}{B_1} \left(1 - \sqrt{\frac{A_1 + 1}{WOR + 1}} \right) \tag{21}$$

因为:

$$WOR = \frac{f_w}{1-f_w} \tag{22}$$

将式(22)代入式(21),可得:

$$N_p = \frac{1}{B_1}[1 - \sqrt{(A_1+1)(1-f_w)}] \tag{23}$$

式(23)为水驱曲线模型Ⅰ,即式(10)所对应的累计产油量与含水率的关系公式。

将经济极限含水率f_{wmax}代入式(23)时,可得到油田的可采储量:

$$N_R = \frac{1}{B_1}[1 - \sqrt{(A_1+1)(1-f_{wmax})}] \tag{24}$$

下面由纳扎洛夫水驱曲线经验公式二[式(2)]推导另一条等效水驱曲线模型。

把式(5)代入式(2)可得:

$$\frac{W_p + N_p}{N_p} = a_2 + b_2 W_p \tag{25}$$

$$\frac{W_p}{N_p} = (a_2 - 1) + b_2 W_p \tag{26}$$

若令:

$$A_2 = a_2 - 1 \tag{27}$$

$$B_2 = b_2 \tag{28}$$

则式(26)能够改写成:

$$\frac{W_p}{N_p} = A_2 + B_2 W_p \tag{29}$$

式(29)即为与纳扎洛夫水驱曲线经验公式二[式(2)]等效的水驱曲线模型,称其为(等效)模型Ⅱ,反映了累计水油比与累计产水量之间具有的线性规律。

式(29)对时间t求导数,得:

$$\frac{N_p dW_p - W_p dN_p}{N_p^2 dt} = B_2 \frac{dW_p}{dt} \tag{30}$$

将式(12)和式(13)代入式(30),便有:

$$\frac{N_p Q_w - W_p Q_o}{N_p^2} = B_2 Q_w \tag{31}$$

从式(31)中解出W_p:

$$W_p = N_p \frac{Q_w}{Q_o}(1 - B_2 N_p) \tag{32}$$

将式(18)代入式(32):

$$W_p = N_p WOR(1 - B_2 N_p) \tag{33}$$

将式(33)代入式(29),并经化简整理,可得:

$$(1 - B_2 N_p)^2 = \frac{A_2}{WOR} \tag{34}$$

因为$(1-B_2 N_p)>0$,开方取"+"号可得:

$$N_p = \frac{1}{B_2}\left(1 - \sqrt{\frac{A_2}{WOR}}\right) \tag{35}$$

再将式(22)代入式(35),即得:

$$N_p = \frac{1}{B_2}[1 - \sqrt{A_2(1 - f_w)/f_w}] \tag{36}$$

式(36)即为水驱曲线模型Ⅱ,即式(29)所对应的含水率与累计产油量的关系公式。若代入经济极限含水率f_{wmax},即可计算可采储量。

$$N_R = \frac{1}{B_2}[1 - \sqrt{A_2(1 - f_{wmax})/f_{wmax}}] \tag{37}$$

2 实例分析

选文献[1]提供的算例,验证纳扎络夫水驱曲线的等效曲线(即模型Ⅰ和模型Ⅱ)的应用效果,同时便于和陈元千教授提供的纳扎洛夫经验公式预测的结果进行对比。

表1中的3个油田几乎同时投入开发,将其数据按式(1)和式(2)以及式(10)和式(29)的直线关系,分别绘于图1、图2和图3上。由图可见,模型Ⅰ和模型Ⅱ分别与纳扎洛夫水驱曲线经验公式一和公式二所成直线平行,说明其斜率是相等的。

表1 3个油田的开发数据表

年份	濮城油田(沙一段) L_p (10^4t)	W_p (10^4t)	N_p (10^4t)	宁海油田 L_p (10^4t)	W_p (10^4t)	N_p (10^4t)	王庄油田 L_p (10^4t)	W_p (10^4t)	N_p (10^4t)
1983	136.61	10.77	125.84	55.65	6.25	49.40			
1984	200.75	23.92	176.83	170.06	37.58	132.48	89.00	5.81	83.19
1985	325.31	60.52	264.79	351.76	135.90	215.86	210.17	47.83	162.34
1986	503.15	149.53	353.62	559.82	275.47	284.35	272.39	92.09	180.30
1987	704.41	291.27	413.14	770.36	428.68	341.68	284.53	100.13	184.40
1988	914.48	461.90	452.58	1000.53	612.23	388.30	295.25	107.80	187.45
1989	1140.21	657.94	482.27	1198.00	777.57	420.23	305.49	115.31	190.18
1990	1409.94	904.44	505.00	1418.67	974.97	443.70	316.43	123.60	192.83
1991	1702.77	1181.27	521.50	1650.18	1186.59	463.59	327.14	132.51	194.63
1992	1987.36	1452.87	534.49	1887.47	1404.22	483.25	336.70	140.47	196.23

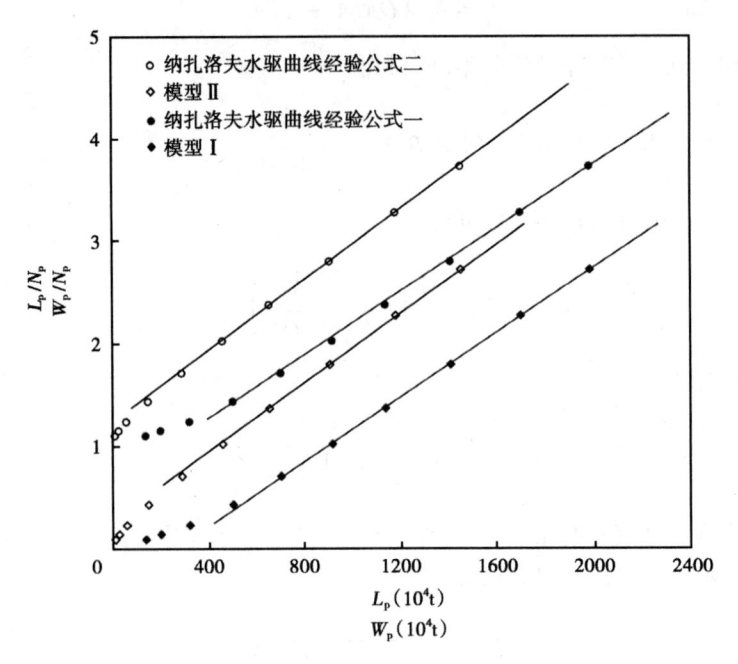

图1 濮城油田沙一段 L_p/N_p、W_p/N_p 和 L_p、W_p 关系曲线

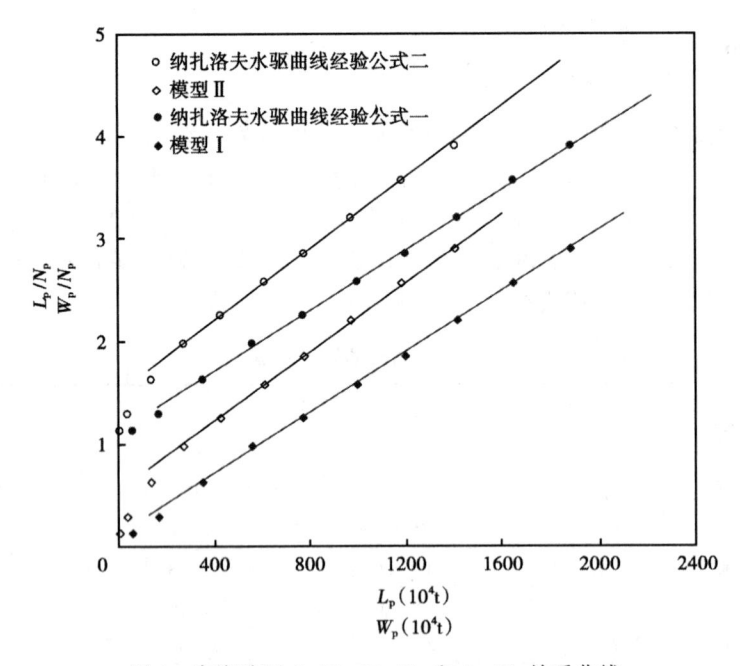

图2 宁海油田 L_p/N_p、W_p/N_p 和 L_p、W_p 关系曲线

将模型Ⅰ和模型Ⅱ即式(10)和式(29)的直线关系,经线性回归得到相应的直线截距(A_1,A_2),斜率(B_1,B_2)和相关系数(R),分别列于表2和表3。表2中纳扎洛夫水驱曲线经验公式一与表3中纳扎洛夫水驱曲线经验公式二的参数是由陈元千教授在文献[1]中计算的。经比较,模型Ⅰ和模型Ⅱ[即式(10)和式(29)]分别与纳扎洛夫水驱曲线经验公式一和公式二的斜率相等,截距之差为1。即满足 $B_1=b_1$,$B_2=b_2$;$A_1=a_1-1$,$A_2=a_2-1$。

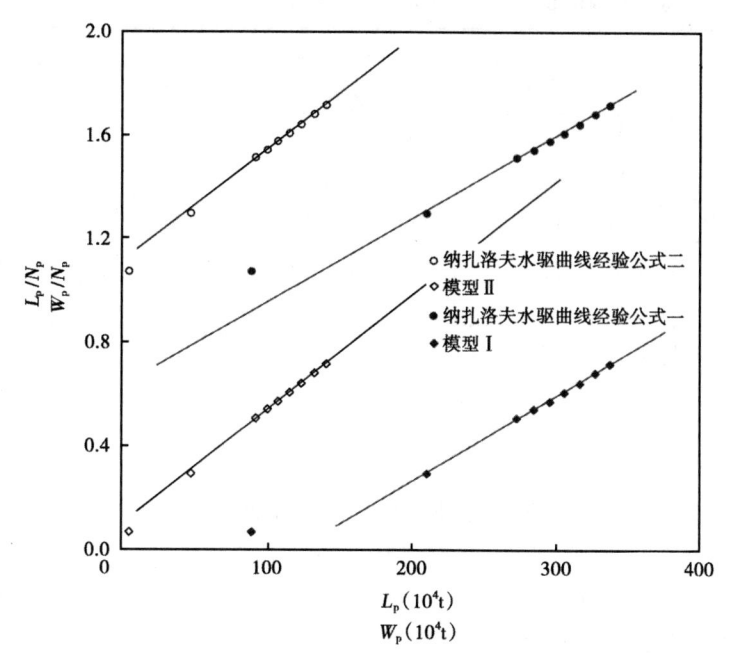

图 3 王庄油田 L_p/N_p、W_p/N_p 和 L_p、W_p 关系曲线

表 2 模型 I 与纳扎洛夫水驱曲线经验公式一参数统计

油田名称	$\dfrac{W_p}{N_p}=A_1+B_1L_p$			$\dfrac{L_p}{N_p}=a_1+b_1L_p$		
	A_1	B_1	R	a_1	b_1	R
濮城油田(沙一段)	-0.386909	0.001554	0.99978	0.6131	0.001554	0.9998
宁海油田	0.117661	0.001471	0.99974	1.1174	0.001472	0.9997
王庄油田	-0.390989	0.003278	0.99936	0.6090	0.003278	0.9994

表 3 模型 II 与纳扎洛夫水驱曲线经验公式二参数统计

油田名称	$\dfrac{W_p}{N_p}=A_2+B_2W_p$			$\dfrac{L_p}{N_p}=a_2+b_2W_p$		
	A_2	B_2	R	a_2	b_2	R
濮城油田(沙一段)	0.193235	0.001752	0.99972	1.1923	0.001752	0.9997
宁海油田	0.463820	0.001766	0.99888	1.4420	0.001766	0.9988
王庄油田	0.086479	0.004509	0.99916	1.0865	0.004509	0.9992

含水率取极限值 $f_{wL}=100\%$ 和经济极限值 $f_{wmax}=98\%$ 时,由式(23)和式(24)以及式(36)和式(37),分别计算得到了 3 个油田的极限可采储量与经济可采储量。经与文献[1]计算结果比较,模型 I 和模型 II 与纳扎洛夫水驱曲线经验公式一和公式二预测结果完全相同,具有等效的特点。预测结果见表 4。

表4 模型Ⅰ和模型Ⅱ与纳扎洛夫水驱曲线经验公式一和公式二预测结果对比

油田名称	模型Ⅰ N_{RL} (10^4t)	模型Ⅰ N_R (10^4t)	纳扎洛夫水驱曲线经验公式一* N_{RL} (10^4t)	纳扎洛夫水驱曲线经验公式一* N_R (10^4t)	模型Ⅱ N_{RL} (10^4t)	模型Ⅱ N_R (10^4t)	纳扎洛夫水驱曲线经验公式二* N_{RL} (10^4t)	纳扎洛夫水驱曲线经验公式二* N_R (10^4t)
濮城油田(沙一段)	643.5	572.2	643.5	572.2	570.8	534.9	570.8	535.0
宁海油田	679.6	578.0	679.3	577.8	566.3	511.2	566.3	512.5
王庄油田	305.1	271.4	305.1	271.4	221.8	212.5	221.8	212.5

注:"*"者为文献[1]陈元千教授计算。

3 结语

(1)通过对纳扎洛夫两种水驱曲线经验公式的分析研究,得到了刻画累计水油比与累计产液量、累计产水量关系的两种水驱曲线模型(即模型Ⅰ和模型Ⅱ)以及相应的累计产油量与含水率的关系公式,可以进行动态预测和可采储量计算。

(2)模型Ⅰ和模型Ⅱ与纳扎洛夫水驱曲线经验公式一和公式二,其斜率相等、截距之差为1,即 $B_1 = b_1$,$B_2 = b_2$;$A_1 = a_1 - 1$,$A_2 = a_2 - 1$,在图中反映为相互平行的直线。

(3)模型Ⅰ和模型Ⅱ,即式(10)和式(29)预测的可采储量与纳扎洛夫水驱曲线经验公式一和公式二预测的可采储量完全一致,说明它们具有等效的意义。

符 号 释 义

L_p,W_p,N_p—分别为累计产液量、产水量、产油量,$10^4 m^3$ 或 10^4t;N_{RL}—极限可采储量,$10^4 m^3$ 或 10^4t;N_R—经济可采储量,$10^4 m^3$ 或 10^4t;Q_o,Q_w,Q_l—分别为产油量、产水量、产液量,$10^4 m^3/a$ 或 $10^4 t/a$;f_w—含水率,小数或%;WOR—水油比;a_1,b_1 和 a_2,b_2—分别为纳扎洛夫水驱曲线经验公式一和公式二的截距与斜率;A_1,B_1 和 A_2,B_2—分别为模型Ⅰ和模型Ⅱ即式(10)和式(29)中的截距和斜率;R—相关系数。

参 考 文 献

[1] 陈元千.对纳扎洛夫确定可采储量经验公式的理论推导及其应用[J].石油勘探与开发,1995,22(3):63-68.
[2] Назаров С Н. Исследование Определяющих Параметров Нефтеотдачи. Известия Высших Учебных Заведений,Нефти и Газ,1982(6):25-30.
[3] 张虎俊.由纳扎洛夫水驱曲线推导的两种水驱曲线模型及应用[J].古潜山,1995(2):30-35.
[4] 张虎俊.水驱曲线分析的二种新方法[J].滇黔桂油气,1995,8(4):49-55.

确定水驱曲线校正系数 C 的简单方法

水驱曲线广泛应用于水驱开发油田,它不仅可以预测油田地质储量、可采储量和采收率,还可以预测油田开发的未来动态[1]。我国大量水驱开发油田的经验表明,在水驱油田开发的早期,累计产水量 W_p 与累计产油量 N_p 在半对数坐标纸上并不是直线关系,而有代表性的水驱曲线,直线段的出现时间一般要在含水率达 50%~60% 以后。为了扩大水驱曲线的应用范围,需要对水驱曲线进行校正,使其成为直线。

在文献[1]中,将甲型水驱曲线的形式改写为:

$$N_p = A + B\lg(W_p + C) \tag{1}$$

C 值选取的正确与否直接影响着预测结果,目前确定校正系数 C 的方法有 3 种。文献[2]最早提出了用近似公式确定 C 值的方法:先在未经校正的曲线上取 3 点,并假设:

$$N_{p2} = \frac{1}{2}(N_{p1} + N_{p3}) \tag{2}$$

这样相应地可得到这 3 个点的纵坐标为 W_{p1},W_{p2} 和 W_{p3},那么校正系数 C 就等于:

$$C = \frac{W_{p1}W_{p3} - W_{p2}^2}{W_{p1} + W_{p3} - 2W_{p2}} \tag{3}$$

文献[1]提出的曲线位移校正法原理是在累计产水量上加上一个大于 0 的常数 C,并将其 W_p+C 点绘在半对数纸上,使原曲线($C=0$)发生移动,直到成为一条直线,曲线移动常数即为校正系数 C。

文献[3]采用的是线性搜索中的黄金分割优选法,初始优化区间选取 $0\sim 0.618W_{pmax}$,控制在相关系数 $R\geq 0.9999$ 或优化区间小于 $0.00618W_{pmax}$。

上述 3 种方法均为近似计算方法。文献[2]提出的方法受随机因素的影响较大,C 的精度随曲线上选点的不同而变化,因此不同的计算者使用不同的数据点进行计算,得到互不相同的结果,人为地产生了误差。文献[1]提出的试差法虽然易于操作,但需要大量作图运算,况且容易漏掉 C 的最优值。文献[3]只是对试差法的深化,精度虽然提高了,但只有在微机上才能得以实现。本文从理论上解决了确定校正系数 C 时存在的上述问题,具有一定的理论和实用价值。

1 方法原理概述

本文方法的基本原理是建立水油比 WOR 与累计产水量 W_p 之间的直线关系,直接解出 C。该方法简单、适用。

对式(1)求导,得到下面的式(4)至式(6):

$$\frac{dN_p}{dt} = \frac{B}{2.303(W_p+C)} \frac{d(W_p+C)}{dt} \tag{4}$$

$$\frac{dN_p}{dt} = \frac{B}{2.303(W_p+C)} \frac{dW_p}{dt} \tag{5}$$

因为：$\frac{dN_p}{dt}=Q_o, \frac{dW_p}{dt}=Q_w, \frac{Q_w}{Q_o}=WOR$，故由式(5)可得：

$$W_p + C = \frac{BWOR}{2.303} \tag{6}$$

将式(6)改写为式(7)：

$$WOR = \frac{2.303C}{B} + \frac{2.303}{B}W_p \tag{7}$$

令：

$$a = \frac{2.303C}{B} \tag{8}$$

$$b = \frac{2.303}{B} \tag{9}$$

将式(8)和式(9)代入式(7)得：

$$WOR = a + bW_p \tag{10}$$

从式(10)可见水油比与累计产水量之间呈线性关系。这就解决了确定水驱曲线校正系数 C 的问题。式(10)已被文献[1,2]提供的油田实例证实。

由式(8)和式(9)不难看出校正系数 C 为：

$$C = \frac{a}{b} \tag{11}$$

综上所述，水驱曲线校正系数 C 的确定即可由式(10)和式(11)，通过简单、快速的运算得到。

2 方法应用实例

为了对本文方法进行验证并与其他方法进行比较，特选文献[1,2]的算法为例。

2.1 实例1：某水驱油藏[2]

以表2中的 W_p 和 N_p 推算出年产水量 Q_w、年产油量 Q_o，计算出 WOR，图1为 WOR—W_p 的关系曲线图，回归结果为：$a=0.2718293$，$b=1.2067918\times10^{-3}$，$R=0.990591$。由式(11)可知 $C=225.25$。

将 $C=225.25$ 代入式(1)，结果见表1。

从图2中看出，经本文方法校正的曲线变成了一条很好的直线，说明了方法的有效性。

表 1 某水驱油藏不同校正水驱曲线方法参数确定结果

方法	C	A	B	R
未校正	0	−194.27	1063.47	0.992019
文献[2]	737	−6507.64	2947.09	0.993758
文献[3]	215.78	−2134.13	1671.96	0.996352
本文	225.25	−2364.17	1745.83	0.999836

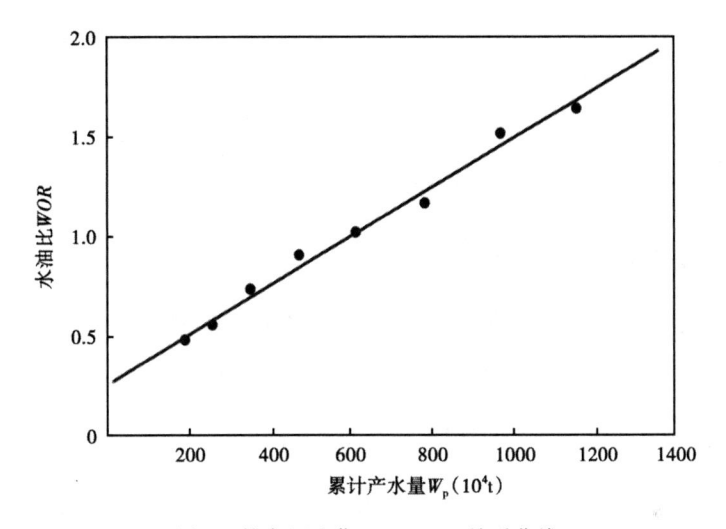

图 1 某水驱油藏 WOR—W_p 关系曲线

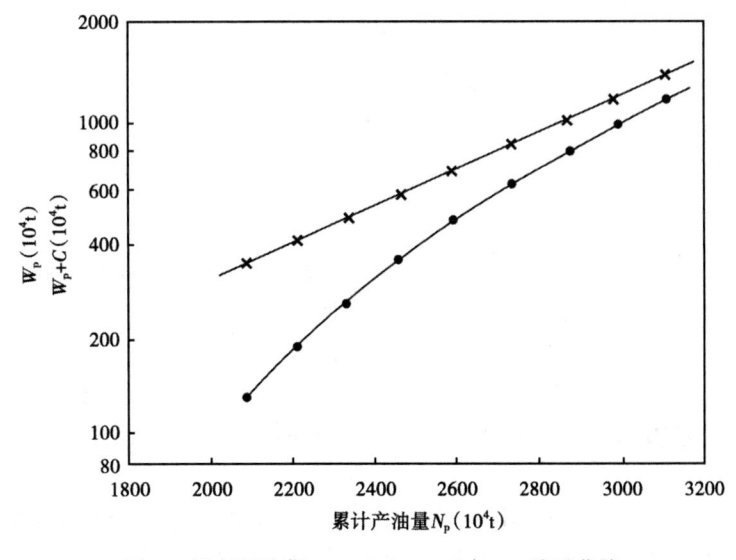

图 2 某水驱油藏 $\lg W_p$、$\lg(W_p+C)$ 与 N_p 关系曲线

表 2 为不同校正方法拟合的结果,通过对比可知,本文方法的精度明显高于其他方法。

表 2 某水驱油藏不同校正水驱曲线方法 N_p 拟合结果对比

年份	N_p 实际值 (10^4t)	N_p 拟合值(10^4t)			
		未校正	文献[2]	文献[3]	本文
1966	2080.8	2052.43	2150.36	2109.31	2087.77
1967	2206.8	2227.17	2235.49	2250.40	2205.49
1968	2329.2	2264.67	2257.41	2253.54	2318.16
1969	2455.2	2510.22	2439.45	2467.17	2453.01
1970	2584.8	2641.90	2568.46	2601.91	2591.59
1971	2728.8	2763.90	2709.92	2738.17	2732.08
1972	2876.4	2877.82	2861.92	2874.30	2872.75
1973	2995.2	2974.40	3005.98	2995.63	2998.33
1974	3114.0	3058.60	3142.81	3105.34	3112.03
平均相对误差(%)		1.48	1.27	0.81	0.18

2.2 实例2:大庆油田中区东部[1]

与实例1一样,首先计算出水油比 WOR,作出 $WOR—W_p$ 关系曲线(图3),回归可得:$a = 0.3750530, b = 2.8539262 \times 10^{-3}, R = 0.984045$,算出 $C = 131.416$。

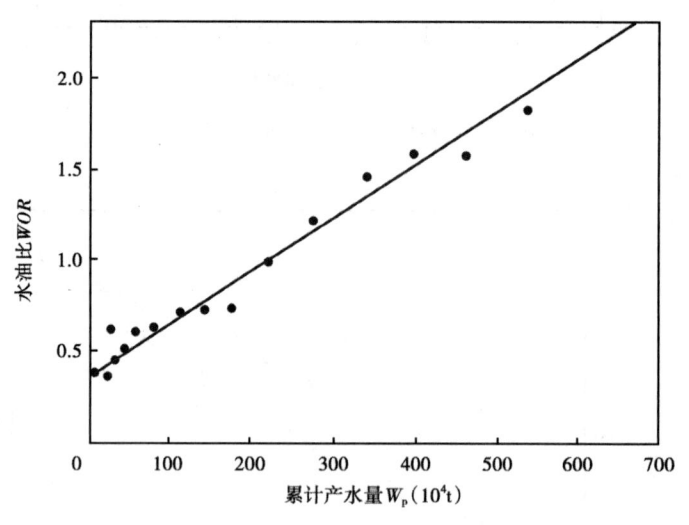

图 3 大庆油田中区东部 $WOR—W_p$ 关系曲线

表3和表4分别为用不同校正水驱曲线方法的回归结果与拟合结果。曲线校正如图4所示。

从表3和表4看出,在实例2中本文方法的相关系数略低于文献[1]与文献[3],但实际拟合精度高于任何一种方法,正如文献[3]指出:用相关系数选择校正系数 C 并不能完全解决水驱曲线校正问题,这是因为相关系数只能判别初期阶段水驱曲线直线段的程度,却不能判断直线的走向形态是否与后期水驱曲线的直线段相重合,故相关系数最大不一定是校正系数 C 选择的唯一准则。

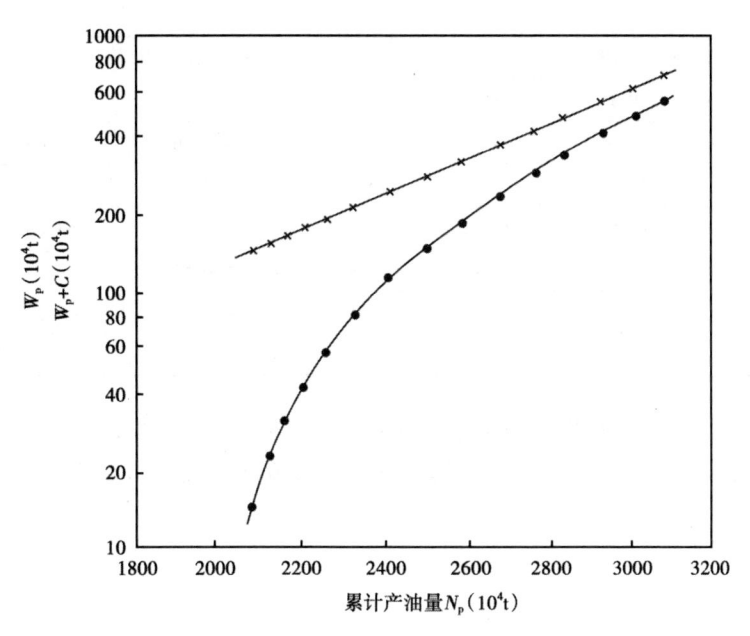

图 4 大庆油田中区东部 $\lg W_p$ 和 $\lg(W_p+C)$ 与 N_p 关系曲线

表 3 大庆油田不同校正水驱曲线方法参数确定结果

方法	C	A	B	R
未校正	0	−317.90	329.51	0.972721
文献[2]	107	−1302.40	690.70	0.999722
文献[1]	115	−1366.08	712.63	0.999782
文献[3]	125.05	−1445.54	739.85	0.999798
本文	131.416	−1495.537	756.879	0.999781

表 4 大庆油田不同校正水驱曲线方法 N_p 拟合结果对比

年份	N_p 实际值 (10^4t)	N_p 拟合值(10^4t) 未校正	文献[2]	文献[1]	文献[3]	本文
1965	138.76	65.86	137.70	139.46	142.40	142.67
1966	161.68	130.74	157.69	158.85	160.83	161.02
1967	179.65	173.10	175.43	176.12	177.34	177.46
1968	200.59	215.57	197.80	197.99	198.36	198.41
1969	226.43	262.52	228.75	228.37	227.78	227.74
1970	262.30	309.95	267.46	266.56	265.09	264.98
1971	305.37	356.55	313.32	312.08	309.99	309.82
1972	349.40	392.44	354.03	252.69	350.41	350.21
1973	392.83	421.23	390.04	388.76	486.53	386.34
1974	436.93	453.40	433.63	432.57	430.71	430.55

续表

年份	N_p 实际值 (10^4t)	N_p 拟合值(10^4t)				
		未校正	文献[2]	文献[1]	文献[3]	本文
1975	480.19	484.43	478.86	478.20	477.00	476.89
1976	521.32	513.37	523.60	523.48	523.19	523.16
1977	560.08	538.02	563.02	563.96	564.66	564.72
1978	600.83	559.48	599.47	600.51	602.25	602.41
1979	641.15	580.82	636.25	637.97	640.89	641.15
平均相对误差(%)		11.97	1.18	1.05	0.95	0.93

经实例验证,在水油比和累计产水量有良好线性关系条件下,本文方法解决了水驱曲线校正问题,精度明显高于其他方法,并且比其他方法简单方便。其他方法精度依次为文献[3]、文献[1]、文献[2]。

3 结论

综上所述,本文方法克服了传统水驱曲线校正诸方法的缺陷,该法简便、适用性强、快速、精确,不失为水驱曲线校正的理论方法。

符 号 释 义

A,a—截距;Q_w—年产水量,10^4t/a;B,b—斜率;R—相关系数;C—校正系数;WOR—水油比;N_p—累计产油量,10^4t;W_p—累计产水量,10^4t;N_{p1}、N_{p2}、N_{p3}—水驱曲线横坐标上3个累计产油量,10^4t;W_{p1},W_{p2},W_{p3}—水驱曲线纵坐标上3个累计产水量,10^4t;Q_o—年产油量,10^4t/a;W_{pmax}—出现的最大累计产水量,10^4t。

参 考 文 献

[1]陈元千.校正水驱曲线的曲线位移法[J].石油勘探与开发,1991(增刊).
[2]陈钦雷等.油田开发设计与分析基础[M].北京:石油工业出版社,1982.
[3]赵永胜,张四平,黄伏生,等.校正水驱曲线方法的改进及实例[J].石油勘探与开发,1993,20(3):49-53.

新型注采特征曲线的推导及应用

注水是确保地层压力和油层稳定的基础。对于人工注水开发的油田,注水指标的规划和预测是编制油田开发方案的重要环节,也是油田开发的一项重要内容。

目前,注水量的预测主要有注采比法、注水量与采出程度关系法、无量纲注入曲线法以及广泛采用的各种经验法。本文提出了一种利用产油量确定注水量的新方法。

1 方法原理

对于任何随时间增加的信息,都可以用如下的一般函数关系表示:

$$\frac{\mathrm{d}y}{y\mathrm{d}t} = D \tag{1}$$

当 D 的变化不大时,可将其视为常数。这样,对式(1)进行分离变量积分,可得:

$$\int_{y_0}^{y} \frac{\mathrm{d}y}{y} = D\int_{t_0}^{t} \mathrm{d}t \tag{2}$$

$$y = y_0 \mathrm{e}^{D(t-t_0)} \tag{3}$$

众所周知,油田开发过程中累计产油量、累计注水量始终是随时间连续增加的,属于式(1)的增长信息函数关系,并可写为如式(3)的形式:

$$N_\mathrm{p} = N_\mathrm{p0}\mathrm{e}^{I(t-t_0)} \tag{4}$$

$$W_\mathrm{i} = W_\mathrm{i0}\mathrm{e}^{J(t-t_0)} \tag{5}$$

式(5)除以式(4),可得:

$$\frac{W_\mathrm{i}}{N_\mathrm{p}} = \frac{W_\mathrm{i0}}{N_\mathrm{p0}}\mathrm{e}^{(J-I)(t-t_0)} \tag{6}$$

再由式(4)解出 $(t-t_0)$ 为:

$$t - t_0 = \frac{1}{I}\ln\frac{N_\mathrm{p}}{N_\mathrm{p0}} \tag{7}$$

将式(7)代入式(6),经化简整理得:

$$W_\mathrm{i} = \frac{W_\mathrm{i0}}{N_\mathrm{p0}^{J/I}}N_\mathrm{p}^{J/I} \tag{8}$$

式(8)取以10为底的对数,得:

$$\lg W_i = \lg \frac{W_{i0}}{N_{p0}^{J/I}} + \frac{J}{I} \lg N_p \tag{9}$$

令 $a = \lg \dfrac{W_{i0}}{N_{p0}^{(J/I)}}, b = \dfrac{J}{I}$，并代入式(9)得：

$$\lg W_i = a + b \lg N_p \tag{10}$$

式(10)即为本文推导的新型注采特征曲线，它提示了在双对数坐标上累计注水量与累计产油量之间呈直线关系。

将式(10)变形，写为：

$$W_i = 10^a N_p^b \tag{11}$$

由于第 t 年的累计注水量、累计产油量等于第 t 年的年注水量、年产油量分别加上第($t-1$)年的累计注水量、累计产油量，即具有如下关系：

$$W_{i_t} = Q_{i_t} + W_{i_{t-1}} \tag{12}$$

$$N_{p_t} = Q_{o_t} + N_{p_{t-1}} \tag{13}$$

将式(12)和式(13)代入式(11)，移项整理可得：

$$Q_{i_t} = 10^a (Q_{o_t} + N_{p_{t-1}})^b - W_{i_{t-1}} \tag{14}$$

式(14)即为本文推导的利用配产油量确定配注水量的公式。在式(14)中待预测前一年的累计产油量 $N_{p_{t-1}}$ 和累计注水量 $W_{i_{t-1}}$ 是已知的，只要确定了预测年份的产油量预测值(配产值) Q_{o_t}，即可算出与之相应的配注水量 Q_{i_t}。通过迭代法，依次类推，可求出第($t+1$)、第($t+2$)、第($t+3$)…第 n 年的配注水量。

2 实例分析

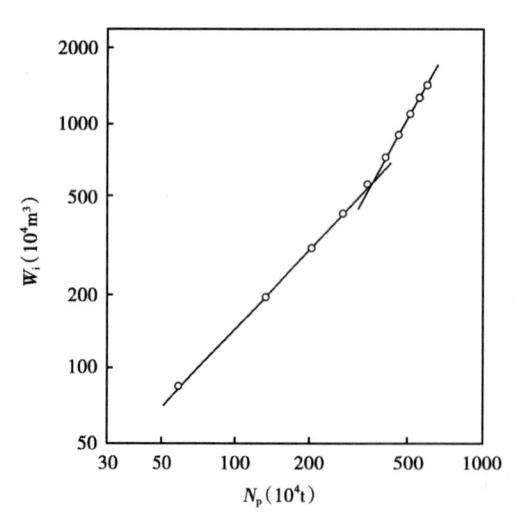

图 1 太平屯油田 W_i—N_p 双对数关系图

以大庆油区太平屯油田为例，阐述如何应用本文提出的方法确定配注水量。

太平屯油田于1980年投入开发，次年即进入正规注水开发阶段。表1列举了太平屯油田的开发数据。将表1中的累计产油量 N_p 和累计注水量 W_i 按照式(10)，作出图1。从图1可见，注采特征曲线发生了变化，需要分别求出两个直线段的 a 和 b 值(表2)。假设配产油量与实际年产量完全一致，可以将实际年产油量当作预测的配产油量进行注水量预测。1980年的累计产油量为 $5.11×10^4$t，累计注水量为 $3.74×10^4$m³。通过迭代法求得历年注水量，见表1。由预测结果可见，仅1985年的预测值与实际值偏差较大，其余9年的平均相对误差仅为3.67%,这在油田(配)注水量预测中是相当精确的。

表1 太平屯油田开发数据及注水量预测值

年份		1981	1982	1983	1984	1985	1986	1987	1988	1989	1990
$N_p(10^4 t)$		59.13	130.43	200.72	269.76	335.31	396.5	450.85	498.48	541.45	580.6
$W_i(10^4 m^3)$		85.23	200.70	322.13	457.45	606.10	768.32	952.29	1143.71	1325.67	1515.48
$Q_o(10^4 t/a)$		54.02	71.30	70.29	69.04	65.55	61.19	54.35	47.63	42.97	39.15
Q_i $(10^4 m^3/a)$	实际	71.49	115.47	121.43	135.32	148.65	162.22	183.97	191.42	181.96	189.81
	预测	70.09	119.87	126.76	130.03	127.33	157.09	196.21	187.92	182.06	176.02
绝对误差($10^4 m^3$)		1.40	-4.40	-5.33	5.29	21.32	5.13	-12.24	3.50	-0.14	13.19
相对误差(%)		1.96	-3.81	-4.39	3.91	14.34	3.16	-6.65	1.83	-0.08	7.27

表2 太平屯油田式(10)的回归结果统计表

回归时间	回归点数	a	b	R
1981—1985年	5	-0.065116	1.122323	0.999552
1986—1990年	5	-1.745240	1.781154	0.999718

3 结论

本文基于油田开发过程中累计产油量和累计注水量随时间连续增加的规律,引入了相应的增长函数模型,推导提出了一种双对数形式的新型注采特征曲线,并给出了利用迭代法确定配注水量的方法。经实例验证,本文方法简单方便、误差小、适用性较强。

符号释义

y—增长信息函数;y_0—增长信息函数的某一值;t—时间,a;t_0—某一时间,a;D—递增率;I,J—分别为累计产油、累计注水递增率;N_p,W_i—分别为累计产油量、累计注水量,$10^4 t$、$10^4 m^3$;N_{p0},W_{i0}—分别为某时间的累计产油量、累计注水量,$10^4 t$ 或 $10^4 m^3$;Q_{o_t},Q_{i_t}—分别为预测的配产油量、配注水量,$10^4 t/a$ 或 $10^4 m^3/a$;N_{p_t},W_{i_t}—分别为预测年的累计产油量、累计注水量,$10^4 t$ 或 $10^4 m^3$;$N_{p_{t-1}},W_{i_{t-1}}$—分别为待预测前一年的累计产油量、累计注水量,$10^4 t$ 或 $10^4 m^3$;a,b、R—分别为直线的截距、斜率、相关系数。

参 考 文 献

[1] 张虎俊. 预测可采储量新模型的推导及应用[M]. 试采技术,1995,16(1):38-42.

热采油藏注采特征曲线的校正及简便处理方法

稠油注蒸汽开发原油采收率的计算是评价开发效果、进行动态分析和制订调整方案的重要依据。如何利用已开发注蒸汽稠油油藏的注、采资料确定原油采收率和可采储量,一直是众多油藏工程师所关注和探索的问题。在这一方面,文献[1]提出的注采特征曲线是一种有效的尝试。然而,由于文献[1]给出的注采特征曲线直线段出现较晚,使其应用受到了影响和制约。为此,笔者对其进行了有效校正,并给出了确定校正系数 C 的方法。

1 理论基础

稠油油藏注蒸汽开发的实践表明,无论蒸汽吞吐还是蒸汽驱开采的稠油油藏,在井网相对稳定的条件下,其累计注汽量和累计产油量之间,在半对数坐标上,均满足如下的二参数注采特征曲线[1,2]:

$$\lg N_s = A + B N_p \tag{1}$$

式中 A——半对数坐标中直线段的截距;
  B——半对数坐标中直线段的斜率;
  N_p——蒸汽吞吐阶段各周期累计产油量,10^4t;
  N_s——蒸汽吞吐阶段各周期累计注汽量,10^4t。

通过对稠油油藏实际注采资料的研究发现:式(1)揭示的直线规律对于注蒸汽开发初期是不存在的,因为曲线形态往往是一条向累计产油量(N_p)坐标轴弯曲的曲线,而用以确定可采储量和采收率的直线段只有在注蒸汽开发达到一定的阶段后才会出现。这一点在图1中得以验证[1]。

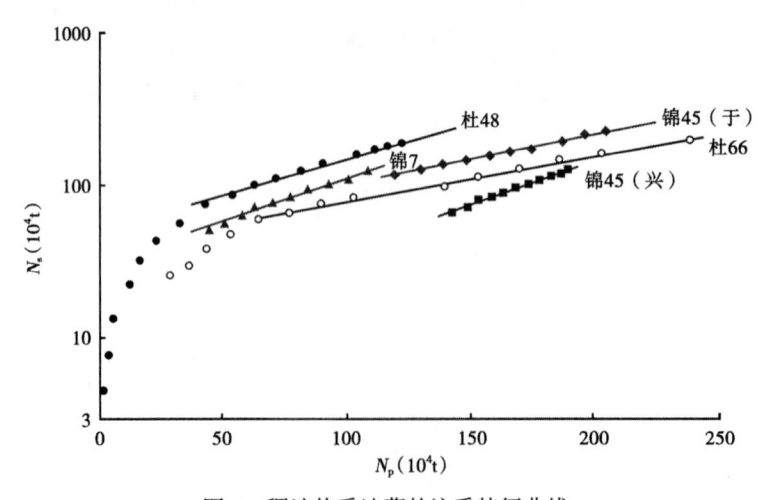

图1 稠油热采油藏的注采特征曲线

为了使式(1)从注蒸汽开发初始就可用于计算可采储量和采收率(即从注蒸汽开始就是一条直线),对式(1)进行了有效的校正,其数学表达式为:

$$\lg(C + N_s) = A + BN_p \tag{2}$$

式中 C——校正系数。

式(2)为一条三参数注采特征曲线,其应用时间范围较式(1)广,换而言之,式(2)的价值在于它可使注蒸汽开发的所有注采资料点(N_p,N_s)都处在一条直线上。

将式(2)进行微分,得到:

$$\frac{\mathrm{d}(C + N_s)}{(C + N_s)\ln 10} = B\mathrm{d}N_p \tag{3}$$

$$\frac{\mathrm{d}N_s}{(C + N_s)\ln 10} = B\mathrm{d}N_p \tag{4}$$

式(4)两端同除以 $\mathrm{d}t$,可得:

$$\frac{\dfrac{\mathrm{d}N_s}{\mathrm{d}t}}{(C + N_s)\ln 10} = B\frac{\mathrm{d}N_p}{\mathrm{d}t} \tag{5}$$

式中 t——时间,a 或 mon 或 d。

由于:

$$\frac{\mathrm{d}N_s}{\mathrm{d}t} = Q_s \tag{6}$$

$$\frac{\mathrm{d}N_p}{\mathrm{d}t} = Q_o \tag{7}$$

式中 Q_o——瞬时产油量,10^4t/a 或 10^4t/mon 或 t/d;
Q_s——瞬时注汽量,10^4t/a 或 10^4t/mon 或 t/d。

将式(6)和式(7)代入式(5),即得:

$$\frac{Q_s}{(C + N_s)\ln 10} = BQ_o \tag{8}$$

将式(8)变形,即有:

$$C + N_s = \frac{Q_s}{Q_o}\frac{1}{B\ln 10} \tag{9}$$

由于油汽比(OSR)可表示为 $OSR = \dfrac{Q_o}{Q_s}$,将其代入式(9),得到:

$$C + N_s = \frac{1}{B(\ln 10)OSR} \tag{10}$$

将式(10)代入式(2),稍作整理得到:

$$N_p = \frac{1}{B}\left(\lg\frac{0.4343}{BOSR} - A\right) \tag{11}$$

式(11)中,当 OSR 取不同的数值时,即可得到不同的累计产油量 N_p。当油汽比取极限值 OSR_{min} 时,可求得注蒸汽开发稠油油藏的可采储量 N_R,即:

$$N_R = \frac{1}{B}\left(\lg\frac{0.4343}{BOSR_{min}} - A\right) \tag{12}$$

由于采收率 E_R 可由式(13)表示:

$$E_R = \frac{N_R}{N} \tag{13}$$

将式(12)代入式(13),即得采收率计算公式:

$$E_R = \frac{1}{N}\frac{1}{B}\left(\lg\frac{0.4343}{BOSR_{min}} - A\right) \tag{14}$$

式中 E_R——采收率,%;
N——地质储量,10^4t;
N_R——可采储量,10^4t。

稠油蒸汽吞吐阶段极限油汽比一般取 0.25,也有的取 0.3❶。蒸汽驱阶段极限油汽比常取 0.15。

2 C 的确定方法

任何一种模型的应用效果除与模型本身有关外,还与模型参数的取值有关,模型参数的准确与否,直接决定着预测的精度。因此,式(2)应用的难点和关键是模型参数的求解。显而易见,在式(2)中只有 C 确定后,才能用线性最小二乘法确定 A 和 B。

在平面直角坐标系中做出 N_s—N_p 关系曲线,取其首尾端点,记为 $P_1(N_{p1}, N_{s1})$,$P_2(N_{p2}, N_{s2})$,再令[3,4]:

$$N_{p3} = \frac{1}{2}(N_{p1} + N_{p2}) \tag{15}$$

在 N_s—N_p 曲线上读出 N_{p3} 相应的 N_{s3}。这样,即可知第 3 点的坐标 $P_3(N_{p3}, N_{s3})$。
将 $P_1(N_{p1}, N_{s1})$,$P_2(N_{p2}, N_{s2})$ 和 $P_3(N_{p3}, N_{s3})$ 代入式(2)。得到如下方程组:

$$\begin{cases} \lg(C + N_{s1}) = A + BN_{p1} & (16) \\ \lg(C + N_{s2}) = A + BN_{p2} & (17) \\ \lg(C + N_{s3}) = A + BN_{p3} & (18) \end{cases}$$

由式(16)加式(17),可得:

$$\lg[(C + N_{s1})(C + N_{s2})] = 2A + B(N_{p1} + N_{p2}) \tag{19}$$

再将式(15)代入式(18):

---

❶ 俞启泰,等. 油藏可采储量计算规范. 中国石油天然气总公司可采储量工作会议,1995。

$$\lg(C + N_{s3})^2 = 2A + B(N_{p1} + N_{p2}) \tag{20}$$

由于式(19)与式(20)相等,即有:

$$(C + N_{s1})(C + N_{s2}) = (C + N_{s3})^2 \tag{21}$$

解式(21),即可求得 C 为:

$$C = \frac{N_{s3}^2 - N_{s1}N_{s2}}{N_{s1} + N_{s2} - 2N_{s3}} \tag{22}$$

将 C 值代入式(2)回归,即得 A 和 B。

3 实例应用分析

某油区稠油注蒸汽开发自1984年进行蒸汽吞吐试验以来,累计产油 405.2×10^4 t,累计注汽 934.4×10^4 t,综合含水63%,油汽比为0.37。于1988年开始蒸汽驱试验,但井数极少,热采仍以蒸汽吞吐为主,动用地质储量 3382×10^4 t。表1为其1984—1990年的热采数据。

表1 某油区历年稠油热采数据

年份	油井数(口)	开井数(口)	产油量(t/d)	产油量(10^4t/a)	累计产油量(10^4t)	注汽量(10^4t/a)	累计注汽量(10^4t)	含水(%)
1984	16	15	101	1.8844	1.8844	0.4526	0.4526	10.50
1985	70	70	464	10.9436	12.8280	14.9269	15.3795	22.70
1986	208	202	1101	32.7000	45.5280	40.7546	56.1341	29.20
1987	360	348	1496	49.0035	94.5315	68.7031	124.8372	44.30
1988	666	649	2614	60.7000	155.2315	128.4128	253.2500	48.16
1989	1141	1071	3426	106.2798	261.5113	296.4072	549.6572	57.67
1990	1614	1472	4502	143.7333	405.2446	384.7733	934.4305	62.98

将表1中的累计注汽量 N_s、累计产油量 N_p 按照式(1),作出图2。

由图2可见,$\lg N_s$ 与 N_p 关系为一曲线,是不能够进行可采储量与采收率计算的,故需要对其进行校正。

在直角坐标系中做出 N_s 与 N_p 关系曲线(图3)。将1984年和1990年的累计注采数据分别记为 $P_1(N_{p1}, N_{s1})$ 和 $P_2(N_{p2}, N_{s2})$,即 $P_1(1.8844, 0.4526)$,$P_2(405.2446, 934.4305)$。将 P_1 和 P_2 点的 N_{p1} 和 N_{p2} 坐标值代入式(15)得:$N_{p3} = 203.5645 \times 10^4$ t。

在图3上查得 $N_{s3} = 370 \times 10^4$ t。这样,可以写出 P_3 点的坐标为 $P_3(203.5645, 370)$。将 $N_{s1} = 0.4526$,$N_{s2} = 934.4305$ 和 $N_{s3} = 370$ 代入式(22),可求得 C 为700。将所得 C 代入式(2),经线性回归,直线截距 $A = 2.83868$、斜率 $B = 9.35207 \times 10^{-4}$、相关系数 $R = 0.9983$,可见校正后的线性关系是令人满意的(图2)。

由于该例中已有少数井进行蒸汽驱试验,所以,其蒸汽吞吐极限油汽比应比0.25稍小,在此,取 $OSR_{min} = 0.20$。

由式(12)和式(14)计算的可采储量与采收率分别为 $N_R = 563.7 \times 10^4$ t,$E_R = 16.67\%$,与该

例 1989 年的标定值($N_R = 560.0 \times 10^4 t, E_R = 16.56\%$)相比,相对误差仅为 0.11%。

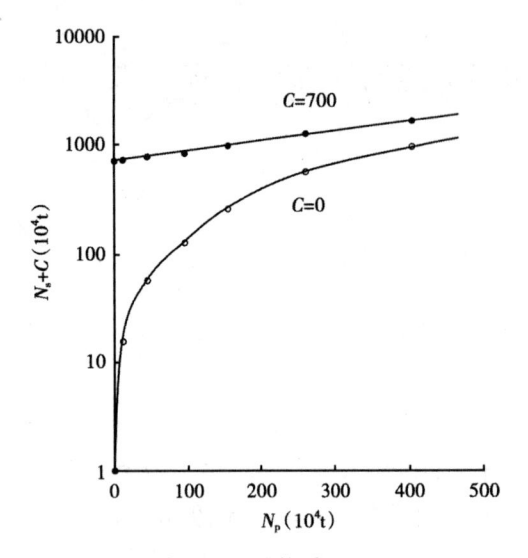

图 2 某油区稠油热采 $\lg(N_s+C)$、$\lg N_s$ 与 N_p 关系曲线

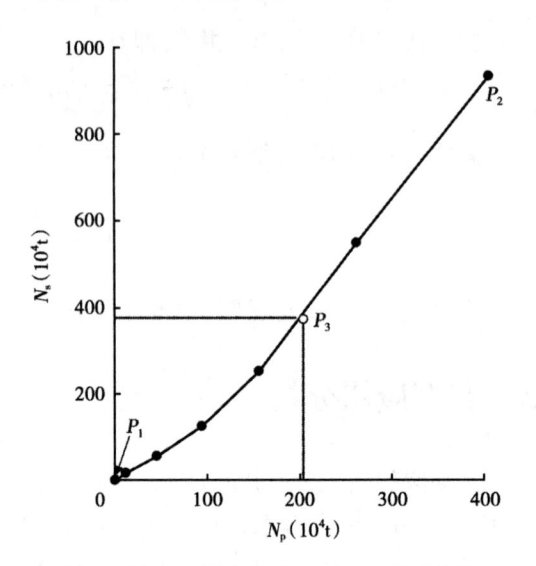

图 3 某油区稠油热采 N_s 和 N_p 关系曲线

4 结论

通过对稠油油藏注蒸汽开发实际注采资料的研究发现,文献[1]提出的用以计算稠油注蒸汽开发原油可采储量与采收率的注采特征曲线,其直线段出现时间较晚,对于注蒸汽初期数据,曲线形态往往是一条向累计产油量坐标轴弯曲的曲线。为了提前应用时间和提高使用价值,笔者对文献[1]提出的注采特征曲线进行了必要和有效的校正,使之成为一条三参数注采特征曲线,很好地刻画了累计注汽量与累计产油量之间的半对数线性关系。同时,本文还给出了确定参数 C 的公式。

通过实例验证表明,经笔者校正后的三参数注采特征曲线及参数 C 的确定方法,是有效可靠的。

参 考 文 献

[1] 刘斌.计算稠油油藏蒸汽吞吐阶段可采储量的方法[J].河南石油,1994,8(1):43-45.
[2] 刘斌. 曙 1-7-5 块蒸汽驱开发的初步认识[J].石油勘探与开发,1995,22(3):91-95.
[3] 陈钦雷,等.油田开发设计与分析基础[M].北京:石油工业出版社,1982.
[4] 陈元千.校正水驱曲线的方法.油气藏工程计算方法(续篇)[M].北京:石油工业出版社,1991.

确定注蒸汽开发稠油油藏原油采收率的三参数注采特征曲线法

自20世纪60年代初开始,世界稠油热采规模日趋扩大。我国从1982年着手进行稠油注蒸汽试验,先后在辽河、新疆、胜利、河南等油田获得成功。"七五"以来,我国已开发的稀油油田进入高含水开采阶段,探明可采储量不足,稳定和增产的难度越来越大,但由于稠油产量逐年增长,从而保持了全国石油生产持续增长的趋势❶。

注蒸汽开发稠油油藏的原油采收率是反映开发水平的综合性技术指标。因此,科学而准确地计算热采稠油采收率,是贯穿整个开发过程中的一项重要而有意义的工作,也是评价开发效果、进行动态分析、制订调整方案的重要依据。然而,注蒸汽开发稠油油藏采收率的计算目前仍处于探索阶段,没有形成统一的标准。本文基于文献[1][2]的研究,提出了计算注蒸汽开发稠油油藏原油采收率的三参数注采特征曲线法及其相应的参数求解方法。

1 三参数注采特征曲线模型

注蒸汽开发稠油的实践表明:无论蒸汽吞吐还是蒸汽驱开采的稠油油藏,在井网相对稳定的条件下,累计注汽量和累计产油量在半对数坐标上,满足如下二参数注采特征曲线[1,2]。

$$\lg N_s = A + B N_p \tag{1}$$

式(1)所示的关系[1]如图1所示。

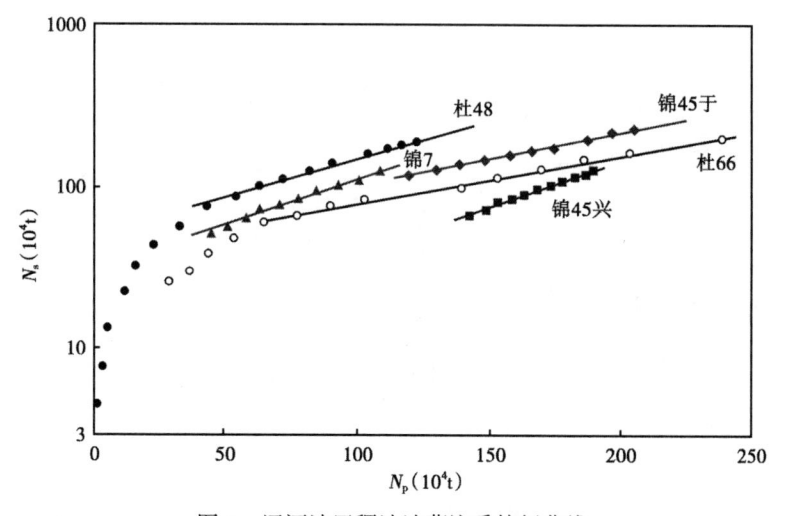

图1 辽河油田稠油油藏注采特征曲线

---

❶ 陈仲平. 稠油蒸汽吞吐及蒸汽驱开发规划方法研究,1994。

通过研究发现,式(1)所示的规律对于注蒸汽开发初期是不适用的,其曲线形态往往是一条向累计产油量(N_p)坐标弯曲的曲线,只有注蒸汽开发达到一定的阶段时,才出现可用以确定采收率的直线段。图1所示的曲线很好地反映了上述观点。

为了提高注采特征曲线的使用价值,也为了能在注蒸汽开发初期即可利用注、采资料来计算原油采收率,有必要对式(1)进行有效的修正,其数学表达式为:

$$\lg(C + N_s) = A + BN_p \tag{2}$$

式(2)即为提出的三参数注采特征曲线表达式,这样,就会使注蒸汽开发的所有资料点(N_p, N_s)都能落在一条直线上(图2、图4)。

将式(2)对时间微分,可得:

$$\frac{\dfrac{dN_s}{dt}}{(C + N_s)\ln 10} = B\frac{dN_p}{dt} \tag{3}$$

由于:

$$\frac{dN_s}{dt} = Q_s \tag{4}$$

$$\frac{dN_p}{dt} = Q_o \tag{5}$$

这样,式(3)可以改写为:

$$C + N_s = \frac{Q_s}{Q_o}\frac{1}{B\ln 10} \tag{6}$$

由于汽油比(SOR)可表示为:

$$SOR = \frac{Q_s}{Q_o} \tag{7}$$

将式(7)代入式(6),得:

$$C + N_s = \frac{SOR}{B\ln 10} \tag{8}$$

把式(8)代入式(2)并整理得:

$$N_p = \frac{1}{B}\left(\lg\frac{SOR}{B\ln 10} - A\right) \tag{9}$$

由于:

$$OSR = \frac{Q_o}{Q_s} = \frac{1}{Q_s/Q_o} = \frac{1}{SOR} \tag{10}$$

在实际工作中应用更多的是油汽比,所以将式(10)代入式(9),得到瞬时油汽比与累计产油量之间的关系:

$$N_p = \frac{1}{B}\left(\lg\frac{1}{2.3026BOSR} - A\right) \tag{11}$$

给出不同的油汽比(OSR)值,由式(11)即可得到不同的累计产油量N_p。当油汽比取极限值$(OSR)_{min}$时,可求得注蒸汽开发稠油油藏的可采储量。

$$N_R = \frac{1}{B}\left(\lg\frac{0.4343}{BOSR_{min}} - A\right) \tag{12}$$

由于采收率E_R可由式(13)表示:

$$E_R = \frac{N_R}{N} \tag{13}$$

将式(12)代入式(13),即得采收率计算公式:

$$E_R = \frac{1}{NB}\left(\lg\frac{0.4343}{BOSR_{min}} - A\right) \tag{14}$$

对于稠油油藏蒸汽吞吐和蒸汽驱阶段,极限油汽比一般取0.25或0.15。

2 模型参数的求解方法

众所周知,任何一个预测模型其应用的难点和关键是模型参数值的求解。合理而准确的(模型)参数值将使预测结果符合客观事实,而非优参数值往往会带来与客观事实相悖的(预测)结果。显而易见,由于式(2)中含有3个参数,不可能用常规的线性最小二乘法求得参数。为此,对其参数求解提出了线性回归法和等步长法。

2.1 线性回归法[3]

将式(8)改写为:

$$N_s = -C + \frac{SOR}{B\ln 10} \tag{15}$$

由式(15)可见,累计注汽量与瞬时汽油比在直角坐标系上呈直线关系。
令:

$$a = -C \tag{16}$$

$$b = \frac{1}{B\ln 10} \tag{17}$$

将式(16)和式(17)代入式(15),即得:

$$N_s = a + bSOR \tag{18}$$

用实际的N_s和SOR进行回归,由式(18)求得a和b之后,即可由式(16)式(17)解得参数C和B。参数A可由式(19)求得:

$$A = \frac{1}{n}\sum_{i=1}^{n}[\lg(N_{si} + C) - BN_{pi}] \tag{19}$$

283

2.2 等步长法[4]

在平面直角坐标系中作出 N_s 与 N_p 关系曲线,将累计产油量 N_p 进行等步长取值,即假定:

$$h = N_{p(j+1)} - N_{pj} \tag{20}$$

然后在 N_s—N_p 曲线上读出 N_p 对应的累计注汽量 N_s,将 $N_{p(j+1)}$ 和 $N_{s(j+1)}$、N_{pj} 和 N_{sj} 分别代入式(2)得:

$$\lg(C + N_{s(j+1)}) = A + BN_{p(j+1)} \tag{21}$$

$$\lg(C + N_{sj}) = A + BN_{pj} \tag{22}$$

由式(21)减去式(22),得:

$$\lg \frac{C + N_{s(j+1)}}{C + N_{sj}} = B(N_{p(j+1)} - N_{pj}) \tag{23}$$

把式(20)代入式(23),得到:

$$\lg \frac{C + N_{s(j+1)}}{C + N_{sj}} = Bh \tag{24}$$

式(24)取对数,并经整理得:

$$N_{s(j+1)} = C(10^{Bh} - 1) + 10^{Bh} N_{sj} \tag{25}$$

再令:

$$\alpha = C(10^{Bh} - 1) \tag{26}$$

$$\beta = 10^{Bh} \tag{27}$$

将式(26)和式(27)代入式(25),得到:

$$N_{s(j+1)} = \alpha + \beta N_{sj} \tag{28}$$

求得 α 和 β 之后,再由式(26)和式(27)可得:

$$C = \alpha/(\beta - 1) \tag{29}$$

$$B = (\lg\beta)/h \tag{30}$$

求得 C 和 B 后,A 可由式(19)求得。

线性回归法适用于汽油比有规律变化的油藏,对于汽油比波动较大的油藏是不适用的。等步长法与汽油比无关,适用范围较广。

3 应用实例分析

3.1 实例1——新疆油区稠油注蒸汽开发●

新疆油区注蒸汽开发稠油,自1984年蒸汽吞吐试验以来,动用地质储量 4318×10^4 t,累计

● 赵立春,等. 中国油田开发图集. 1991,5(1).

产油量 405.2×10⁴t、累计注汽量 934.4×10⁴t、综合含水率 62.98%。热采以吞吐为主,将其 1984 年至 1990 年的热采数据列于表 1。

表1 新疆油区历年稠油热采数据

年份	油井数(口)	开井数(口)	产油量(t/d)	产油量(10⁴t/a)	累计产油量(10⁴t)	注汽量(10⁴t/a)	累计注汽量(10⁴t)	含水(%)
1984	16	15	101	1.8844	1.8844	0.4526	0.4526	10.50
1985	70	70	464	10.9436	12.8280	14.9269	15.3795	22.70
1986	208	202	1101	32.7000	45.5280	40.7546	56.1341	29.20
1987	360	348	1496	49.0035	94.5315	68.7031	124.8372	44.30
1988	666	649	2614	60.7000	155.2315	128.4128	253.2500	48.16
1989	1141	1071	3426	106.2798	261.5113	296.4072	549.6572	57.67
1990	1614	1472	4502	143.7333	405.2446	384.7733	934.4305	62.98

将表 1 中实际累计产油量与累计注汽量,按照式(1)作出图 2。由图 2 中 N_p 与 N_s 的对数曲线可以看出,对于该例数据来说,式(1)所示的线性规律并不存在,因此有必要建立三参数函数关系。

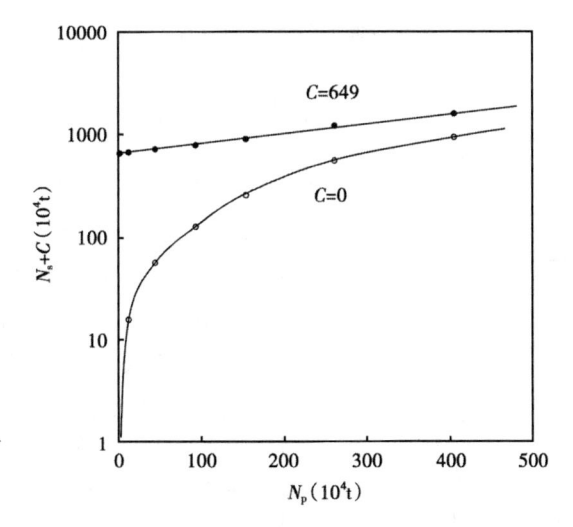

图 2 新疆油区稠油热采 $\lg(N_s+C)$ 和 $\lg N_s$ 与 N_p 关系

首先,把表 1 中累计注汽量 N_s 与汽油比 SOR 按式(18)作出图 3。经线性回归直线截距 $a=-648.5924$。斜率 $b=567.1417$、相关系数 $R=0.9959$。由式(16)和式(17)求得 $C=649$,$B=5.9073$。再由式(19)计算得到 $A=2.9431$。至此,已完成了参数求解的全过程。为了检验 C 值的正确与否,可将 $(C+N_s)$ 与 N_p 绘于图 2。可见线性关系是令人满意的,说明 C 值是可靠的。

将吞吐阶段的极限油汽比 0.25 及所求得出的参数 A,B 和 C 代入式(13)和式(14),计算出新疆油区稠油蒸汽吞吐可采储量 $N_R=889.4×10^4$t,原油采收率 $E_R=20.6\%$。

上面,用实例 1 验证了参数求解的线性回归法,下面再用一个实例来验证参数求解的等步长法。

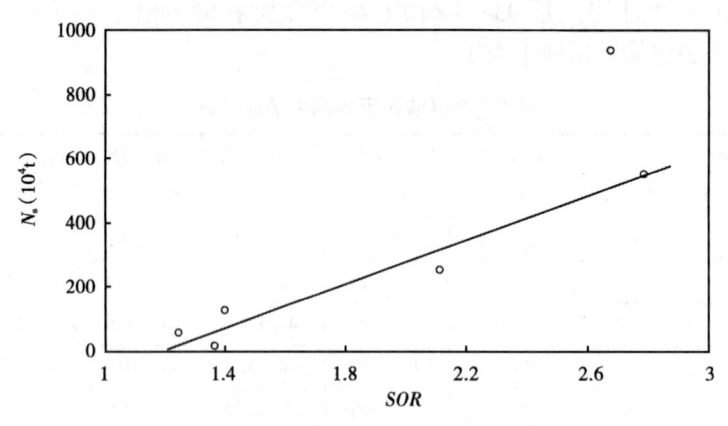

图 3 新疆油田稠油热采 N_s 和 SOR 关系

3.2 实例 2——辽河油区曙 1-7-5 块吞吐开发[1,2]

辽河油区曙 1-7-5 块于 1983 年投产后就进行蒸汽吞吐开发,该区块的动用地质储量 N 为 453×10^4 t,表 2 中列举了这个区块在 1987 年至 1992 年期间的累计产油量 N_p 和累计注汽量 N_s 数据。

表 2 辽河油区曙 1-7-5 块蒸汽吞吐注采数据

年份	1987	1988	1989	1990	1991	1992
$N_p(10^4 t)$	39.86	54.74	67.41	73.67	79.50	84.81
$N_s(10^4 t)$	27.63	41.19	57.91	68.46	76.34	84.92

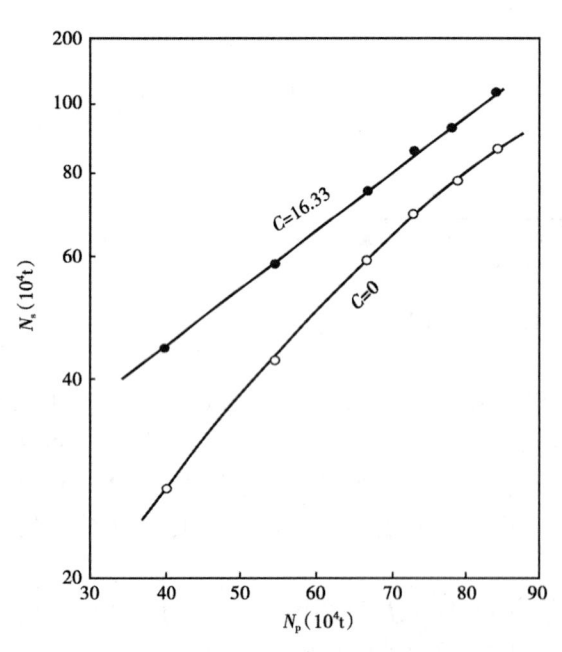

图 4 辽河区曙 1-7-5 块蒸汽吞吐 $\lg(N_s+C)$ 和 $\lg N_s$ 与 N_p 关系

首先按照式(1)式作出图 4。虽然式(1)所揭示关系是线性的,但图 4 中的曲线却仍是一条向 N_p 坐标微微弯曲的曲线,在此我们用等步长法建立预测采收率的三参数注采特征曲线。

(1)在直角坐标系中作出 N_s 与 N_p 的关系曲线如图 5 所示;

(2)在图 5 中将 N_p 按步长 $h=5\times10^4$ t 进行取值,并读取相应的值 N_s(表 3);

(3)将表 3 中的累计注汽量数据按照(28)式作出 $N_{s(j+1)}$ 与 N_{sj} 的关系曲线如图 6 所示;

(4)对图中的直线进行回归,得截距 $\alpha=1.6140$,斜率 $\beta=1.0988\times10^{-3}$,相关系数 $R=0.99992$;

(5)再由式(19)、式(29)、式(30)分别求得 $A=1.3166$,$C=16.33$,$B=8.186\times10^{-3}$。

将所求得的 A,B 和 C 及吞吐阶段的极限油汽比分别代入式(12)和式(14),计算得到可采储量 $N_R = 123.4×10^4$t、原油采收率 E_R = 27.2%,这个数据与文献[1]计算的 28.2% 采收率仅相差 3.5%。

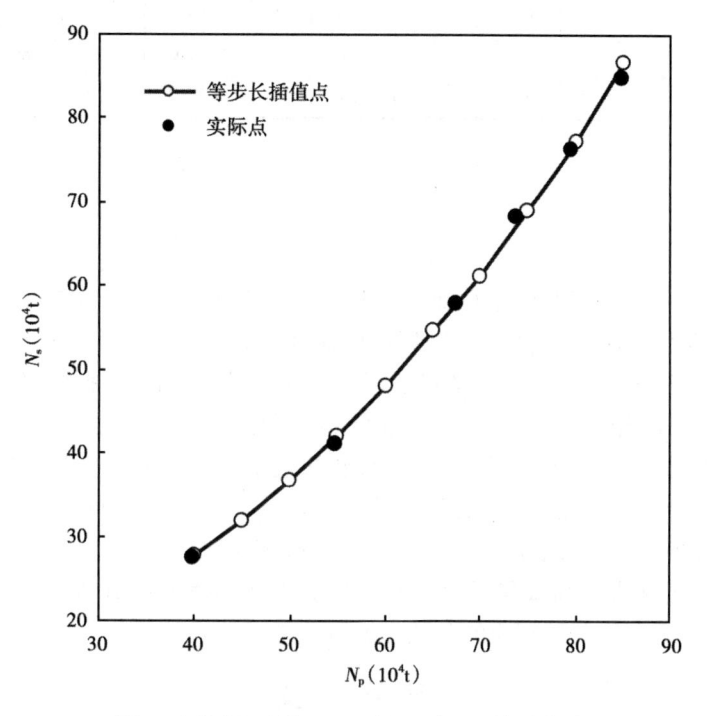

图 5 辽河油区曙 1-7-5 块 N_s 与 N_p 关系曲线

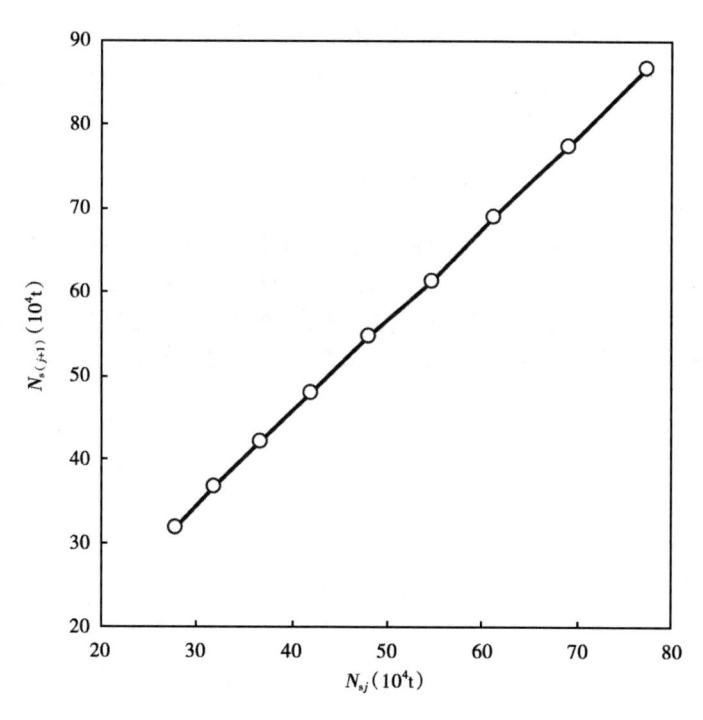

图 6 辽河油区曙 1-7-5 块 $N_{s(j+1)}$ 与 N_{sj} 关系曲线

表3 辽河油区曙1-7-5块累计产油量等步长取值及相应的累计注汽量

N_{pj}(10^4t)	40	45	50	55	60	65	70	75	80	85
N_{sj}(10^4t)	27.8	32.0	36.7	42.1	48.0	54.7	61.3	69.1	77.3	86.7
$N_{p(j+1)}$(10^4t)	45	50	55	60	65	70	75	80	85	
$N_{s(j+1)}$(10^4t)	32.0	36.7	42.1	48.0	54.7	61.3	69.1	77.3	86.7	

4 结论

(1)通过研究发现,二参数注采特征曲线即式(1),对于注蒸汽开发初期适用性差,曲线形态往往是一条向累计产油量(N_p)坐标轴弯曲的曲线,为此,本文提出了三参数注采特征曲线即式(2)。三参数注采特征曲线很好地描述了累计注汽量与累计产油量之间的半对数线性关系,可以较好地解决已开发(注蒸汽)稠油油藏原油采收率的计算问题。

(2)针对三参数注采特征曲线不能采用常规的最小二乘法确定模型参数的问题,提出了确定模型参数的两种简单方法,即线性回归法和等步长法。线性回归法仅适用于汽油比有规律增大的油藏,等步长法与汽油比无关,适用范围较线性回归法广。

(3)通过新疆油区稠油油藏和辽河油区曙1-7-5块蒸汽吞吐开发实例验证表明,本文提出的三参数注采特征曲线及其相应的参数求解方法是适用有效的。

符 号 释 义

N_s—累计注汽量,10^4t;N_p—累计产油量,10^4t;N_R—可采储量,10^4t;N—地质储量,10^4t;E_R—采收率,%;Q_o—瞬时产油量,10^4t/a 或 10^4t/mon 或 10^4t/d;Q_s—瞬时注汽量,10^4t/a 或 10^4t/mon 或 10^4t/d;OSR—瞬时油气比;SOR—瞬时汽油比;h—所取的步长,10^4t;A,B,C,a,b,α,β—所涉及的模型参数;i,j—序号。

参 考 文 献

[1]刘斌.计算稠油油藏蒸汽吞吐阶段可采储量的方法[J].河南石油,1994,8(1):4-45.
[2]刘斌.曙1-7-5块蒸汽驱开发的初步认识[J].石油勘探与开发,1995,22(3):91-95.
[3]张虎俊.确定水驱曲线校正系数C的简单方法[J].新疆石油地质,1995,17(3):76-280.
[4]胡建国.新型水驱曲线及简便处理方法[J].试采技术,1994,15(2):25-31.

第二部分 开发管理实践

第九章 油田开发实践

玉门老君庙油田是我国第一个采用现代技术工业开采和首次实现注水开发的油田,《老君庙油田低产后期剩余油研究及调整井效果》简要介绍了其地质特征、开发特点及低产后期开发剩余油研究及调整井部署技术与经验,可供国内其他注水开发油田借鉴。

老君庙油田近80年的开发历史中先后用测井法、油藏工程、岩心法、数值模拟、水矿化度分析等方法,研究不同时期的剩余油分布规律。《应用同位素示踪技术研究油藏剩余油分布规律》为注水开发后期油田剩余油研究提供了一种简捷直观的有效方法。

经过多年的注水开发,老君庙油田剩余油高度分散、油水关系复杂、区域形成高压、泥岩膨胀蠕动,钻井难度大,挖掘剩余油潜力困难。《老君庙油田高压复杂区水平井技术研究与实施》记述了玉门油田第一口水平井——LH-1井的地质研究、钻井技术、实施效果,以及老油田利用水平井挖掘区域剩余油潜力、提高单井产量等方面探索出的一些可借鉴的经验。

青西油田是于20世纪90年代末滚动勘探开发获得实质性突破的重点区域。窿5井区块为相对独立的深层裂缝性底水砾岩油藏,底水沿裂缝突进严重威胁着青西油田开发。《青西油田窿5区块裂缝性底水油藏水动力系统研究》以物质平衡方程为基础,对油藏水动力系统及水侵机理、控水因素进行了研究和探索,为稳油控水提出了理论依据。

跨隔-射孔测试联作是利用跨隔的方式对试油目的层进行射孔、测试联作的新型综合试油工艺,能够缩短试油周期,提高施工效率。《MFE跨隔—射孔测试技术在青西油田负压井上的应用分析》根据该工艺在玉门青西油田的应用情况分析,在肯定工艺优点的同时,针对在某些负压井上出现的泄压现象,提出了工艺改进建议,使之具有更广泛的适用性。

单北油田是小型底水砂岩油藏,储层薄,渗透率低,平面差异大,单井产量低。注水效果受渗透率高低制约,含水上升快,最终采收率低。《单北小型底水砂岩油田开发特征及评价》以单北油田30年的开发实践为基础,对底水砂岩油藏的开发特征及如何合理开发等问题进行了探讨。

精细油藏描述贯穿于油田开发全过程,是油田综合调整与治理挖潜的科学基础。《精细油藏描述技术在玉门油田调整挖潜中的应用》对玉门油田的精细油藏描述发展历程及技术进化进行了综述。早在20世纪50年代,玉门油田即开展了以油层细分、沉积相研究为主的早期油藏描述。60年代,开展以钻"检查井""资料井"及"小层对比"为特色的精细油藏描述。70年代以后,开展以低渗透储层裂缝研究与剩余油研究为主体的精细油藏描述。进入90年代,以数值模拟技术与碳氧比测井等剩余油研究为核心的油藏研究方法,又向精细化更进了一步。近年来,精细油藏描述逐渐向规范化、定量化、三维可视化方面发展。

《老君庙油田油藏管理与地质研究》从老君庙油田的开发实际出发,简要回顾了其悠久的开发历程及取得的基本经验和成就。概述了老君庙油田采收率标定方法,以及不同阶段的采收率分析。系统介绍了老君庙油田精细地质研究与提高采收率的实践与做法。分析了今后油田开发面临的形势和矛盾,提出了进一步改善开发效果和提高采收率的思路与途径。

老君庙油田低产后期剩余油研究及调整井效果[1]

老君庙油田是我国第一个工业开采和注水开发的油田,为一北翼较陡,东、西、南翼较缓的不对称穹隆背斜构造,轴向北西(290°)—东南(110°),长轴8km,短轴4km,闭合高度约800m,构造面积28km²。构造南翼倾角20°~30°,为边水封闭;北翼受逆掩断层遮挡,地层较陡,倾角60°~80°。油田储层为古近系—新近系白杨河组(E_3b),含油面积17.1km²,地质储量5332×10⁴t,可采储量2264.3×10⁴t。自上而下发育K油藏、L油藏和M油藏3套开发层系,各油藏层间差异较大(表1)。

表1 老君庙油田油藏地质参数表

油藏	小层数	油藏平均埋深(m)	储层物性孔隙度(%)	储层物性渗透率(mD)	原油性质密度(g/m³)	原油性质黏度(mPa·s)	压力系数	初期单井产量(t/d)	目前单井产量(t/d)
K	4	320~450	21.1	220	0.856	5.9		2	0.5
L	20	790	23	620	0.858	3.3	1.2	23	0.8
M	3	810	17.8	24	0.854	4.2	1.17	6	1.3

1 开发概况

老君庙油田于1939年发现并开发,基本上经历了油田开发的全过程[1]。其长达65年的开发历程,历经1939—1956年的建产期、1957—1960年的高产期、1961—1968年的递减期、1969—1980年的稳定开采期和自1981年以来的后期低产开采期5个阶段。注水开发走过了1955—1958年的边外注水与顶部注气、1959—1963年的边外—边内切割综合注水、1964年后的不规则点状面积注水3个阶段。油田开发动态经过无水、低含水、中含水、高含水开采阶段。

老君庙油田累计采油2083.84×10⁴t,采出地质储量的39.1%,可采储量的采出程度92.0%。目前,油井开井576口,水井开井183口,年产能力20×10⁴t,综合含水77.5%,地质储量采油速度0.36%,剩余可采储量采油速度4.99%,储采比10.32。

经过65年的开发实践和51年的注水历程,老君庙油田已处于开发晚期阶段,影响开发的主要问题和矛盾有:

(1)油田没有新的储量接替,储采失衡的矛盾愈加尖锐。
(2)储层物性和流体性质变差,表现在出砂、结蜡、水淹3个方面。
(3)长期注水开发,油水交错分布、剩余油零散且规律复杂。

---

[1] 本文合作者:刘亚君、杨会平、李克勤。

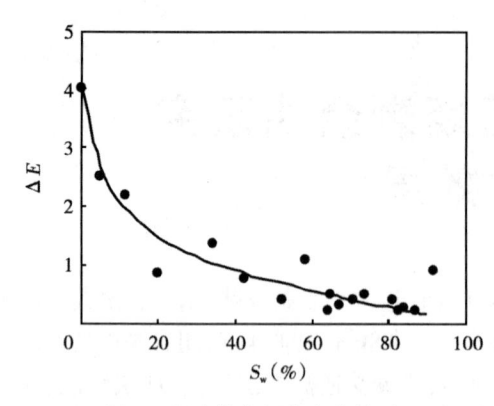

图 1 驱油效率与含水率关系

(4)50%的油井和60%的水井套管损坏严重,制约油田调整治理与井筒挖潜。

(5)因储层孔渗性差,低产后期产液量下降,排液采油实现稳产的可能性不大。

(6)水驱波及系数、驱油效率、驱替指数下降,驱替产量递减加快。

高含水期注水驱油效率明显下降,L油层注入单位孔隙体积水量的驱油效率增量(ΔE)平均为0.251,仅为中含水期的0.4倍。平均含水上升1%,驱油效率下降1.3%~0.8%(图1),驱替产量递减水6.2t/d,是中含水期的2.1倍[2]。

老君庙油田开发后期存在的六大问题和矛盾严重制约着油田开发效果与效益,为进一步提高采收率、改善开发效果,开展了精细油藏描述和剩余油研究,实施后见到了显著效果。

2 低产后期剩余油研究

2.1 剩余油研究方法

2.1.1 测井资料数理统计法

利用8口密闭取心井的岩心分析资料和20世纪90年代后新井的测井参数,用回归统计方法分别建立不同油层含水饱和度S_w与测井参数的数学关系:

(1)M油藏M_1和M_2小层用85组数据建立的回归方程(相关系数0.7)为:

$$S_w = 83.4636 - 1.1383R_{0.6} - 1.0949SP + 31.8874R_{0.6}/R_4 - 19.3677(\Delta t - \Delta t_s)^{0.15} \quad (1)$$

(2)M油藏M_3小层用32组数据建立的回归方程(相关系数0.6)为:

$$S_w = 45.6531 - 0.0486(\Delta t - \Delta t_s)/[0.75R_m/(R_{fw}R_4)]^{1/2} + 20.6425[\lg(\Delta tR_{fw})/(R_4/R_m)]^{1/2} \quad (2)$$

其中: $R_{fw} = 10^{-SP \times 1.25/n}$

(3)L油藏用31组数据建立的回归方程(相关系数0.7)为:

$$S_w = 113.5643 + 0.0546R_{0.6}^2 - 2.6907R_{0.6} - 0.0926\Delta t \quad (3)$$

$$S_o = 19.697 + 0.0895\Delta t - 1.849 \times 10^{-4}(\Delta t/R_{0.6} - R_m)^2 - 3828.676R_4/(\Delta tR_{0.6}) \quad (4)$$

式(3)和式(4)经概率论与数理统计的F检验法显著性检验,显著水平在0.05以下,是可信的。

2.1.2 碳氧比测井法

20世纪80年代中期碳氧比(C/O)测井在我国兴起,由于其对储层地质与水淹程度要求条件较高,在老君庙油田选择性地进行了11口井的C/O测井,剩余油饱和度解释符合率为70%。

2.1.3 油藏工程法

通过建立油田、油藏、小层、区块、井组、单井的水驱特征关系曲线数学模型,计算出水驱动

态储量、不同含水率条件下的采出程度,继而计算出当前的剩余油饱和度:

$$R = \lg[f_w/(1-f_w)] - A/(BN) \tag{5}$$

$$S_o = S_{oi}(1-R) \tag{6}$$

利用上述剩余油研究方法对老君庙油田 L 油藏 L_1 小层、L_2 小层和 M 油藏 M_1 小层、M_2 小层、M_3 小层剩余油进行了研究,各种方法计算的剩余油饱和度符合程度较高(表2和表3),有效指导了后期开发的调整挖潜。

表2 三种方法计算的 L 油藏 L_1 小层和 L_2 小层剩余油饱和度数值对比

井号	L 油藏 L_1 小层(%)			L 油藏 L_2 小层(%)		
	测井法	C/O 法	油藏工程法	测井法	C/O 法	油藏工程法
F188	45.95	42.92	43.20	44.82	46.90	45.30
J189	36.70	36.81	38.10	42.14	42.10	43.20
I195	44.27	33.60	40.52	46.95	50.83	48.77
F185	48.89	50.50	51.73	50.67	60.00	52.31
C198	48.90	13.90	44.65	44.62	39.80	43.42
NE228	40.18	20.17	43.90	49.30	47.60	45.80

表3 M 油藏 M_1 小层、M_2 小层和 M_3 小层7口井测井法和 C/O 法计算的剩余油饱和度

井号	F189		H209			K207			C198			I227			F197			NE228		
层位	M_1	M_2	M_1	M_2	M_3	M_1	M_2	M_3	M_1	M_2	M_3	M_1	M_2	M_3	M_1	M_2	M_3	M_1	M_2	M_3
测井法(%)	31.7	31.6	49.7	50.3	53.1	50.1	42.5	48.6	54.8	38.8	28.5	28.8	32.3	55.8	40.8	42.7	32.7	35.2	27.8
C/O 法(%)	32.6	32.6	54.1	51.2	57.3	56.5	42.6	47.4	55.3	37.3	21.5	21.5	24.4	54.1	39.5	41.1	22.4	24.7	19.2

2.1.4 油藏数值模拟法

数值模拟在老君庙油田 M 油藏顶部区、L 油藏夹片区,研究了油层流体的流动和分布规律,确定了不同区域的含油饱和度分布,提出了在剩余油富集区钻井10口、层系调整35口井及在剩余油较富集区钻井27口的方案。方案实施后部分井见到较好效果。

2.2 剩余油分布规律

在井点、井区和小层剩余油饱和度研究的基础上,认清了 M 油藏和 L 油藏剩余油在平面、剖面上的分布特征与规律,确定出油田潜力区块、潜力油层,明确了油田高含水低产开发后期的调整、挖潜方向。

剩余油在纵向上的分布规律表明(表4),Ⅰ类资源主要受储层沉积特征及物性控制,是现阶段的主要调整对象,但分布面积有限;Ⅱ类资源含油面积大,有一定潜力,是调整的接替对象;Ⅲ类资源剩余油饱和度已接近注水极限含油饱和度,潜力甚微,无调整挖潜必要。

表4 L、M油藏小层剩余油类别及分布面积

层位	Ⅰ类剩余油 面积(km²)	Ⅰ类剩余油 比例(%)	Ⅱ类剩余油 面积(km²)	Ⅱ类剩余油 比例(%)	Ⅲ类剩余油 面积(km²)	Ⅲ类剩余油 比例(%)
L_1^1	1.782	14.32	1.488	21.33	4.837	64.35
L_1^2	1.936	22.01	1.437	17.02	3.609	60.97
L_1^3	2.879	28.92	3.756	39.85	3.005	31.23
L_2^1	1.602	18.52	1.439	18.32	4.972	63.16
M_1	1.589	18.95	4.807	46.01	3.649	35.04
M_2	1.502	15.99	4.002	32.11	5.739	51.90
M_3	2.835	27.46	4.551	42.08	3.407	30.46

剩余油在平面的分布特点主要表现在以下6个方面：

(1)储层沉积环境、砂体发育状况直接影响了剩余油分布形态,在水流方向垂直于砂体尖灭线或由于尖灭体的遮挡使注入水难以波及,产生剩余油富集区带。

(2)注采井距的大小影响剩余油饱和度的高低,注采井网不完善的地区是平面剩余油富集的有利地带。

(3)局部构造形态是影响剩余油分布的重要因素。老君庙油田为不对称穹隆背斜构造,北陡南缓,注水井部署在不同构造高点都会影响剩余油饱和度的高低。

(4)平面上泥质含量或碳酸岩含量高、渗透性相对差、连通性不好的低渗透区块剩余油分布比较集中。

(5)漫滩、浅滩亚相与更小的沉积微相剩余油饱和度比较高。

(6)由于断层遮挡,注水不易见效的断层附近剩余油饱和度相对较高。

3 成果应用及效果

剩余油研究成果表明,老君庙油田开发低产后期阶段剩余油在平面与剖面上已高度分散,呈零星分布,油水关系交错复杂,剩余油主要分布在油田高压复杂区(L油层高压、BC层泥岩蠕动)、井网失控区、注水绕流区、油藏边角区块、复杂地貌和地面障碍(建筑物)区域,而这些区域常规钻井难以达到挖掘剩余油潜力的地质目的。为此,发展配套了一系列钻井新工艺、新技术[3],主要有定向钻井避开高压复杂区技术,PDC钻头快速钻井技术,防止BC层及上部地层井漏、井塌、缩径的井身结构设计技术,稳定L油层高压、顶钻、井喷的高密度钻井液技术,抑制高压屏蔽、泥岩蠕动剖面固井水泥浆上窜的非平衡压力固井技术。

自20世纪90年代开始,老君庙油田在精细油藏描述、剩余油研究及配套钻井技术的基础上,为改善低产后期阶段开发效果、进一步提高采收率,进行了以老井套坏更新与区块调整为主要内容的第三次不规则井网调整加密。从1990年至2003年,老君庙油田在注水未波及区、注水见效区、见水区和水淹区钻井210口,85%的井产量是老井的一倍以上,共累计产油67.6346×10⁴t,占阶段总采油量的18.93%,对控制老油田递减起到了不可替代的作用(表5)。

表 5 老君庙油田调整井效果

油藏	注水未波及区 井数(口)	初期产油(t/d)	含水(%)	注水见效区 井数(口)	初期产油(t/d)	含水(%)	见水区 井数(口)	初期产油(t/d)	含水(%)	水淹区 井数(口)	初期产油(t/d)	含水(%)
L				31	4.3	27.9	7	1.5	76.9	11	0.15	98.5
M	21	2.8	7.7	58	3.3	33.6	55	2.2	63.6	21	0.3	97
K							6	1.9	40.4			
合计	21	2.8	7.7	89	3.6	31.6	68	2.1	62.9	32	0.2	97.5

4 结论及认识

（1）在油田低产后期开发阶段，精细油藏描述、剩余油研究是改善开发效果、进一步提高采收率的基础，相关配套的特殊工艺钻井技术是油田井网调整加密的有力保障。

（2）注水开发后期剩余油研究成果表明，剩余油主要受储层沉积相、物性、岩性、井网和水驱效果的控制。尽管在开发低产后期，油水关系交错复杂、剩余油高度分散，但仍然可以在油田的某些区域存在剩余油富集区，在剖面上的有些小层存在未水洗层或低水淹层。老君庙油田低产后期开发的调整井效果由大到小依次为剩余油滞留区、注水见效区、见水区、水淹区。

（3）在油田开发后期应根据剩余油研究成果调整注采结构，重视精细、有效注水，提高注水未波及区、注水见效区的注水强度；对于见水区实施"温和"注水；水淹区则降低注水强度、控制注水，充分发挥注水在油田开发中的主导作用，以缩小层内、层间差异，确保油田长期稳产。

（4）对于后期开发所钻的调整井、更新井要强化测井、测试及动态分析，重点搞清油田压力分布特征、平面与剖面水淹状况，以校正剩余油研究理论数值，避免布井的盲目性。

符 号 释 义

S_w—含水饱和度，%；S_o—含油饱和度，%；SP—自然电位，相当于泥岩基线值，mV；$R_{0.6}$，R_4—0.6m、4m 底部梯度视电阻率，$\Omega \cdot m$；R_m—钻井液电阻率（18℃），$\Omega \cdot m$；R_{fw}—地层水电阻率，$\Omega \cdot m$；Δt—声波时差，$\mu s/m$；Δt_s—L—M 层中钙质结核层的声波时差值，$\mu s/m$；n—统计层数，个；R—采出程度；A,B—水驱曲线的截距、斜率；N—水驱动态储量，$10^4 t$；S_{oi}—原始含油饱和度。

参 考 文 献

[1]《中国油气田开发若干问题的回顾与思考》编写组. 中国油气田开发若干问题的回顾与思考（上、下卷）[M]. 北京：石油工业出版社，2003.
[2]《老君庙油田开发》编委会. 老君庙油田开发[M]. 北京：石油工业出版社，1999.
[3] 张虎俊，王其年，刘亚君. 老君庙油田高压复杂区水平井技术研究与实施[J]. 新疆石油地质，2004，25(4)：411-413.

应用同位素示踪技术研究油藏剩余油分布规律[1]
——以玉门老君庙油田 M 油藏为例

玉门老君庙油田是我国最早采用现代技术开采和最早注水开发的油田,从 1939 年开发至今,基本上经历了油田开发的全过程,积累了各个时期的不同开发经验。自 20 世纪 70 年代中期油田综合含水达到 70% 以后,30 年来保持了相对稳定(2006 年 7 月综合含水 76.5%),创出了同类油田开发的高水平。目前,老君庙油田处于开发晚期,调整挖潜的对象是低渗透的 M 油藏。老君庙油田 M 油藏是一非均质性较强的裂缝性低渗透块状砂岩油藏,普遍发育不同成因类型的裂缝,已发现近南北向的 184 条串通裂缝[1,2],减弱了注水驱油效果。M 油藏注水开发近 60 年,已采出了可采储量的 91%,油水分布及储集层参数发生很大变化,部分区域注采关系模糊、剩余油分布不清,给调整治理带来了很大困难。为此,应用多种同位素示踪剂井间监测技术,选择能够代表 M 油藏生产特征的 4252 井区进行了尝试,取得了较好的效果。

1 多种示踪剂井间监测技术原理

多种示踪剂井间监测技术是在注水井中注入两种以上水溶性示踪剂,在周围监测井中取水样,分析所取水样中示踪剂的质量浓度,并绘出示踪剂产出曲线,应用示踪剂解释软件进行模拟研究,以确定油藏井间非均质性参数和剩余油饱和度值。

1.1 油藏井间非均质性参数模拟

以地质模型和井组动态数据为基础,采用数值方法,得到流线分布,再以各条流线为基本单元,调整流线上的地层参数,对每个流线内部进行示踪剂质量浓度产出的拟合,最后将各条流线上拟合的最终参数取平均值(厚度、渗透率)或求和(波及体积),得到高渗透层的各个参数。

根据流线分布规律,对每个流线内部进行示踪剂质量浓度产出的拟合,根据一维扩散方程结合定解条件,经过适当的处理得到不等速流示踪剂的产出质量浓度计算式:

$$\frac{c(x,t)}{c_0} = \frac{\Delta s}{\sqrt{2\pi\sigma^2}} \exp\left[-\frac{(s-\bar{s})^2}{2\sigma^2}\right] \tag{1}$$

其中:

$$\bar{s} = \int u \, dt$$

$$\sigma^2 = 2\alpha u t^2 \int_0^s \frac{ds}{u^2}$$

---

[1] 本文合作者:刘亚君、杨会平、李克勤、仲崇碧、侯智广、李世文、唐喜鸣。

井筒内的示踪剂质量浓度是各层、各条流线上质量浓度混合效应的结果,可以表示为:

$$c(t) = \int c_0[t - \tau(\varphi)]q(\varphi)\mathrm{d}\varphi / \int q(\varphi)\mathrm{d}\varphi \tag{2}$$

根据以上数学模型,经过调参将实测曲线与计算曲线相拟合,最终求出地下高渗透层参数及其他地层参数。

1.2 井间剩余油饱和度的分布研究

利用多种示踪剂井间监测技术,在注水井中同时注入两种示踪剂:一种是只溶于水的非分配示踪剂,另一种是既溶于水又溶于油的分配示踪剂。分配示踪剂随注入水推进过程中,在示踪剂质量浓度梯度作用下,示踪剂分子将从示踪剂段塞中扩散到油相中,段塞通过后,质量浓度梯度反向,示踪剂分子将从油相中向水中扩散。这样,分配性示踪剂在生产井的产出就滞后于非分配示踪剂的产出,滞后的时间除了与分配示踪剂本身的特性有关外,还与示踪剂所流经油藏的含油饱和度有关。利用色谱理论,得到从注入井到产出井整个流动过程中分配性示踪剂的滞后时间,从而得到示踪剂的质量浓度产出曲线,曲线拟合结果较好的情况下对应的饱和度为实际井间含油饱和度(图1)。

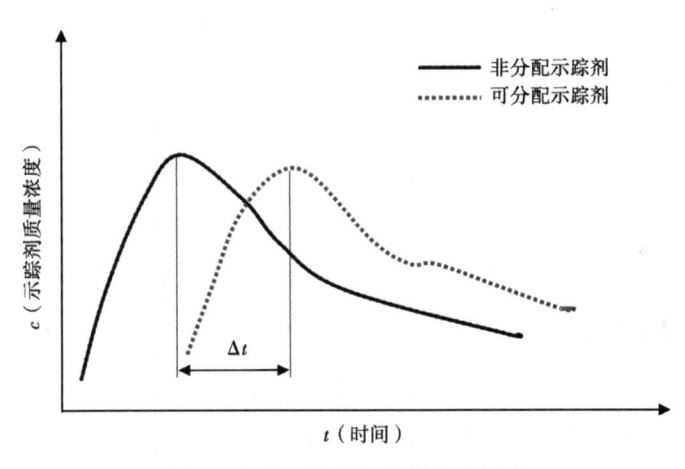

图1 多种示踪剂产出曲线示意图

在饱和度分布均一的情况下,根据色谱原理,迟滞因子可表示为:

$$\beta = k_\mathrm{d} \frac{S_\mathrm{or}}{1 - S_\mathrm{or}} \tag{3}$$

由此,可得到剩余油饱和度:

$$S_\mathrm{or} = \frac{t_1 - t_\mathrm{w}}{t_1 - t_\mathrm{w} + t_\mathrm{w} k_\mathrm{d}} \tag{4}$$

2 多种同位素示踪剂监测4252井组剩余油饱和度研究

2.1 M油藏4252井区概况

4252井区(图2)处于M油藏顶部区域,主产层M_3平均孔隙度18%,平均渗透率30mD。

该区属于裂缝集中发育且串通的裂缝带之一,控制面积 0.171km²,地质储量 35.9×10⁴t,可采储量 14.7×10⁴t,累计采出油量 9.4×10⁴t,累计注水 38×10⁴t,可采储量的采出程度 63.9%,综合含水 65%。存在问题主要为:累计注采比大,采出程度相对较低,但潜力层 M_3 的综合含水高,储层非均质性变化不明确,注入水流向、剩余油分布的研究达不到后期治理挖潜的要求。

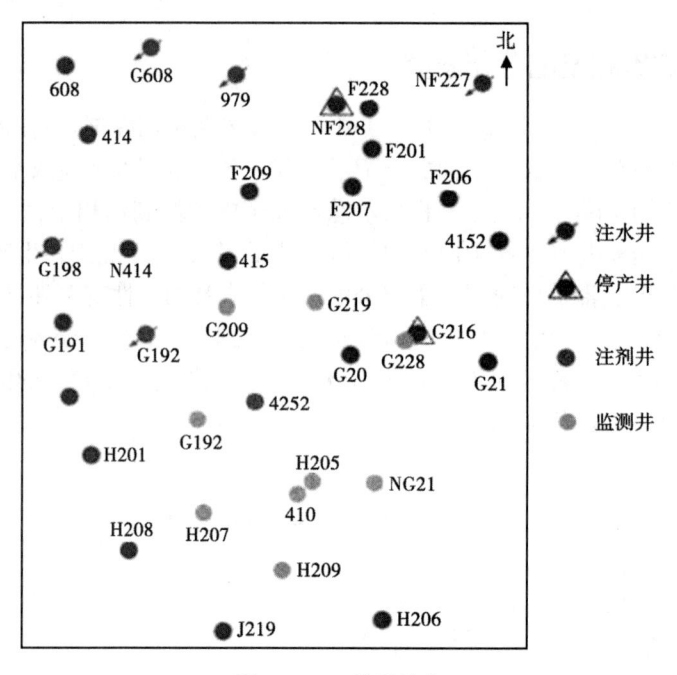

图 2 4252 井组井位

2.2 示踪剂种类与用量

因在该井组进行井间剩余油饱和度研究,故需同时注入一对不同的放射性示踪剂——液态非分配示踪剂(3H)和分配示踪剂(氚化正丁醇)。同位素示踪剂注入量按式(5)计算:

$$Q = AH\phi S_w Cf \tag{5}$$

设计具体注入量见表 1。

表 1 4252 井组示踪剂种类与用量

注剂层位	示踪剂类型	示踪剂用量(Ci)
M_3	非分配—3H	15
	分配—氚化正丁醇	15

注:1Ci = 3.7×10¹⁰Bq。

2.3 剩余油饱和度研究

根据化学定律中的相似相容原理,随着样品中无机盐的浓度逐步加大,有机醇(氚化正丁醇)在样品中的溶解度逐步降低这一特性,运用盐析理论和萃取法将样品中两种示踪剂分离,然后应用液相闪烁分析仪测量放射性物质的质量浓度,从而计算样品中氚水、氚化正丁醇的浓度。

2.3.1 井间对应受效情况

在项目研究中,4252 注水井组涉及监测井 9 口,经过 316 天的监测,各监测井从现场采集样品共计 1215 个,对应检测样品为 2294 个,检测结果及相关计算结果见表 2。

表 2　4252 井组水驱速度

井号	生产层位	与注水井距离(m)	初见示踪剂日期	时间(d)	初见示踪剂浓度(Bq/L)	水驱速度(m/d)
G219	M_3	77	2005.5.13	156	125.8	0.49
H209	M_{23}	211	2005.6.8	182	138.2	1.16
G209	M_3	129	2005.7.10	214	152.0	0.60
410	$L_1^1 L_1^3$(验窜)	149	截至 2005.10.20 结束监测未见示踪剂			
G218	M_{0-1}(验窜)	143	截至 2005.10.20 结束监测未见示踪剂			
G228	M_3	182	截至 2005.10.20 结束监测未见示踪剂			
H205	L_1^2(验窜)	123	截至 2005.10.20 结束监测未见示踪剂			
H207	M_3	155	截至 2005.10.20 结束监测未见示踪剂			
NG21	M_{123}	167	截至 2005.10.20 结束监测未见示踪剂			

示踪剂检测结果分析:

(1)4252 井组示踪剂井间监测历经 10 个多月,其中 G209 井、G219 井、H209 井三口监测井不同程度产出 4252 井注入的两种示踪剂,表明 4252 井注入水的驱油方位主要指向这 3 口监测井所在的方向,这些方向连通性相对较好。从见示踪剂井的水驱速度较慢(表 2)可以判断井间不存在大的裂缝或大孔道等高渗透通道窜流。

(2)在验窜的 410 井、G218 井和 H205 井 3 口监测井中,监测期间未检测出示踪剂,说明这 3 口井与 4252 井之间尚无窜槽情况。

(3)另外 3 口井(G228 井、H207 井、NG21 井)未见示踪剂,可能是由于监测期时间短,在目前的注采压力系统下,注入水向这 3 口监测井的推进速度慢,并不说明这 3 口监测井与 4252 注水井不连通。

2.3.2 高渗透通道储层参数模拟研究

(1)4252 井组注入水流线分布规律:利用数值方法求解一定注采量情况下,注入示踪剂过程以及监测过程中油层压力的分布趋势,利用流线沿着压力走向分布这一特点,确定流线的分布(图 3)。

(2)储层参数模拟结果:通过示踪解释软件测井曲线拟合、解释得到了井间高渗透层的渗透率、厚度和喉道半径(表 3),以及高渗透通道波及系数、突进系数(表 4)。

表 3　井间高渗透层参数

解释内容 注剂井	见剂井	高渗透层位置	高透渗层厚度(m)	原始井间平均渗透率(mD)	高渗透层渗透率(mD)	喉道半径(μm)
4252	G219	M_3	4.26	7.2	191.38	2.47
4252	H209	M_3	2.97	7.2	521.19	4.08
4252	G209	M_3	2.27	7.2	363.19	3.41

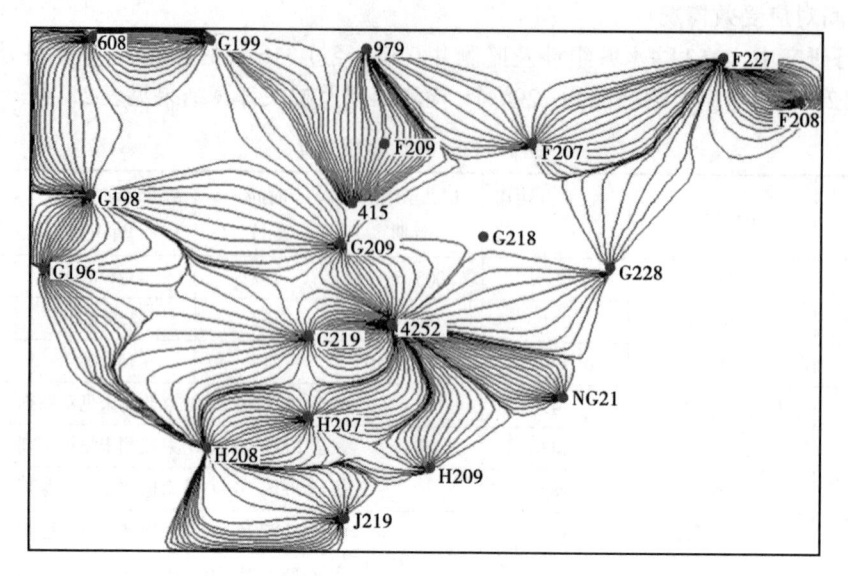

图 3 M₃ 小层流线示意图

表 4 井间高渗透通道波及系数和突进系数表

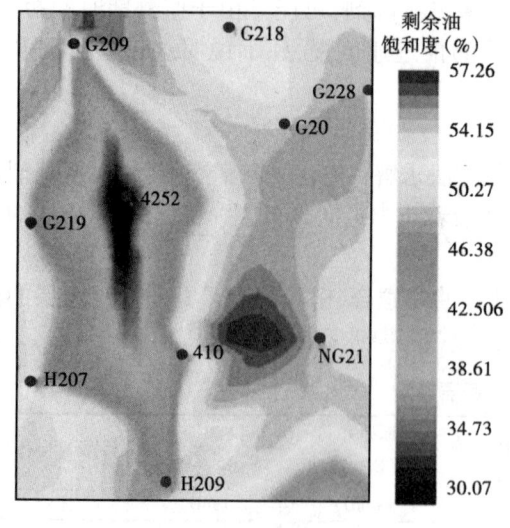

注水井	监测井	小层号	波及系数	突进系数
4252	G219	M₃	1.04	26.58
4252	H209	M₃	0.41	72.39
4252	G209	M₃	0.74	50.44

图 4 M₃ 小层剩余油分布示意图

从表4可以看出，与原始状态相比储集层物性发生了很大变化，宏观上表现为渗透率的急剧增加，微观上表现为孔隙度的增大和孔喉半径的扩大。

从突进系数来看，层内纵向上的非均质性已经很强，需要采取措施调控注水井与采油井之间的关系。

2.3.3 井间剩余油饱和度的分布研究

根据4252井组3口见剂井示踪剂质量浓度产出曲线的拟合情况，得到G209井、G219井和H209井的剩余油饱和度分别为36%、38%和31%。

从饱和度图看，井组剩余油分布主要受高渗透通道影响，高渗透通道附近剩余油饱和度偏低，远离高渗透通道位置，剩余油饱和度高（图4），有一定的调整潜力。

3 研究成果在现场的初步应用

示踪剂井间监测技术在4252井组应用表明,层内纵向和横向上非均质性较强,由于受构造和长期注水开发的影响,储层在4252注水井的南北向上形成了一个长条状的高渗透区,特别是在4252井—H209井之间地层渗透率达到521mD,是M油藏原始平均渗透率的20倍左右。多年来,该区块由于高渗透区不够明确,大部分调整井含水高,被迫调层的井占60%,一直处于低效生产状态。2005年9月,应用两种同位素示踪剂井间监测技术中的剩余油研究成果,在相对低渗透的剩余油富集区——4252井正东100 m处钻G229调整井,该井产液量6.3m³/d,综合含水50%,产油2.6t/d,是M油藏平均单井产油量(1.0t/d)的2.6倍,是本区井产量的3.3倍,综合含水比M油藏平均值低10.5个百分点,比本区含水低25个百分点,项目研究成果在现场应用已见到较好效果。

4 结论及建议

(1)储层非均质性研究结果表明,高渗透通道的形成主要受原生裂缝、辫状河流沉积、注入水水洗程度的控制,油藏南北向的裂缝方向与高渗透通道分布相对应,辫状河沉积相促成了高渗透通道的形成,高水洗程度改变了储层渗流参数。

(2)剩余油研究成果表明,剩余油分布主要受高渗透通道影响,远离高渗透通道位置,剩余油饱和度高。尽管在某些区域单井反映主力层大部分水洗,但井间剩余油精细研究表明,低水淹区存在较大潜力,能够打出2 t/d以上的油井。建议继续在井网不完善的4252井高渗透条带东边(低水淹区)有步骤地部署调整井,完善井网,挖掘区域剩余油。

(3)在油田注水开发后期,应根据储层非均质性研究和剩余油研究成果,调整注采结构,对于见水区实施"温和"注水;水淹区则降低注水强度、控制注水,充分发挥注水在油田开发中的主导作用,以缩小层内、层间差异,确保油田稳产[3]。建议对4252井深度调剖,调控4252井与H209井、G219井和G209井之间的动态关系,以减弱高渗透层的负面作用,提高开发效果。

(4)由于受构造和长期注水开发的影响,储层在4252注水井的南北向上形成了一个长条状的高渗透区,特别是在4252井—H209井之间地层渗透率达到521mD。从见示踪剂井的水驱速度可以判断井间不存在窜通裂缝或大孔道等高渗通道窜流。

符 号 释 义

A—井组波及面积,m²;C—国家允许排放量,Bq/L;c—示踪剂浓度,Bq/L;c_0—示踪剂注入质量浓度,Bq/L;$c_0[t-\tau(\varphi)]$—某一流线上在对应时间对应井筒位置的产出质量浓度,Bq/L;$c(t)$—井筒某一时间的产出质量浓度,Bq/L;f—示踪剂经验系数,常量;H—井组连通层平均厚度,m;k_d—与示踪剂相关的常数;Q—示踪剂注入量,m³;$q(\varphi)$—流线上某种流体的贡献量,m³;S_w—储层含水饱和度,%;s—不等速流条件下的一维长度,m;$\bar{s}$—某时间段的一维扩散位移,m;S_{or}—剩余油饱和度,%;t—时间,d;t_1—分配示踪剂突破时间,d;t_w—非分配示踪剂突破时间,d;u—一维渗流速度,m/d;x—一维长度,m;α—扩散常数,n;$\int d\varphi$—对流线的积分,m³;Δs—对应某一时间的段塞长度,m;ϕ—储层孔隙度,%。

参 考 文 献

[1] 杨秀森,任明达,贡东林,等. 玉门老君庙油田 M 层低渗透裂缝性块状砂岩油藏储层沉积学与开发模式[M]. 北京:中国科学技术出版社,1995.
[2] 邱光东,王树新,任明达,等. 老君庙 M 层低渗透砂岩油藏[M]. 北京:石油工业出版社,1998.
[3] 张虎俊,刘亚君,杨会平,等. 老君庙油田低产后期剩余油研究及调整井效果[J]. 低渗透油气田,2005,10(3):45-48.

老君庙油田高压复杂区水平井技术研究与实施[①]

老君庙油田位于甘肃酒泉西部盆地南缘老君庙背斜构造带,其形态为一个北陡南缓的不对称穹隆背斜,轴向115°,长轴7.5km,短轴3.5km,闭合面积24km²,闭合高度1000m。构造北翼和东端分别受北西西向逆掩断层和北西向平移断层遮挡,西部和南翼为边水封闭,但水体不活跃。

油田自上而下由古近系—新近系层状砂岩K油藏、L油藏和块状裂缝性砂岩M油藏组成,含油面积17.1 km²,地质储量5332×10⁴t。L油藏和M油藏为主力油藏,分别为辫状河流相、冲积扇—辫状河流相沉积。剖面为多个正韵律沉积叠置而成的复合韵律层,分选差、非均质性较强。储层砂岩主要以石英为主,泥质胶结;黏土矿物主要是蒙脱石。岩石孔隙结构以粒间孔为主,M油藏发育微裂缝。K、L油藏油水运动分别受构造断裂、沉积相控制,M油藏油水运动平面上受裂缝控制,剖面上受沉积韵律制约,具有层状流动特点。K油藏、L油藏、M油藏埋深分别为320~450m,790m和810m;原始地层压力分别为3.86 MPa,9.27 MPa和9.31MPa;渗透率分别为220mD、620mD、24mD;孔隙度分别为21%、23%和18%;含油饱和度分别为70%、77%和54%。

老君庙油田于1939年开发,1954年开始注水,先后采取边外注水(1955—1958年)、边外—边内切割注水(1959—1963年)、不规则点状面积注水(1964年至今)等注水方式,经历了建产期、高产期、递减期、低产期和开发后期,基本经历了油田开发的全过程。

至2004年,老君庙油田累计采油2075.7×10⁴t,累计注水9968.2×10⁴t,累计注采比1.47,采出程度38.9%,采出可采储量的91.7%。平均单井日产油1.0t,油田年产油20×10⁴t,采油速度0.4%,剩余可采储量采油速度10.6%,综合含水77%。其中M油藏占总产量的63%,综合含水62%,为油田综合调整治理、控水稳油的重点油藏。

1 水平井的地质选井、选层与风险分析

1.1 实施水平井的意义与地质选井、选层论证

老君庙油田已处于开发晚期阶段,套管损坏严重、油水交错分布、剩余油零散复杂。油田高渗透储层L油藏于20世纪60年代和80年代两次关闭了L₃高水洗层的开采,开发层系转移到中低渗透层L₁¹,²,³和L₂¹小层,综合含水88%。M油藏于50年代压裂技术突破后得以大规模注水开发,可采储量的采出程度也达到了88.6%,但综合含水仅62%,相对较低,单井平均产量1.2t/d,是目前的主力油藏。M油藏剩余油分布主要集中在井网失控区、注水绕流区、L油藏高压屏蔽区、油藏边角区块、直井难以钻达的复杂地貌和地面障碍(建筑物)下。这些剩

[①] 本文合作者:王其年、刘亚君。

余油富集区近年来钻的调整井产量为2~5t/d,含水率20%以下,具有较好的经济效益。因此尝试水平井技术挖掘剩余油潜力,提高储量动用程度、单井产量和改善开发效果,意义重大。

玉门油田的第一口水平井(LH-1井)选择在老君庙油田剩余油比较富集的高压复杂区。水平段设计在M油藏,该区域储层稳定连续,有效厚度25m,储量动用程度与含水较低,地质潜力较大。

1.2 高压复杂区钻井风险

老君庙油田L油藏和M油藏储层非均质性非常明显,油藏岩性均为下粗上细的正韵律沉积。L油藏开发初期产量高,地层压力下降快。开采15年后,在苏联专家帮助下编制了我国第一个注水方案,初期由于急于恢复地层压力采取强化注水、无控制注水,使油藏在平面上和纵向上的水驱状况极不均匀,形成不合理的吸水剖面。L_3小层渗透率高,注水推进快,存水量很大。M油藏是低渗块状砂岩,没有明显隔层,发育不规则的水平和斜交裂缝,采取高水量强注、超破压注水,注入水沿裂缝上窜至L油层,造成高渗透性的L_3层大面积暴性水淹、剖面压力进一步增高。同时,注水井固井质量差,也使注入水进入L_3小层,最终导致泥岩夹层封闭性好的L_3小层形成高压屏蔽。

老君庙油田L层(油藏)及上部的BC层为高水敏性地层,注入水浸泡产生严重的黏土膨胀,造成BC层泥岩蠕动、L层高压,油水井套管损坏严重。近年来,在高压复杂区钻井中由于BC层泥岩蠕动、L层高压顶喷,钻井报废经常发生。1999年,D179井钻至L_2层井喷,高压水携带泥砂大量喷出,砂柱填满井筒报废,折算高压层压力9.8MPa。2000年,D177井在L_3层井喷,密度2.3g/cm³的钻井液喷出,放喷48h,井口压力5.2MPa,折算高压层压力9.4MPa,由于有技术套管保护,未造成报废,但钻井成本超支近100万元。D199井钻至L_{2-3}层时井喷,泥砂与地层水冲刷井壁,致使井塌报废。由此可见,老君庙油田高压复杂区钻井的难度和复杂性。

2 LH-1水平井设计

2.1 水平井段设计

(1)水平段方位角设计。根据M油藏裂缝特征及地层主应力场方向,考虑最佳剩余油分布位置,水平段方位角设计为315°。

(2)水平段井斜角设计。该区域地层倾角315°方位的地层倾角为12°,水平段井斜与M油层基本平行,故水平段井斜角设计为78°。

(3)水平段垂向设计。M油藏该区域没有底水上窜的可能,但L_3小层的高压水有可能下窜至M油层,所以水平段选择在M层中偏下部位。

(4)水平段长度设计。区域剩余油分布带宽度大致为200m,周围有直井控制,水平段长度只能设计120m。

2.2 井眼轨道设计

由于M层埋藏深度与延展方向比较清楚,没有必要探顶钻探或钻导眼井。该区域L层埋藏深度约500m,地层压力异常,井眼走向压力呈上升趋势。因此,钻穿L层时的位移不宜过大。故LH-1井优选双曲率五段制剖面轨道,即"直井段—造斜段—稳斜段—造斜段—水平段"轨道。在进入高压层之前完成第一造斜段,造斜30°,造斜率8°/30m,稳斜钻过高压层。第二造斜段较短,造斜率增大到12°/30m,完成入靶点前的造斜(表1)。

表1 LH-1井井眼轨道设计数据表

段名	段长(m)	井斜(°)	方位(°)	垂深(m)	累计位移(m)	造斜率[(°)/30m]	井斜测量间距(m)
直井段	0~380	0	0	380	0	0	30
造斜段	380~480	0~30	315	500	50	8	30
稳斜段	480~600	30	315	580	90	0	30
造斜段	600~750	30~87	315	648	180	12	30
水平段	750~885	87	315	659	320	0	30

2.3 套管结构设计

(1)表层套管。LH-1井所处位置第四系砾石层(QC层)地层疏松,厚度约80m,因此设计表层套管直径为339.7mm,下入深度100m。

(2)技术套管。一般情况下水平井在完成造斜、确保中靶后,为保证水平段钻进,技术套管下至产层顶部。LH-1井二开后要穿过低压渗漏层、高塑性易缩泥岩层、异常高压水层等复杂地层。根据地层剖面,LH-1井在井深580m可钻完所有复杂层,为了保证造斜安全及水平段钻进,提前下入技术套管,技术套管直径为244.5mm,下入深度580m。

(3)油层套管。考虑老君庙油田第一次钻水平井的实际和M油藏油层低渗透、供液差、需压裂改造的需要,完井方法采用射孔加惯眼的复合管柱完井。选用ϕ139.7mm套管760m+ϕ139.7mm(盲管+眼管)120m。

2.4 钻井液体系设计

一开所钻地层为疏松砾石层,使用高黏度常规膨润土钻井液,密度1200kg/m³,漏斗黏度70s,以提高钻井液携砂能力。

二开要钻过高压水淹层L_3层,地层压力系数2.2,为平衡L层压力,顺利钻过高压层,采用铁矿粉高密度钻井液技术,钻井液密度必须达到2500kg/m³以上。若上部地层有钻井液漏失,则适当加入复合堵漏材料。

三开地层较稳定,为目的油层,地层压力系数1.2。钻井液体系用聚合物—磺化钻井液,钻井液密度1250kg/m³,黏度40s。为防止油层伤害,采用屏蔽暂堵油层保护技术,在钻井液中加入裂缝暂堵剂。

2.5 固井设计

LH-1井固井设计的难点是,确保技术套管固井完全封隔高压水层及保护油层套管贯眼段不受到伤害。技术套管固井采用加重水泥及早强剂,在平衡地层压力的同时,尽量缩短水泥稠化凝固时间,防止高压水上窜影响固井质量。水泥配方为:A级油井水泥+20%重晶石+3%早强剂+2%分散剂。

3 LH-1水平井实施情况

(1) 水平井钻井。用直径444.5mm 3A钻头一开钻进,钻至井深85.88m下直径为339.7mm表层套管至井深84.70m固井,水泥返至地面。用直径311.1mmPDC钻头二开钻至井深360.04m,直井段完钻。下定向钻具经造斜、稳斜,钻至井深572.00m,达到设计井斜和方位,二开完钻。下直径为244.5mm技术套管至井深569.71m固井候凝。测井合格后用直径215.9mmPDC钻头三开,经增斜、水平段钻进至井深885.00m完钻。下入直径为139.70mm套管至井深880.24m,采用常规法固井,水泥返高至地面,关井候凝48h。固井质量测井,质量合格。钻通浮箍和盲板,通钻至井底(图1)。建井周期25天,钻井周期19天。

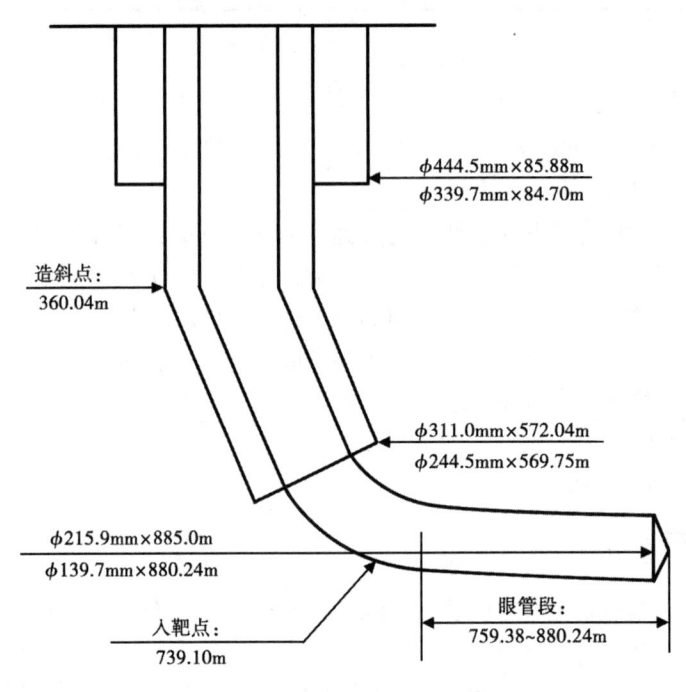

图1 LH-1井井身结构示意图

(2) 水平井定向。从360m开始用导向电动机定向,滑动钻进造斜率(8°~9°)/30m,后因地层太软,钻头泥包,造斜率降到(4°~7°)/30m,继续造斜钻进500m,增斜至22°,复合钻进至572m,由于地层溢流,影响钻井参数收录,根据录井卡层结果,确信钻过高压水层后,二开完钻。二开增斜至27°,水平位移55m,方位335°,与设计相符。三开为了提高造斜率,用2°导向电动机(直径172mm),造斜率(12.2°~13.2°)/30m,在728m进入靶点A,井斜增到87.75°。由于大角度导向电动机不利于水平段钻进,改下1.75°导向电动机(直径172mm)复合钻进至井深885m,顺利钻达靶点B。实际靶心距:A点0.39m,B点1.42m,达到设计要求。

4 认识与建议

玉门油田第一口水平井LH-1井,通过精细地质选井、选层,应用MWD和导向马达随钻监测与控制,中靶精度为0.39m,地质录井与地层对比分析,水平段准确钻遇目的层 M_3 中下部位,工程靶与地质靶相符,设计与实施相当成功。该井投产初期产量较高,且能自喷,日产油10t,但产量递减快、压力恢复慢,稳定产量3t/d,含水15%,出砂严重,反映出低渗透油藏生产特征。压裂后产液量14m³/d,含水38%。压裂监测分析,破裂压力20MPa,只压开水平段顶部,暴露出水平段贯眼完井的弊病。老君庙油田LH-1水平井的成功,取得了如下认识:

(1)在老油田开发后期,低渗透油藏、高压复杂区域、剩余油富集区块,采用水平井技术挖掘剩余油潜力,提高储量动用程度和单井产量,对注水开发后期油田(藏)改善开发效果,是完全可行的。

(2)老君庙油田低渗透M油藏需经压裂投产,建议固井、射孔完井,同时在眼管段加套管—裸眼封隔器以满足分段压裂的需要。

(3)对于水平井封堵水、防砂等工艺技术还需进一步研究与配套完善。

青西油田窿5区块裂缝性底水油藏水动力系统研究[●]

青西油田位于甘肃酒泉盆地青西坳陷青南凹陷南部,窟窿山油藏窿5井区块为一裂缝性底水油藏,是青西油田的最大产油区,深度4.2~4.6km,油层为下白垩统下沟组(K_1g)扇三角洲前缘亚相分流河道微相砾岩储层,油井高产层位即裂缝发育层位,分布于不同小层K_1g_3、K_1g_2、K_1g_1和K_1g_0。现有油井13口,开井11口,日产液726.2t,日产油683.3t,综合含水7.2%。截至2004年2月,累计产油62.3568×10⁴t,累计产液69.5448×10⁴t。区块总的生产特征表现为地层能量充足、高产井数多、初期产率高,投产初期产量大于70t/d的油井占70%以上。但含水上升块,区块年平均含水上升3.7%。油井无水采油期相差悬殊,部分井长达数年不含水(如窿4井),个别井投产不到一年即见水,并迅速水淹(如Q2-9井和Q2-19井)使区块开发形势日趋严峻。

1 水动力系统研究

1.1 水体规模计算

根据物质平衡原理,假定油体和水体的储层性质相近(相同孔隙度),则水体体积与油体体积的比值X为:

$$X = \frac{R/\Delta p - (S_o C_o + S_w C_w + C_f)}{C_w + C_f} \tag{1}$$

青西窿5区块的参数取值:$R=2.519\%$,$S_o=59\%$,$S_w=41\%$,$C_o=28.314\times10^{-4}\mathrm{MPa}^{-1}$,$C_w=5.20\times10^{-4}\mathrm{MPa}^{-1}$,$C_f=3.17\times10^{-4}\mathrm{MPa}^{-1}$,$\Delta p=3.31\mathrm{MPa}$。由式(1)计算出青西窿5区块水体体积与油体体积比值约在7左右,底水驱能量属偏弱类型。

1.2 水体压力计算

物质平衡方程数学表达式为:

$$\Delta p = \frac{N_p B_o}{N B_{oi} C_e} \tag{2}$$

$$C_e = \frac{S_{oi} C_o + S_{wi} C_w + C_f}{1 - S_{wi}} \tag{3}$$

原始水层压力为:

[●] 本文合作者:李鸿彪、胡灵芝、刘亚君、袁广旭。

$$p_{wi} = p_w + \Delta p \tag{4}$$

$$p_w = d_p D_w \tag{5}$$

由式(2)和式(3)计算出隆5区块油藏总压降为1.67MPa。根据隆5区块已经水淹的Q2-9井探边测试油层压力55.74MPa,折算地层压力梯度为1.27MPa/hm,以隆5区块油水界面海拔约为-2250m,推算Q2-9井水层深度为4677.25m,由式(4)和式(5)计算出该井区域水体压力为59.43MPa。隆5区块钻遇水层的井有Q2-11和Q2-21井两口,Q2-11井投产初压力恢复测试水层原始压力为59.33MPa,与Q2-9井计算的水层原始压力基本一致,表明隆5区块为统一的水动力系统,其水体原始压力在59MPa左右。

1.3 油藏水体上升及水侵量推算

利用物质平衡方程推导出水侵量(水侵体积)为:

$$\pi r^2 h\phi = N_p B_o/\rho_o + W_p B_w/\rho_w - NB_o C_e \Delta p/\rho_o \tag{6}$$

隆5区块已累计产出液量69.55×10⁴t,在水体均匀侵入的情况下,计算出隆5区块水侵量为$105.7×10^4 m^3$,油水界面整体上升4.15m左右。目前,该区块见水井在平面上并非均匀分布,表明底水主要是沿高角度、高渗透裂缝指进侵入油层的。无水采油期主要受垂向渗透率和裂缝延伸深度(或高渗带的连续性)的影响。

2 水侵机理研究

2.1 油井含水上升规律分析与预测

从隆5区块已经水淹的Q2-9井、Q2-19和Q2-2井含水上升规律分析,含水上升总体表现为3个阶段:第一阶段为油井无水采油期,生产特征为油井高产、不含水,这一阶段长短不一,Q2-2井达到1年9个月,Q2-9井仅3个月;第二阶段油井见水后,生产特征呈现为产液量比较稳定、含水上升相对缓慢,类似于均质底水油藏,这一阶段时间较短,约4~5个月含水可上升至40%;第三阶段为底水快速突进阶段,在3~5个月内,含水快速上升至暴性水淹。

Q2-9井、Q2-2井和Q2-19井见水至水淹分别为230天、248天和252天,月平均含水上升分别为12个百分点、11个百分点和10个百分点,进一步证明3口井属于同一水动力系统。

针对隆5区块的含水上升规律,以Q2-9井为例,进行理论预测和实际动态变化对比研究。利用物质平衡方程预测均质油藏底水突破后,其含水变化描述为:

$$f_w = f_{wD} f_{wclimit} \tag{7}$$

$$f_{wclimit} = \frac{M}{M + h_o/h_w} \tag{8}$$

无量纲底水突破时间表示为:

$$t_{DBT} = t/t_{BT} \tag{9}$$

无量纲含水率取值为:$t_{DBT}<0.5$时,$f_{wD}=0$;$t_{DBT}>5.7$时,$f_{wD}=1.0$;$0.5 \leq t_{DBT} \leq 5.7$时,$f_{wD}=0.29+0.94\lg t_{DBT}$。

将 Q2-9 井各项参数代入式(7)、式(8)和式(9),含水上升规律预测结果表明,油井见水后初期预测值与实际值非常接近,而后期实际含水上升速度远远高于理论预测值(图1),反映出底水由锥进变为沿裂缝突进,造成油井快速水淹,与实际生产特征基本一致。

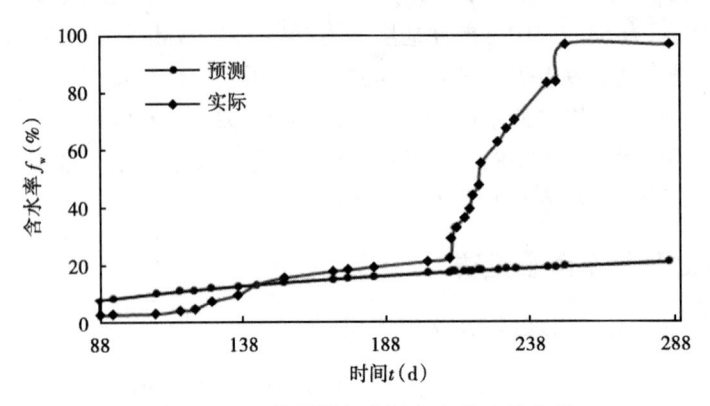

图 1 Q2-9 井预测与实际含水率对比曲线

2.2 影响底水锥进的因素分析

2.2.1 沉积相及岩性组合

通过对隆 5 区块钻井、录井、测井、沉积相及生产动态综合分析研究,发现隆 5 区块裂缝性底水油藏含水上升与底水锥进的主要控制因素是沉积相与岩性组合及裂缝发育程度。含水上升最快、短期水淹的 Q2-9 井 K_1g_1 油层和 K_1g_0 油层属扇三角洲前缘亚相,岩性为大套砾岩,裂缝发育,垂向渗透率高。尽管射孔投产的 K_1g_1 油层在油水界面上部,但底水沿 K_1g_0 油层(未射开)内部裂缝上窜,导致生产层 K_1g_1 短期内水淹。Q2-11 井是隆 5 区块钻遇底水的一口井,油层 K_1g_0 属于扇三角洲前缘—半深湖亚相过渡带,岩性变细,为粉砂岩、砂岩与薄层白云质泥岩互层,局部含少量砾岩,储层主要发育层间缝及少量高角度缝。由于 Q2-11 井 K_1g_0 油层位于油水过渡带,投产含水即达 50%~60%,随即在井筒中打水泥塞封堵水层,措施后产液量与含水均有明显降低,后经酸化改造油层,含水在 50% 左右波动,含水上升速度非常缓慢。分析该井含水上升速度慢的原因,一方面与打塞封水有关,另一方面也与生产层岩性以白云质泥岩和粉砂岩为主、裂缝发育程度较低(以层间缝为主)、垂向渗透率相对较低有关。

2.2.2 控制生产压差与抑制底水锥进

均质底水油藏通过关井或减小生产压差可控制底水锥进,减缓含水上升速度。隆 5 区块为一裂缝性底水油藏,底水沿裂缝突进,减小生产压差只能在一定程度上控制含水上升,因为高产油层高角度裂缝发育,垂向渗透率大于横向渗透率,底水侵入的速度大于原油径向渗流的速度,含水仍然快速上升。如 Q2-19 井见水后采取减小油嘴方式控制生产压差,虽然含水上升速度有所下降,但月平均含水上升速度仍高达 11%,见水至水淹仅有 8 个月(图2)。因此,通过控制生产压差来抑制底水锥进的措施,对于裂缝性底水油藏,其有效性远不如均质油藏明显。

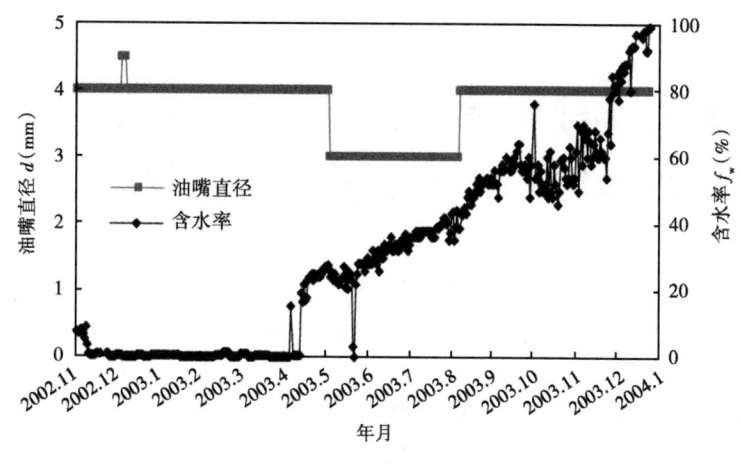

图2　Q2-19井油嘴与含水变化曲线

3　结论

(1)通过对青西油田窿5区块底水体积计算,水体与油体体积之比为7左右,属于偏弱底水类型。

(2)窿5区块底水油藏经水体压力计算研究表明,区块具有统一的水动力系统,其底水原始地层压力约在59MPa。

(3)窿5区块生产至目前水侵量约为$105.7×10^4m^3$,油水界面已整体上升4.15m以上。

(4)研究表明,窿5区块裂缝性底水油藏含水上升与底水锥进的主要控制因素是沉积相与岩性组合及裂缝发育程度。

(5)裂缝性底水油藏底水锥进主要沿裂缝侵入,依靠控制生产压差减缓底水锥进,裂缝性油藏的有效性不如均质油藏明显。

(6)打水泥塞(隔板)封堵水层对裂缝性底水油藏有一定的效果,但堵剂对产层裂缝的伤害也是非常严重的,须进一步研究相关的封堵水工艺技术与配套的有效堵剂。

符 号 释 义

B_o—原油体积系数;B_{oi}—原始原油体积系数;B_w—地层水体积系数;C_e—综合压缩系数,MPa^{-1};C_f—岩石压缩系数,MPa^{-1};C_o—地层原油压缩系数,MPa^{-1};C_w—地层水压缩系数,MPa^{-1};d_p—地层压力梯度,MPa/hm;D_w—水层埋藏深度,hm;f_w—预测含水率;$f_{wclimit}$—目前极限含水率;f_{wD}—无量纲含水率;h—水体上升高度,m;h_o—目前油层厚度,m;h_w—目前水层厚度,m;M—流度比;N—地质储量,t;N_p—累计产油量,t;p_w—水层目前地层压力,MPa;p_{wi}—水层原始地层压力,MPa;r—油藏半径,m;R—采出程度;S_o—含油饱和度;S_w—含水饱和度;t—突破后任意时间,d;t_{BT}—底水突破时间,d;t_{DBT}—无量纲底水突破时间;W_p—累计产水量,t;Δp—地层总压降,MPa;ρ_o—地面原油密度,g/cm^3;ρ_w—地层水密度,g/cm^3;ϕ—储层总孔隙度。

参 考 文 献

[1]艾哈迈德(Ahmed T.).油藏工程手册[M].冉新权,何江川,译.北京:石油工业出版社,2002.

MFE 跨隔-射孔测试技术在青西油田负压井上的应用分析

青西油田位于酒泉盆地酒西坳陷青西凹陷南缘,地质构造复杂,主要产油层段为白垩系下沟组,是一深层裂缝性油藏,目的层平均井深4200m以上。油藏具有高压低渗透的地层特点,压力系数一般为1.3~1.47,部分井压力系数达到了1.68~1.92,负压值范围为13~40MPa,渗透率普遍小于1mD。试油测试工艺以MFE测射联作为主,施工周期较长,测试一层常常需要13~15天。近年来,为了提高施工效率,引进了MFE跨隔-射孔测试三联作工艺技术,并在4口负压井上应用,该工艺能有效地缩短试油周期,节约施工成本。目前,该工艺射孔发射率、成功率均为100%,测试成功率为50%。

1 工艺简介

MFE套管跨隔-射孔测试工艺是指采用MFE测试器、剪销封隔器、P-T封隔器、压力计、射孔枪等测试、射孔工具(器材)对目的层射孔、测试联作的新型综合试油工艺,可同时完成封堵、测试和解堵3道工序,并可以对已射开的多个油层中的任一油层测试,获得所需的地层资料,能有效提高工程效率。

1.1 测试作业方式

1.1.1 下测试管柱

下入MFE套管跨隔-射孔测试管柱至井下预定位置。MFE套管跨隔-射孔测试联作工艺管柱结构为(自上而下):油管+校深短节+油管+反循环阀+钻铤+验漏压力计+MFE测试阀+锁紧接头+电子压力计(2支)+钻铤+传压接头+剪销(跨隔)封隔器+筛管+安全接头+点火头+射孔枪+压力释放装置+盲接头+P-T封隔器+钻铤+减振链+机械压力计,如图1所示。

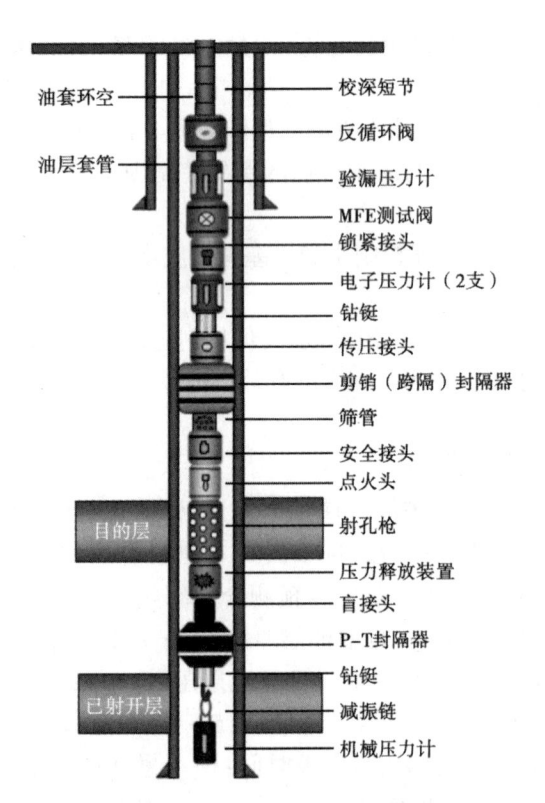

图1 MFE套管跨隔—射孔测试管柱结构示意图

---

① 本文合作者:邓顺奇、俞振山、朱海栋、袁文海。

1.1.2 校正深度
采用一次校深法校深,调整管柱使射孔枪对准目的层。

1.1.3 坐封隔器
坐封两级封隔器,跨隔封隔目的层。

1.1.4 射孔测试
引爆射孔枪后测试,获得所需资料。

1.1.5 起出管柱
测试结束后起出测试管柱。

1.2 工艺特点

(1)采用两级封隔器跨越封隔目的层,对于多层井试油,无须下桥塞或注水泥塞封隔任何已射孔井段。这样,减少了常规试油工艺中下桥塞、注水泥塞、钻磨水泥塞等烦琐施工,使试油作业优质、高效、快捷,提高了施工效率和效益。

(2)试油时无须封堵已射孔井段,施工层位的先后顺序可以选择,为试油工作部署提供了较大方便。

(3)射孔时两级封隔器已坐封,消除了射孔后压井液对地层的伤害,并可进行负压射孔。

(4)该工艺施工时,在下封隔器下面可装载监测压力计,施工完成后可以通过对监测压力数据的分析,准确判断下封隔器的密封情况,避免了常规工艺桥塞或水泥塞因密封不严而造成的对地层认识上的偏差。

1.3 关键技术装置

1.3.1 安全压差式点火头
安全压差式点火头受测试压差控制,受温度影响极小,剪切值准确,可保证先开井后射孔,避免发生下钻射孔事故;此外,其不受封隔器上方射开层的影响,可采用较小环空打压值(最小 1~2MPa)射孔,避免过高加压对封隔器的影响,保证施工顺利。

1.3.2 压力释放装置
跨隔段两级封隔器间的空间很小,因此它是一个至关重要的部件,其作用是将射孔瞬间产生的高压快速释放,保证测试仪表安全正常工作,其效果好坏直接关系测试工艺的成败。

1.3.3 减振托筒和减振链
实现二次减振,对压力计、时钟等井下测试仪器起到进一步保护作用,提高安全性能。

1.3.4 P-T 型卡瓦(下)封隔器、剪销(跨隔)封隔器
剪销(跨隔)封隔器、P-T 型卡瓦(下)封隔器是跨隔测试必需的重要部件,分别用于封隔目的层上、下层段。其中剪销(跨隔)封隔器是根据 P-T 型封隔器进行改造而来,上半部分与卡瓦封隔器相同,下半部分将卡瓦体及换位机构去掉,重新设计了心轴下旁通、下接头和剪销等,其自带较大的测试流道,因此不必再使用筛管,有利于简化测试管柱。

但 P-T 型卡瓦封隔器、跨隔封隔器目前还不能完全满足负压井测试的需要,在负压井测试中会出现下层地层泄压或目的层泄压的情况。

2 应用分析

MFE 跨隔-射孔测试联作工艺技术目前在玉门油区青西油田 4 口上进行了应用,平均每

层缩短试油周期 3.82 天。封隔器最大跨距 102.35m,上卡点最浅 3923.64m,下卡点最深 4390.99m。射孔发射率、成功率均为 100%,测试成功率为 50%。射孔枪无明显变形,平均毛刺高度约 2.5mm,井下测试仪器工作正常,无振坏现象。

该工艺在负压井上存在的主要问题,一是剪销(跨隔)封隔器、下封隔器在测试关井期间可能出现泄压,二是射孔残渣沉淀堆积在下封隔器处造成起钻困难。MFE 跨隔-测试施工情况见表1。

表1 玉门油田青西探区跨隔-测试施工情况

井号	层序	测试井段 (m)	测试层压力 (MPa)	下部已射层压力(MPa)	下封隔器类型、密封状况	剪销封隔器密封状况	解封情况	备 注
柳北1	3	3926.0~3948.0	31.64	49.36	P-T、二开失封	关井期间泄压	容易	127枪、1m弹、95MFE,剪销封隔器上加钻铤4根,环空补压7MPa
窿111	3	4174.0~4212.0	42.22	48.84	P-T、密封	关井期间泄压	容易	127枪、1m弹、95MFE,剪销上钻铤4根,PT下钻铤4根,环空补压8MPa
柳8	5	4318.0~4384.0		54.84	P-T、密封	密封	容易	未加钻铤,只开井求产
窿15	3	4181.0~4276.0	78.03	71.66	EA、密封	关井期间泄压	困难	127枪、1m弹、95MFE,剪销上钻铤2根,未补压

柳北1井第3试油层(3926.00~3948.00m,1小层厚22.0m)采用剪销封隔器上加钻铤2根、环空补平衡压7MPa的辅助手段来保证密封,忽视了下部已射孔段对下封隔器(P-T封隔器,其抗负压的能力弱)的影响,导致测试二次开井期间 P-T 封隔器失封,下压力计曲线在压力恢复过程中突然下掉(图2),并间接造成剪销封隔器间歇泄压,测试资料不合格,解封起钻容易。

窿111井第3试油层(4174.0~4212.0m,2小层厚25.0m)汲取了柳北1井的施工经验,对管柱进行了优化,在剪销封隔器上增加2个剪销并加钻铤2根,P-T封隔器下接钻铤2柱,进行上压下拉,增加下封隔器坐封力,并进行环空补平衡压8MPa等措施,取得了较好的效果,测试期间下封隔器密封较好,下压力计曲线平滑(图3)。但剪销封隔器因目的层关井压力恢复泄压,使套管压力在关井期间升高,因井口关井,资料可用,测试结束解封起钻容易。

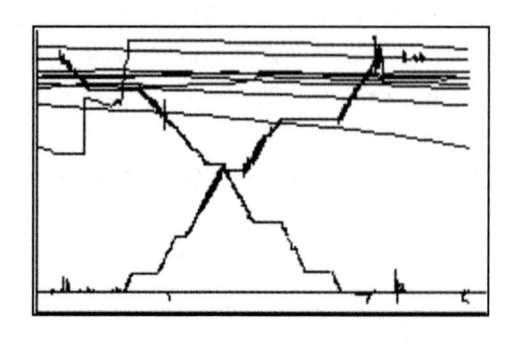

图2 柳北1井下压力计卡片曲线图 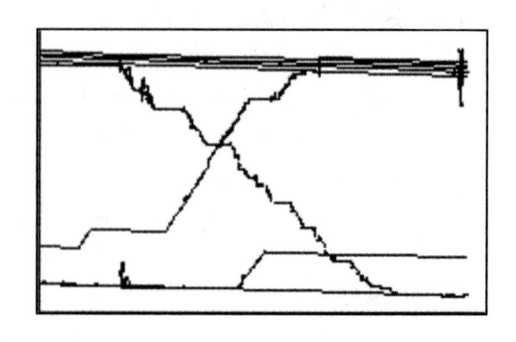　　　　图3 窿111井下压力计卡片曲线图

上述工艺管柱结构复杂,为了有效简化测试管柱,经过调研及试验,引进 EA 新型测试封隔器(美国贝克公司生产),其带有自锁装置及旁通,能有效地克服负压且较容易解封,经应用后认为比较适合青西油田负压井压井。窿 15 井跨隔—射孔测试联作使用 EA 封隔器取代 P-T 卡瓦封隔器做下封隔器,其下不接钻铤,剪销封隔器上仍采用钻铤加重坐封吨位。测试关井期间套管压力上升至 32.2MPa,说明剪销封隔器密封差,测试资料起出后,检查 EA 封隔器在负压 31.58MPa 下密封良好,因井口关井,资料可用。但该层跨隔—射孔测试联作暴露出了 EA 封隔器在射孔炮渣沉淀后难以解封的缺点,上提最大摩阻达到 220kN。

3 结论与建议

(1)跨隔—射孔测试三联作工艺较测射联作工艺能有效缩短试油周期。

(2)EA 新型封隔器与跨隔—射孔测试联作工艺在负压井上配套能简化测试管柱,有效克服下部射孔段负压差,但该封隔器因射孔炮渣沉淀难以解封,且完全解封需要反转,否则遇卡不能下放,在测试井较深时管柱不能有效传递扭矩,且有倒扣风险,因而有改进的必要,具体可以参考 P-T 封隔器的解封方式。

(3)青西探区 MFE 跨隔测试工艺需要改进的重点是剪销封隔器在负压情况下的密封性问题。可行的方案之一是将剪销封隔器改造,增加水力锚装置,使其在负压情况下锚瓦伸出,实现双向自锁,同时在剪销封隔器上部加伸缩接头,避免管柱在测试期间"缩短变形"被拉断。

(4)压差式液压点火头,起爆压力要根据测试压差设计,环空憋压不要过高,一般为 4~6MPa,静液柱压力误差不超过 3MPa。

参 考 文 献

[1]《试油监督》编写组.试油监督[M].北京:石油工业出版社,2004.
[2]吴奇.井下作业工程师手册[M].北京:石油工业出版社,2002.

单北小型底水砂岩油田开发特征及评价

单北油田位于酒西盆地北部斜坡带上,是一底水驱动的小型断层—岩性尖灭圈闭的复合油藏。东部岩性尖灭形成了区域性的遮挡条件,含油区域165°走向,呈带状分布,西北长5.15km,东西宽0.6km,含油面积2.37km²,呈南北向鼻状挠曲形。

储层为古近系—新近系疏松块状中细砂岩,属内陆湖盆冲积扇三角洲相沉积,平均埋藏深度880m,具有饱和压力低、渗透率低的特点,属于未饱和低渗透低压异常油田。

(1)储层薄。储层火烧沟组(Eh_{2+3})及间泉子组(N_1b_1)以橘红色中细砂岩和灰白长石砂岩、泥质粉砂岩为主,含有少量钙质结核、碳酸盐及蒙脱石类黏土矿物。油层薄,有效厚度一般5.6~8.7m,平均厚度仅7.6m。

(2)储层渗透率低,平面上变化大。储层砂岩强亲水,油排比为0,水排比0.4。孔隙度较高,为25%,渗透率低,平均40mD。平面上中部砂岩渗透率高,达80mD,边部低,小于1mD。

(3)储层由西北向东南变薄。主力油层Eh_{2+3}层厚度由西北向东南趋势性缓慢变薄,直至尖灭。但剖面上含油性均匀,连续含油。

(4)油水界面向南倾斜。Eh_{2+3}层底部普遍有底水,原始油水接触面是一个向南倾的斜面,倾斜大体与地层倾向一致。

(5)压力系数低,弹性能量较高。油藏原始地层压力6.6MPa,压力系数7.5×10^{-3},但由于饱和压力低,仅0.42MPa,弹性能量相对较高。

(6)油层破裂压力高。由于压实的砂岩储层,微裂缝、层理不发育,油层破裂压力高达19MPa,实际注水压力比其低10MPa,故不易超破压注水。

1 油田开发特征及评价

单北油田于1960年发现,1971年投入开发,1979年全面开发,1983年转入注水开发,其开发过程基本上经历了3个阶段:产量上升阶段(1980—1983年);稳产高产阶段(1984—1988年),产量递减阶段(1989年至今)。

单北油田开发与一般注水砂岩油田相比,具有以下特征:

(1)含水上升快,无低含水采油期。油田投产后的第二年含水即上升到了25%,第三年含水上升到31%,以后含水率以不同幅度连续上升,到1979年含水高达80%以上。1979年发现白东油田后,全油田含水在55%左右,稳定了6年。1986年后的6年含水约以每年2%的速度上升。1992年比1991年含水率上升高达10个百分点(表1、图1)。

表1 不同阶段含水变化表

阶段	含水范围(%)	期限(a)	平均含水(%)	年含水上升(%)
1962—1963年	20~40	2	28.1	6.6
1964—1967年	40~50	4	42.4	3.6

续表

阶段	含水范围(%)	期限(a)	平均含水(%)	年含水上升(%)
1969 年	50~60	1	56.1	9.2
1970—1972 年	60~70	3	64.5	2.8
1973—1975 年	70~80	3	74.9	3.5
1976—1979 年	>80	4	80.6	1.4
1980—1985 年	50~60	6	54.7	
1986—1991 年	60~70	6	66.3	1.9
1992 年	70~80	1	76.7	5.5

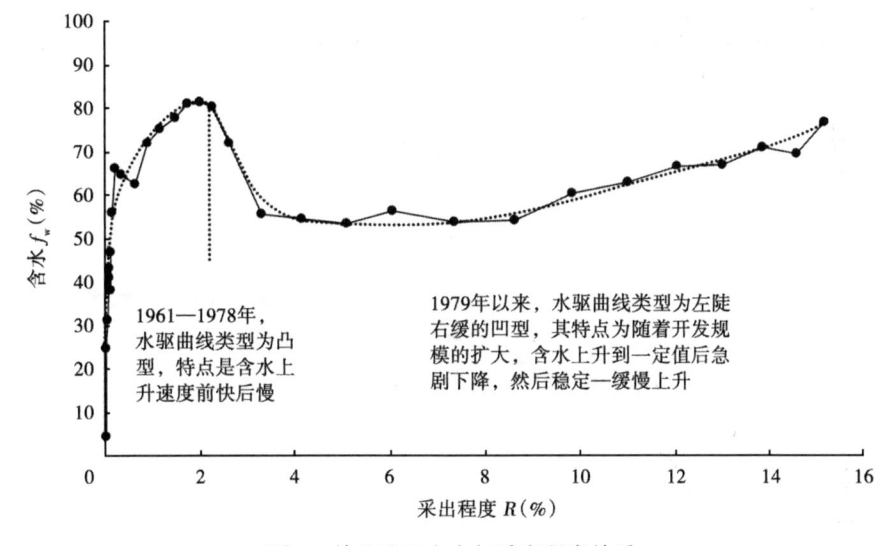

图 1 单北油田含水与采出程度关系

单北油田初期含水即达 30% 以上，而且含水迅速上升，没有无水开发期和低含水开发期。初步研究认为，是底水活跃，油水界面上升快及油层太薄所致。

（2）稳产期短。油田建设期长达 20 年，采出可采储量的 32.6%，而稳产期仅 4 年，只采出了可采储量的 13.7%（图 2），大量的可采储量要在产量递减的高含水期采出，经济投入与开发难度大。

比较单北油田实际开发模式与理想油气田合理开发模式，分析认为：单北油田生产井网没有在短期内完成，因而使产量上升期（建产期）过长，导致稳产期短，产量递减幅度大，拉长了油田的整个开发过程。因此，单北油田的实际开发模式与油气田理想开发模式相差甚远，没有达到合理开发。

（3）注采不平衡。一般认为，油田注水初期累计注水量远远大于累计采水量，存水率为 1，随着采出程度的增加，累计采水量逐渐大于累计注水量，存水率慢慢趋于零。而单北油田注水初期累计采水量远远大于累计注水量，注水初期存水率为负值（图 3），注水 6 年后（1986）年存水率才上升到 0 以上。由此估算，单北油田的存水率由 0 上升到 1，再如一般注水油田存水率由 1 降为 0，将是一个很长的过程，整个开发过程中已无法实现。因此，单北油田与一般注水油田相比有注采不平衡的特点。

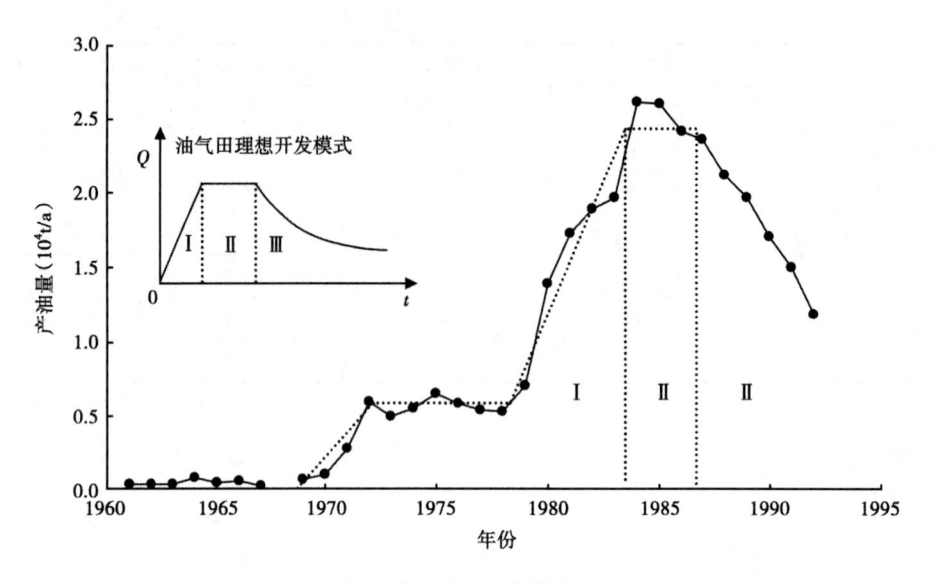

图 2 单北油田开发模式图

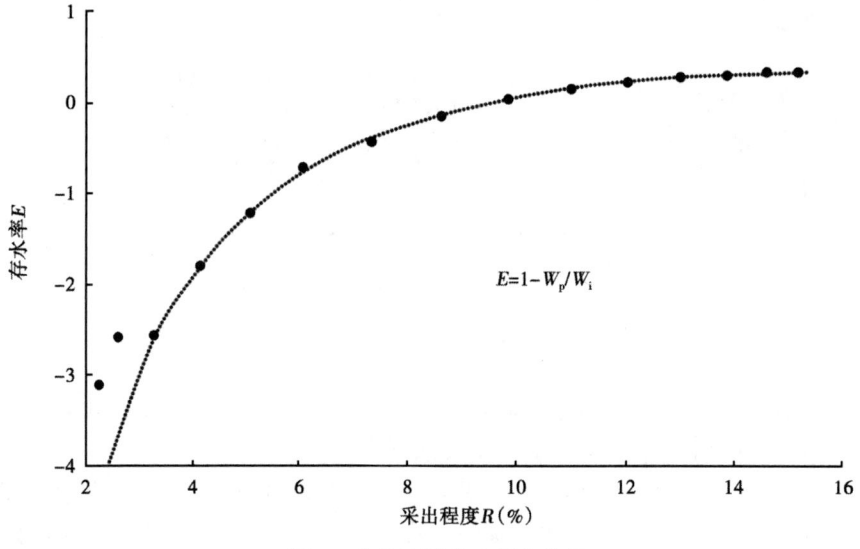

图 3 单北油田存水率曲线图
W_p—累计产水量,10^4t;W_i—累计注水量,10^4t

研究无量纲注采曲线发现,随着采出程度增加,当采出程度达到9.4%时,无量纲注入曲线与无量纲采出曲线发生明显偏移,说明注采不平衡加剧(图4)。

(4)单井产量低,注水见效差别大。单北油田单井日产低,开发初期仅1.2t,目前降至0.6吨。注水开发后,平面上油田中部高渗透相带首先见效,含水上升迅速,水洗程度高。边缘低渗透相带油井见效程度低,水洗不彻底。在剖面上主力油层Eh_{2+3}层见效程度高,顶部的N_1b_1层见效程度低。

(5)水驱储量控制及动用程度较高。单北油田储层砂岩均质性好,岩石胶结疏松,油层薄,使注水开发中储量控制及动用程度较高。

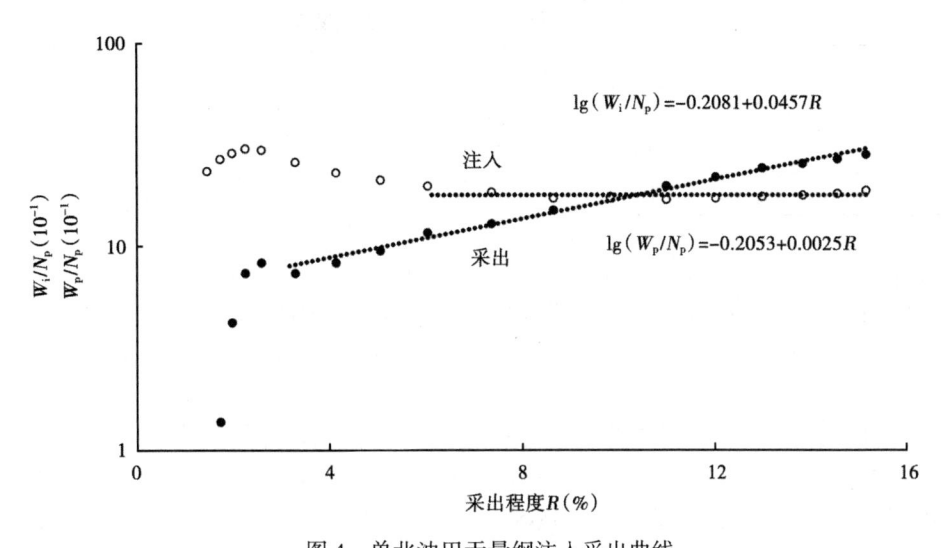

图 4 单北油田无量纲注入采出曲线

W_i—累计注水量，10^4t；N_p—累计产油量，10^4t；W_p—累计产水量，10^4t；R—采出程度，%

注水面积 1.43km²，占含油面积的 60.4%，水驱储量的控制程度 78.5%，水驱储量的动用程度 89%，接近和达到了一类油田开发水平。但是，储量的控制和动用在平面和剖面上存在差异。

单北油田注水见效状况平面上受沉积相制约，油田中部高渗透相带水洗强，含水上升快；东南边缘地层压力虽然逐年升高，已接近原始地层压力，但静液柱仍低于油田中部 4m 左右，还有 20% 的油井不见效。

剖面上 N_1b_1 层见效差，Eh_{2+3} 层上部水洗好，中部次之。据生产测井资料证明，Eh_{2+3} 层上部含油差，中部含油丰度高。

(6)注水采收率低。注水虽然波积体较大，但驱油效率仅 30%~40%，原油黏度大(21.1mPa·s)，造成最终采收率低。据近年的递减趋势，用产量递减法计算，最终采收率仅为 19.6% 左右，达不到 28% 的设计最终采收率。

2 注水开发中的对策

(1)密井网，点状面积注水开发。砂岩储层注采井距与水驱控制程度有明显关系。单北油田平均井距 150m，水驱控制程度 78.5%。采用密井网提高采液速度，强化开采效果是单北油田开发过程中的主要对策之一。

经过 1983 年以后的井网加密调整，油井由 57 口上升到 77 口，日产液由 124t 上升到 174t，日产油由 1983 年的 54.1t 上升到开发过程中的最高水平，日产 71.3t。

自 1983 年全面层内注水开发以来，改善了开发效果，采油速度与采液速度比注水前提高，达到了历史最高水平(表 2)。显然，层内注水有压制底水上升，提高采液速度的作用。

(2)油水界面以上不射孔。油藏在射孔工艺上，采取油水界面以上不射孔，射开厚度只占油层厚度的 60%，抑制含水上升，减少套管坏损，使因套管破损、窜通造成含水上升的井仅占 5%。

表2 注水开发以来的采油、采液速度表

内容	年份						
	1979年	1981年	1983年	1985年	1987年	1989年	1991年
采油速度(%)	0.35	0.85	0.97	1.28	1.17	0.97	0.74
采液速度(%)	1.24	1.88	2.72	2.79	3.16	2.92	2.42

(3)中部注水为主,边缘注水为辅。

①单井温和注水。采取多井少注,间歇轮注的注水方式,使注水强度始终保持在 $2\sim3m^3/(d\cdot m)$。多井少注主要是防止水淹、水窜、含水上升;间歇轮注以扩散压力,提高注水利用率为目的。

②平面上强化注水。以油田中部高渗透相带注水为主,辅以边缘注水。中部注水井数与边缘注水井数之比为1.5:1。近年来,由于高渗透相带水洗程度高,剩余油丰度比边缘低渗透相带低,中部油井含水比边缘油井含水高近5个百分点,故边缘低渗透相带为潜力所在。

③低于破裂压力注水。油层原始地层压力6.6MPa,远远低于破裂压力(19.3MPa)。注水压力9~10MPa,根本导致不了超破压注水。由于渗透率低,注水井压力扩散缓慢,部分注水井静压相对油井静压高近4MPa。当注水压力稍高或接近注水井静压时,注入水沿微裂缝和原生孔隙缓速渗流。

(4)注水确保油层能量稳定。油层能量的稳定是决定平稳开发的主要因素之一,也是影响采油速度和最终采收率的关键所在。

在1980年试注以来,油层静压连续3年以0.15MPa的幅度升高。1983年在油田两个区块(单二区、单三区)全面注水后,油层压力一直保持相对平稳,总压差稳在2MPa左右;流动压力波动较大,但呈逐年降低的趋势,所以生产压差趋于小幅度增大(表3)。

表3 油田压力变化表

内容	年份							
	1985年	1986年	1987年	1988年	1989年	1990年	1991年	1992年
油层压力(MPa)	4.53	4.58	4.56	4.30	4.32	4.66	4.56	4.69
流动压力(MPa)	1.08	1.65	1.85	1.53	1.01	0.76	0.89	0.91
总压差(MPa)	2.07	2.02	2.04	2.30	2.23	1.94	2.04	1.91
生产压差(MPa)	3.45	2.93	2.71	2.77	3.31	3.90	3.67	3.78
年注采比	0.70	0.91	0.95	1.05	1.14	1.02	1.37	1.31

油层能量虽然相对稳定,但能量利用不够理想,含水继续上升,产量仍在递减。从注采关系分析认为,年注采比逐年增大,而注水量近几年保持不变,说明采出地下体积减小,递减势头没有得到明显抑制。

(5)认真改造油层,注重增产挖潜。单北油田在不同时期,针对油层的不同问题,相应发展了与之相适应的增产挖潜工艺技术。

针对油井严重出砂,防砂工艺在研究、实践的基础上发展,形成了以填砂、水泥砂浆盖为主的井筒防砂和水泥砂浆人工井壁、塑料人工井壁,水玻璃胶结防砂为内容的油层防砂技术,较好地抑制和治理了油井出砂。

在产量递减、含水迅速上升的阶段,井下工艺从防砂转为大面积的封堵水。堵水方式上以油基水泥、蜡球封堵等选择性堵水和以水玻璃加氯化钙及黄土、水泥浆为材料的非选择性堵水,对控制含水上升起到一定作用,但也降低了地层渗流能力,产液量下降。油井措施效果见表4。

表4 油井措施效果表

年份	压裂 井次(口)	压裂 有效率(%)	压裂 增产量(t)	酸化 井次(口)	酸化 有效率(%)	酸化 增产量(t)	防砂 井次(口)	防砂 有效率(%)	防砂 增产量(t)	卡堵水 井次(口)	卡堵水 有效率(%)	卡堵水 增产量(t)	其他措施 井次(口)	其他措施 有效率(%)	其他措施 增产量(t)	总增产量(t)	占年产量(%)
1990	17	82	722	13	70	407	5	100	184	4	75	38	22	82	916	2267	13.3
1991	10	93	602	13	100	482	6	100	123	4	80	40	25	88	764	2011	14.4
1992	10	100	600	8	100	376	2	100	102				25	84	433	1649	15.1

在分析和认识了潜力分布规律的基础上,论证了油田低渗透层适于大砂量压裂,中渗透层适于酸化,高渗透层适于封堵水的挖潜规律(表4),事实证明是符合科学规律的。如东48井大砂量($3m^3/m$)压裂后,日产油由0.1t上升为2.5t,增产倍数为25倍;233井酸化后,日产油由0.8t上升为2.8t,增产倍数3.5倍。

3 几点认识

(1)小型底水砂岩油藏建产期不宜过长,应采用小井距、密井网的开采方式,开发井网应在短期内完成,力争井网部署一次成功。否则,稳产期极短,大部分可采储量要在高含水期采出,增加了经济投入和开发难度,并且最终采收率不高。

(2)注水方式选择面积注水较好,强调以"高渗透层注水为主,低渗透层注水为辅"的注水方针。

(3)实行层内注水和单井温和注水,能够限制底水上升。

(4)油田开发过程中应重视油层改造,制订出相应的挖潜改造措施。

(5)小型油藏开发初期储量计算不准,将使投入与产出的比例失调。如单北油田储量计算偏高,达不到设计采收率,在产量递减期原油成本大大增加。

精细油藏描述技术在玉门油田调整挖潜中的应用[1]

玉门油田是我国最早工业化开采的油田,自1939年发现并投入开发以来,基本经过了油田开发的一个完整过程,为我国油田开发积累了经验,主要有:油藏和地质研究经验、油田注水开发经验、细分层系开发经验、井网加密调整经验、低渗透油田开发经验、维护注采井网经验、控制含水上升经验以及油藏管理与自喷井、抽油井、注水井的现场管理经验,和以资料录取与岗位责任制为主的基础工作管理经验等。玉门油田"先行一步"的经验和"早用一时"的技术,对全国油田的开发产生了深远影响,使开发工作逐渐向规范化、定量化、三维可视化方面发展,同时将精细油藏描述成果与油田综合调整、治理挖潜有机结合起来,不断深化和提高了老油田低产后期认识与开发水平。

1 油田地质与开发特点

玉门油田位于甘肃酒泉西部盆地,面积2700km²,是一个中新生代断坳叠置的陆相沉积盆地,总生油量约31.4×10^8t,资源量3×10^8t。盆地内已发现3个油气聚集带、6个油田、13个油藏。

玉门油田有新近系、古近系、白垩系、志留系、石炭系等4套地层9个含油层系。其中新近系、古近系和白垩系为主要含油层系。储层埋深自东向西逐渐加深,最浅仅450m,最深出油层位超过5000m。油藏沉积以辫状河流相、冲积扇相、分流平原—入湖三角洲相为主。储层物性差,非均质性强。储油岩性有砂岩、砂砾岩、白云岩、泥质白云岩和变质岩等。按圈闭条件油藏类型分为背斜、断块、鼻状、基岩、水动力、断层—岩性、岩性—地层等7种类型。按储集空间分为孔隙型、裂缝型、裂缝—孔隙型3种类型。按储层厚度分为层状油藏和块状油藏。油藏油水接触关系有边水、底水和层间水3种类型。

玉门油田投入开发,经历了1939—1956年的建产期、1957—1960年的高产期、1961—1968年的快速递减期、1969—1997年的低产开发期和1998年至今的产量回升期5个开发阶段。从1955年注水开发50年来,先后采取边外注水(1955—1958年)、边外—边内切割注水(1959—1963年)、不规则点状面积注水(1964年至今)等注水方式。1978年进入高含水开发。

玉门油田已探明含油面积65.8km²、地质储量14756×10^4t、可采储量4192×10^4t,采收率28.4%(其中老油田采收率36%,新区采收率16.4%)。目前,全油田在册油水井1490口,其中油井1083口,水井407口,年产能力78×10^4t,累计采油3096.75×10^4t,综合含水60.2%。老君庙、鸭儿峡、石油沟和单北等老油田已处于开发后期,采出地质储量的32.4%、可采储量的89.9%,综合含水76.3%。青西油田处于滚动勘探开发阶段,带动了油区储量与产量从1998年持续上升。

---

[1] 本文合作者:胡灵芝、李克勤、李鸿彪、刘亚君。

按照中国石油天然气股份有限公司的安排,将低渗透的老君庙油田M油藏、中高渗透的鸭儿峡油田L油藏确定为精细油藏描述的重点区块。

1.1 老君庙油田

老君庙油田为一不对称穹隆背斜构造,自上而下由新近系、古近系层状砂岩K油藏、L油藏和块状裂缝性砂岩M油藏组成,渗透率24~620mD,孔隙度18%~23%,埋藏深度320~810m。含油面积17.1km²,地质储量5332×10⁴t,可采储量2264×10⁴t,标定采收率42%。于1939年投入开发,经过了弹性和溶解气驱开发阶段(1939—1954年)、边外注水开发阶段(1955—1958年)、边外及边内综合注水开发阶段(1959—1963年)和不规则点状面积注水开发阶段(1964年至今)。

目前,老君庙油田累计采油2106×10⁴t,采出程度39.5%,可采储量采出程度93%。累计注水10160×10⁴m³,累计注采比1.47。有油水井1066口,注采井比例1:2.5,单井日产油1.0t。年产油19.7×10⁴t,综合含水77.8%,29年来基本稳定。采油速度0.35%,剩余可采储量的采油速度11%,已处于晚期开采。被列为精细油藏描述重点区块的M油藏,渗透率24 mD,孔隙度18%,埋藏深度810m,含油面积10.65km²,地质储量2236×10⁴t,标定采收率41%,已采出地质储量的37.2%,可采储量的90.8%。累计注采比2.42。有油水井503口,注采井数比1:2.4,年产油12.2×10⁴t,综合含水62.1%。

1.2 鸭儿峡油田

鸭儿峡油田是一个由新近系和古近系层状背斜砂岩油藏、志留系千枚岩及变质岩潜山裂缝性断块油藏和白垩系裂缝砂砾岩构造岩性油藏构成的复式油田,于1958年正式投入开发。探明含油面积14.2km²,地质储量2710×10⁴t,可采储量626×10⁴t。目前,累计采油492×10⁴t,采出程度18.2%,可采储量的采出程度78.6%。油水井开井数155口,注采井比例1:4.7,单井日产油2.3t。年产油8.4×10⁴t,综合含水66.7%。采油速度0.3%,剩余可采储量的采油速度5.8%。

注水开发的新近系和古近系层状砂岩油藏L油层是一背斜构造,断层十分发育,埋深2337m,渗透率358 mD,孔隙度16%~26%,含油面积10.3km²,地质储量1149×10⁴t,标定采收率30%。L油藏开发经过了弹性驱动、边外注水、边内边外综合注水3个阶段。目前,L油藏的采出程度23.4%,可采储量采出程度77.9%,累计注采比0.56。有油井64口、水井25口,年产原油3×10⁴t,综合含水81.6%。

2 精细油藏描述技术实践

精细油藏描述是油田开发后期,特别是进入高含水开发阶段,为提高综合调整治理水平和采收率而开展的储层定量化研究技术。其核心内容是依据地质、油藏及生产动态资料,进行精细地质研究和剩余油分布规律描述,达到表征储层非均质性、量化剩余油分布规律和不断完善储层地质模型的目的。

2.1 老君庙油田精细油藏描述技术

老君庙油田的油藏描述始于20世纪50年代,当时为解决油田超负荷开采后暴露出的L

油藏高渗透小层 L_3 与中低渗透层的层间差异大以及 M 油藏井距大造成的注采压力系统、井网层系不适应低渗透油藏开发的矛盾,进行了 L 油藏高渗透储层剩余油分布规律和水驱效率研究、M 油藏储层与裂缝等方面的描述研究,为油田注水方式和井网层系调整提供了重要依据。

2.1.1 基于沉积微相研究的精细油藏描述

2.1.1.1 L 油藏沉积相特征

依据取心井测井曲线特征,利用统计方法描述砂岩粒度特征可知,从 L_3 小层到 L_1 小层为河流沉积,逐渐变为三角洲沉积,主要发育河道、浅流河道、边心滩、分流河道、河口浅滩、河口沙坝等亚相。

2.1.1.2 M 油藏沉积相特征

采用多元回归方法研究 M 油藏的非均质性,建立流态模式、岩性与电性定量关系,划分各级夹(隔)层。研究表明,老君庙油田 M 油藏由两个沉积体系构成,自下而上划分为 M_3,M_2 和 M_1 3 个沉积单元、3 种亚相、7 种微相。M_3 为冲积扇扇缘亚相,M_2 为辫状河床亚相,M_1 为辫状河流相越岸泛滥亚相。据此,将 M 油藏划分为 M_{12} 和 M_3 两套开发层系,实行分注合采或分注分采,进行小井距井网加密,建成了能够控制主力油层的基础井网,且既不造成储量损失,又不产生层间干扰,提高了 M 油藏开发效果。

2.1.2 基于裂缝特征研究的精细油藏描述

M 油藏受西北向构造应力的作用,孔隙构成其油气的主要储集空间,而裂缝的存在既改变了油层的渗流条件,提高了油层采收率,同时也导致了油水井的窜通,降低了驱油效率,造成油井过早水淹,严重影响最终采收率。因此,深入研究、准确描述裂缝类型、性质和分布规律,是制订油藏开发方案、提高开发水平的关键。

2.1.2.1 裂缝类型和特征

通过岩心分析,结合地面露头岩石裂缝分布状况,研究认为,M 油藏的裂缝成因分为受沉积作用控制的岩性裂缝、受构造作用控制的张裂缝和剪切裂缝 3 种类型。

2.1.2.2 裂缝研究方法与展布特征

研究裂缝展布特征的基本方法主要有区域构造应力场分析、地表裂缝调查、岩心裂缝观察、地层倾角资料研究及开发动态资料分析等。

构造应力场分析求得测点的应力轴方向表明,老君庙油田 M 油藏的主应力方向为北北东向。根据"当地面构造与地下构造吻合,没有不整合存在时,可以通过地面裂缝特点来反演裂缝密度、长度、间距以及裂缝产状"的原理,通过野外调查、测量填图证实,老君庙油田地表裂缝走向主要有北东和北北东向、北西和北北西向两大组。前者与老君庙背斜轴近于垂直,后者与之近于平行。

用岩心观察法测定裂缝大小、张开度、随深度的变化规律及统计裂缝的发育密度。依据裂缝的错开、互切和限制中止等关系,对裂缝进行分期;同时,根据剪裂缝的折尾、菱形结环、羽列等尾端变化及两组剪裂缝相互切断、错开的对应关系等,确定裂缝的共轭关系。研究表明,裂缝集中分布在 M_1 和 M_2 小层内的中、细砂岩小型斜层理中,背斜的轴部和翼部最发育。张裂缝受构造应力控制,发育规律近南北走向,连通性垂直轴向最好,越靠近背斜轴部越发育,但容易引起油井水窜。剪切裂缝在背斜南边部较为发育,按倾角分为高角度和低角度两组,低角度的张扭性剪切裂缝组有利于裂缝连通。这些裂缝贯穿于整个块状砂岩的 M 油藏,形成了连通程度不等的、极为复杂的裂缝网络,对于油水运移起着十分重要的控制作用。

长期的开发实践中,依靠上述裂缝研究方法,结合钻井液漏失、油井初始产状、注采关系、压裂效果等开发动态资料,搞清 M 油藏裂缝分布规律和发育特征,确立了"低渗透油藏沿裂缝注水"的油田开发理论体系。目前,M 油藏确定窜通裂缝187条,延伸长度最大达520m。长年注水开发形成了7条大的裂缝水体带,即4131井—210井、976井—988井、61井—323井、926井—328井、E22井—329井、4153井—959井、I256井—I306井裂缝带,其延伸方向基本为北北东10°、北北西350°左右,与地面裂缝分布方向基本吻合。

2.1.2.3 裂缝与开发的关系

裂缝在注水开发中的作用取决于裂缝类型、井下存在状态以及空间分布规律。

M 油藏开启裂缝对注水的影响最大,其渗透率比孔隙渗透率高十几倍至几十倍,能明显改善油层的渗透性,是油藏主要的渗流通道。M 油藏顶部区裂缝窜通,使得几十口井被迫封井停产。窜通裂缝集中发育的7条裂缝带与开启裂缝走向基本一致,近于南北向。M 油藏顶部区、外排区裂缝窜通都很严重,东南边部不明显。

岩性裂缝及剪裂缝呈闭合状态,对油层的疏导作用有限。

裂缝的存在不仅改善了 M 油层渗透性能,提高了油井产能,而且又是注入水流动的主体通道,加剧了油层水洗。

2.1.3 基于密井网三维地质建模的精细油藏描述

三维地质模型是将一个油藏每口井的油层参数(以一定间距的采样点)输入到计算机数据库中,经过计算,求出每个网点上的油层参数,描述油藏内三维空间油层参数的连续变化情况,获得任一方向上油层参数的剖面分布。

从20世纪90年代开始,玉门油田运用数值模拟技术开展老油田剩余油分布研究。地质建模主要基于 DYDM 多层二维地质模型软件系统,利用700多口井的电测曲线,用反距离加权平均、曲面拟合等网格插值方法对多层平面网块进行插值,以小层油砂体为基本单元,得到二维模型平面图,经叠加成为三维地质模型。应用二维二相和三维三相数值模拟模型对老君庙油田 L 油藏和 M 油藏剩余油饱和度进行了研究,为综合判定剩余油饱和度的分布提供了依据(表1)。

表 1 剩余油饱和度对比表   单位:%

层位	F185 数模	F185 取心	F185 C/O	G185 数模	G185 取心	G185 C/O	F184 数模	F184 C/O	406 数模	406 C/O
L_1^1	40.6	38.2	51.7	37.6	43.1	43.9	50.0	43.8	37.5	41.7
L_1^2	47.2	43.7	48.6	48.2	33.9	48.3	47.6	41.4	43.3	44.6
L_1^3	45.0	41.1	49.8	46.5	46.0	47.7	37.0	50.0	44.7	49.4
L_{1-2}	58.3	44.0	38.4	54.2		42.9	64.9	52.0		
L_2^1	44.7	45.8	68	45.9	40.8	48.9	55.6	48.7	43.9	47.2
L_2^2	33.8	28.8		51.4		46.6	55.6		33.6	
L_2^3										
L_{2-3}				63.9	32.9					
L_3^1	21.8			25.4	41.6		22.4		36.5	
L_3^2	24.2			22.4			30.5		39.5	
L_3^3				34.5					26.1	
L_4	70.0								70.0	

近年来,应用 RMS 和 GMSS 建模软件,立足油藏密井网的特点开展油藏精细描述,研究储层砂体厚度变化及剩余油分布,初步建立了 M_1、M_2 和 M_3 分层三维构造模型。

2.1.4 基于剩余油研究的精细油藏描述

老君庙油田剩余油研究始于 20 世纪 60 年代,当时的研究对象主要是 L 油藏的 L_3 油层组,主要采用水动力学计算法、水驱油实验法、水矿化度分析法、测井参数数理统计法、数值模拟法等方法。在此基础上,随着资料和经验的积累,逐步形成和完善了老君庙油田剩余油研究系列方法。

2.1.4.1 剩余油研究方法

老君庙油田注水开发多年,目前处于高含水阶段,油水分布发生变化,以水淹区密闭取心井资料分析为基础,应用测井方法、油藏工程、C/O 测井等方法,结合静动态资料综合分析,确定控制剩余油饱和度的主要因素,定量研究各小层剩余油饱和度。

(1)老君庙油田 L 油藏。

①测井参数数理统计法。随开发程度的加深,油层物性、流体性质发生变化,水洗后油层测井曲线形态变化较大,需建立"一元量和多元量"的数学关系模式。利用 L 油藏 4 口密闭取心井资料,分析岩心饱和度,建立含油饱和度、含水饱和度与测井参数的数理统计关系式为:

$$S_w = 113.5643 + 0.0546R_{0.6}^2 - 2.6907R_{0.6} - 0.0926\Delta t \tag{1}$$

$$S_o = 19.697 + 0.0895\Delta t - 1.849 \times 10^{-4}(\Delta t/R_{0.6} - R_w)^2 - 3828.676R_4/(\Delta t R_{0.6}) \tag{2}$$

对不同时间测井参数计算饱和度值,对应的时间校正系数关系式为:

分层采油速度

$$v_{o1} = 1.712v_o - 0.1178 \tag{3}$$

$$v_{o2} = 3.2459v_o - 1.2685 \tag{4}$$

含油饱和度时间校正值

$$\Delta S = v_o S_i \tag{5}$$

②油藏工程法。统计 24 个井组、3 个层组资料,计算水驱动态地质储量,建立分层水驱曲线,确定含水率、剩余油饱和度,计算出分区、分层目前的剩余油饱和度。

$$Zh_o = (LH_o/H_w)/(K_w/K_o) \tag{6}$$

$$f_w = 86.583 - 0.1949Zh_o \tag{7}$$

选用 15 口井资料建立含油综合系数与含水、含油饱和度的关系。含油综合系数(Zh_o)为数理变量,是衡量剩余油大小的定量指标。

$$S_o = 0.4643 - 0.0796\lg[f_w/(1-f_w)] \tag{8}$$

可见,随 Zh_o 值增加,f_w 减小,S_o 增大。当 Zh_o 大于 250m 时,含水率低于 25%,剩余油饱和度大于 50%。式(8)不但对饱和度等值图的绘制起到了完善作用,同时也为后期调整挖潜提供了定量的评价参考依据。

③C/O 测井法。20 世纪 80 年代中期 C/O 测井在我国兴起,其原理是通过测量 C 元素和 O 元素相对含量直接测定饱和度。由于其对储层地质与水淹程度要求条件较高,在老君庙油

田选择性地进行了11口井的C/O测井,剩余油饱和度解释符合率为70%。

(2)老君庙油田M油藏。

①测井资料数理统计法。利用M油藏4口密闭取心井和近几年6口水洗检查井的岩心分析资料,应用20世纪90年代以后新井测井参数,分别建立含水饱和度S_w与测井资料的数学关系式。

M_{12}小层用85组数据建立的回归方程($R=0.7$)为:

$$S_w = 83.4636 - 1.138R_{0.6} - 1.0949SP + 31.8874R_{0.6}/R_4 - 19.3677(\Delta t - \Delta t_s)^{0.15} \quad (9)$$

M_3小层用32组数据建立的回归方程($R=0.6$)为:

$$S_w = 45.6531 - 0.0486(\Delta t - \Delta t_s)/[0.75R_m/(R_{fw}R_4)]^{1/2} + 20.6425[\lg(\Delta t R_{fw})/(R_4/R_m)]^{1/2} \quad (10)$$

其中:

$$R_{fw} = 10^{-SP \times 1.25/n}$$

用上述公式计算194口井单层剩余油饱和度值,各井的测井时间不同,测井资料计算出的剩余油饱和度只能反映当时的剩余油情况。若要反映目前剩余油分布状况,必须进行时间校正,即将2001年以前的剩余油饱和度减去一个与之所对应的时间校正系数(依据当年各区块的采出量折算成饱和度的下降量而定)。

②C/O测井法。近年来,在老君庙油田M油藏进行了7井次C/O测井,剩余油饱和度与测井曲线法计算的结果基本相近。

③含水率与含水饱和度关系曲线法。利用M油藏单层试油、试采、单采等资料,参考M油藏相渗透率曲线,建立分层含水率与含水饱和度关系方程,计算单井的剩余油饱和度值。

2.1.4.2 剩余油分布特征

(1)M油藏剩余油分布形态与特征。

根据剩余油饱和度的大小,将M油藏M_{12}和M_3两个小层按剩余油差异划分为3类。M_{12}小层:一类潜力区$S_o \geq 45\%$,二类潜力区$35\% \leq S_o < 45\%$,三类潜力区$S_o < 35\%$;M_3小层:一类潜力区$S_o \geq 50\%$,二类潜力区$40\% \leq S_o < 50\%$,三类潜力区$S_o < 40\%$。

平面上,剩余油富集区分布于构造东部及轴线以北,以条块状展布;构造以南以点状分布。M_1小层剩余油主要分布在外排东区、顶部北区和低产区。这些区块属于越岸泛滥亚相的汊河槽微相、河床亚相的主河槽微相及部分砂岛微相,为注水不见效或见效差的区块。M_2小层剩余油主要分布在外排东区、顶部北区和低产区,呈条块状分布,处于冲积扇相、河床亚相的沙坝微相。M_3小层剩余油主要分布在顶部区、外排区东部及油田东部的低产区,呈大块团状分布,属高碳酸岩含量或高含泥质的冲积扇相急流浅河微相。

剖面上,M_3小层剩余油饱和度高于M_{12}小层,M_1小层剩余油饱和度低于M_2小层。剩余油饱和度的高低与M油藏剖面沉积特征有直接关系。M_3属于冲积扇相,M_{12}均属于辫状河流相,沉积特征差异导致了油层物性、含油性差异,最终决定剩余油分布上的差异。同时,剖面上注入水的波及总是沿物性相对好的层段推进,水洗厚度受物性控制。剖面上渗透率相对低的油层是剩余油富集的层段。物性差的油层,驱油效率一般较低,这是M_3小层剩余油饱和度高于M_{12}小层的直接因素。

(2)L油藏剩余油分布形态与特征。

L油藏剩余油富集与分布划分为3类，一类区$S_o \geq 45\%$，二类区$41\% \leq S_o < 45\%$，三类区$S_o < 41\%$。一类区是现阶段及今后的主要调整挖潜对象，二类区是挖潜的产量接替对象，三类区剩余油饱和度已接近注水极限含油饱和度，潜力甚微。

平面上，在油藏7个开发区块中，北东区块剩余油最富集，北西区块、中部区块和东部区块次之，西部区块最低。剩余油饱和度与注采井网的关系为：远离注水井的区域及非主水流方向（漫滩、浅滩等亚相）剩余油饱和度高，主水流方向（河道相）上剩余油饱和度低；注采井组之间第一排油井区域剩余油饱和度低，第二排油井区域剩余油饱和度高；油层零散分布及尖灭体附近剩余油饱和度高，油层分布均质连片区域剩余油饱和度低。剩余油分布形态：一类剩余油区非常分散，呈零星点状或条带分布，二类剩余油区为带状或连片分布，三类剩余油区为团块状分布。

剖面上，L_1^1、L_1^2、L_1^3和L_2^1 4个小层的剩余油饱和度相差不超过2%，总体趋势$L_1^1 > L_1^2 > L_2^1 > L_1^3$。根据一类剩余油富集区所占面积（$L_1^1$小层占14.32%，$L_1^2$小层占22.01%，$L_1^3$小层占28.92%，$L_2^1$小层为18.52%）的大小对比，剩余油在剖面上分布不均，主要是油层非均质性和注采系统及层间差异所致。

L油藏沉积相研究成果表明，由于L_1^1、L_1^2、L_1^3和L_2^1 4个小层沉积时在层内形成了不同结构的油砂体，主要有4种韵律类型：均匀韵律、正韵律、复合韵律及反韵律，对应的4种水洗类型为均匀水洗型、底部水洗型、不规则以及顶部水洗型，从而产生了不同的剩余油分布类型，造成3种不同剩余油富集段的存在。剩余油在小层内部的分布相对均匀，降低了挖潜难度，有利于提高小层最终采收率。

目前，L油藏开采的4个主力产油小层，层间剩余油分布差异不是主要矛盾，而平面和小层内的差异性更为突出，只有通过以井区为单元调整油水井的布局，进一步完善注采系统，才能改善和提高小层有效注水利用率。

2.2 鸭儿峡油田L油藏精细油藏描述技术

2.2.1 以沉积微相研究为主的精细油藏描述

依据录井、测井和岩心分析资料，综合研究油藏各小层的沉积相特征。

鸭儿峡油田L油藏是在L—M层咸化潟湖相含膏盐岩沉积基础上，形成河流相至湖泊相的沉积旋回。垂向上，从L_4小层到L_1小层组成了4个次级沉积旋回。平面上由油藏东部向西部、南部向北部，岩性由粗变细，沉积相带由河流相→三角洲→湖泊相逐渐过渡的沉积体系。沉积时期气候干旱，沉积体系以山前辫状河流相—三角洲相沉积为主，处于强氧化环境。L油藏的沉积物源主要来自油田东部（一井区东南）的老君庙方向。

油藏沉积微相主要包括河流相的河道、浅滩（心滩及边滩）、河漫滩、河漫湖泊、河泛平原和砂坝等微相；湖泊三角洲相的三角洲前缘砂、砂坝（河口或远砂坝）、前三角洲等微相；滨湖相的泥滩或泥坪微相。各小层微相展布特征如下。

L_4小层主要发育河道、浅滩、河漫滩、河漫湖泊沉积，在油藏东北部和西部缺失L_4小层。沉积物源主要来自东南部，河流自东南流入后向西北分流，使得油藏一井区、六井区、十三井区发育河道沉积，主要为中、细砂岩。另外，南部鸭南1井区有一由南向北的河流，致使五井区中部发育河道、浅滩沉积，砂岩厚度8~12m，主要为细砂岩和粉砂岩。在油藏的西部发育河漫滩、河漫湖泊微相的泥岩夹粉砂岩地层。L_4小层沉积相展布特征表明，该阶段是L油藏水退发育期，河道、浅滩和漫滩沉积发育（图1）。

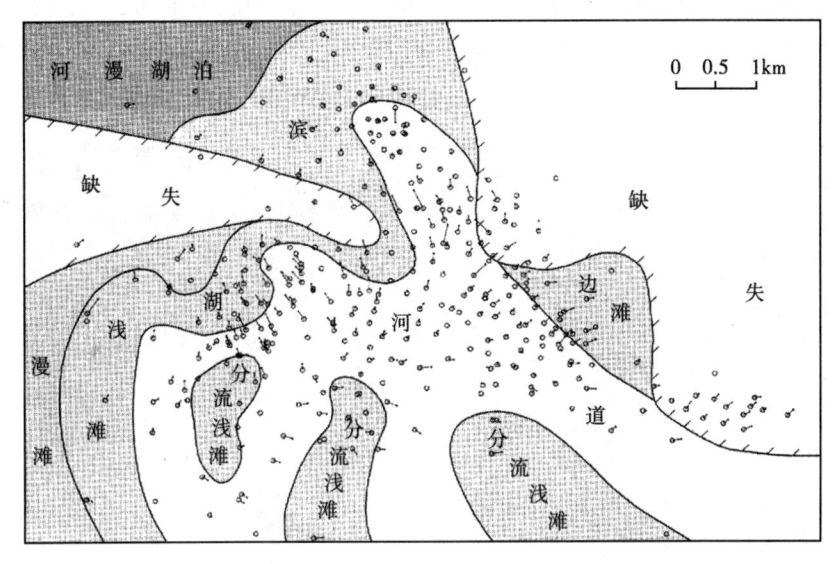

图 1　鸭儿峡油田 L 油藏 L₄ 层沉积相图

L_3 小层具有明显的水退现象,主要发育河道、浅滩、心滩、河漫湖泊沉积。河道沉积主要分布在油藏东部的一井区、四井区、六井区、十三井区和五井区东南部,浅滩沉积主要分布在油田东北部、五井区西部、十三井区、六井区西北部,河漫湖泊沉积主要分布在油田的西北部。在 L 油藏中,L_3 小层的河道沉积砂岩最为发育,分布较广,厚度较大,分布相对稳定,砂岩成熟度高,储集物性较好,是 L 油藏的主要油气储层(图 2)。

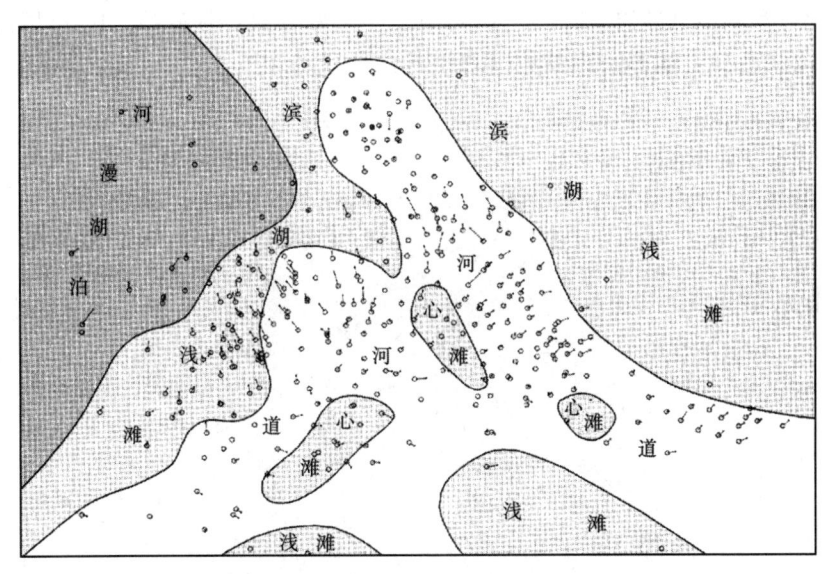

图 2　鸭儿峡油田 L 油藏 L₃ 层沉积相图

L_2 小层沉积时具有明显的水进现象,水体扩大,主要发育滨湖浅滩、河漫湖泊微相沉积,其次为河道、心滩、砂坝微相沉积。河漫湖泊微相分布在油藏的西部,滨湖浅滩微相分布在油藏的中部,河道微相分布在油藏东南部的一井区、四井区、六井区。L_2 小层砂体厚度和分布范

围较 L_4 小层和 L_3 小层明显减薄和缩小,砂岩厚度 3~6m,占油层厚度的 50%左右。沉积物源主要来自油藏东部,油藏西部及边缘均为漫滩湖泊微相沉积,总体上反映出水体逐步增大的趋势(图 3)。

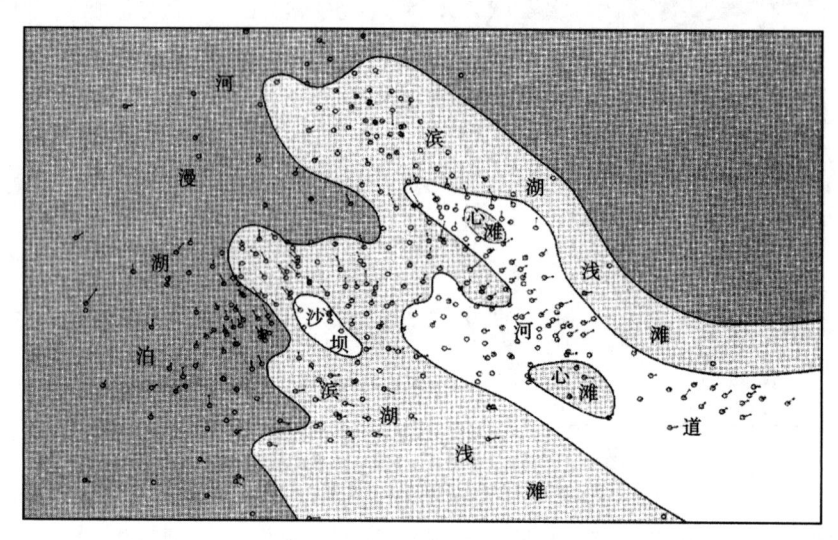

图 3 鸭儿峡油田 L 油藏 L_2 层沉积相图

L_1 小层水体进一步扩大,为河流相与湖泊相过渡的湖泊三角洲沉积。砂体的分布形态为鸟足状三角洲沉积,物源主要来自东部,其次为鸭南 1 井南部方向。油藏西部发育前三角洲相泥岩沉积,油藏中部发育三角洲前缘砂坝、席状砂,油藏东南部一井区、四井区局部发育水下分流河道和浅滩沉积的中细砂岩、粉砂岩,在鸭南 1 井区发育河口坝砂体。L_1 小层沉积反映出水体逐步加深扩大,向上部 BC 层湖泊相泥质岩过渡的趋势(图 4)。

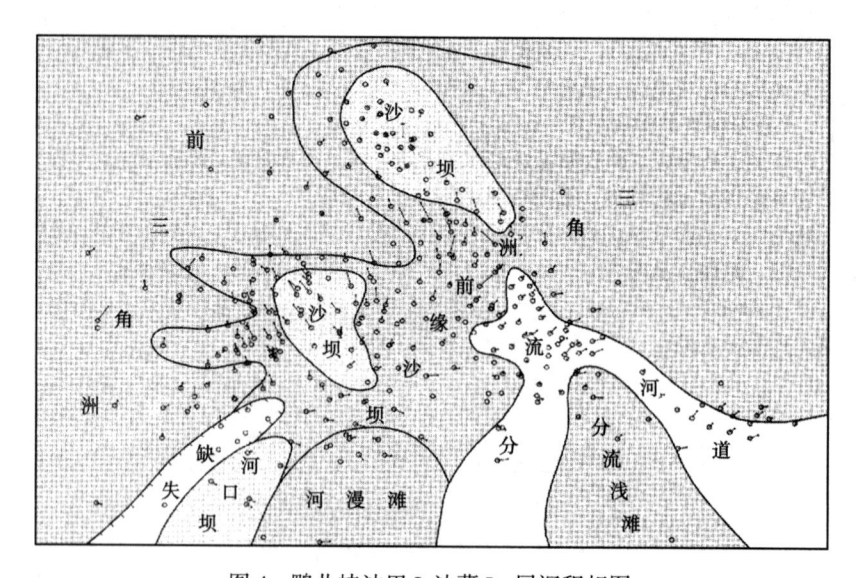

图 4 鸭儿峡油田 L 油藏 L_1 层沉积相图

2.2.2 以构造精细解释为主的精细油藏描述

鸭儿峡油田L油藏属复杂断块砂岩油藏,油气富集及剩余油分布受构造控制和影响,在早期没有三维地震资料的情况下,油藏构造解释精度低,影响了油藏调整、治理和挖潜,长期处于低产开发状态,产量不断递减。自2003年开始,在以前构造研究成果的基础上,利用老井分层数据等资料,结合三维地震解释成果开展精细构造研究。同时,强化井控程度低、开发效果差的边角部及井区交界区域的精细解释,不断推动油藏扩边认识。

2.2.2.1 储层细分与对比

L油藏开发程度高的一井区、四井区、六井区和十三井区,继续沿用传统的分层成果。20世纪80年代后的新井重新地质分层,重点为五井区及表外油层的地质细化分层。根据综合录井和测井等资料,参照传统分层标准,结合沉积特征及油水系统,确定L油藏顶底界限及L_1至L_4 4个小层的岩性、电性划分原则。通过近200口井的地质分层统计研究,确定了小层对比划分方案,形成了一套比较完整的油组分层数据,以此为基础开展小层对比研究,建立了多条骨架对比剖面,明确了小层在剖面和平面上的展布特征。

2.2.2.2 三维地质建模

在小层细分对比的基础上,利用三维地震解释成果,初步对油藏低渗透、低饱和度、低压、低产区块五井区的断层和构造进行了精细研究,建立了有效厚度、孔隙度、渗透率三维地质模型,提高了对小层潜力的认识,对油藏挖潜起到了重要作用。

2.2.3 以低电阻率储层研究为主的精细油藏描述

低电阻率油层是指油层电阻率与邻近水层电阻率接近,或者低于水层电阻率的储油层。一般情况下,电阻率指数(油层电阻率与水层电阻率的比值)小于4,从电性曲线很难区分油水层。

自2003年开始,鸭儿峡油田L油藏通过老井资料复查,开展了低电阻率油层研究和实践,对低电阻率油层的形成机理、划分标准、分布范围等进行了深入研究。

2.2.3.1 低电阻油层的形成机理

低电阻率油层的形成主要受到高地层水矿化度、高束缚水含量、泥质附加导电性、特殊导电性矿物等诸多因素的影响,造成电阻率低于正常油层。

鸭儿峡油田L油藏低电阻率油层的形成主要原因是地层水矿化度、束缚水饱和度较高,以及岩石颗粒细、泥质含量高。L油藏地层水总矿化度一般为30000~50000g/L。一井区下盘油层矿化度为44460~98865mg/L,且储层中泥质成分以伊/蒙混层为主,阳离子交换量大,黏土附加导电性强,造成电阻率低,形成了低电阻油层。

2.2.3.2 低电阻油层划分标准的确定

鸭儿峡油田L油藏正常情况下,油层的含油饱和度大于55%,电阻率大于$4.5\Omega \cdot m$。研究表明,油藏低电阻率油层的自然电位呈箱形负异常特征,电阻率为$1.8 \sim 4\Omega \cdot m$,矿化度为40000~100000mg/L,含油饱和度大于40%。

2.2.3.3 低电阻率油层的分布范围

鸭儿峡油田L油藏低电阻率油层分布比较局限,集中在一井区边缘(308井区和167井区)及断层附近(134断层)、边角区域,层位主要以下L_3小层为主。

2.2.4 以数值模拟剩余油为主的精细油藏描述

鸭儿峡油田L油藏剩余可采储量最高的五井区,其剩余油分布规律的研究,对于整个油藏综合调整、治理挖潜和提高采收率具有重要意义。2003年至2004年开展了501断层以西五井区及边部难采储量区块的数值模拟。

按照资料准备、地质建模、储量计算、历史拟合的思路开展数值模拟。油藏剩余油分布研究,利用数值模拟方法拟合油藏动态,计算油层中饱和度在空间的分布和随时间的变化,确定某一时段油藏剩余油的分布和大小,特别是目前剩余油的分布规律。

由数值模拟各小层剩余油分布结果分析,剩余油饱和度高低主要受储层物性好坏、注采完善程度和断层遮挡的控制。剩余油主要富集在地质储量较大且动用较好的 L_3^1、L_4^1、L_4^2、L_4^3 和 L_1^1 5 个小层,其地质储量 $361×10^4$t,占总储量的 60.5%,累计产油 $33.9×10^4$t,占总产量的 70.5%,采出程度 9.4%。水驱采收率按 23.2% 计算,L 油藏剩余可采储量为 $90.4×10^4$t,5 个小层的剩余可采储量为 $49.9×10^4$t,占油藏的 55.2%。

3 精细油藏描述成果应用及效果

在中国石油天然气股份有限公司"用 3~5 年将全部已开发油田精细油藏描述覆盖一遍"规划的指导下,玉门油田坚持"油藏描述成果转化要服从开发调整方案部署,开发调整方案部署要以提高采收率为目的"两个原则,充分考虑开发时间长、油藏类型多的特点,以及精细油藏描述与生产实际紧密结合的方针,提出了对部分矛盾突出、急需综合治理的区块,采取"边描述、边应用、边治理"的方式,及时将描述成果转化为现实生产力,使老油田开发在加强稳产基础、提高采收率、提高管理水平等方面发挥了积极作用。

3.1 油田调整与产能建设

结合精细油藏描述提供的全新构造、砂体模型及剩余油潜力分布,在产能建设方案的部署上,针对井网控制程度差、构造位置高、断层有遮挡、注采不完善等 4 类不同潜力进行挖潜,提高产能建设效益,改善老油田开发效果,夯实油田稳产基础。

一是围绕剩余储量高的潜力区块加密调整,带动区块整体治理。对于产量较高、含水较低、厚度大于 5m 的潜力小层,应用精细油藏描述微构造及砂体分布研究成果,进一步强化动、静态分析,寻找高效"聪明井"位。优选剩余可采储量大于 $50×10^4$t 的老君庙油田 M 油藏外排区和鸭儿峡油田 L 油藏为重点调整对象,自 2004 年以来,两个油藏共钻井 24 口(表 2),其中老君庙 M 油藏外排区部署调整井 21 口,大部分井以自喷方式投产,初期单井平均日产油 5t,平稳后日产油 2.5t,综合含水低于 10%,确保了区块连续两年产量稳中有升,目前日产油 182t,占 M 油藏总产量的 52%。

表 2 重点调整油藏新井投产情况

油藏	2004 年			2005 年 1—8 月		
	井数(口)	日产油(t)	年累计产油(t)	井数(口)	日产油(t)	年累计产油(t)
老君庙油田 M 油藏	12	28	3750	9	20	1739
鸭儿峡油田 L 油藏	1	8	1450	2	15	194
合 计	13	36	5200	11	35	1933

二是应用精细油藏描述改善低效区块开发效果。针对储层物性差且剩余可采储量大于 $20×10^4t$ 的老君庙油田 M 油藏低产区、L 油藏北部区两个低效区块,进行了选择性部署调整井位。2004 年以来共钻新井 11 口,区块日产油量由 92t 上升到 107t,使低效区块开发效果逐步得到改善(表 3)。

表 3 低效区块开发效果表

区 块	新井 井数(口)	新井 日产油(t)	调整前 开井(口)	调整前 日产油(t)	调整前 含水(%)	调整后 开井(口)	调整后 日产油(t)	调整后 含水(%)
老君庙油田 M 油藏低产区	5	8	49	39	36.9	50	49	37.6
老君庙油田 L 油藏北部区	6	7	50	53	83.8	54	58	82.3
合 计	11	15	99	92	60.2	104	107	59.9

3.2 注采井网调整完善

应用沉积微相研究成果,针对注采矛盾突出的区块,根据储层特征与开发特点,进一步完善注采井网,提高水驱储量控制和动用程度,改善开发效果。对中高渗透、高含水的老君庙油田 L 油藏,以单砂体为对象,增强注水井点,提高波及程度;对块状低渗透、裂缝发育的老君庙 M 油藏,优化沿裂缝精细注水,增强注水能力;对复杂断块且注入水单向突进的鸭儿峡油田 L 油藏,提高注采层位对应率,依靠大修、转注、增注等手段提高水驱效率。2004 年,老油田共转注及恢复老井注水 14 口,增加 31 个注水层段,增加双向受效油井 42 口,年增加注水量 $15.3×10^4m^3$,注采井数比由 1:3.5 上升到 1:2.3,注采比由 1:1.9 上升到 1:1.3,增加水驱可采储量约 $25×10^4t$,取得了良好效果。在此基础上,经过充分论证提出 2005 年老井转注 13 口,以进一步完善注采井网。

3.3 措施选井选层

精细油藏描述提供的单砂体模型和剩余油潜力,使单砂体在纵向和横向上的分布相对量化,措施选井选层更为准确,提升了措施方案决策水平。通过合理调整措施结构,在地质方案编制上,注重以砂体为单元的注采井网完善,由以往强化单井点措施向以剩余油富集区为中心的长效、综合性措施转变,以达到减缓措施递减、降低投资风险的目的。2004 年,老君庙油田 M 油藏依据描述成果,实施压裂施工 57 井次,有效 51 井次,有效率 89.5%,单井增油 106t,经济有效率 78%,同时,为 2005 年准备了一批可动用潜力层。鸭儿峡油田 L 油藏依据剩余油研究成果,自 2004 年以来相继实施调层、大修恢复生产等系列低成本措施 21 井次,日产油由 2003 年的 65t 上升到 82t,综合含水由 86% 下降到 83%,效果明显,油藏开发状况逐步好转。

3.4 区块综合治理挖潜

通过对开发矛盾突出的区块开展精细油藏描述,分析研究注采井网的控制程度、注入水的驱油状况和剩余油分布潜力,有针对性地提出综合治理挖潜措施。近两年,精细油藏描述成果应用于生产实际,实现了"稳油控水"及综合治理 3 个转变,即治理的目标由油层组逐步转变到单砂体;治理措施由以油井增产为主转变为以水井改善注采剖面为主;区块治理由解决单一开发矛盾转变为夯实稳产基础为主的综合治理。2004 年以来,先后治理区块 7 个,基本覆盖整个老油田,共实施油水井措施597井次,累计增油$2.86×10^4$t,治理有效率87%以上,综合含水稳定在77%左右,自然递减较治理前降低0.5个百分点,减少无效注水$38.1×10^4m^3$,减少无效产水量$14.7×10^4m^3$,水驱采收率提高了约1.2个百分点。

3.5 挖掘低电阻率油层潜力

通过油藏研究及测井资料精细解释,基本搞清了鸭儿峡油田北部L油藏低电阻率油层的主要成因,提出了有针对性的评价解释方法,低电阻率油层的识别与评价取得的成果,发现了约$15×10^4$t可供开采的新储量,为鸭儿峡油田扩边增储发挥了重要作用。2003年后先后大修恢复鸭308井和鸭167井两口井,部署一口新井(鸭北101井),均见到明显效果。1959年完钻的鸭308井,钻井过程中录井显示含油性差,电测解释下L_3小层为水层,未投产即地质报废,2003年对低电阻率油层下L_3重新解释后补孔,初产液量16.5t/d,含水15%,拓展了鸭儿峡油田新的开发领域。2004年4月,鸭167井大修后补射下L_3层,目前稳定产液量10.3t/d,含水20%。新钻井鸭北101井补射L_3小层投产后产油8t/d。低电阻率油层研究取得的新认识,为鸭儿峡油田今后的稳产与2005年的调整治理、产能建设奠定了基础。

4 结论与认识

玉门油田精细油藏描述及剩余油研究,主要特点是认真吸取不同开发时期油藏描述的经验,充分利用老油田开发历史长、油水井数多、静态与动态资料丰富、地质认识相对清楚的优势,基于以往构造解释与沉积相、剩余油研究等成果,运用现代精细油藏描述新技术,"产、学、研"紧密结合,阶段性研究成果迅速应用于油田调整治理,提高了精细油藏描述的实用性和针对性。

(1)精细油藏描述贯穿于油田开发全过程,是油田综合调整、治理挖潜的基础。早期油藏描述成果是经过油田开发实践检验的科学认识,是开展现代精细油藏描述的基础。

(2)玉门油田早期油藏描述是从构造解释、储层细分对比、沉积相研究与剩余油认识等方面出发,建立多相二维模型,经过叠加形成三维模型,对油田不同开发阶段起到了重要指导作用。随着科技进步与研究手段的多样化,利用三维三相理论建立更高精度的三维地质模型,将进一步提高老油田的开发水平和采收率。

(3)随着油田开发程度的不断加深,开发矛盾日益突出和剩余油高度分散将是必然规律,油藏潜力主要分布在低渗透微相中,这对油藏描述的"精度"要求越来越高,研究方法、基础理论遇到了新的挑战。

(4)目前,玉门油田开展精细油藏描述存在的主要困难是老井纸质资料多,数字化和精细化解释滞后,规范化、三维可视化的油藏地质模型建立,只能在老油田调整治理的重点区块逐步开展。

符 号 释 义

S_w—含水饱和度,%;S_o—含油饱和度,%;S_i—第i层饱和度,%;ΔS—含油饱和度时间校正值;v_o—分层采油速率;Zh_o—含油综合系数,m;R_m—钻井液电阻率,$\Omega \cdot m$;R_{fw}—地层水电阻率,$\Omega \cdot m$;Δt—声波时差,$\mu s/m$;Δt_s—L—M层中钙质结核层声波时差值,$\mu s/m$;H_o、H_w—分别为油相、水相有效厚度,m;K_o、K_w—分别为油相、水相有效渗透率,mD;L—注采井距,m;f_w—对

应 S_o 时的含水率,%;SP—自然电位,mV;$R_{0.6}$、R_4—分别为 0.6m、4m 视电阻率,$\Omega\cdot m$;n—统计层数,个;R—相关系数;R_w—水层视电阻率,$\Omega\cdot m$。

参 考 文 献

[1] 杨秀森,等. 老君庙油田开发[M]. 北京:石油工业出版社,1999.
[2] 《中国油气田开发若干问题的回顾与思考》编写组. 中国油气田开发若干问题的回顾与思考(上、下卷)[M]. 北京:石油工业出版社,2003.
[3] 杨秀森,等. 玉门老君庙油田 M 层低渗透裂缝块状砂岩油藏储集层沉积学与开发模式[M]. 北京:中国科学技术出版,1995.
[4] 张虎俊,王其年,刘亚君. 老君庙油田高压复杂区水平井技术研究与实施[J]. 新疆石油地质,2004,25(4):411-413.

老君庙油田油藏管理与地质研究[1]

从老君庙油田的开发实际出发,简要回顾了其65年的开发历程及取得的基本经验和成就。系统介绍了老君庙油田精细地质研究,提高采收率的实践与做法。分析了油田今后开发面临的形势和矛盾,提出了进一步改善开发效果和提高采收率的思路与途径。

1 老君庙油田开发现状

1.1 油田主要地质特征

老君庙油田位于甘肃酒西盆地南部隆起带,为一北陡南缓的不对称穹隆背斜构造,轴向290°,长轴8km,短轴4km,闭合高度800m,构造面积28km²。构造南翼平缓,倾角20°~30°,为边水封闭;北翼受逆掩断层遮挡,地层较陡,倾角60°~80°。地面平均海拔2481m。油田储层为古近系白杨河组(E_3b),含油面积17.1km²,地质储量5332×10⁴t,可采储量2264.3×10⁴t。自上而下由K油藏、L油藏和M油藏3套层系组成(表1)。

1.2 油田开发历程回顾

1939年发现了老君庙油田K油藏,1941年发现了L油藏,1945年发现了M油藏,从此老君庙油田的储油层全面发现并开发。

老君庙油田在长达65年的开发历程中,经历了1939—1957年的建产期、1957—1960年的高产期、1961—1968年的递减期、1969—1980年的稳定开采期和1981年以后的后期开采期5个阶段。在注水开发过程中也走过了1955—1958年的边外注水与顶部注气、1959—1963年的边外—边内切割综合注水、1964年后的不规则点状面积注水3个阶段。油田开发动态变化先后经过无水、低含水、中含水和高含水开采阶段。

大庆油田发现前,玉门油田是国家主要的原油生产基地,有力支持了国民经济建设。20世纪60年代以后,广泛探索油田开发技术与理论,被国家定位为"三大四出"基地,肩负着支援全国新油田建设的重要任务。

老君庙油田在"三大四出"基地和石油摇篮方面发挥了重要作用。截至2004年6月,油田有在册油水井1050口,其中油井741口,水井309口,油井开井576口,水井开井183口,累计采油2083.84×10⁴t,采出地质储量的39.1%,可采储量的采出程度92.0%。目前,日产水平521t,年产能力20×10⁴t,综合含水77.5%,地质储量采油速度0.36%,剩余可采储量采油速度4.99%,储采比10.32,油田处于低产后期开发阶段。

---

[1] 本文合作者:刘战君、胡灵芝、赵遂亭、刘亚君、李鸿彪。

表1 老君庙油田油藏地质参数表

油藏	层位	含油面积 (km²)	地质储量 (10⁴t)	可采储量 (10⁴t)	标定采收率 (%)	平均有效厚度 (m)	油藏类型	孔隙度 (%)	空气渗透率 (mD)	饱和度 (%)	油层埋藏深度 (m)	压力系数	地层温度 (℃)	原始压力 (MPa)	饱和压力 (MPa)	地饱压差 (MPa)	原始油气比 (m³/t)	体积系数	地下原油黏度 (mPa·s)	密度 (g/cm³)	凝固点 (℃)	含蜡量 (%)	胶质+沥青含量 (%)	水型	总矿化度 (mg/L)	氯离子含量 (mg/L)
K	K₁, K₂, K₃	3.3	533	160	30	13	层状孔隙砂岩	21	220	70	320~450		15.3	3.86	2.92	0.94	27	1	5.9	0.856	11.0	9.7	19.04	CaCl₂	30000	32000
L	L₁, L₂, L₃, L₄, L₅	15.3	2563	1188	46	11.9	层状孔隙砂岩	23	620	77	790	1.2	30	9.27	7.25	2.02	70	1	3.3	0.858	15.5	8.3	22.66	CaCl₂	70000	64000
M	M₁, M₂, M₃	10.7	2236	916	41	25.2	块状裂缝孔隙砂岩	18	24	54	810	1.17	32	9.31	6.27	3.04	50	1	4.2	0.854	13.3	9.1	20.8	CaCl₂	65000	65000
合计		17.1	5332	2264	42																					

339

1.3 油田开发的基本特点与成就

老君庙油田 65 年的开发实践,基本代表了一个油田开发的全过程,总结其开发历史,具有如下基本特点与规律:

(1)建产期长,初期采油速度低。老君庙油田 1949 年前 11 年共钻井 48 口,年产油不足 7×10⁴t。1952 年年产油才 14.3×10⁴t,动用储量的采油速度仅 0.34%,阶段平均采油速度只有 0.16%,这一阶段属于建产初期的低速发展时期。

1953—1957 年油田大规模投入开发,储量由 2767×10⁴t 上升到 4251×10⁴t。这一时期的特点之一是钻井技术与速度迅速提高;特点之二是从 1955 年开始注水开发;特点之三是随着压裂技术的突破,低渗透 M 油藏得以正式开发。从 1939 年投入开发到 1957 年,建产期长达 18 年。1957 年原油产量达到 72.1×10⁴t,采油速度达 1.7%,比 1952 年增长了 4 倍。油田建产阶段的开发主体是 L 油藏,1955 年后 M 油藏也成为主力油藏。整个建产阶段采出程度还不到 6%,平均采油速度仅 0.33%。

(2)阶段强采,产量递减速度快。老君庙油田 1957 年至 1960 年的 4 年是高速开采,年产量在 70×10⁴t 以上,动用储量的平均采油速度 2%,达到历史高峰。按照油田的地质特点、储量规模和采收率分析,这 4 年显然是超负荷的过量开采,其结果是主力油田(藏)压力下降、油气比升高、油井停喷和产量快速下降。1961 年至 1963 年平均递减率 21.5%,特别是 1961 年递减高达 34.9%,约有 80%左右的井停喷或间喷,油田开始进入以综合调整为特点的递减开发时期。

(3)调整治理,进行二次系统开发。20 世纪 60 年代是老君庙油田全面调整的重要时期。大搞油层对比,打检查井,重新认识油层,全面进行了注水方式、井网层系和注水强度调整。尊重第一性资料,尊重客观规律,认识研究油层,进行大规模调整,使产量由 1966 年的 25×10⁴t 上升到 1970 年的 48×10⁴t,相当于油田的二次系统开发。

(4)精雕细刻,实现三个阶段稳产。老君庙油田开发 30 余年后,主力油层步入高含水后期开采,高渗透层 L₃ 含水已超过 90%,低渗透 M 层仅采出动用储量的 14.1%,含水仅 14.3%。基于当时的开发现状,进行了 60 多项地质研究,编制了油田第二次大规模综合调整的方案。通过井网层系调整、注水方式调整、分层注水、强化排液和发展配套工艺技术,实现了 1969—1980 年 40×10⁴t 稳产 12 年、1981—1991 年 30×10⁴t 稳产 11 年、1992 年以来 20×10⁴t 稳产 12 年。

老君庙油田的开发历程,实践了油田开发不同时期的开发技术,积累了各个开发阶段的广泛经验,取得了以下开发水平:

(1)油田获得了较高的水驱采收率。老君庙油田目前采出程度 39.1%,可采储量采出程度高达 92%。通过长期精细注水开发、综合调整治理,采收率标定为 42%,这对于一个低渗透储量占到 42%的油田而言,是个不低的水平,预计最终采收率可达到 45%以上。尤其 L 油藏采出程度目前已到了 43.3%,采出可采储量的 93.4%,通过进一步综合调整及挖潜,预计采收率最终可达 50%以上。

(2)开发后期综合含水 29 年保持基本稳定。老君庙油田 1975 年综合含水达到 71%,1982 年上升到 82%,通过持续不断的中低渗透井网调整、层系转移、小层挖潜、优化注水等开发政策的实施,及其以大修、侧钻、压裂、封堵水、调剖为主的一系列"稳油控水"技术的配套应用,目前油田综合含水仍保持在 77%左右,创造了注水开发油田的新水平。

(3)实现了油田长期高效开发。通过精雕细刻开发,实施井组为主的注采井网、注水方式、注采结构调整,以及油层压裂、封堵调为主体的增产挖潜技术,实现了20世纪70年代、80年代、90年代3个10年稳产阶段。从1970年到2003年的34年开发中,平均年递减率仅1.2%,老君庙油田连续3次荣获中国石油天然气集团公司高效开发油田称号。

(4)为我国石油工业积累了开发全过程的基本经验。老君庙油田是我国最早采用现代技术开发的油田,也是第一个注水开采的油田,基本经历了油田开发的全过程,经历了中国石油工业从无到有、从发展到壮大的历史进程,创出了许多先进的技术,积累了丰富、宝贵、适用的油田开发经验。这些经验与技术的主要典型有:油田注水开发的技术、细分油层开采的技术、井网层系调整的技术、低渗透油藏开采的技术、"稳油控水"开发技术、油藏经营管理技术,积累了自喷井、抽油井和注水井的现场管理经验,资料录取和岗位责任制为主的基础工作管理经验等,对于中国石油工业的发展发挥了重要作用。

2 老君庙油田水驱采收率研究与评价

2.1 老君庙油田储量计算和采收率标定

老君庙油田自1951年用容积法求得L油藏的原始地质储量约$3000×10^4 m^3$($2850×10^4 t$),之后L油藏的储量计算先后历经了11次,标定为$2409×10^4 t$。M油藏的储量用各种方法计算或核实了12次,标定为$2236×10^4 t$。

从1958年开始,老君庙油田逐步探索应用经验公式法、产量统计法、物质平衡法、矿场资料法、剩余油饱和度法、水驱曲线法、图版法、岩心试验法、数值模拟等方法,形成了丰富多彩的、具有老君庙特色的采收率研究技术与方法(表2)。

表2 6种采收率研究与标定的典型方法

方法		公　　式	E_R(%) M油藏	E_R(%) L油藏
经验公式法		$E_R = 0.058419 + 0.084612 \lg \frac{K}{\mu_o} + 0.3464\phi + 0.003871S$	40.7	45.5
Arps双曲递减法		$N_R = \frac{Q_i}{(1-n)D_i}$	41.0	48.0
玉门油田法		$N_{pt+1} = \alpha + \beta N_{pt}$　　$N_R = \frac{\alpha}{1-\beta}$	41.5	48.2
岩心试验法		$R = 0.36046 + 0.030378 \ln \frac{f_w}{1-f_w}$	41.2	47.8
水动力学概算法		利用流管法作出采出程度与含水的关系,进而获得采收率。	40.8	47.1
水驱曲线法	甲型曲线	$N_p = \frac{1}{b}\left[\lg\left(\frac{0.4343}{b}\frac{f_w}{1-f_w}\right) - a\right]$	61.0	77.7
	乙型曲线	$N_p = \frac{1}{b}\left[\lg\left(\frac{0.4343}{b}\frac{1}{1-f_w}\right) - a\right]$	74.2	74.5
	丙型曲线	$N_p = \frac{1}{b}\left[1 - \sqrt{a(1-f_w)}\right]$	63.6	63.6
	丁型曲线	$N_p = \frac{1}{b}\left[1 - \sqrt{(a-1)\frac{1-f_w}{f_w}}\right]$	37.8	55.6

综合应用表2的6类方法,标定的老君庙油田水驱采收率为42%,其L油藏采收率为48%,M油藏采收率为41%。

2.2 油田水驱采收率分析与评价

2.2.1 不同开发阶段的水驱采收率分析评价

(1)老君庙油田L油藏的可采储量变化大致可分为4个阶段,即:1941—1953年的弹性溶解气驱阶段,采收率约18%左右;1954—1963年的边外及边内切割注水阶段,该阶段改变了驱动方式,井网密度从2.88口/km²提高到24.2口/km²,采收率约34%,提高了16个百分点;1964—1981年的点状面积注水阶段,井网密度从24.2口/km²提高到34.0口/km²,同时还加强了L_1和L_2低渗透层注水,水驱采收率约45%,较上阶段提高7个百分点;1982年至目前的简化层系阶段,通过关闭L_3层,简化层系,加强L_1^{123}和L_2^1低渗透小层开发,水驱采收率储委标定值为48%(含1987年开发的夹片则为46%),提高了3个百分点。

(2)老君庙油田M油藏采收率20世纪50年代初估算为45%,M油藏1959—1968年将边外注水调整为边外边内切割综合注水后,1960—1971年甲型水驱曲线计算的采收率为22.6%。1969年注水方式调整为点状面积注水,并于1969—1975年完成了井网第一次加密,用1971—1977年甲型水驱曲线计算的采收率为31.3%,提高了近9个百分点。1982年开始强化M_3的单注单采,综合含水保持稳定,水驱开发效果好,可采储量增加。分析认为M油藏的水驱采收率从41%的标定值已提高到了45%。

从M油藏和L油藏的采收率综合分析,老君庙油田最终采收率可达46%,比目前42%的标定值可提高4个百分点(图1)。

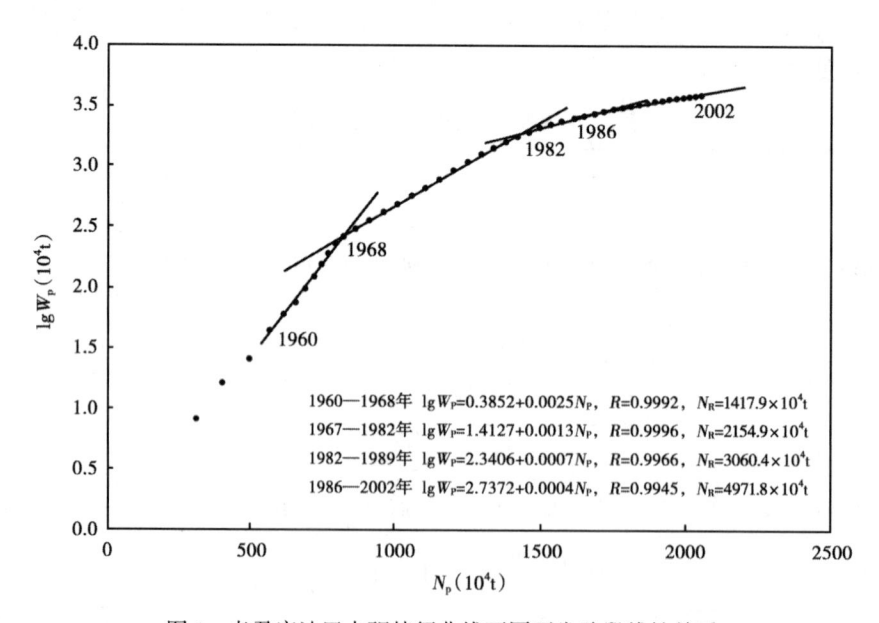

图1 老君庙油田水驱特征曲线不同开发阶段线性关系

(3)从童宪章先生建立的综合含水与采出程度关系曲线图版分析,老君庙M油藏采收率早期与40%的曲线吻合,近期与55%的曲线接近[图2(a)],因此M油藏采收率有可能超过45%。L油藏采收率早期与45%的曲线较吻合,目前接近55%的曲线[图2(b)],可见L油藏采收率有望提高到50%~55%。由此反映出老君庙油田综合调整治理与精细注水开发的水平是比较高的,可采储量实际上在不断增加,进一步提高采收率还有一定的空间和余地。

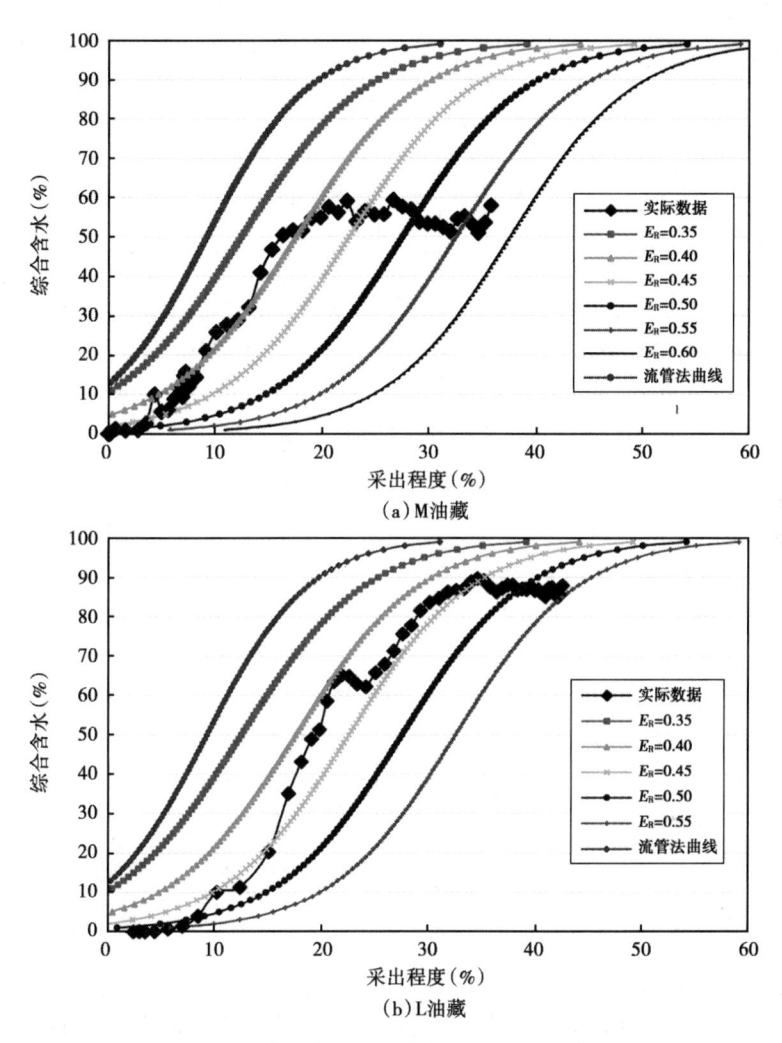

图2 老君庙油田采出程度与含水关系曲线关系

2.2.2 与国内外同类油田采收率等开发指标对比分析

老君庙油田L油藏标定的理论采收率在国内外同类油田中比较高(表3),但按目前开发的实际效果分析,其采收率能够提高到50%以上,油田开发处于世界先进水平。

表3 国内外同类油田储层物性及开发情况对比

项　目	加拿大达拉特油田	苏联巴夫雷油田	我国某油田	老君庙L油藏
油层岩性	侏罗系砂岩	泥盆系砂岩	白垩系砂岩	古近系—新近系砂岩
平均埋深(m)	1500	1700	660~1190	790
渗透率(mD)	500	600	660~670	619
孔隙度(%)	20.2	20.6	25~26	20.8
油层厚度(m)	5.2	4.0	8.8~10.6	11.9

343

续表

项　目	加拿大达拉特油田	苏联巴夫雷油田	我国某油田	老君庙L油藏
含油面积(km²)	40	118	183	15.34
原油黏度(mPa·s)	8.2	2.8	7.7~8.4	3.3
注水方式	边部	边部	排状	点状面积
注采井比例	1:3	1:4	1:2	1:3
最高年可采储量采油速度(%)	6.0	5.0	5.19	5.89
预计最终采收率(%)	40.0	60.0	45.0	46.0

老君庙油田在20世纪七八十年代含水上升较快,1981年综合含水与可采储量采出程度已达到全国砂岩油藏1993年的平均水平(表4)。之后老君庙油田通过实施"稳油控水"工程,含水上升趋势得到有效控制,2003年综合含水仍保持在75.9%,可采储量采出程度已达91.6%,充分说明老君庙油田控制含水上升的开发水平是先进的。

表4　老君庙油田与全国砂岩油田f_w—R对比表

全国砂岩油田实际平均数据				老君庙油田实际数据			老君庙L油藏实际数据		
年份	含水(%)	可采储量采出程度(%)	$n=0.5$标准曲线理论R(%)	年份	含水(%)	可采储量采出程度(%)	年份	含水(%)	可采储量采出程度(%)
1981	60.73	45.02	44	1972	58.83	45	1964	58.59	44.01
1987	70.76	53.80	53	1976	74.49	54	1970	65.80	53.86
1993	80.40	62.74	65	1981	80.80	64	1975	81.58	62.93
1997	82.56	68.66		1995	71.87	84	1995	85.87	88.27
				2000	70.08	89	2000	85.02	90.74
				2002	75.34	91	2002	87.90	91.70

老君庙油田M油藏综合含水保持50%~59%已经稳定27年,平均总递减率仅2%。至2003年采出程度达到36.3%,综合含水仅60.6%,而其他同类型的低渗透砂岩油田在综合含水达到60%时采出程度仅仅20%。

老君庙油田L油藏1965年前含水上升速度较快,实施面积注水、降低注水强度以后,含水得到第一次有效控制。1975年含水上升到81.6%,其后通过简化开发层系,关闭L_3部分水淹区,重视小层开发,使综合含水进一步得到控制,28年含水稳定在82%~88%。同杜玛兹油田相比,在86%的相同含水条件下,老君庙L油藏采油速度较高(表5),特高含水阶段开发效果较好。

表5　老君庙油田L油藏与杜玛兹油田部分开发指标对比

项目	杜玛兹油田	老君庙L油藏	项目	杜玛兹油田	老君庙L油藏
有效厚度(m)	17	11.9	综合含水(%)	86.2	86.1
渗透率(mD)	361(Д₂)	300(L₁₂)	采油速度(%)	0.73	0.925
黏度,mPa·s	2.27	3.2	历史最高年采油速度(%)	2.87	2.828
Kh/μ	2.703	1.116	无量纲采油速度	0.254	0.327

3 加强油藏管理,深化地质认识,提高采收率的实践与做法

3.1 结合实际的精细研究、不断深化地质认识是搞好油田开发的前提与基础

在老君庙油田开发的实践中,地质研究人员充分利用静、动态资料,通过重新评价地质资料,利用老资料绘制新图版和二次地质解释,以单砂体和流动单元为基本研究对象,开展微构造、沉积微相、剩余油量化研究,找准油藏潜力,为油田调整挖潜、实现相对稳产提供了重要依据。

地质基础研究、油藏精细描述和剩余油分布规律研究是提高采收率的基础和保障。

3.1.1 强化基础研究

老君庙油田自开发以来,综合应用地质学、岩石物理学、储层比较沉积学和油藏工程方法进行了油藏地质特征、岩石物性、沉积特征、储层特征、流体特性、渗流特征、驱替特征、压力特征、生产特性的研究,并对丰富的历史资料不断校核完善,为开发好油田打下了深厚的基础。仅L层的地质研究就应用了70余口井的取心资料、1700块岩样资料、700多口井的电测资料。

(1)据实验和观察确定了孔隙的定性和定量特征,对岩石进行分类;
(2)根据岩石类型和水力流动单元,对油藏进行分层;
(3)建立岩心模型、测井模型,计算孔隙度和渗透率;
(4)对单井剖面进行描述,进行小层对比;
(5)用物质平衡方程与递减规律评价油藏储量动态变化、流体运移特征及井间关系和边界特征;
(6)依靠油藏工程方法估算最终采收率,确定采油和注水体积;
(7)通过试井估算产能系数、评价地层伤害或完善程度,估计泄流(注入)区压力,做到合理配产配注。

3.1.2 精细油藏描述

老君庙油田开发实践表明,通过油藏描述,建立精细地质模型,正确预测井间砂体分布、储层非均质性及剩余油规律,是老油田深入挖潜、改善开采效果、进一步提高采收率的前提和关键。老君庙油田的油藏描述开始于20世纪80年代后期,其核心技术是应用油田大面积密井网的测井曲线和比较沉积学理论及地质统计技术,具体开展了:

(1)建立井孔柱状剖面,对开发地质属性进行描述;
(2)利用测井曲线划分单一河流旋回层,即井间可对比的最小沉积单元;
(3)从复合河道砂体中找出单一河道砂;
(4)描绘单砂体内部建筑结构,如厚度分布形式、几何形态、规模、方向性和排列组合方式;
(5)描述细微的储层非均质性,包括单旋回河道砂岩厚度、夹层出现频率及分布方式、古河道宽度及深度、宏观各向异性和微观各向异性等;
(6)以剩余油饱和度为核心的井间属性定量预测。

研究内容:①储层建筑结构及相分布;②各流动单元的沉积史;③砂体的几何形态对原油生产的影响;④储层孔隙度、渗透率特征与沉积相的关系;⑤评价不同阶段的生产趋势,得出油藏潜力是地质储量、开发水平、地质复杂性的函数。

3.1.3 加强剩余油研究

老君庙油田曾经先后采用水动力学法、水驱油实验法、水矿化度分析法、测井参数统计法、数值模拟法等14种常规方法进行油藏潜力与剩余油分布研究(表6),逐步形成了成熟、适用的剩余油定量研究系列技术。代表性的主要有以下几种:

表6 剩余油饱和度研究方法系列

测井法			油藏工程				数值模拟法			岩心法			水矿化度分析法
地球物理参数测井	测井参数数理统计	多功能解释程序	水动学计算法	水驱曲线法	矿场资料统计分析法	综合解释法	二维二相数值模拟	二维三相数值模拟	三维三相数值模拟	水驱油试验法	钻井液侵入岩心分析法	水淹区岩心分析法	

(1)取心检查井评价油水分布与运移规律。

老君庙油田在20世纪六七十年代两次大规模部署取心检查井,主要目的是研究储层沉积相、岩石力学性质、储层物性特征、划分有效层、油层水洗程度、地质储量与采收率计算等,同时也对油水分布、水驱规律进行研究评价。先后共打检查井118口,搞清了地质规律和资源状况。认识到尚有1/3油层未发挥作用,即使开发程度最深的老君庙油田L油藏也有1/3的油层组具有较大潜力,这些油层认识上的丰硕成果,有效指导了油田调整的实践。

如1975年老君庙油田又对L_3剩余油分布和提高采收率进行了研究,在水淹区钻水洗检查井45口,密闭取心井4口,搞清了油水饱和度、水洗段岩性物性特征、水驱油效率,探讨了影响水洗的地质因素。在已知f_w条件下可求得相应的分层产量和S_o,进而编制分层剩余油分布等值图,得到含水率与含油饱和度关系式为:

$$S_o = 0.544438 - 0.111681\lg[f_w/(1-f_w)] \tag{1}$$

计算水驱推进距离X与注采井距L之比,同剩余油饱和度建立关系曲线,可以得到不同状态的剩余油饱和度值(图3)。

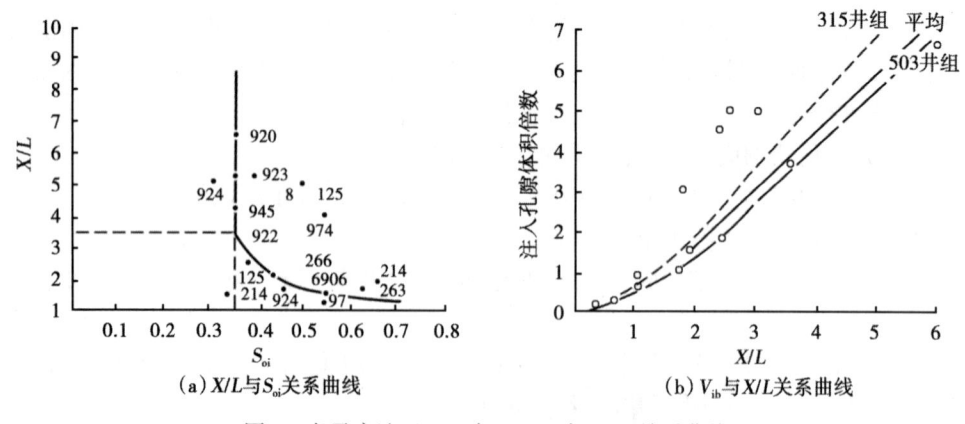

(a) X/L与S_{oi}关系曲线
(b) V_{ib}与X/L关系曲线

图3 老君庙油田X/L与S_{oi}、V_{ib}与X/L关系曲线

M油藏也利用6口水洗检查井资料计算了驱油效率及剩余油饱和度,研究了影响水洗厚度的因素(表7),为实现油层潜力向中低渗透层的转移调整起到了重要作用。

表7 M层水洗检查井水洗段驱油效率

井号	928				931				925			H162			K201			
层位	M_1	M_2	M_3	M	M_1	M_2	M_3	M	M_1	M_2	M	M_1	M_2	M	M_1	M_2	M_3	M
驱油效率（%）	33.21	48.20	20.90	31.37	38.46	38.70	28.76	38.30	40.49	33.70	39.68	48.92	43.34	47.83	38.27	34.33	21.24	36.90
残余油饱和度（%）	20.07	23.28	38.69	30.06	25.51	28.35	35.46	28.25	35.70	33.96	35.20	32.69	33.60	32.39	38.59	56.28	37.49	43.09
水洗厚度（m）	15.38	12.14	5.06	33.68	4.06	7.30	0.77	12.11	12.98	4.29	8.27	10.11	2.22	13.03	7.74	2.82	9.90	11.05
水洗厚度百分比（%）	100	100	100	100	36.63	78.80	100	59.63	73.03	62.45	70.53	45.11	40.11	37.73	54.39	28.23	30.12	42.74

(2)地球物理测井确定油层水淹状况与剩余油分布。

①应用放射性测井确定油水层。玉门油田早在1957年开始用氢氧化锌放射性同位素测井,研究油水界面、水推进状况、水淹部位和确定注水井的吸水剖面。用人工放射性活化钠法判断油水层。

②应用自然电位基线偏移判断水淹层。从1962年开始,研究油层水淹后自然电位基线偏移情况,1971年对L油藏新钻47口分析,符合率68%。

③应用计算机技术定量解释水淹层。1983年对L油藏水淹检查井的岩心、测井、试油等资料分析,采用不规则地质统计和其他随机统计方法精心研究[主要是点群(聚类)和分形分维技术],建立如下多元回归统计方程来分析单井、区块、小层的剩余油分布状况:

$$f_w = 36.187 + 123.4178\ln S_w + 0.148873[\ln(SP_{偏}/R_m)]R_w^4/R_w^{0.6} \tag{2}$$

$$S_w = 32.1162 + 0.229533(R_a^4/R_s)(SP_{偏}/R_m)R + 0.17815(SP_{偏}/R_m)\ln(SP_{偏}/R_m) + 1.08649 \times 10^{-2}[\ln(R_a^{0.6}/R_s)]/(SP_{偏}/R_m) + 18.2476(SP_{偏}/R_m)/R_a^4 \tag{3}$$

使水淹层解释向定量化迈进了一步,提高了解释精度。

④应用测井参数数理统计法研究剩余油饱和度。以密闭取心为统计对象,对岩心作饱和度分析,进行相关校正后,建立含油饱和度与测井参数的统计公式:

$$S_w = 113.5643 + 0.0546R_{0.6}^2 - 2.6907R_{0.6} + 0.0926\Delta t \tag{4}$$

$$S_o = 19.697 + 0.0895\Delta t - 1.849 \times 10^{-4}(\Delta t/R_{0.6} - R_m)^2 - 3828.676R_4/(\Delta t R_{0.6}) \tag{5}$$

"九五"以来,针对老君庙油田的开采现状,采用参数反推的方法将上述模型进行重新历史拟合校正,尤其是建立起不同小层的剩余油分布数学模型,进行小层、单砂体剩余油分布规律研究,指导小层挖潜工作,取得了良好的开发效果。

(3)应用生产测井技术进行剩余油分布规律研究。

20世纪90年代以后,老君庙油田引进和应用C/O测井、产出剖面测井、吸水剖面测井、示踪剂找水流方向、脉冲试井等测试方法,结合生产动态,进行剩余油分布规律研究,为区块、井组为主的调整治理和单井剖面挖潜提供了依据。从1990年至2003年,共进行C/O测井26井次、产液剖面测井78井次、吸水剖面测井436井次、水流方向测试32井次,脉冲试井14井次。

(4)油藏工程法确定剩余油分布。

①计算剩余油饱和度的公式:

$$S_o = S_{oi}(1 - R) \tag{6}$$

$$R = \lg[f_w/(1 - f_w)] - A_1(B_1 N) \tag{7}$$

②分层含水率预测函数模型:研究表明,分层含水率($f_{w分}$)为井区实际含水($f_{w实}$)、水驱面积系数(η)、渗饱曲线的截距(A)、斜率(B)及溶解气驱分配常数(Z)的函数:

$$f_{w分} = F(f_{w实}\eta ABZ) \tag{8}$$

而水驱面积系数与开采时间(t)具有线性关系:

$$\eta = a + b\lg t \tag{9}$$

利用上述方法在求得分层、分区含水率、水驱储量、水驱曲线系数的前提下,计算分层、分区平均剩余油饱和度,也可计算单井剩余油饱和度。

(5)应用数值模拟技术深化油藏潜力研究。

从20世纪90年代开始,玉门油田运用数值模拟技术开展老油田剩余油分布研究,对老君庙油田L油藏和M油藏采用二维二相和三维三相数值模拟模型计算了剩余油饱和度(表8)。

表8 几种剩余油饱和度对比表　　　　　　　　　单位:%

层位	F185井 数值模拟	F185井 取心	F185井 C/O	G185井 数值模拟	G185井 取心	G185井 C/O	F184井 数值模拟	F184井 C/O	406井 数值模拟	406井 C/O
L_1^1	40.6	38.2	51.7	37.6	43.1	43.9	50.0	43.8	37.5	41.7
L_1^2	47.2	43.7	48.6	48.2	33.9	48.3	47.6	41.4	43.3	44.6
L_1^3	45.0	41.1	49.8	46.5	46.0	47.7	37.0	50.0	44.7	49.4
L_{1-2}	58.3	44.0	38.4	54.2		42.9	64.9	52.0		
L_2^1	44.7	45.8	68.0	45.9	40.8	48.9	55.6	48.7	43.9	47.2
L_2^2	33.8	28.8		51.4		46.6	55.6		33.6	
L_2^3										
L_{2-3}				63.9	32.9					
L_3^1	21.8			25.4		41.6	22.4		36.5	
L_3^2	24.2			22.4			30.5		39.5	
L_3^3				34.5					26.1	
L_4	70.0								70.0	

通过分层利用油藏渗透率预测地质模型,按33×32×53的网格设计,对采油量和含水率进行历史拟合,并与油藏工程研究相结合,进行层系组合、注采方式、压力系统、井网形式和注采井距的多种方案模拟,然后由模拟区向全油藏扩展,为油藏的合理开发程序和技术政策的确定提供依据。

3.2 科学合理的控制含水上升是提高油田采收率与开发水平的根本保证

油田注水开发后,随着采出程度的加深,含水上升是必然趋势。老君庙油田在后期开发阶段,1975年综合含水上升到71%,通过不断实施以注水为纲的综合调整治理和"稳油控水"措施,29年来采出了964×10⁴t原油,占总采出量的46.5%,综合含水基本稳定在75%左右,并实现了不同阶段的相对稳产。主要得益于不断深化地质认识,认准剩余油分布规律,应用以注水为主的综合调整治理措施,最大限度地发挥油层潜力。老君庙油田注水开发49年形成的基本经验主要有以下几条。

3.2.1 不断优化调整注水方式和注采结构

老君庙油田早在1954年根据苏联科学院院士特拉菲穆克的建议,在西马科夫专家的指导下,开始注水开发,先后经历了:

(1)1955年探索边外注水与顶部注气相结合的能量补充方式,并采用高强度注水;

(2)1959年注水方式及时调整为边外—边内切割注水;

(3)1960年开始分层注水开发;

(4)1964年后,实践点状面积注水方式,进行全面加强注水为主的油田综合调整;

349

(5)在点状面积注水为主的同时,L油藏还辅以边外注水,M油藏辅以沿裂缝注水。

在注水开发实践中,逐步实施和完善了以"多井少注、点弱面强、分层注水"为特色的有效注水方式,成为老君庙油田注水开发提高采收率的重要基石。

老君庙油田注水结构调整的主要做法有:在油田平面上控制注水时间长、地下水体大、高水洗区老井的注水量,进行温和注水。提高新投注井和低水淹区、欠注区注水井的注水量;在油层剖面上以细分注采层系为基础,将中低渗透层作为主要对象,通过井网加密增加注水井数,并提高单井注水强度。限制高渗透、高水洗层的注水。采用的重点工艺措施是油层"封、堵、调",以消除吸水剖面上的层间差异。

产液结构调整的主要做法为:对高含水区、高水淹井层通过封、堵水措施限制无效排液量,或关停高含水油井降低油水界面,使油水重新分布;在低水洗、低含水、剩余油富集区通过钻调整井提高采油速度,对低含水井层通过压裂引效提高采液量。

老君庙油田L油藏排液采油的最佳时期为含水65%~85%。当含水大于85%后,随产液指数的上升,采油指数下降明显(图4),排液效果变差。M油藏受储层渗透性差的制约和裂缝影响,随含水上升,产液指数上升缓慢,而产油指数下降较快(图5),排液采油效果不好。老君庙油田在不同时期、不同层系、不同区块、不同含水油井上进行过排液采油(表9),见到了比较好的效果,目前在部分井上还在排液采油。但依靠强化排液提高油田的有效产液量十分困难。老君庙油田产液量下降是由油藏储层性质和地质规律决定的,并非为了控制含水上升而人为控制产液量。

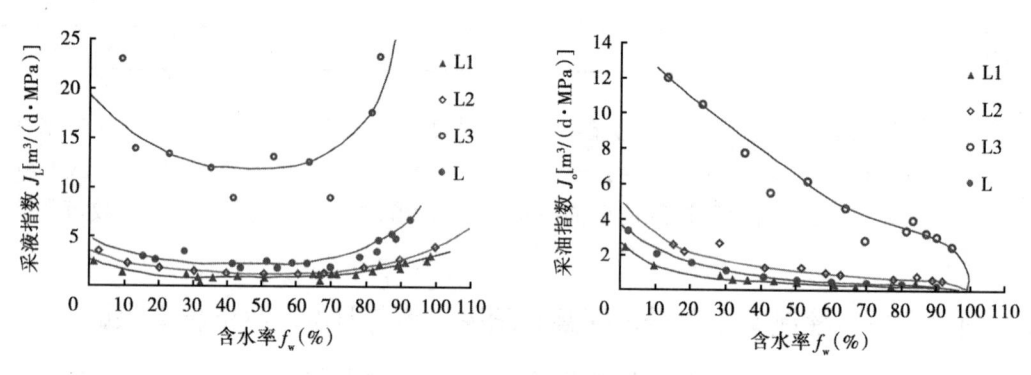

图4 L油藏及层组采液指数、采油指数与含水关系曲线

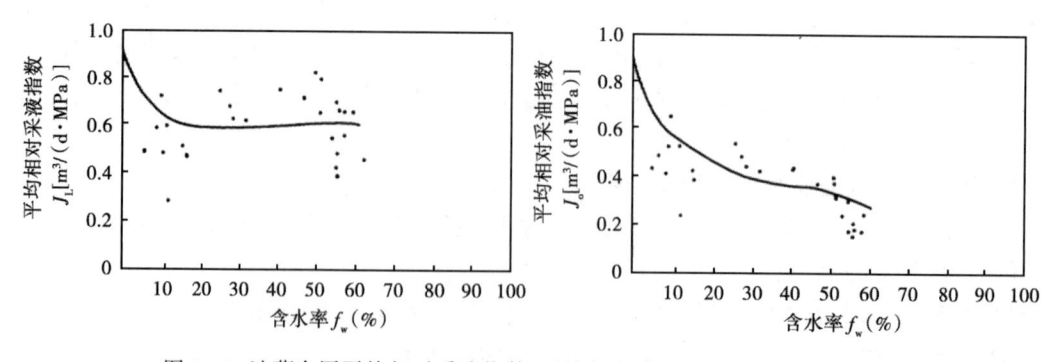

图5 M油藏全层平均相对采液指数、平均相对采油指数与含水关系曲线

表9 老君庙油田L油藏强化排液采油

排液的目的	通过放大压差强注强采,改变油井工作状况,充分发挥注水效果,在中、高含水期采出更多的可采储量,保持油田稳产
排液的可行性	(1)低产期高含水井不断增加的现状决定了L油藏排液采油的必然性。 (2)油藏进入一定含水阶段后,采油指数的上升提供了排液采油的可能性。 (3)注采井网的逐步完善,提供了油藏排液采油的可行性
排液的条件	(1)排液井应布置在剩余油富集区。 (2)获得最佳排液效果的关键还在于油井能从最佳排液时期开始排液。 (3)随含水上升,逐渐加大排液量和排液强度是排液井获得最佳排效的必要条件
排液采油时机	(1)通过多年来排液井的综合研究和论证,L油藏最佳排液采油期为含水45%~85%。 (2)油井排液到了一定时期,效果将显著降低,这时将考虑排液井的关井问题,否则经济效益将明显下降。排液井综合含水大于98%可继续排液,含水下降则考虑调剖或关闭生产井;排液井综合含水大于98%,产油量小于0.5t/d,视开采现状可考虑关井;关井时应充分论证,分析关闭井有无开采价值
排液的技术政策	(1)改造注采井组,打破原井组在长期开采中建立起来的注采井间的动平衡状态。 (2)优先改造井组内综合见水系数大的一排油井,这类井是条件较好的后备排液井。 (3)加强注水
效果	(1)减缓油藏的含水上升速度,含水上升率0.26%。 (2)通过排液采油,最终采收率提高10.9%。 (3)降低采油成本,$C=(0.24153+0.4258Q_L)/[0.0365Q_L(1-f_w)]$

老君庙油田注水方式逐步优化、调整的实践表明,科学合理的注水方式是实现有效注水开发的核心和关键。对于层间差异大、非均质性强的砂岩油田或油藏,点状面积注水是最有效的注水方式;沿裂缝注水最适合块状低渗透储层开发;细分层系注水是消除层间差异、提高储量控制与动用程度的最好手段;油田开发后期与晚期,局部灵活多样的流体转向注水、不稳定注水可以更好地挖掘剩余油滞留区与高含水区的油层潜力。油田注水强度要根据含水上升规律合理选择,注水结构、产液结构调整是有效控制含水、改善开发效果的重要举措。

3.2.2 坚持分层、平稳、合理、有效注水

(1)老君庙油田自1960年试验分层注水以来,逐步配套形成了分层注水的各项技术。①建立高效的注采压力系统;②适合的调配测试工艺;③端点压力的充分利用;④确定有效的驱动压力梯度和流动压力差;⑤分注井监测和动态分析。老君庙油田到开发后期水井分注率均在50%以上,分注井层保持在350层以上。

(2)平稳注水要求注入压力稳定。①倒泵压差应小于0.5MPa,不超破裂压力注水;②注入量平稳,日注水量波动小于$5m^3$;③注入水的水质稳定,机械杂质、含铁量等各项水质指标达到规定要求方可注入;④注水压差稳定,不注嘴子刺坏井、油层整开裂缝或堵塞井、套管破断井、封隔器失效井等。

(3)合理注水要求注水量能满足注采平衡或压力平衡。

以注水系统压力平衡图(图6)为基本约束条件,5项动态指标的合理匹配结果见表10。

合理的注采压力系统确保油田能量的均衡补充,使能量的保持与利用始终处于良性态势,有效地控制了老君庙油田综合含水上升。

具体做法:①注水注入压力不超过油层破裂压力的10%;②注入水能够促进油井见到注

水效果;③注水后注采相关井压力年上升不超0.3MPa,油井年含水上升不超过5%。

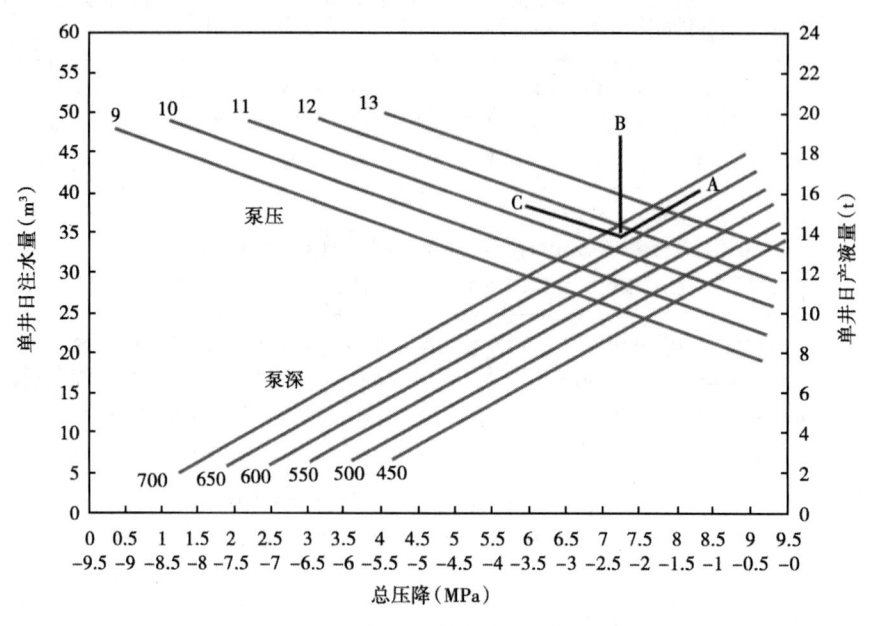

图6 老君庙L油藏注采压力平衡图

表10 老君庙油田L油藏和M油藏注水系统压力平衡表　　单位:MPa

项目	井口注入压力	井底最大流压	注水压差	最大注水压差	泵吸入口压力	油井最小流压	油井生产压差
L油藏	11.0~12.5	14.6	8.0~9.6	8.0	1.8	3.2	3.0~4.0
M油藏	8.6~13.5	22.5	7.0~14.5	14.5	1.5	2.5	4.0~5.0

(4)有效注水要求注水必须注入目的层,不注窜通水。①注入水必须注入储层孔隙,不注无效裂缝;②注入水必须高效驱替油层,不注短路循环井,不注单层突进井;③坚持多井少注,点弱面强的"温和"注水。

3.2.3 因地制宜配套完善注水系统

老君庙油田于1954年12月在第一口试注井(M27)开展注水实验以来,不断发展配套注水系统,实现了:

(1)油水井分采分注。对注水井和采油井的压力和注采剖面进行控制。
(2)水质及其处理系统的配套。
(3)注入设备的维护与性能改进。
(4)注水动态监测与控制。
(5)现有问题与潜在问题的诊断及解决方法的优化。
(6)以经济监督为主的效果评价与调整。
(7)工艺技术的配套。
(8)150型(150MPa)与120型(120MPa)两套注水系统高低压配套,并结合区域部分增压注水系统,满足了后期油田点弱面强的注水要求。

3.3 因时制宜的不断调整治理是实现油田高效开发的重要环节

3.3.1 开发井网的加密调整

1961年老君庙油田的基础井网基本形成后,经过3次大的井网调整(图7),延长了油田开发周期,提高了油田开发水平。从1979年到2003年两次加密井累计生产原油304.4×10⁴t,占地质储量的5.7%,估算采收率提高约11%。实践证明,老君庙油田通过井网加密达到了以下目的:

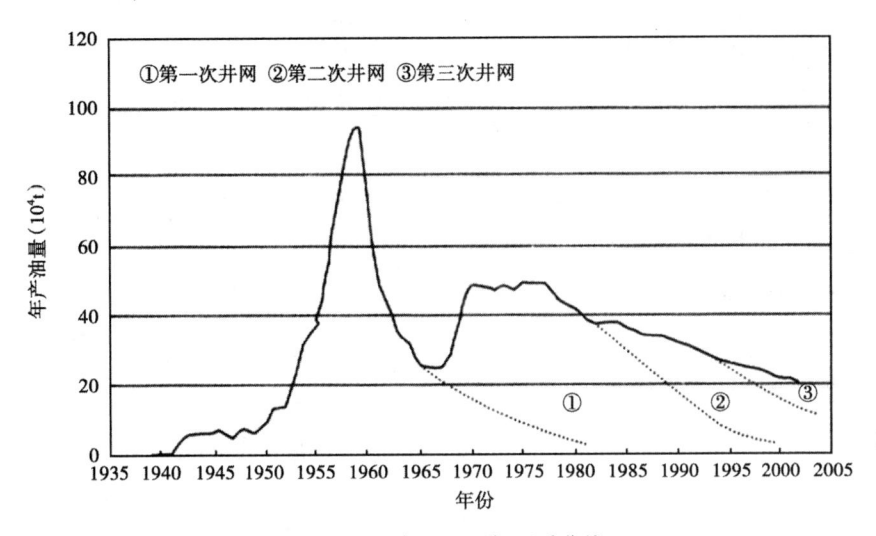

图7 老君庙油田历年开采曲线

（1）提高了不同渗透油层层间的连通性和注采对应程度。面积注水通过保持注采平衡可以维持地层压力,同时还可以较早地见到驱油效果。钻加密井可以控制储层的非均质性、层间不连通性或连通性,缩小了井间距离,提高了注采井的连通性。而且改善了由于横向非均质性造成早期见水、扫油不均匀的不平衡注水状况,增强了未波及带的驱油效果(图8)。同时,通过将原生产井转为注水井,并加钻新的生产井和选择性完井,封堵高渗透层,使垂向扫油效果极大改善。

（2）适应了油层非均质的地质规律。在相同采油速度下,井网密度(Ω)和非均质性($K_{max}S_i/K_i$)之间存在良好的线性关系:

$$\Omega = 14.1889 + 2.3983 K_{max}S_i/K_i \tag{10}$$

研究和实践证明,随着油层非均质性增强,增大井网密度方可与之相适应(图9)。

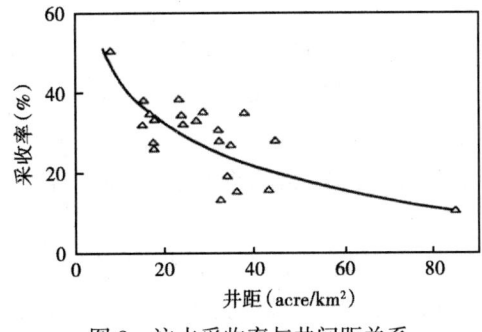

图8 注水采收率与井间距关系

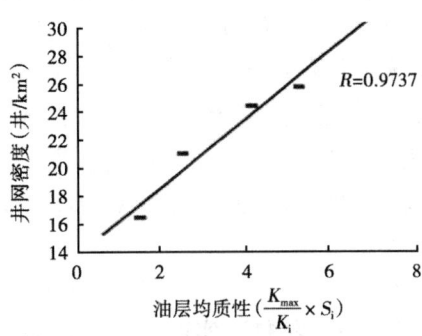

图9 井网密度与油层均质性关系

(3)达到了提高采油速度的要求。井网密度随着采油速度的增加而要求增大(图10)。同时,随油藏综合含水上升,井网密度呈增大趋势(图11)。钻加密井使生产井数增多,注水量相应增大,强化了注采对应程度,扩大了水驱油效率。而且,由于加密井的含水率较老井降低,从而降低了作业成本,改善了加密区块的经济极限。

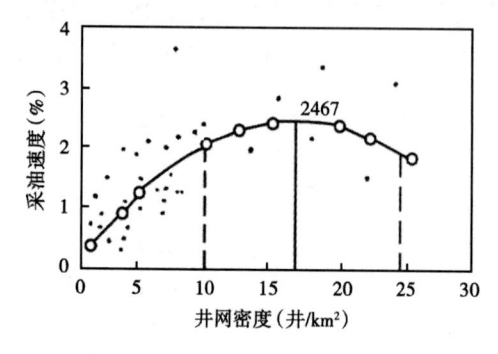

图10 井网密度与采油速度关系

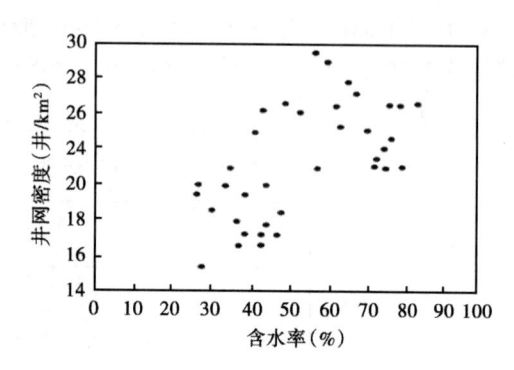

图11 井网密度与含水率关系

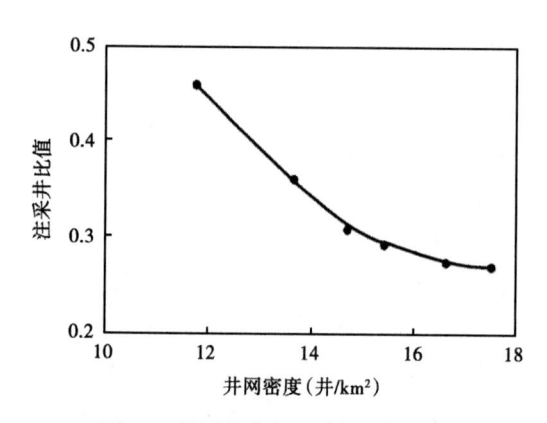

图12 井网密度与注采井比值关系

(4)满足了强化注采强度的需要。在面积注水方式下,当采油速度稳定时,井网密度将随注采井比值的减小而增大(图12)。因此,强化注水系统可以在较稀井网下获得相同的开发效果。反之,在较弱注水系统下要获得相同的开发效果,须进一步加密井网。

3.3.2 开发层系的调整转移

老君庙油田在建产阶段由于对油层性质的认识不清楚,采用多层组合采、合注的基础井网,层间矛盾突出,高渗透层 L_3 水淹,中低渗透层 L_1 和 L_2 动用程度低,细分开发层系是必然选择。

从1960年开始,历时3年进行小层对比,将L油藏划分为5个油层组20多个小层;将M油藏分为3个油层组10个小层;将K油藏分为3个油层组6个小层。L油藏于1964年实行 L_1 和 L_2 与 L_3 两套层系开发,增加产能295t/d,年产能力由 $2.98×10^4$t 上升到 $10.53×10^4$t。M油藏采取一套井网,分 M_1 和 M_2 与 M_3 两段开采,加强中低渗透层 M_3 的开发,实现了1970—1979年10年 $22×10^4$t 以上的高产稳产。

后来L油藏开发层系又由 L_1 和 L_2 转移到低渗透小层 L_1^{123} 和 L_2^1,增加 L_1^{123} 和 L_2^1 开采井92口,年产油能力上升到 $12.17×10^4$t。M油藏进一步细化一套井网接替开采,并突出渗透性差、动用程度低的 M_3 小层的单注单采。从1982年强化 M_3 开采以来, M_3 单注分采井数达114口,单采 M_3 的油井93口,单井平均日产油2.6t,高于合采井85%;综合含水50%,低于合采井15个百分点。

老君庙油田开发层系调整,开采对象由主力到非主力层、再到低渗透小层,其目的是提高油藏驱油效率(表11),实现开发对象与潜力的转移。层系细分与调整先是以开发区块为单元进行层系细分组合,逐渐递推到以井组为单元,再到对油层组内的小层及单砂体进行细分,从而逐步适应油田后期开发的需要。从 1970 年至 2003 年,油田共进行 479 井次的层系调整,累计产油 189.6×10⁴t,占总采出油量的 9.2%。其中,L 油藏和 K 油藏加深至 M 油藏的井共 43 口,累计产油 10.8×10⁴t。M 油层合采改单采 M_3 的井共 21 口,累计采油 6.6×10⁴t。M 油藏和 K 油层改 L 油层的井 231 口,累计采油 97.8×10⁴t。层内由 L_3 改 L_{12} 的井共 158 口,累计采油 73.3×10⁴t。

表 11 老君庙油田水驱特征数据

年份	层位	存水率(%)	水驱指数(%)	波及系数(%)	累计水油比	累计耗水比	含水上升率(%)
1958	L	96.0	0.40	44.0	0.05	1.16	0.50
	M	97.0	0.43	44.0	0.07	1.61	0.05
1965	L	83.0	0.95	55.0	0.33	1.99	6.70
	M	96.0	1.58	29.0	0.11	1.94	2.00
1984	L	40.4	1.01	80.0	2.00	3.36	1.40
	M	85.0	2.43	56.0	0.60	3.88	3.30
1989	L	36.8	0.99	84.5	2.32	3.24	-2.51
	M	84.0	2.73	66.5	0.68	4.27	4.27
1993	L	35.4	1.03	86.7	2.44	6.40	-2.89
	M	84.0	2.96	70.2	0.20	5.31	-0.66
1998	L	34.9	1.07	89.6	2.48	6.34	0.69
	M	84.0	3.25	78.4	0.74	5.35	0.91

3.3.3 注水水线的移动调整

对于非均质性强的老君庙油田,注水开发以来,不断探索和实践注水水线的调整,尽可能使推进的水线适合油层含水率的分布,用移动水线的办法提高非均质油层的石油采收率。研究和实践表明,在其他条件相同的情况下,由于注水水线移动的结果,使老君庙油田 L 油藏采收率提高 2%~2.5%,M 油藏采收率提高 2.2%~3%,证明移动水线提高采收率与加密井网同等重要。老君庙油田水线移动调整的实践主要在以下几个方面进行:

(1)合理配产配注,不断调节采油量和注水量。

(2)按区块含水率变化,分阶段采用强采强注或均匀收缩注水。

M 油藏在含水小于 65% 时强采强注,尽量增大注采压差;在含水 65%~80% 时保持注采平衡均匀注水;在含水大于 80% 时均匀收缩注水,调整剖面采油。

(3)及时关闭水淹井,并封堵水淹单层。基本停止了 L_3 水淹层采油,M 油藏油井含水大于 95%、L 油藏油井含水大于 98% 时采取关闭措施。水井压降大于 0.5MPa 的井均实施暂闭措施。

(4)在水舌地带改变液体流向,如部分水淹井改注等。

(5)采用不稳定注水,以克服非均质性多孔介质中流体运动产生的毛细管压力和黏滞力,如周期注水等。

(6)死油区钻开发调整井,采出剩余油。在低渗透井层进行增产措施,如补孔和压裂等。

(7)对低渗透块状 M 油藏,合理利用天然裂缝,沿裂缝注水,形成手指状驱替。

综上所述,老君庙油田在细分层段的基础上,通过科学注水,确保注好水、注够水、不欠注、不超注、不猛注、不暴淹,既保证油层含水合理上升,又保证油层有旺盛的生产能力,油田注水开发中取得了以下 5 个方面的效果:

一是有效注采体积基本平衡;

二是消耗地层能量与补充地层能量相对平衡;

三是注入水均匀推进,有效控制了窜流、突进、外流;

四是实现了稳压流动、平稳注水;

五是油井生产平稳,油田长期相对稳产,含水上升得到有效控制。

3.3.4 依靠油田综合治理减缓产量递减

老君庙油田于 20 世纪 50 年代中期开始探索油田增产挖潜综合治理技术。以井组为单元,监测注水动态和效果。应用油藏管理信息系统与精确的单井数据进行动态分析;用套管测井、压力恢复、噪声测井、分层流量和井温测试及岩心分析研究垂向渗透率的变化和监测垂向波及状况;用放射性示踪剂、油藏压力测试和干扰试井监测横向波及状况,预测注水前缘动态;应用水线前缘图、压力等值图、微构造图、人工举升诊断,加深水体推进和分层开采的地质认识。在油藏精细描述的基础上,发展配套了储层改造、井网平衡、剖面调整的"三增三分三治"(增产、增注、增井层,分层注水、分层改造、分层测试,治窜、治水、治砂蜡)为主体的系列工艺技术。

油田综合治理方案注重油藏开发的整体性、连续性。从一口单井注采方式的合理性研究,到一个井组、一个区块,乃至一个油藏综合治理原则与政策的制订,必须坚持认真分析、详细论证。首先,从层系组合入手,研究井网的适应性、注采层系的对应性、注水压力与强度的合理性、排液采油的有效性。其次,搞清油水关系、油层能量、剩余油潜力及井下技术状况。第三,在油藏综合地质研究和分析的基础上,针对油田开发过程中的问题和矛盾,制订相应的综合治理方案,并付诸实践。

实践证明,老君庙油田综合治理系列技术,对长期控制油田综合含水上升、减缓产量递减发挥了重要作用。1970 年以来,油田共实施各类油井增产措施 21871 井次,年增产油量累计 106.7×10^{4}t,占阶段采出总油量的 9%。实施水井各类综合治理措施 5888 井次,年增注水量累计 318×10^{4}m^3。综合治理油水井措施比例为 3.7:1。

3.4 配套适用的采油工艺技术是实现油田开发目标的有效手段

3.4.1 以封堵调为主的"稳油控水"技术

始于 20 世纪 50 年代中期的这一技术,经过长期配套发展,形成了选择性和非选择性、机械和化学两大类型油水井封、堵、调技术系列(表12),其核心是封窜槽、堵孔道、调裂缝,增加有效注水,提高驱油效率。仅"九五"以来,累计实施约 600 井次。封堵调为主的"稳油控水"配套技术的应用,保证了老君庙油田自 1975 年含水上升到 71% 之后,连续 29 年含水基本稳定,见到了显著的功效。

表 12　老君庙油田封、堵、调工艺技术应用

方法	油井堵水	注水井堵主水流道	封堵裂缝窜通	封堵管外异层窜通
物理法	水泥浆堵水	石灰乳堵水、黄土粉堵水、石灰石粉堵水	水泥封堵、速凝水泥封堵、速凝三合土封堵	循环法封窜、挤入法封窜、循环挤入法封窜
化学法	胶质水泥堵水、泡沫水泥堵水	聚丙烯酰胺冻胶堵水、硅钙凝胶调堵、硅凝胶石灰乳堵水	胶质水泥、石灰石粉、水泥封堵、泡沫水泥堵水、硅土胶泥封堵、复合堵剂堵水	
机械法		机械卡堵、桥塞封堵、填砂打塞		

3.4.2　以压裂为主的油层改造技术

1955 年发展起来的油层压裂工艺,不但推动了老君庙油田的开发,而且多年来一直是全国砂岩油藏的主要增产技术之一。其技术核心为:

(1)在搞清地应力方向和监测压裂形成裂缝主方向的基础上,调整注采系统,避免注采井之间裂缝窜通,保证水驱效率。

(2)严格控制裂缝延伸长度,压开短、宽缝增加导流能力。M 油藏油井压开裂缝控制在井距 1/3 以内,注水井在 20~25m 以内。同时,配套发展了新型压裂液、阶梯加砂、尖端脱砂、高砂比压裂等工艺技术。

(3)重复压裂。在应力差大于 4MPa 的同一井层每次压裂的规模均较前次压裂提高 15%~20%。在应力差小于 4MPa 的同一井层暂堵改向压裂,以压开新缝。

(4)整体压裂。以区块为单元,结合老井应力场和井网实施多井配套压裂。

"八五"以来,老君庙油田共实施压裂 1807 井次,当年增产油量累计 15.2×10^4 t,相当于期间各类措施总增产量的 46%。

3.4.3　以油水井大修为主的井网维护技术

老君庙油田早在 1951 年就在苏联专家莫谢耶夫的指导下,首次修复报废井。从 1957 年开始尝试老井侧钻。油水井大修技术在油田开发后期,经油田科技人员和施工作业队伍的不断创新,先后完善了爆胀、贴补、整形、打捞、侧钻、加深等工艺,有效解决了因油水井大量损坏而造成的井点损失问题。

至 2003 年,老君庙油田历年侧钻井共 176 口,当年增产量 55.7×10^4 t,约占历年总产量的 2%。其中 1988 年后共侧钻 143 口,增产量 22.0×10^4 t,占阶段总产量的 3.4%。"八五"以来,随着套坏继续增加,1991 年至 2003 年老君庙油田共大修油井 332 口,增产油量 33.7×10^4 t,占到了期间总产量的 7%。

3.4.4　以化学方法为主的油层系列解堵技术

形成于 20 世纪 80 年代的油井化学解堵工艺措施(表 13),主要针对油层黏土膨胀、胶质、沥青质及有机高分子堵塞油层,造成渗透率下降、供液能力变差的问题。这项技术在老君庙油田普及应用后,迅速成为油田一项重要措施。

表 13　油井系列化学解堵剂及应用范围

解堵剂	基本组成	应用范围
1#	活性剂+醇	乳化堵、水堵
2#	活性酸	钻井液、垢

续表

解堵剂	基本组成	应用范围
3#	活性剂	薄膜堵
4#	活性剂+溶剂	蜡堵、沥青堵
5#	表面活性剂+芳香烃	蜡堵、沥青堵
6#	有机溶剂+表面活性剂	蜡堵、沥青堵
7#	有机溶剂+酸	有机和无机物混合物堵塞

3.4.5 以聚合物驱油为主的三次采油技术

从20世纪60年代开始，老君庙油田就进行了广泛的提高采收率技术研究与试验。迄今，先后开展了12种三次采油方法实验研究，它们是：表面活性剂驱油（1956年）、火烧油层（1958—1964年）、CO_2液体驱油（1964年）、碳酸水驱油（1964年）、细菌稠化水驱油（1965年）、泡沫驱油（1965—1982年）、胶束溶液驱油（1974年）、间歇注水（1975年）、202酸渣驱油（1978年）、混气水驱油（1979年）、胶束/聚合物驱油（1985年以来）。其中1965年至1979年在老君庙油田0.89km²面积上开展了小井距泡沫驱油矿场试验，生产井产量有不同程度增加、含水下降，采收率提高约5个百分点。1985年承担的国家"七五"重点项目"化学驱油技术研究"，与法国石油研究院合作，以老君庙油田为对象，开展了微乳液驱油系统研究，现场试验的H184井组L_1小层采收率提高到50.6%，比注水标定采收率提高10.6个百分点。进入20世纪90年代后，玉门油田先后在老君庙油田K油藏、M油藏和L油藏进行了以井组为主的聚合物驱油试验，并逐渐扩大了规模，累计增产原油7729t，平均注1t聚合物增油140t，综合投入产出比达1:2.5。

3.4.6 物理方法为主的油井增产技术

20世纪90年代以来，针对低渗透油层开采，老君庙油田先后试验和运用了高能气体压裂、人工地震、声波处理油层等新技术、新工艺，提高了油井产量和低渗透区块的采收率。这些技术被誉为"山沟里飞出的金凤凰"。

3.4.7 以特殊工艺钻井为主的挖潜技术

随着老君庙油田钻调整井平面空间的缩小，井位主要部署在高压复杂区、建筑物下面、复杂构造部位的剩余油富集区，普通钻井难以达到地质目的。1995年以来，逐步发展了井身剖面优化、定向造斜、井眼控制、钻具优化等定向钻井技术，充分挖掘老油田剩余油潜力。至2003年钻成定向井37口，平均年建产能2.2×10^4t，累计产油7.77×10^4t，折算产值1.01亿元，投资3924万元，创效6177万元，投入产出比1:2.6。单井平均产量达到3.0t/d，比直井产量提高30%~50%。定向井单井投资160万元，投资回收期2.3年，比直井缩短1年。更为重要的是通过定向钻井技术完善了油田后期开发井网，为老油田提高最终采收率、实现可持续发展开辟了一条行之有效的途径。

通过油藏精细描述和工艺技术的发展，老君庙油田也成功应用了水平井技术，必将为今后改善开发效果和提高采收率发挥重要作用。

3.4.8 以油层压力、注产剖面测试为主的油田动态监测技术

老君庙油田进入开发后期的精细油藏研究，综合运用大量钻井、录井、测井、试油、生产动态资料和各种监测资料，获取油藏岩性、流体性质、流动性能、油水饱和度、井间连通状况、剖面注产能力等信息，指导油藏地质研究和开发调整。主要应用了以下16种油田动态监测技术

(表14)。

表14 老君庙油田监测技术与方法

分类	压力测试					常规监测				特殊监测				
方法	流压	静压	动液面	压力恢复	压力降落	产出剖面	注入剖面	流体性质	砂面探测	水质分析	探边测试	井间监测	产层评价	饱和度测井	工程测井	示踪剂测井

3.5 现代油藏经营管理是保障油田开发水平的核心内容与灵魂

3.5.1 油田开发规划和方案是搞好开发工作的先决条件

正确的技术政策是实现油田科学开发的纲领,油田开发方案是指导开发工作的纲领性文件,是开发技术政策及部署的体现,开发方案决定开发水平、效益和最终采收率。层系划分、井网部署、能量补充方式是油田开发方案的三大灵魂。老君庙油田于1954年编制了我国第一个注水开发方案,逐步形成了油田开发规划、方案研究编制、组织实施、监控调整及管理评估等工作流程,使油田开发效果得到彻底改善。在老君庙油田后期开发中,每年要编制油田调整方案、综合治理方案、油田注水方案、增产挖潜方案和动态监测方案5套方案,从而保证了油田调整治理的及时性、系统性和科学性。老君庙油田的开发实践中,始终把不断加深油藏地质认识、科学编制与及时调整开发方案作为油田开发工作的核心内容,从而保证了油田的高效开发。

3.5.2 地质静态和开发动态资料为主的信息管理是油田开发的基石

建立一个数据齐全、质量可靠、应用方便的油田开发数据库是实现信息化管理和搞好开发工作的基石。早在1947年6月,就初步规定了老君庙油田资料录取的要求;1951年老君庙油田提出"井史"的概念并开始建立相应台账。20世纪60年代在学习大庆经验的基础上要求对每口井必须取全取准"二十项资料、七十二个数据",资料录取要求"四全、四准"。将"六分四清"定为资料管理的重要规章制度。在老君庙油田的开发过程中,始终对取全取准油田第一手资料、建立高效的开发数据信息管理体系十分重视,目前已经基本实现了静、动态资料的计算机网络化管理,为实现老君庙油田"数字化"奠定了初步基础。

3.5.3 以岗位责任制为核心的生产管理是油田开发工作的主要内容

老君庙油田早在20世纪五六十年代就根据油田生产需要,认真总结岗位工人对自喷井、抽油井出油规律的管理经验、基层干部对生产组织的管理方法,开始探索和制订基层生产岗位的主要工作内容与基本职责。在学习了大庆油田"岗位责任制"的经验后,在"勇于探索、精细研究、坚持下去"的思想指导下,形成了玉门特色的以岗位责任制为基础的科学管理体系。1964年油田首次印发《岗位责任制实施纲要(草案)》。在执行岗位责任制过程中,坚持严格要求、严格执行制度、严密组织、规范运作。并根据变化了的形势发展需要,不断为这项制度赋予新的内涵,形成了AISS管理体系,使之成为现代企业管理的一项基本制度,为提高油田开发系统管理水平创造了条件。

3.5.4 全面质量管理是促进油田开发水平不断提高的一项重要措施

老君庙油田自二次开发以来,始终把全面质量管理作为提高开发水平的一项重要措施,把基础工作质量一直作为开发生产管理的重点而常抓不懈。油藏管理模式也由原来单兵作战的职能化管理向多学科综合协作的自我管理转变,无论在开发目标的确定、经济可行性计划制订、方案组织实施、油藏动态监测、开发效果评价,以及计划、策略的修改完善,每一环节都充分应用全面质量管理,形成了多学科协作的一体化管理体系。并根据油田开发需要和技术发展水平,通过不断修订完善开发生产计量标准体系和质量标准体系,使基础质量管理建立在更加科学的基础上。通过切实加强质量监督检查,严格执行质量负责制,不断强化全员质量管理,从而保证了油田开发管理水平的不断提高。

3.5.5 多学科协同油藏经营管理是实现低成本发展战略的有力保障

老君庙油田多年来以经济效益为中心,把提升企业价值和追求尽可能高的投资回报率作为油田开发中一切经营活动的目标。进入高含水、高采出程度晚期开发阶段后,储采比逐年下降,层间层内矛盾日益突出,储层物性和流体性质变差,油水井套坏严重,基础设施老化,油田调整治理的空间与潜力变小、难度增大、效果变差,导致开采成本上升,盈利能力下降,生产经营困难。在长期的实践中,老君庙油田依靠井组为主的综合调整治理、小层内部挖潜和降成本系统工程配套措施,建设多学科协同综合的团队,加强油藏经营管理,坚持实施低成本发展战略,探索油田晚期经济开发的技术和途径,取得了较好的效果:

(1)研究油田晚期开采经济界限和技术政策,提高开发效益;
(2)简化优化油田晚期开采流程,实施节能降耗工程;
(3)转变生产管理和经营机制,实现经济开发。

4 未来油田开发工作设想

4.1 "八五"以来油田开发存在的主要问题

(1)储层物性和流体性质向着不利于开发的方面发展;
(2)油田没有新的资源投入,储采失衡的矛盾愈加尖锐;
(3)"双高"开发阶段,地下矛盾突出,相关配套技术满足不了要求;
(4)产能建设的平面空间已十分有限,调整与更新井效果逐年变差;
(5)老井增产措施因选井困难、效果变弱、成本紧张使工作量逐年下降;
(6)老井套管损坏严重制约油田综合调整治理。

4.2 进一步提高老君庙油田水驱采收率的思考

老君庙油田开发到2003年10月,已累计采油2069.54×10^{4}t,采出地质储量的38.8%,采出可采储量的91.4%,储采比10.32,与标定采收率值42%相差仅3.2个百分点。从标定采收率指标看进一步提高油田水驱采收率的空间不是太大。但从油田实际开发效果及递减规律、水驱特征曲线分析,可采储量是增加的,水驱采收率也在提高。近年来,还能在油田部分区块钻出含水10%以下的"聪明井",证明水驱在平面上和剖面上存在比较大的差异,仍有一定的挖潜空间。从油田综合含水控制28年基本稳定也反映出,通过油田精细注水、综合调整治理、不断优化注采井网,采收率有进一步提高的潜能。关键是要突破固有的思想观念,挑战认识极限,依靠精细油藏描述,客观认识油层,不断寻找剩余油潜力点,立足以"稳油控水"为主的配套挖潜技术,逐步实现老君庙油田采收率的不断提高。

老君庙进一步提高采收率、改善开发效果力争实现以下3大目标:
(1)原油产量5年内保持年产20×10^{4}t不降;

(2)综合含水年上升率小于0.5%;
(3)最终水驱采收率达到45%以上(标定采收率42%)。

4.3 不断提高油田后期有效开采的对策及措施

4.3.1 精细油藏管理,深化油田调整治理

充分用好老君庙油田开发时间长、资料丰富、综合调整治理"稳油控水"技术比较成熟的优势,坚持以注水为纲,综合治理为手段,发展配套工艺技术,千方百计提高采收率。主要举措有4点:

一是利用剩余油研究的新成果,搞好油藏精细描述和表外储层研究,并应用特殊工艺技术,加大三次井网加密,增加可采储量,保证年新建产能 2×10^4 t 以上。

二是充分利用现有 3 套层系 1000 余口老井扩大定向侧钻规模,盘活和采出老井剩余资源,力争年度恢复产能 5000t 以上。

三是加强地质选井,认真分析油藏潜力,细化流动单元和地质独立体,优化措施结构,压缩低效、无效措施工作量,提高措施有效成功率和单井增产量,年增产原油 2×10^4 t 以上。

四是加快以井组单元为重点的聚合物驱油,扩大 L 油藏的注聚规模,研究裂缝性 M 油藏的注聚,同时开展热力采油、微生物采油试验。

通过深入的调整治理挖潜工作,夯实老君庙油田 20×10^4 t 稳产基础。

4.3.2 做好精细、有效注水这篇文章,确保油田长期稳产

虽然老君庙油田目前的开发井网已经呈典型的不规则状,进行大的注采井网调整已不太现实,但以井组为主的调整仍有一定的条件。其层内和层间存在的突出矛盾,是精细注水、有效注水需要解决的主要问题和可挖掘的潜力。因此,要做好注水开发这篇大文章,需要从以下几个方面进行综合治理:

(1)在平面上,通过钻少量调整井和老井改注、大修、侧钻尽量保持注采系统完善,逐步将注采井比例由目前的1:2.5提高到1:2,实现平面上的温和注水,年注水量保持在 $150\times10^4 m^3$ 以上。

(2)在剖面上,对于井况相对较好的井组、区块千方百计实现细分层系注水。对矛盾突出的注采单元,利用油水井侧钻、大修、调层补孔手段,努力实现分注,提高注采对应程度,保证井层数大于 350 层。

(3)对于低水洗层系、低含水潜力区块,调整移动水线,提高水驱效率;对于高水洗层系、高含水区块,降低配注量或关闭无效注水井,或依靠周期注水改变水动力方向。通过注水结构、产液结构优化调整,实施转向注水和不稳定注水,减少无效注水与无效排液,逐步提高驱油效率,扩大波及体积。

(4)对剖面吸水不均的井层、区块要加大封、堵、调措施,消除层间差异。调整油水井措施结构,加大水井治理力度,将油水井措施比例由目前的3:1调整到2.5:1以下。

4.3.3 深化油藏地质再认识,加大滚动扩边力度

(1)老君庙油田 L 油藏下盘;
(2)小马莲泉区域;
(3)老君庙油田白垩系储层;
(4)老君庙油田推覆体前缘夹三构造;
(5)老君庙油田西部边缘。

4.3.4 依靠技术创新,进一步提高油田采收率

油田可采储量和采收率是一个动态的概念,随着地质认识的持续加深、工艺技术的创新发展而不断增加可采储量与提高采收率。老君庙油田在今后的开发中,进一步改善开发效果、提高采收率的根本途径是坚持走"科学技术是第一生产力"的道路,做到量化油藏潜力、配套完善后期开采工艺技术。

(1)利用油藏精细描述技术认准油藏潜力。精细油藏描述技术是认识油藏的有力手段。要充分用好老君庙油田丰富的钻井、测井、录井、试油、测试及生产动态资料,应用成熟的常规非地质统计方法,加大数值模拟的力度,形成具有自身特色的精细油藏描述技术,为油田后期开发服务。重点开展沉积微相研究、微构造研究、低渗透小层及高水淹层剩余油描述技术研究,实现多学科专业的集成及人机联作智能交换,提高油藏描述精度。

(2)配套完善后期开采经济、适用的工艺技术。以压裂为主的工艺技术在老君庙油田开发的各个阶段发挥了重要的作用,在油田开发后期和晚期,由于地质特点的变化部分技术已经显得难以为力,适应性变差,要加快发展小薄层监测和改造技术、水线转向技术、特殊工艺井技术、油藏精细描述技术、三次采油技术。

4.3.5 实施低成本发展战略,探索油田后期经济开发途径

(1)优化投资结构,提高油田开发综合效益。采出程度高、操作成本高一直是影响老君庙油田开发效果的主要因素。为实现 20×10^4 t 以上继续稳产,实施低成本发展战略是后期开发油田的必由之路。

在新建产能方面,牢固树立"今天的无效投资就是明天的现实包袱"观念,打高效"聪明井"。在增产措施方面,坚持选井"六不干三审查"原则,提高措施成功率和经济有效率。

(2)简化优化地面流程,适应油田后期开发需求。油田目前的地面流程老化、落后,已满足不了后期开发的需要。流程简化要以"统一规划、分步实施、效益第一"为原则,坚持"因地制宜、因陋就简、经济适用、逐步配套、安全环保"的核心内容,树立 HSE 管理理念,正确处理好经济适用与安全环保的关系。

符 号 释 义

E_R—水驱砂岩油藏的采收率;K—油藏的平均空气渗透率,mD;μ_o—地下原油黏度,mPa·s;ϕ—有效孔隙度,%;S—井网密度,井/km²;Q_i—递减阶段的初始产量,10^4t;n—递减指数;D_i—初始递减率;t—生产时间,a;N_{pt}—t 时间的累计产油量,10^4t;$N_{p(t+1)}$—$t+1$ 时间的累计产油量,10^4t;α,β—分别为玉门油田法(公式)的截距和斜率;R—地质储量采出程度;f_w—含水率;N_p—累计产油量,10^4t;a,b—分别为水驱曲线的截距与斜率;S_w—含水饱和度;$SP_{偏}$—目的层自然电位值相对自然电位基线的偏移量,mV;R_m—微侧向电阻率测井响应值,Ω·m;R_w—地层水电阻率,Ω·m;R_a—地层视电阻率,Ω·m;R_s—浅双侧向电阻率测井响应值,Ω·m;$R_{0.6}$—0.6m 底部梯度电阻率,Ω·m;Δt—声波时差,μm/s;S_o—含油饱和度;R_4—4m 底部梯度电阻率,Ω·m;S_{oi}—油藏原始含油饱和度;N—地质储量,10^4t;A_1,B_1—分别为甲型水驱曲线的截距和斜率;$f_{w分}$—分层含水率;$f_{w实}$—井区实际含水率;η—水驱面积系数;A,B—分别为渗饱曲线的截距和斜率;Z—溶解气驱分配常数;Ω—井网密度,井/km²;K_{max}—剖面最大渗透率,mD;S_i—面积注水前各开发区内层间水驱面积累计百分数的最大差值;K_i—第 i 层的渗透率,mD。

参 考 文 献

[1]《中国油气田开发若干问题的回顾与思考》编写组. 中国油气田开发若干问题的回顾与思考(上、下卷)[M]. 北京:石油工业出版社,2003.
[2]《老君庙油田开发》编委会. 老君庙油田开发[M]. 北京:石油工业出版社,1999.
[3] 王树新,等. 老君庙L层多层砂岩油藏[M]. 北京:石油工业出版社,1998.
[4] 邱光东,等. 老君庙M层低渗透砂岩油藏[M]. 北京:石油工业出版社,1998.
[5] 杨秀森,等. 玉门老君庙油田M层低渗透裂缝块状砂岩油藏储层沉积学与开发模式[M]. 北京:中国科学技术出版,1995.

第十章 油藏经营管理

油气藏经营管理贯穿于油气田开发的全过程，是油气生产与经营的灵魂。1998年，东南亚金融风波引起亚洲经济危机，国际油价跌落到低点，中国石油及时转变生产经营理念，首次组织开展效益产量评价，提出了经济产量的概念，标志着中国油气开发告别粗放型经营，向效益目标和集约型经营时代迈进。《推进油气藏经营管理 创新发展石油天然气开发效益评价》一文与油田开发管理者展开对话，从中国石油效益评价工作进展与取得的成就，发挥的作用与存在的问题，以及今后的发展方向与构想等方面进行了深入探讨。本文对于了解开发效益评价内涵、工作内容与指导油气效益开发，具有值得借鉴的意义与启示。

油田开发是一个多因素、多变量控制的复杂系统工程。老油田经济有效开发，不仅要进行科技创新，更要强化管理创新。《应用现代油藏管理方法优化措施创效益》针对我国最早工业开发的老君庙油田面临的后备资源匮乏、剩余油高度分散、井下作业频繁、操作成本偏高等不利因素，在油田治理挖潜措施中成功引入现代油藏管理理念，应用系统工程、目标管理、价值工程、运筹学等现代油藏经营管理方法，不断优化措施结构，精心选井选层，严抓施工质量，强化效益评价，使措施治理效果不断提高，老油田可持续发展基础不断夯实。文中的一些分析方法及实践手段对国内同类型油田开发具有一定的指导和借鉴意义。

中国石油重组上市以来，实施低成本发展战略，注重已开发油气田效益评价，为提升公司价值发挥了重要作用。《坚持低成本发展战略 不断深化效益评价工作》，总结了玉门老油田在高含水、高采出程度开发后期，坚持"低成本、高效益、可持续、快发展"思路，在深化效益评价，实施"油井措施效益评价""节能降耗"系统工程方面取得的成功经验，对改善老油田开发效果、降本增效具有参考价值。

玉门油田针对开发后期单井产量低、生产成本高、稳产基础薄等诸多困难和不利因素，坚持实施各类控投资、降成本举措，成效显著。《实施低成本发展战略 逐步提升开发效益》将油田做法概括为：一是依靠技术进步，强化地质研究，通过增加产量控制采油成本；二是强化项目论证和经济评价，通过优化钻井控投资、优化措施控成本；三是加强油藏经营管理，通过应用效益评价成果，对症下药控投资、降成本。

20世纪90年代初，随着玉门老油田开发后期的到来，产量递减与含水上升的矛盾日益突出，稳产难度越来越大，迫切需要做出储量接替与产量接替的战略选择。《青西试采区发展战略思考》基于对玉门油田内部因素和外部环境条件的潜心研究，敏锐地分析到青西试采区是当时玉门油田实现老油田储量和产量接替最有潜力、最富希望、最为现实的构造区域。针对这一战略观点，提出了战略方针、目标、重点、措施，以及依靠相应对策实现战略意图的构想。实践证明，本文具有前瞻性和战略指导意义，到2006年当年的青西试采区已经从年产1×10^4t建成了年产50×10^4t的青西油田，占玉门油田总产量的60%以上。

推进油气藏经营管理 创新发展石油天然气开发效益评价[1]

——访中国石油勘探与生产分公司副总经理刘圣志

油气田开发效益评价是现代油藏经营管理的重要组成部分,中国石油天然气股份有限公司(以下简称中国石油)经过8年的实践探索与创新发展,已形成了比较完善的理论和规范体系,并在中国石油所有的已开发油气田中得到了广泛推广和应用,对于进一步提高油气藏经营管理水平、实现油气资源的高效开发与可持续发展战略,发挥了积极作用。作为一名长期参与油气田效益评价工作的技术人员,我带着浓厚的兴趣,采访了中国石油勘探与生产分公司副总经理刘圣志同志。刘圣志副总经理是油气田效益评价的倡导者和带头人,他是油田开发专家,又熟悉经济与管理工作,对效益评价方法、规范的形成提出过很多有见解的观点和建议,对推动效益评价工作在各油气田公司的全面展开倾注了大量心血。

记者:油气藏经营管理贯穿于油气田开发的全过程,是油气生产与经营的灵魂。作为现代油藏经营管理的重要组成部分,中国石油广泛开展了已开发油气田的效益评价工作,请您谈一谈这项工作具有哪些重要意义?

刘圣志:20世纪80年代初期,我们学习西方一些大石油公司先进的管理经验,引进了油气藏经营管理的理念。一个突出的进步就是把各个专业的研究整合在一起,从勘探到开发,从地下到地面,从技术到经济,形成了整体的优化方案。油气藏经营管理尤其是项目管理,要求开发方案在实施后,按项目检查评价的标准和体系,独立核算、检查,并促使经济效益的最大化。

1998年,东南亚金融风波引起了亚洲经济危机,欧佩克错误地判断形势,在不适当的时候提高原油产量,使国际油价跌落到低点,给石油开采企业带来了巨大的经济损失。在严峻的经营形势下,中国石油天然气集团公司开始重视效益评价即油气藏经营管理工作,及时转变生产经营理念,首次组织开展了效益产量评价,按效益分类,提出了经济产量的概念,标志着中国的石油天然气开发告别了粗放型经营,向效益目标和集约型经营迈进。

油气开发效益评价就其本身而言,属于油田开发与经营管理工作的一个不可缺少的重要环节,是油气藏经营管理的重要内容,其目的和意义是搞清油气井、油气藏的生产经营状况,以效益产量、经济产量为中心,科学安排生产规模,合理确定资金投向,为实现油气高效开发和可持续发展提供科学的决策依据。

记者:已开发油气田效益评价工作发展仅仅数年,已越来越受到各油气田公司的欢迎,引起了开发系统各级领导的重视,您认为效益评价工作八年来取得了哪些成就?

刘圣志:众所周知,已开发油气田效益评价工作走过的八年,是一个实践——认识——再

---

[1] 本文为《国际石油经济》特约记者张虎俊撰写的访谈录。

实践——再认识的艰苦探索过程,也是对油气藏现代经营管理学科的一个不断创新、丰富、完善和发展的过程。这项工作可以概括为两个阶段,第一阶段用了两年(1998年和1999年)的时间,分别开展了单井效益普查和区块效益普查工作,基本搞清了油气井、油气藏经营的基本情况;第二个阶段是中国石油天然气股份有限公司成立之后,开始把临时性的普查工作转变为进一步推动油气藏经营管理,实施低成本、可持续、高效开发油气藏战略的日常管理工作。目前,效益评价工作大致涵盖了中国石油13家油气田公司的所有油气藏与油气井,评价单元600多个,评价产量上亿吨。通过效益评价,特别是单井效益评价,基本摸清了油气田生产的实际状况,使技术数据、生产数据、成本和经济数据与井、块、油田或项目一一对应,促进了油气藏的生产经营和项目管理工作。

8年来,油气开发效益评价从无到有,从区块评价拓展到单井评价,从评价油藏延展到评价气藏,从初期手工计算到实现了软件化操作,从临时性的普查发展为生产经营管理的日常工作。在此基础上,评价标准、规范、方法不断发展、创新,形成了目前基本成熟的评价理论体系和制度管理体系。在这一实践探索的过程中,中国石油勘探与生产分公司和各油气田公司及采油厂的科技人员,做了大量卓有成效的工作,油气藏经营管理理念有了很大的转变和发展。地质师、工程师、会计师、经济师及管理者已坐在一张桌子上讨论问题,围绕经营发展的整体目标,集思广益,同心协力,寻求最佳的生产条件,真正实现了油气藏经营管理的多学科、多专业集成。总结效益评价工作取得的成就,主要有以下4个方面。

(1)已开发油气田效益评价已成为中国石油油气藏经营管理的一项制度化、日常化工作。

领导重视,落实有力。中国石油勘探与生产分公司每年组织召开一次效益评价工作会议,促使评价工作步入了日常化和制度化的管理轨道。各油气田都相继成立了以副总经理挂帅,计划、财务、开发等部门参与的效益评价领导小组,使评价工作得到了强有力的保障和落实。有些单位还结合生产经营管理实际,制订了自己的管理规定,建立了效益评价月报制度,油气藏生产、经营、管理观念得到了彻底转变。

(2)形成了基本成熟的已开发油气田效益评价方法、规范体系。

效益评价工作是一个不断认识、不断创新、不断完善的过程。中国石油上市之前,采用以油田、区块为单元的区块评价方法是一个创新,后来又开展区块与单井相结合的评价方法,目前又发展到了以单井为主的评价方法。而且效益评价由最初的原油评价,发展到现在的油气评价并举。同时,相继出台了"效益评价细则"和"效益评价管理办法",从方法规范上、组织制度上对效益评价工作进行了统一和规范管理。

(3)实现了效益评价工作的软件化和初步信息化。

在油田、单井效益评价与软件研制的基础上,又开发与推广了气田、气井的效益评价软件。中国石油勘探与生产分公司组织各油气田公司进行效益评价软件的推广和培训工作,先后举办各类培训11次,参加人员700多人次。在效益评价的信息化建设方面,部分油气田公司已将采油(气)队、采油(气)厂或作业区的油气井、油气藏、油气田生产经营数据授权搭载在内部信息网络平台上,为中国石油深化油气开发效益评价工作创造了条件。

(4)效益评价结果在指导油气田开发及经营管理中发挥了重要作用。

首先,评价结果的准确性、科学性显著提高。单纯的区块效益评价仅能筛选出无效益产量,而无效益、边际效益井的产量比重无法得知,暴露了区块评价"好井背差井"的状况。开展单井效益评价,进行井—块结合的分析评价,使评价结果更加真实可靠,评价结果的科学性、准确性进一步提高,油气藏经营管理中的薄弱环节和挖潜对象更加明确。

其次,效益评价提出的治理和挖潜措施针对性增强。由于在制订低效井块挖潜、治理措施时,地质师、工程师、会计师之间协调配合,注重各生产环节与采取措施的有机结合,对症下药、有的放矢,提出的治理和挖潜措施针对性更强,措施效果非常明显。

第三,高成本低效区块治理成效显著。近年来,通过效益评价,中国石油每年经过综合治理,使几十万吨产量的成本从 8 美元/bbl 以上降到了 8 美元/bbl 以下。大庆对高台子油田、萨北开发区的低效区块加大治理力度,改善了开发效果;长庆通过治理城壕区、摆宴井、大水坑、定 41 等区块,操作成本显著降低;大港油田通过单砂体的评价,治理砂体 33 个,增加商品量 7.93×10^4t,原油操作成本比计划下降了 60 元/吨。

记者:在全球经济、政治、军事等综合因素影响下,国际油价持续走高已成了一个无可争辩的事实,在这种情况下,有少数人认为已开发油气田效益评价工作已意义不大,您认为这种观点正确吗?

刘圣志:显而易见,这种观点带有很大的片面性。效益评价与油气藏经营管理是油气田开发工作的一项重要内容,是一个永恒的主题,贯穿于油气田开发的整个过程。

第一,已开发油气田效益评价工作是油气藏现代经营管理不可缺少的核心内容,它真正的目的和任务在于及时掌握油气藏的生产经营动态,查找高成本低效益区块和单井的成本消耗状况,明确油气藏效益产量的潜力所在和成本费用的有效投资方向,科学确定油气田合理生产(产量)的规模,以此指导油气开发方案、规划计划的编制,推进油气田高效开发和低成本、可持续发展战略的实现。只要油气井还在生产,油气田仍在开采,油气藏经营管理就一刻也不能停止,效益评价工作就仍然有意义、有价值。

第二,目前中国石油 80%以上的注水开发油田已进入高含水开发阶段,剩余可采储量逐年减少,剩余油高度分散、复杂,综合含水率持续上升,注水井套管损坏不断增多,出砂和结蜡问题日益突出,开采难度加大导致的操作成本上升是一个必然的趋势。现阶段新探明并投入开发的储量大部分为深层、裂缝性、低渗透、复杂断块和稠油等品质较差的储量,开采成本自然比常规油藏要高,有的甚至只能达到边际效益。这些复杂难采的储量,只能因地制宜、因时制宜,通过强化油气藏经营管理和开发效益评价,推行项目管理,才能使其实现效益开发、良性循环、持续发展。

第三,要用发展的眼光看问题。油气井生产和油气藏开采是一个动态的过程,开发效益会随着开采程度的加深而变差。今天有效的产量,明天有可能就变成低效或无效。另外,国际油价受全球经济、政治、军事等多种因素的影响,也不是一成不变的。尽管国际油价已经在一个比较长的时间内持续走高,但中国石油仍然有少部分产量属于无效开发。2004 年油田开发效益评价结果表明,中国石油有 9000 多口井是边际井和负效益井,涉及原油产量 80 多万吨。可见,整体有效开发的同时,还存在单井和区块的无效开采,要防止犯"注重宏观而忽视微观"的片面错误。还有,中国石油天然气股份有限公司上市后,要实现对股东的承诺,要控制投资规模,要控制操作成本的上升速度,各方面仍面临着巨大的压力,油气藏经营管理与效益评价不但不能放松,还需要更进一步加强。

记者:在油气资源开发与成品油市场竞争日益激烈的形势下,油气藏经营管理与效益评价工作的关键在于构建灵活、高效、协调的项目管理体系,对于未来已开发油气田效益评价工作的发展中国石油还有哪些构想?

刘圣志:实践无止境,创新无止境,认识无止境。我们要本着有利于促进油气藏经营管理水平提高的目的,有利于控制成本、不断提高经济效益的原则,不断实践、创新、完善、发展油气田开发效益评价工作。坚持遵循"工作日常化、管理垂直化、业务专业化"的工作机制,进一步完善灵活、高效、协调的油气田开发效益评价体系。"灵活"指从实际出发,因井制宜、因块制宜进行评价;"高效"指运行效率高、评价结果科学准确;"协调"指地质、工艺、财务各部门统筹兼顾,各学科、专业有机集成。在今后一段时期内,我们要重点做好以下6个方面的工作,不断开创已开发油气田效益评价工作新局面:

一是开展项目管理,积极推动"项目效益评价"。开展"项目效益评价"就是利用油气井效益评价中建立的单井台账、数据库,对项目进行定期评价,解决在建设项目管理上存在的薄弱环节和事后笼统算账的问题。项目管理要求的效益评价是从项目提出、立项决策、实施建设、生产经营全过程的监控和评价。通过3~5年或更长时间的努力,使项目效益评价成为油气藏生产、经营、管理中一个新的亮点。

二是要将效益评价的成果用于规划计划的编制。"效益评价是基础,成果应用是目的"。油气开发效益评价的根本任务是"评价过去,找出规律;抓住重点,指导当前;预测未来,合理规划"。首先要通过对历史数据的分析,得出一些规律性的认识,指导油气生产经营活动。其次,要对当年的开发效益和成本进行监督,做到每月每季、年中年末都有分析检查,对全年的经营业绩指标进行全过程控制。第三,推广曙光采油厂配产量、配成本的经验,运用效益评价的成果指导编制下一年油气田开发综合调整、治理挖潜方案,真正做到科学配产、配注,合理安排成本与工作量。效益评价还需研究不同油气藏、不同开采方式、不同开发阶段的产量与成本变化规律,在遵循开采规律并考虑技术的适应性和技术进步的基础上,逐步建立油气田生产管理的合理成本体系,为五年规划和计划的编制提供依据。

三是加大对高成本低效区块、单井的治理力度。对于效益评价得出的高成本、低效益区块和单井,要拿出治理措施、方案,并跟踪实施效果。治理措施要有针对性、可操作性。单井产量低、含水高、操作成本高的区块,其地面流程要通过"关、停、并、转、简"实现优化。区块与单井治理的好经验、好典型要大力宣传、广泛推广,带动各油气田公司效益评价工作向更高的层次发展。

四是继续加强效益评价管理系统软件的完善和培训工作,进一步规范效益评价管理。各油气田公司要组织好本单位效益评价工作的培训和宣传工作,2005年完成单井效益评价在采油(气)厂和作业区的全面推广。中国石油勘探与生产分公司要对各油气田效益评价系统软件的推广应用情况进行总结、评比、研讨,提出下一步工作方向和目标。同时,各单位要对修订后的《效益评价工作管理办法》《效益评价细则》组织学习,不断提高效益评价水平与规范管理。

五是推进效益评价数据库及信息系统的建设。有了评价软件,有了信息交流平台,关键是建立单井台账和评价数据库,从采油厂、作业区到油气田分公司,再到中国石油勘探与生产分公司和总部机关各部门,形成一个及时准确的评价信息系统,让各级管理者能够随时了解月度、季度、年度的生产经营信息。

六是要开展好效益评价经验的交流工作。近年来,效益评价经验交流收到了很好的效果,出现了很多先进典型,发表了不少优秀论文,总结了一批有价值的经验。通过交流,取长补短,为油气田效益评价工作拓宽了思路。今后,中国石油勘探与生产分公司要一年举办一次或不定期召开各种类型的效益评价研讨会,使效益评价的好经验、好做法得到及时宣传和推广。

应用现代油藏管理方法优化措施创效益[1]

油田开发是一个多因素、多变量控制的复杂系统工程,对油藏经营管理者来说要学会用全面的、联系的、发展的观点来认识问题、分析问题和解决问题。尤其是随着老油田逐步进入"双高"(高含水、高采出程度)采油的后期开发阶段,剩余油高度分散、油水井井况变差、设备腐蚀老化、成本日趋紧张等诸多矛盾日益突出。另外,随着中国石油海外成功上市,以及我国加入WTO,机遇与挑战并存,为了适应生存与竞争,就要不断降低吨油操作成本。老油田为了达到一定规模的产量目标,就必须保证有足够的措施投入,大量的措施投入势必导致经营成本的不断上升,企业也就逐渐失去竞争能力和生存价值。如何更好地处理这一矛盾呢?近年来,我们连续推广应用大量的油田开发新工艺、新技术,虽然获得了一定效果,但如何在现有基础上摸索出适应现代油藏经营的管理方法,不断提高老油田开发水平,切实把居高不下的井下作业工作量降下来,就成为油田开发工作者亟待研究的重要课题。因此,2001年老君庙油田采油五区队从油田生产管理实际需要出发,在油井增产挖潜措施中成功引入系统工程方法,同时结合目标管理、优选技术、价值工程、全面质量管理等方法与技术,努力提高措施增产效果,降低措施井次及作业费用,收到了良好效果。

1 开发现状

老君庙油田于1939年发现并投入开发,1955年开始注水,经历了45年注水开发历史,油田正处于低产和降产开发阶段,油层内部油水分布、储层结构、流体物性等不断发生变化,油田调整治理难度越来越大,措施效果不断下降,从而使玉门油田多年来一直是全国油田企业中原油开采成本最高的一个油田。采油五区队作为老君庙油田最大的采油区队,担负着老君庙油田30.9%的原油生产任务,辖区油田面积4.6km², 地质储量 1586.2×10^4t, 可采储量 682.1×10^4t。截至2000年底,累计采油 590.2095×10^4t, 采出程度37.21%, 采出可采储量的86.53%, 正常生产油井220口, 日产液708.9m³, 综合含水74.3%, 日产油182.0t; 水井开井70口, 日注水1409m³。"九五"以来,平均每年措施井次占正常开井数的71.3%, 进入2000年油水井措施井次仍然高达201井次,占正常开井数的69.1%, 措施费用占区队原油操作总成本的24.4%。居高不下的井下作业工作量及措施费用已经成为制约企业生存和发展的主要因素。

2 应用全面质量管理方法寻找问题的主要矛盾和矛盾的主要方面

针对2000年油井分类增产挖潜措施,利用全面质量管理中频数统计与排列图方法寻找井下作业工作量的主要措施内容,也就是进行优化、完善的主要研究对象。首先,对2000年油井增产挖潜分类措施进行频数统计(表1),然后作出油井增产挖潜措施排列图(图1)。

---

[1] 本文合作者:赵遂亭、胡灵芝。

表1 老君庙油田采油五区队 2000 年油井分类措施频数统计

序号	措施分类	频数(N)	累计频数(N)	累计频率(%)
1	冲防砂	60	60	43.5
2	压裂	32	92	66.7
3	清蜡解堵	19	111	80.4
4	调层补孔	11	122	88.4
5	大修	7	129	93.5
6	封堵水	5	134	97.1
7	酸化	2	136	98.6
8	其他	2	138	100
合计		138		

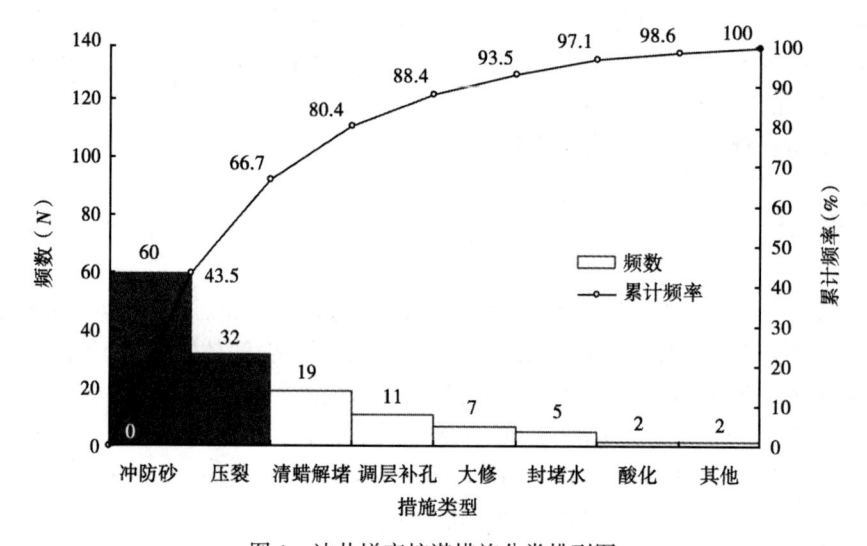

图1 油井增产挖潜措施分类排列图

由排列图1可以看出,冲防砂和压裂是油井治理挖潜主要的措施内容,也是影响措施工作量居高不下的主要原因,是我们要解决的主要矛盾。另外,对138口油井增产挖潜措施中29口无效反效井及13口低效井的措施失败原因进行详细分析,归类整理,发现有以下几点:
(1)资料缺、有误差、不及时。
(2)人员素质、水平限制,选井有问题。
(3)措施工艺针对性不强。
(4)施工参数有待改进。
(5)后期管理不善。
(6)其他原因(客观的、未能预料的事故等)。
对上述6种原因造成措施失败的频数进行统计见表2。

表2 老君庙油田采油五区队2000年油井治理挖潜措施无效反效低效原因频数统计

序号	项目	频数(N)	累计频数(N)	累计频率(%)
1	工艺参数(优化与配套不够)	14	14	33.3
2	人员素质(水平限制,选井有问题)	12	26	61.9
3	技术措施(措施针对性不强)	9	35	83.3
4	资料差缺	4	39	92.9
5	后期管理(采油管理不善)	1	40	95.2
6	其他(客观的、未能预料的事故等)	2	42	100
合计		42		

油井治理挖潜措施无效反效低效原因排列图如图2所示。

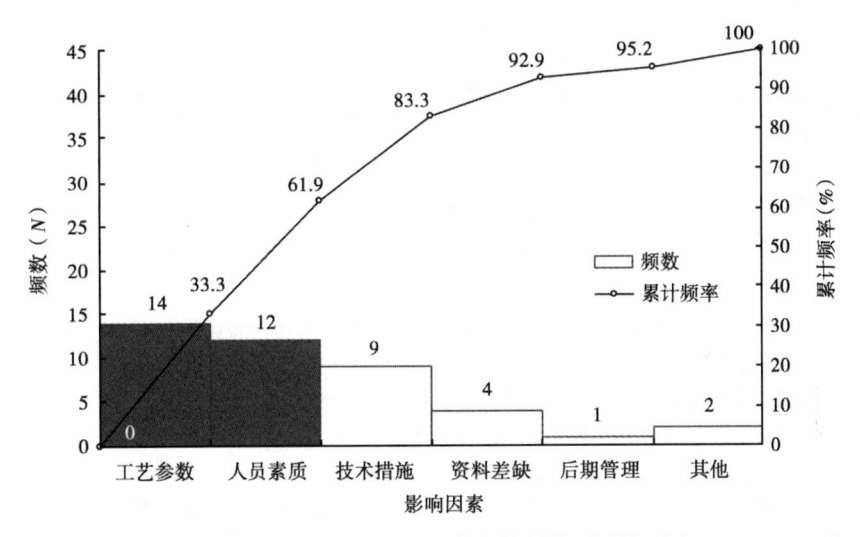

图2 油井治理挖潜措施无效反效低效原因排列图

通过以上分析可见,冲防砂与压裂是降低井下作业工作量、提高措施效果、降低作业费用的重点攻关内容,是主要矛盾。而工艺技术的优化与配套应用以及选好井、选好措施又是影响措施效果的关键环节,是矛盾的主要方面。为此,2001年把冲防砂及压裂工艺的优化与配套应用作为优化措施创效益的攻关课题。

3 深化目标管理,制定实施对策

目标管理是一种常用的企业现代化管理方法。石油企业也不例外,无论是10年规划、5年规划或是年度指标,从原油产量到经营成本都要制订具体的指标方案,进行目标管理。针对上述油井治理挖潜措施工作量大、费用高、成功率低等存在的主要矛盾和矛盾的主要方面,结合实际情况,2001年区队深入开展以冲防砂及压裂工艺的优化与配套应用为中心的优化措施创效益活动,围绕原油产量≥181t/d和吨油成本≤565.36元两大中心,制订如下的针对性措施目标：

(1)措施工作量下降10%，费用下降10%。

(2)措施增产效果提高10%，有效成功率提高5个百分点。

(3)油田开发形势在措施投入降低的情况下趋于好转，实现稳产或减缓递减的目的。

根据目前压裂、冲防砂等措施工艺及施工情况的现状，为了使确定的目标值能够顺利实现，制订了相应对策(表3)。

表3 对策实施表

序号	措施项目	现状	目标	对策	协作部门
1	冲砂防	①防砂措施工艺单一。②防砂成功率低，仅71.4%。③一口井多次多种防砂措施后无效或反效。④防砂措施滞后，冲砂后重复出砂，短期内上修防砂措施。⑤水泥防砂后污染地层，重复上修解堵措施。⑥出砂层位认识不清，措施缺乏针对性	措施成功率提高，针对性增强，油井出砂频率降低，避免由于措施不当造成重复上修	①加强技术人员培训、交流与合作。②加强选井，坚持井下作业的"六不上修"原则。③加强采油管理，制定更加合理的工作制度与管井措施。④对多种防砂工艺进行优选。⑤加大PA-F1、MACS等化学防砂工艺的推广。⑥冲砂+防砂形成一体化配套工艺措施	采油工艺所生产技术科地质所市场管理科井下作业公司
2	压裂	①选井选层成功率低。②措施过程油层保护意识差。③加砂方式不合理。④压裂后压裂砂返吐，措施后短期上修防砂措施，占9.5%。⑤压裂液造缝性能差。⑥压裂有效期随着油田开采程度加深而越来越短	选井成功率逐步提高，措施增产效果明显好转，措施工艺更加合理，油层保护意识增强	①加强选井，坚持井下作业的"六不上修"原则。②改进压裂液配方。③压前套管清蜡，采用新油管做压裂管柱，背罐配制压裂液，保护油层，减少压裂液浪费。④变砂比阶梯加砂。⑤加大施工排量，由1.6m³/min调整为2.5m³/min，以减少压裂液的相对滤失量。⑥压裂+防砂(CMAS、PA-F1等)，预防压裂后出砂。⑦技术人员培训、交流与合作	

4 加强井下作业系统工程管理，进行措施方案的优选及施工工艺的优化

为了不断提高油田开发水平，系统进行油田科学管理，确保以上措施对策的协调实施和统筹运行，在油井增产挖潜措施中引入系统工程管理方法(图3)，建立起以油井为中心的控制管理体系，其中包括资料信息管理、地质方案决策、工艺方案设计、现场施工管理、跟踪评价分析5个系统模块，贯穿着ABC分类、专家评价、优选技术、全面质量管理、数理统计、价值工程等多种现代化管理方法，进行措施方案的优选与施工工艺的优化。

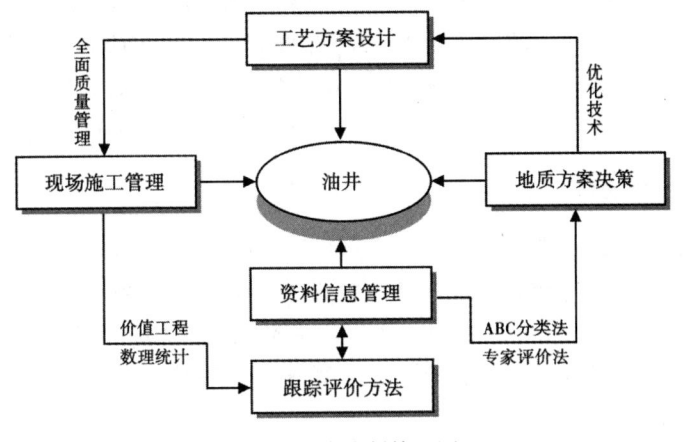

图 3　系统控制管理图

4.1　资料信息管理系统

在井下作业中,各种生产信息及动态与静态资料的准确性、及时性、全面性是整个措施工作的前提。在信息系统组织建设上,根据生产实际适时制订相应的资料录取分析制度,成立以生产技术组为资料信息中心,以调度室、试井班、采油班为信息中继站,以采油厂各专业技术部门为信息加工机构,以生产一线为基点的信息传递与反馈系统,提高资料录取质量与共享程度。而且对资料管理按照"一专、两具备、四化"标准来要求,即"一专"就是对每项资料要专人负责,"两具备"就是各项资料同时具备及时性和准确性,"四化"就是各项资料填写必须标准化、格式规范化、内容系统化、处理保存计算机化。对于计划上修措施的井要加密录取资料,并且进行及时分析,发现问题及时反馈。

4.2　地质方案决策系统

地质方案的编制是措施效果好坏的关键,因为再好的工艺技术、再全的信息资料,如果不能正确分析存在的问题,就难以对症下药。为此,首先加强职工业务知识的培训、交流,不断提高业务素质,特别是要求技术人员牢固树立"工作岗位在地下、斗争对象是油层"的思想,在深入研究注水油田开发规律的同时优化选井方法,提高地质决策的及时性与准确度。其次,加强与地质所的技术合作与信息交流,按照专家评价进行打分,将措施方案井按照ABC分类,其中：

A类——问题认识清楚,资料齐全,工艺成熟。

B类——问题认识比较清楚,工艺相对成熟,进一步落实情况深入分析。

C类——问题认识模糊,资料不全,措施工艺带有盲目性。

根据以上分类,对A类方案井优先上措施,资金设备首先保证这些井,加快实施;对B类方案井加强分析,暂停实施;对C类方案井不能实施。从而不断提高方案的决策水平。

4.3　工艺方案设计系统

地质方案确定之后,就进入工艺方案的设计阶段。工艺的设计主要与采油工艺研究所协作,采用优选技术,结合新工艺、新技术的推广与配套应用,力求工艺方案达到设计合理、便于施工、效果明显、针对性强、节约费用等特点。2001年相继采用新型正电胶压裂液、变砂比阶梯加砂、大排量、油层保护（清蜡+干净油管+背罐配液）、压裂防砂（压裂+CMAS）、冲防砂（冲砂+MACS）一体化以及加大化学防砂的办法优化工艺方案的设计，收到良好的措施效果。

4.4 现场施工管理系统

通过以上方案的制订及措施工艺的优选，为了方案设计能够顺利成功实施，在现场施工中采用全面质量管理方法进行监督控制。成立由队长、生产队长、技术队长、生产技术组、监督组、调度室共同组成的现场施工监督机构，关键工艺队长到现场，从施工设计、合同管理、技术支持、工序把关、质量监督等各个环节严把质量关，避免或减少无效反效施工。

4.5 跟踪评价分析系统

措施完井后的技术经济评价至关重要，它不仅关系着措施效果的成败，而且指导着后续措施的实施，更重要的是评价结果有可能导致对一口油井、一个井组、一个区块、一项技术的错误认识和否定。所以，对措施井区队与采油厂技术、财务等部门制订详细的效益评价办法，采用数理统计、技术经济、价值工程等方法，结合资料信息管理系统，建立起集临界曲线、标准图版和理论公式为一体的措施效益评价系统，最终给出客观、合理、翔实的效果评价。

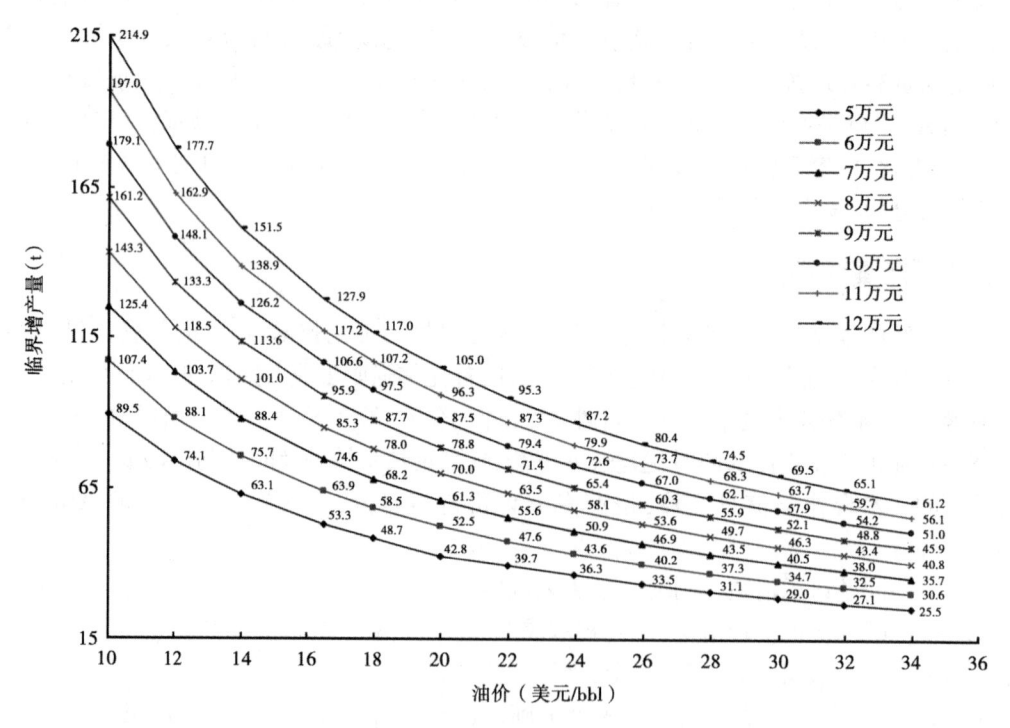

图4 玉门老君庙油田措施临界增产量敏感性曲线

措施效益及临界增产量的计算公式分别为：

$$L = Q_{增} \times I \times (P - R) - C - Q_{增} \times (D + E)$$

$$Q_{临} = C / [I \times (P - R) - (D + E)]$$

式中　L——效益,万元;
　　　$Q_{临}$——临界增产量;
　　　$Q_{增}$——措施增产量;
　　　I——原油商品率;
　　　P——原油价格;
　　　R——吨油税金;
　　　C——措施费用;
　　　D——油气处理费;
　　　E——原油拉运费。

总之,按照以油井为中心的控制管理体系,2001年1—12月共实施油井增产挖潜措施81口,尤其是冲防砂、压裂措施的优选及施工参数的优化更是见到了可观的增产效果和经济效益。

5　效果评价

通过一年来在以压裂、冲防砂为重点的油井增产挖潜措施中采用现代化管理分析方法,实行系统工程管理,取得了较好的措施治理效果,具体表现在以下几个方面。

5.1　措施效果评价

2001年措施效果明显好于2000年,在措施井次由2000年同期138井次下降到2001年81井次的情况下,措施有效成功率由79.0%上升到87.7%,措施增产量完成7178t(2000年为8729t),单井措施增产量由2000年同期的63.3t上升到2001年的88.6t,措施增产幅度提高40.1%。压裂和冲防砂措施效果尤为突出,压裂成功率均达到92%以上,在井次减少7口的情况下,总增产量增加686t,单井增产达到193.1t,同期上升63.7t/井次(图5)。冲防砂措施优选及工艺优化的实施不仅使措施成功率大幅度提高,而且油井出砂频率明显降低(图6),冲砂井次和砂卡明显减少。

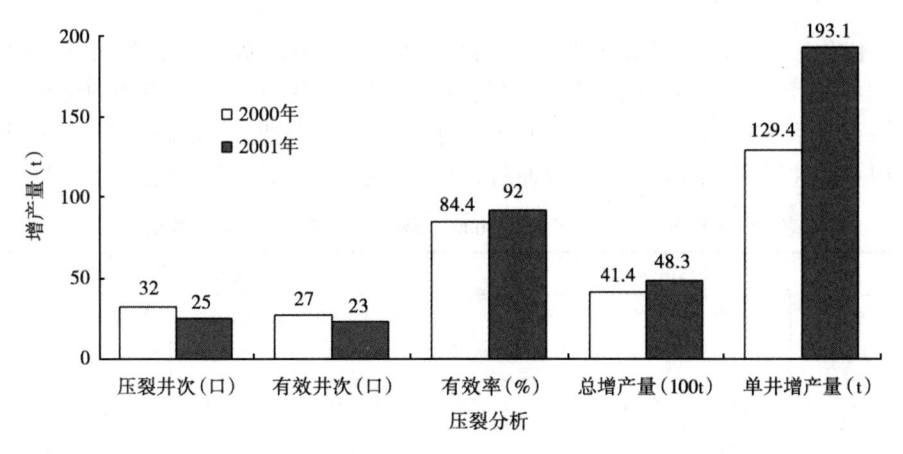

图5　油井压裂措施效果同期对比

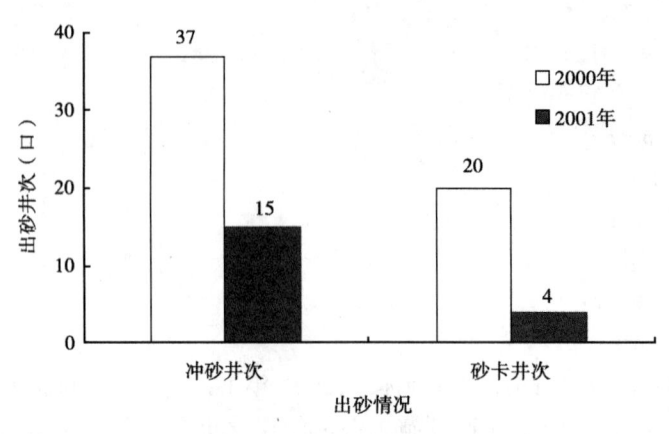

图 6 油井出砂频率同期对比

5.2 油田开发状况

2001 年 1—12 月,平均日产液 749.2m³,同期对比上升 40.3m³/d,日产油 181.5t(2000 年为 182.0t/d),基本实现稳产目标,另外油田开发 4 率(总递减率、综合递减率、自然递减率、含水上升率)普遍下降,见表 4,可以看出油田开发形势不断好转,稳产基础逐步增强。

表 4 油田开发 4 率同期对比

年份	总递减率（%）	综合递减率（%）	自然递减率（%）	含水上升率（%）
2000	7.48	8.13	19.85	4.21
2001	0.27	2.42	12.69	2.89
对比	−7.21	−5.71	−7.16	−1.32

5.3 措施费用及效益情况

通过现代化管理方法的应用,措施效益明显提高,油井措施费用由 2000 年的 608.0 万元下降到 2001 年的 418.7 万元,下降了 189.3 万元。经营成本中井下作业费用的比重也由 2000 年的 24.4% 下降到 2001 年 14.7%,下降 9.7 个百分点,为控制成本、实施低成本开发战略起到了关键作用。油井增产挖潜总效益以及冲防砂+压裂的措施效益同期对比情况见表 5。

表 5 老君庙油田采油五区队 2000—2001 年措施经济效益同期对比

年份	油井总措施效益				冲防砂+压裂措施效益			
	投入费用（万元）	当年创收（万元）	当年创效（万元）	投入产出比	投入费用（万元）	当年创收（万元）	当年创效（万元）	投入产出比
2000	608.0	1396.6	788.6	1:2.30	275.0	841.0	566.0	1:3.06
2001	418.7	1148.5	729.8	1:2.74	179.9	894.4	714.5	1:4.97
对比	−189.3	−248.1	−58.8		−95.1	53.4	148.5	

由表5中可以看出,以冲防砂、压裂为重点的油井增产挖潜措施,通过采用现代化管理方法进行措施优选与工艺优化,措施效益明显提高,冲防砂和压裂措施效益更是突出。

6 几点认识与体会

(1)在油井增产挖潜措施中成功引入现代油藏经营管理方法仅是油田生产经营的一个方面,在油田开发中要不断应用更多、更好、创新的现代油藏管理方法,才能带来更加丰厚的经济回报,不断提升企业价值。

(2)现代油藏经营管理方法应用于油田开发,特别是应用于老君庙油田低产、低速开发阶段,不仅能够明确开发管理目标,层次化分解目标,制订针对性措施,抓住重点区块分类治理,同时对改善老油田开发效果、夯实稳产基础提供了保证。

(3)油田开发是一个多因素、多变量控制的、复杂的系统工程,涉及多个学科门类。老油田为了不断提高开发水平,创造出更好的经营效益,不仅要进行科技上的创新,更要强化管理上的创新,只有这样,才能不断推进老油田的可持续发展。

(4)文中的分析思路、实践方法及对油藏管理问题的肤浅认识仅是现场工作中的一些体会和经验,总结的目的在于为以后的油田开发工作提供一定的借鉴。

参 考 文 献

[1]中国石油天然气总公司开发生产局.现代油藏管理[M].北京:石油工业出版社,1996.
[2]《老君庙油田开发》编委会.老君庙油田开发[M].北京:石油工业出版社,1999.
[3]杜志敏.现代油藏经营管理方法[J].西南石油学院学报,1996,2(2):21-26.

坚持低成本发展战略
不断深化效益评价工作[1]
——玉门采油厂"油井措施效益评价"及"节能降耗"工作成效分析

20世纪90年代末,中国石油重组上市后,中国石油天然气股份有限公司勘探与生产分公司从适应股份制市场经济需求的角度出发,为降低操作成本,提高公司整体效益和公司价值,深入研究和推广普及已开发油气田(区块)效益评价工作。通过数年的探索和实践,已使该项工作从无到有,从无序到有序,从单一部门到各部门协调集成,从手工计算到应用评价软件实现,逐步使油气田(区块)效益评价工作走上了规范化、科学化的轨迹。

玉门油田开发历史悠久,为了改变综合含水高、采出程度高、操作成本高的"三高"现状,油田分公司十分重视油田(区块)效益评价工作,成立了专门的评价机构,加强了组织领导,使该项工作在降成本、增效益方面发挥了巨大作用。

通过数年的效益评价工作,玉门油田分公司的效益评价单元与财务核算单元对应率已达到100%,基本搞清了影响操作成本与效益的重点因素和项目,找出了高成本、低效益的区块与单井,指出了挖潜方向,制订了行之有效的具体措施,为进一步降低各项成本、提高油田开发经济效益指出了挖潜方向,见到了明显的经济效益。

值得一提的是,玉门油田分公司在进行油田(区块)效益评价的同时,积极探索油井增产措施效益评价技术与方法,优化了措施结构,减少了无效投入,使井下作业工作量大幅度下降,措施经济有效率显著提高。同时,针对老油田后期开发油井含水高、产量低的特点,因地制宜简化地面流程系统,不断实施节能降耗系列措施,对降低原油操作成本发挥了积极作用。

1 玉门油田油井措施效益评价的实践与经验

玉门油田是中国石油工业的摇篮,也是我国最早工业化开发的油田。由于其漫长的开发历史,在油田开发后期,单井产量低、综合含水高、采出程度高、井下作业工作量大、采油成本高。进入20世纪90年代以后,玉门油田开始探索低成本发展战略,依靠科技进步,提高单井增产量,减少作业井次,成效显著(图1)。特别是从1999年开始,玉门油田分公司为适应股份制市场经济的需求,积极开展油田(区块)效益评价工作,并将这项技术引入油井措施效益评价,积累了一些降低作业成本的有效经验。

针对井下作业费在操作成本中比例偏高,以及措施经济有效率不高的现状,1999年我们开始对油井措施效益进行探索评价。在此基础之上,2000年又组织开展了全油区1996—2000

---

[1] 本文合作者:刘军平。

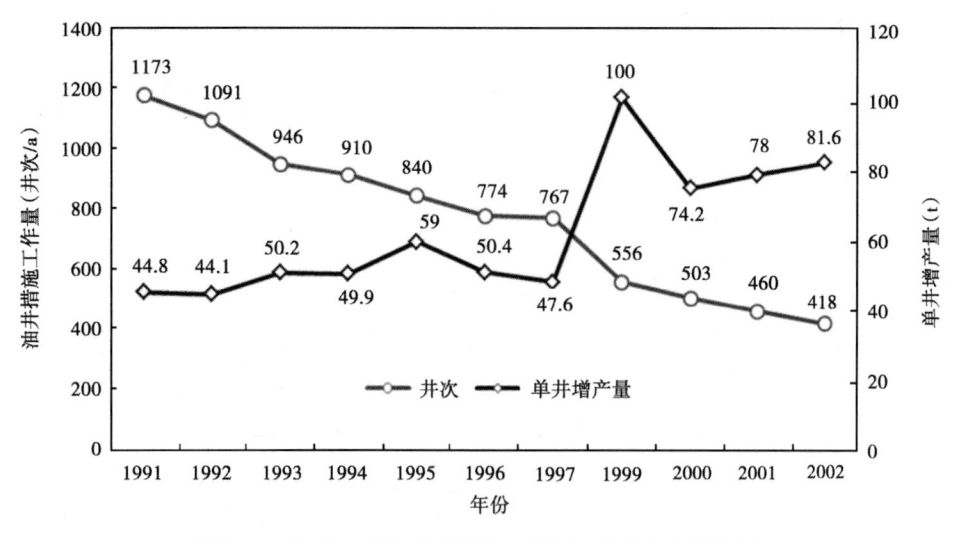

图1 玉门油田历年油井措施工作量及单井当年增产量

年的油井措施效益评价工作。共评价油井措施1072井次,总投资8093.74万元,单井成本7.55万元,累计增产原油22.895×10⁴t,收回投资并创效1.29亿元,投入产出比1∶1.26。其中,经济有效井次585口,仅占总井次的55%,投资3520.08万元,占总投资的43.5%。而经济无效井次高达487口,占总井次的45%,经济无效投资达4573.66万元,占总投资的56.5%。也就是说不足一半的措施投资创造了非常明显的经济效益,而近60%的措施投资是无效益的。充分表明提高措施经济有效率、压缩无效措施井次和无效投资,是降低操作成本的重要途径。

通过油井措施效益评价,搞清了玉门油区各油田不同类型措施的有效周期、增产量、投资费用和其创造的经济效益,以及不同油价下的效益临界增产量(图2),制订了优化措施结构、压缩无效措施井次、降低井下作业费的低成本发展思路。具体做法主要体现在以下4个方面:

一是制订了严格的《措施选井选层标准》,坚持测试资料不全不干、井层潜力认识不清不干、工艺技术不成熟不干、方案设计水平不高不干、没经过措施效益评价不干、措施责任不清不干的"六不干"原则,减少了措施的盲目性,大大压缩了措施工作量和无效投资。

二是坚持区队提措施、厂部搞论证、技术主管领导把关审定的"三级审查"制度,严格了措施审查、实施的程序,进一步控制了无效措施投入,压缩了作业井次。

三是针对区块和油井的地质特点,不断优化措施结构,提高了措施的针对性和有效性,使不同地质特点的油井"因井而宜"采用不同类型的措施,真正做到了对症下药。

四是建立和推行了措施效果奖励机制,提高了工程技术人员的积极性,使措施成功率和经济有效率得到了很大提高。

通过上述举措,2001年与2000年相比,井下作业工作量下降43井次,平均单井增产量提高3.8t,井下作业费下降1177万元,单位成本下降46.77元/t,措施有效率提高4.5个百分点,达到了89.6%;与"九五"相比,措施有效率提高了6.3个百分点,经济有效率由55%提高到了68.9%。2002年与2001年相比,井下作业工作量又下降42井次,而平均单井增产量又提高了3.6t,措施有效率和经济有效率分别上升到90%和69.6%,措施无效投入费用下降到399.22

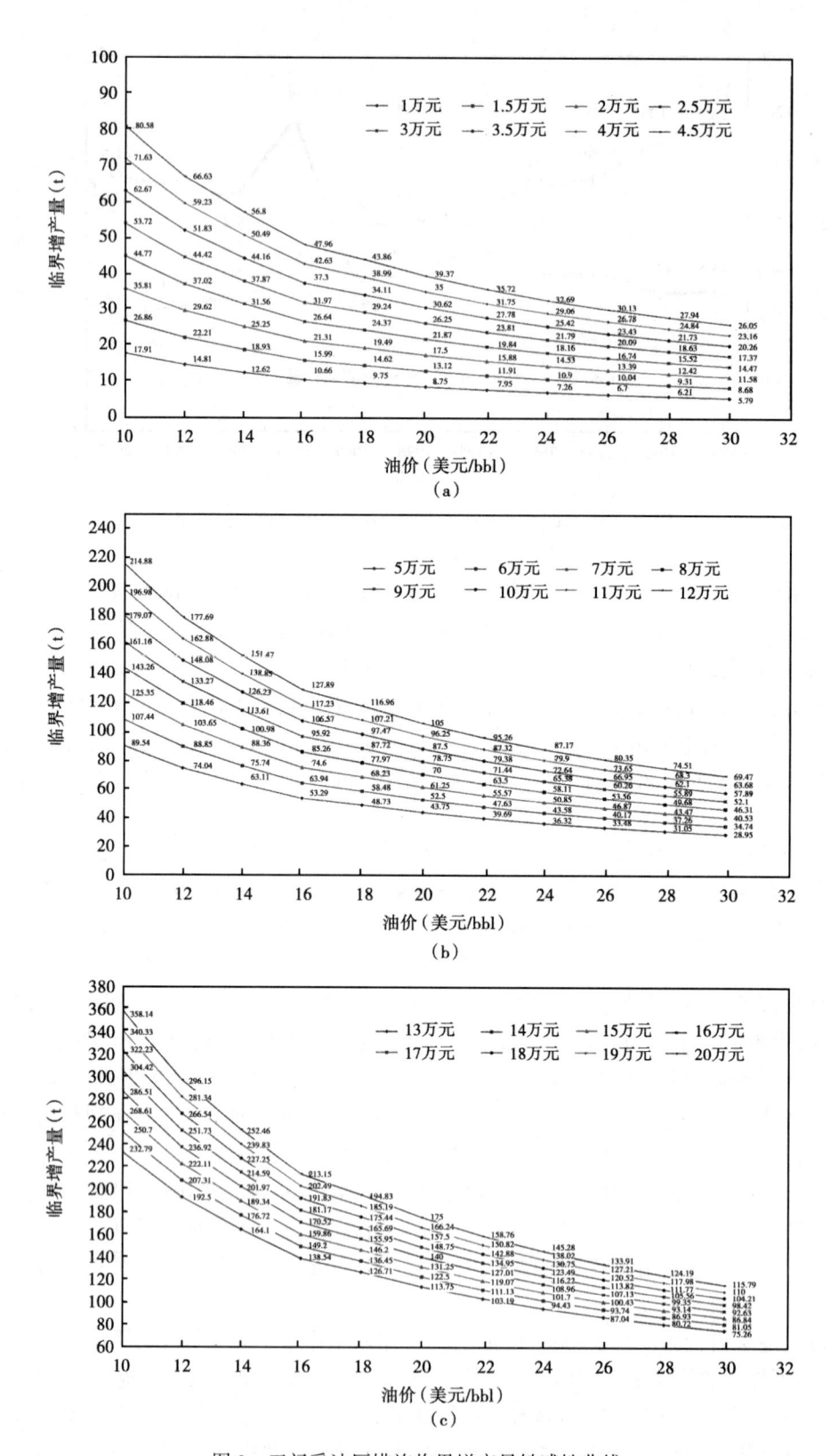

图2 玉门采油厂措施临界增产量敏感性曲线

万元,与2001年(696.86万元)相比,减少了297.64万元,下降了42.7%,有力促进了操作成本的逐年降低。

2 玉门油田简化流程、节能降耗的做法与效果

玉门油田于1939年投入开发,地面流程经过了4个发展阶段:第一阶段为1942年前的沟渠输油土法采油阶段;第二阶段为1942—1955年的简易流程阶段,建成6个选油站及配套流程,形成了老君庙油田简易集输管网;第三阶段为1955—1992年的建设发展阶段,先后建成4个总站、7个转油站、5个集油区、40个选油站、104个计量站、7个注水厂、2个转水站、40个配水站、36座锅炉房,形成了年150×10^{4}t原油集输处理能力;第四阶段为流程简化、节能降耗的调整阶段。在第四阶段,玉门油田已进入高含水、高采出程度、高成本的"三高"开发后期阶段,地面工程系统已不适应于油田开发的需求,突出表现在能耗高、效率低。为提高开发效益、降低操作成本,玉门油田实施了简化流程、节能降耗的系统工程。

1992年以后,玉门油田坚持因地制宜,注重因陋就简,按照"关、停、并、改、简"的原则,对20世纪50年代油田高产期所建的双管蒸汽伴热流程、70年代中期鸭西上产时建成的三管热水循环流程、1975年建成的我国第一个冷输自动化控制流程——白杨河油田集输流程以及80年代初期形成的单管冷输流程,逐步改造为单管不加热环状树状相结合、井口罐拉油集中处理,以及单管注水、分区增压、阀组配注的工艺流程,从而使主体流程得到整体简化,运行效率和经济效益同步提高。1992年至2002年的10年间,先后关停了26座锅炉房,关闭4个转油站、4个集油区、32个选油站、60个计量站。

特别是中国石油重组上市以来,玉门油田分公司重点对一些能耗高、效率低的供热流程加大了改造力度或改变生产方式。通过区域调整、合并,取消了不合理的燃煤锅炉房,逐步关闭了能耗高、成本高的燃油锅炉房,对部分锅炉房进行了油转煤改造,使渣油、原煤消耗量明显下降,同时加大了对消耗计量及消耗定额的管理力度,在渣油价格同比上升的情况下,取得了能耗和成本大幅度下降的显著效果(表1,图3至图5)。

表1 玉门油田分公司历年燃料消耗统计表

年份	1998	1999	2000	2001	2002
锅炉房总数(个)	22	19	17	17	13
燃油锅炉房(个)	13	11	11	13	12
燃煤锅炉房(个)	9	8	6	4	1
原煤消耗(t)	38888	34893	33126	26221	29182
渣油消耗(t)	18403	13213	7160	3708	1030
燃煤费(万元)	668.9	564.73	443.85	361.13	355.06
渣油费(万元)	1555	1188.59	819	430.56	114.85

玉门油田分公司在节能降耗方面,还以控制水、电消耗为重点,通过完善计量手段,加强了油田内部用水和用电管理;不断加大电力系统改造力度,采用无功补偿、变压器补偿、单井补偿、临时补偿等措施,使用电功率因数控制在0.9以上,取得十分显著的降成本效果。

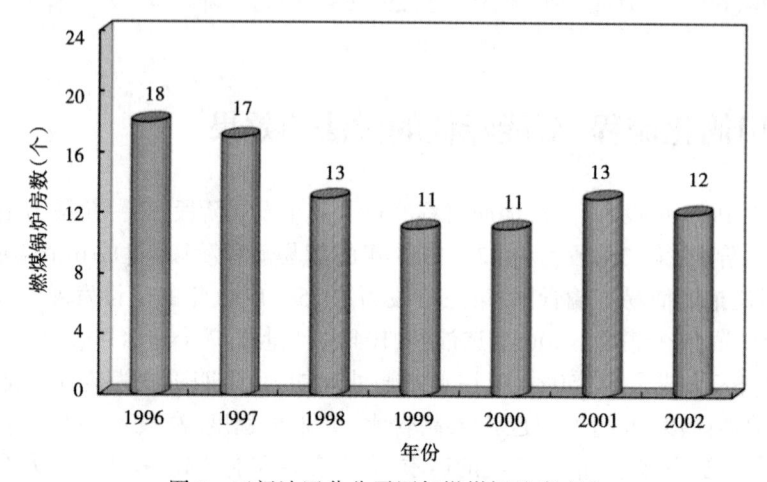

图 3 玉门油田分公司历年燃煤锅炉房变化

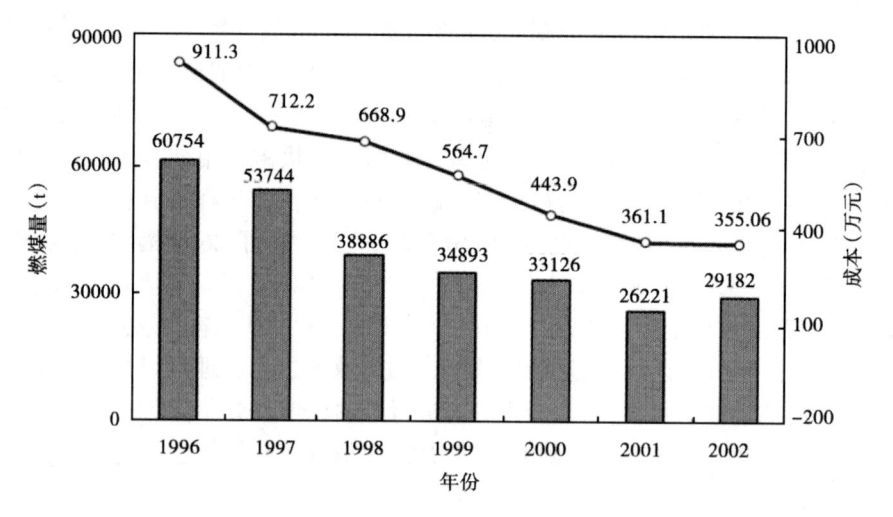

图 4 玉门油田分公司历年燃煤量变化

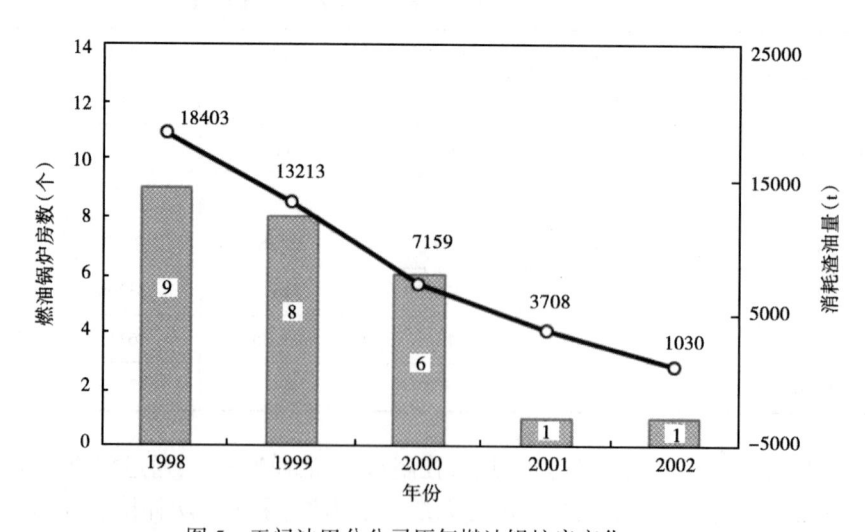

图 5 玉门油田分公司历年燃油锅炉房变化

3 玉门油田深化效益评价、实施低成本战略的成效

玉门油田分公司以"低成本、高效益、可持续、快发展"为指导思想,坚持实施"低成本"发展战略,不断深化效益评价工作,逐步形成了以单井措施效益评价为特色的评价技术与方法。通过优化措施结构,压缩无效措施工作量和投资,以及实施简化流程与节能降耗系统工程,使油田公司采油操作成本一年一个台阶大幅度降低。

1999年原油单位操作成本为812.43元/t(13.19美元/bbl),2000年单位操作成本下降为754.04元/t(12.26美元/bbl),下降了7.2%;2001年单位操作成本降至526.08元/t(8.55美元/bbl),比2000年降低30.2%;2002年单位操作成本又降低到461.29元/t(7.5美元/bbl),与2001年相比,降低12.3%。三年来原油单位操作成本下降了351.14元/t(5.69美元/bbl),累计降低43.14%(图6)。这一巨大成绩的取得,虽然与生产规模的扩大有密切关系,但持续实施的降成本系列措施也发挥了很大作用。

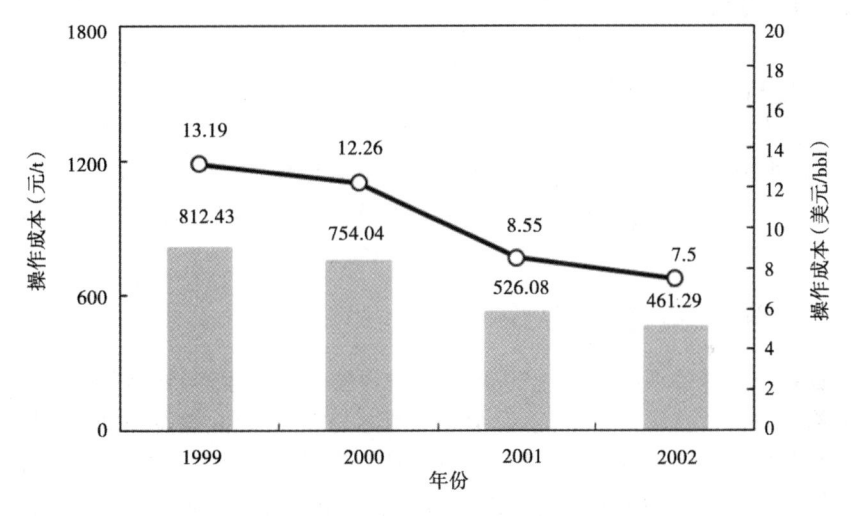

图6 1999—2002年玉门油田分公司原油单位操作成本变化

实践表明,中国石油天然气股份有限公司勘探与生产分公司倡导与推广的已开发油气田(区块)效益评价工作,已经成为实施低成本发展战略的重要组成部分,其对于玉门油田乃至中国石油降低操作成本、提高开发效益起到了积极的推动作用。我们深信,随着效益评价工作的不断深化,将会在油气田生产经营中发挥越来越大的作用。

实施低成本发展战略　逐步提升开发效益[1]

玉门油田是一个开发了 66 年的老油田,老区油田已处于产量递减后期开发阶段,单井产量低,生产成本高,操作成本控制难度大,目前主要是靠青西油田的发展才带动了整个玉门油田产量的上升。面对诸多困难和不利因素,玉门油田坚持"快发展、低成本、高效益、可持续"的发展战略,预探工作按照"主攻酒西,加快酒东,展开河西走廊"的勘探方针,突出重点,着眼全区,优化部署,明确目标。油田开发围绕青西一流油田建设和老区 5 年稳产两大目标,在加快青西增储上产上做文章,在老油田"精雕细刻""滚动扩边"上下功夫,确保了新区上产、老区稳产、成本得到较好控制的经营局面。2004 年生产原油 $75.03×10^4$ t,同比增长 $5×10^4$ t,原油单位操作成本 6.81 美元/bbl,同比下降 0.09 美元/bbl。

1　单井效益评价工作开展情况

2004 年,在中国石油天然气股份有限公司(以下简称"股份公司")召开油气田单井效益评价工作部署会议之后,玉门油田及时组织相关人员学习,认真贯彻落实会议精神,并按要求积极开展工作。

1.1　强化培训学习,提高思想认识

为建立单井效益评价系统,积极推进单井效益评价对原油生产经营管理的指导作用,玉门油田成立了单井效益评价领导小组,下设领导小组办公室,对单井效益评价工作做了安排。同时还从作业区及各采油队选派专人,组织参加了股份公司及辽河油田在玉门油田举办的单井效益评价软件培训班。配备了相应的硬件设施。项目组人员分工明确,责任到人,按时间倒推法确定工作进度和工作标准,并对工作任务作了细致的安排。

1.2　制定规章制度,规范工作程序

为建立规范的单井效益评价系统,体现单井效益评价工作的连续性、科学性、系统性和规范性,我们根据股份公司单井效益评价办法及油田分公司关于开展单井效益评价工作的安排,借鉴兄弟油田的先进经验,结合各作业区的生产实际,拟定了《作业区单井效益评价工作管理细则》,明确了单井效益评价工作的数据采集、录入、处理以及效益评价等内容和具体要求,有效地保证了评价工作的顺利进行。

1.3　采集基础数据,严把资料录入质量关

全面准确地采集基础数据是建立单井效益评价系统的基础和搞好评价工作的关键。所以,规定各采油队(即中心站)数据采集人员,对所采集基础数据的 17 项构成必须以地质、技

---

[1] 本文合作者:刘亚君、毛忠良。

术组的报表数据为准,确保了数据的准确性,为单井效益评价工作奠定了坚实的基础。

1.4 2004年单井效益评价工作的主要进展

玉门油田在鸭儿峡作业区开展了单井效益评价试点,目前已基本健全了单井开发数据和单井基础数据,正在进行软件系统的录入。老君庙油田由于井数相对较多,正在逐步建立和完善单井台账数据。

2 控制成本的主要做法

2.1 勘探开发紧密配合,青西油田实现产量、效益同步增长

2.1.1 成立青西滚动扩边项目部,加快产能建设步伐

玉门油田组建成立了酒泉盆地油气勘探、青西滚动勘探开发、青西产能建设3个项目经理部,形成了集体决策、分工负责、责任到人、责权利相统一的项目管理运行机制。项目经理部各项工作实行项目经理负责制,对青西油田科研、钻井、试油、酸化、生产等各个工作环节进行统一部署,有效提高了工作进度,加快了产能建设的步伐。同时,通过加强市场管理、公开招标、优选施工作业队伍,有效降低了作业费用。特别是实行优奖劣汰机制,对缩短钻井周期的乙方队伍,奖励现金和工作量;对技术装备落后、管理不善的队伍坚决予以清退,收到了良好效果。

2001—2004年,玉门油田在青西凹陷通过滚动勘探开发,4年累计提交探明石油地质储量$5096×10^4t$,石油可采储量$840.4×10^4t$,探明含油面积$23.4km^2$。4年累计动用石油地质储量$4282×10^4t$,探明储量动用率84.0%,建产能$51×10^4t/a$,产量逐年增加,使玉门油田开发效益明显改善,吨油操作成本每年都控制在预算以内。

2.1.2 大力开展青西油田综合研究,依靠新技术、新方法积极实施滚动开发

玉门油田紧密围绕油气勘探与生产,针对复杂油气藏勘探开发所面临的难点,积极应用新技术、新方法进行科研攻关,并广泛开展合作研究,成功举办了钻井、物探和酸化压裂3个大型研讨会。在综合研究基础上编制的开发方案,为青西油田开发提供了科学、系统的依据,科学指导了油藏、钻井、地面和采油等各系统工程的实施,有效保证了新钻井成功率及老井稳产。

2.1.3 以效益为中心优选产能建设实施方案,通过科学部署控制产能建设投资

玉门油田坚持以经济效益为中心,以科学、严谨的态度,进行产能建设方案经济评价及优选,从方案部署到完井投产,进行全过程控制和优化,并根据实施情况,及时调整部署,减少无效低效工作量,把有限的资金用在刀刃上,达到了从源头上控制投资、节省费用的目的。例如2002年,通过强化综合研究,深化地质认识,实现了用7口井完成$19×10^4t/a$产能建设的目标,大大减少了低效无效井,节约了大量投资,单井费用大幅度下降,为高效开发青西油田奠定了基础。公司上下牢固树立"今天的投资就是明天的成本"的思想,大力优化勘探与生产投资。通过科学部署,反复论证,精心优化井位,按照"成熟一口打一口,清楚一口打一口,稀井高产,滚动开发"的原则,谨慎布井,并采用近平衡钻井和阳离子钻井液等工艺技术,有效保护了储层,钻井成功率有了显著提升,无效钻井投资大幅降低,2004年开发井钻井成功率达到100%。

2.2 狠抓老油田产能建设项目管理、方案优化,实现老油田持续稳产

2001年以来,玉门油田在老油田产能建设工作中,按照中国石油天然气股份有限公司的

总体部署,强化项目管理,优化投资结构,以剩余油研究成果为基础,优化布井原则,努力创造最大价值,产能建设效果显著,为老油田稳产做出突出贡献。在老君庙油田剩余油分布规律研究成果的基础上,2003年与2004年,分别新钻油井17口和15口,当年产油4472t和4172t。2003年的新井在2004年累计产油1.12×10⁴t,达到1993年以来最好建产水平。

2.3 依据效益评价结果,加大高成本油田的综合治理力度,提高整体开发效益

玉门油田针对鸭儿峡油田多年效益评价均居油田操作成本最高的现状,采取了一系列措施,解决油田稳产上产需要的高成本投入和公司低成本开发战略之间的矛盾,从油田周边和内部提高采收率入手,深化地质认识,逐步改善鸭儿峡油田采收率低的开发现状,通过多产原油来提高整体效益和降成本。

2.3.1 加大鸭儿峡油田滚动扩边挖潜力度,寻求单井突破,见到一定效果

2004年成立的老区滚动扩边挖潜项目组重点对鸭儿峡油田L油藏五井区进行重点研究,完成五井区表内、表外及134断层附近193口老井资料的复查和动态分析,并与华北测井公司联合开展测井资料重新解释。利用老井复查及测井资料重新解释,进行了小层划分对比及区域油水分布、剩余油分布规律研究,提出了潜力井、层和新钻井井位等共58井次的调整挖潜方案。鸭儿峡油田L油藏五井区滚动扩边和内部挖潜主要从7个方面进行了研究,取得了相应研究成果。经钻调整认识井鸭928井、鸭北101井、鸭927井、鸭929井,以及鸭570井、鸭926井、鸭167井、鸭917井、鸭137井等老井挖潜,证实有较好的增产效果。另外,对白垩系油藏油水分布和扩边挖潜方向也做了深入细致的研究。

2.3.2 积极推广先进适用的新工艺、新技术,完善油田开发配套技术

为了解决有杆泵采油技术在应用过程中暴露出的诸多问题,2004年在股份公司的大力支持下,在鸭儿峡油田开展了螺杆泵采油技术推广应用。该技术可缓解砂、蜡对泵的影响,节电效果好。通过安装调试3口井,5个月节电2.3×10⁴kW·h时,油井产量稳中有升,并不同程度地延长了检泵周期。同时,针对鸭儿峡油田L油藏大部分属于低渗透储层,尤其是五井区西部河道沉积砂岩是主要的油气储层等问题,2004年引进和合作研究多脉冲一体式复合射孔技术,实现多级装药分段点火,多脉冲压裂技术,实施表明射孔发射率100%,产液增加倍数是以前该类储层常规射孔的3倍。

2.3.3 对鸭儿峡油田N1号注水厂实施整体改造

鸭儿峡油田L油藏总的含油面积10.3km²,地质储量1149.64×10⁴t,累计采油267.3889×10⁴t,采出程度仅23.25%。由于无法分注,在注水开发阶段主要以L_{2-3}和L_3层为主力生产层,L_1、L_2和L_4层由于渗透率低,基本没有投入注水开发,目前L层作为鸭儿峡油田最现实的上产区域,注水补充能量显得尤为重要。

负责鸭儿峡油田注水的N1号注水厂于1976年建厂,1978年正式投入使用,目前N1号注水厂系统压力只有15MPa,注水泵和老化的厂房都达不到油田开发需要。经过充分的地质和工艺论证,利用目前的注水管网,对N1号注水厂重新改建,设计注水泵压25MPa以上。

2.4 实施低成本发展战略,逐步提升开发效益

虽然目前油田勘探开发显示出良好局面,但也面临着新区地面地下复杂、老区稳产基础薄弱、发展资金短缺等困难,需要通过加强基础研究,实施低成本发展的战略措施,逐步提升玉门油田开发的整体效益。

2.4.1 优化井身结构,降低钻井成本

通过老君庙油田沉积微相分析,利用定向钻井技术,优化钻井液性能,提高钻井速度,避开或控制 L_3 高压层,将"13—9—7—5"井身结构简化为"13—7"或"13—5"井身结构,大大降低了钻井成本,使单井费用降低 20 万~26 万元,降幅达 17.6%。

针对鸭儿峡油田岩性复杂、可钻性差、机械钻速低、建井周期长的问题,改进钻井液性能,提高钻井速度,缩短钻井周期,减少钻井液在地层中的浸泡时间和伤害程度,将井身结构由"13—9—7"简化为"13—7"或"13—5",单井节约成本 45 万元,钻井费用下降 10% 左右,从而提高了油田经济效益。将青西井身结构由"13—9—7"简化为"13—7",单井节约成本达到 100 万元。

2.4.2 搞好综合调整治理,实现老油田持续稳产

通过加强油藏综合地质研究,量化剩余油分布,精雕细刻调整治理,严格控制老油田无效注水量的增长和无效产液量的产出。同时通过优化产量结构、措施结构,调整注水和产液结构、能耗结构,以及扩大内部服务、减少劳务支出等多项措施降成本,保持了老油田开发较好的总体经济效益。一是产量递减得到有效控制,实现了相对稳产;二是持续实施"稳油控水"系统工程,综合含水继续保持稳定,目前油田综合含水仍保持在 77% 左右,创造了注水开发油田的新水平;三是主力油田(藏)水驱采收率不断提高,老油田标定采收率 36%,位居全国第三。根据近年的开发规律分析,预计最终采收率能达到 50% 以上(目前老君庙油田 L 油藏采出程度已达 43.39%)。

2.4.3 进一步简化地面流程

地面工程围绕中国石油天然气股份有限公司提出的"认真做好老油气田简化、新油气田优化"的精神,针对青西油田裂缝性复杂油层和恶劣的自然地理环境,在地面工程建设规模、总体布局、工艺流程、站场功能、平面布置、设备选型、配套工程等多方面进行优化,适应了勘探开发一体化对地面建设的要求,提高了整体开发投资效益。同时,针对老君庙油田和鸭儿峡油田等使用了 60 多年的老化地面流程进行了进一步简化,改变油气集输方式,关闭高耗能锅炉房和部分选油站、集油区和配水站,方便了生产组织和管理,降低了运行费用。

2.5 加强合同管理及单井系统管理,降低钻井运营成本

由于鸭儿峡油田地层可钻性差,老君庙油田地层压力复杂及地层异常情况时常出现等问题,参照股份公司及各油田钻井定额,使钻井价格定位在合理的范围内。虽然近几年原材料不断涨价,但老区钻井价格始终平稳在合理的范围内,节约了资金。通过甲乙方合同的严格约束和监督,使产能建设项目的质量得到了明显提高。

另外,玉门油田还建立了竞争有序、价格合理的市场体系,规范市场运作机制,理顺管理体制,减轻了成本负担。同时,还从上而下层层分解成本费用指标,调整优化生产运行方案,改变管理模式,简化生产工艺流程,节能降耗,大力压缩无效低效工作量,提高了经济效益。

3 几点认识与体会

总结玉门油田实施低成本战略所取得的成果,可以归纳为以下 3 点:

一是依靠技术进步,加强油田地质研究,利用先进技术提高老区单井产量和储量动用程度,减缓了油田产能的递减;通过技术合作,加强了对青西油田油气富集规律、裂缝分布规律和

油水层识别等技术攻关,提高了青西油田新井及措施井的成功率和高产率;通过提高产量消化了成本,从而控制了成本。

二是通过加强勘探开发项目地质论证和经济论证,借助优化钻井工程和措施结构来降低钻井成本,减少了低效无效作业投资。

三是通过加强油藏经营管理,应用效益评价成果,把握节约投资、降本控费的重点,强化了资金预算、计划管理和过程监督,保证了资金稳健、安全和高效运行,降低了采油成本。

青西试采区发展战略思考

随着玉门老油田开发后期的到来,稳产难度越来越大,产量递减与含水上升的矛盾日益突出,迫切需要做出储量接替与产量接替的战略选择。

本文通过对青西试采区内部因素和外部环境条件的潜心研究、综合分析,得出一点肤浅的认识:青西试采区不但是白杨河油矿稳产的基础,也是玉门油田 50×10^4t 再稳产及实现老油田储量和产量接替最有潜力、最富希望、最为现实的构造区域。针对上述战略观点,制订了发展战略方针、目标、重点、措施,通过相应的对策实现战略的意图。

1 试采区总貌

1.1 区域地质

青西坳陷位于酒西盆地西部,是盆地内油气资源最富集的一个拗陷,约450km²。坳陷分3个次级单元:青南凹陷、青西凸起、红南凹陷。

青南凹陷位于坳陷东部,面积212km²,为一北东展布的箕状断陷。柳沟庄油藏位于青南凹陷中部,是一向斜构造,主要储层为白垩统下沟组及中沟组湖相裂缝性白云岩和泥质白云岩,属中压低孔渗油藏。

1.2 勘探历史

1984年,玉门油田开始柳沟庄地区勘探工作,1989年因勘探队伍上新疆吐哈会战而搁浅。在此期间先后作了地震、钻探和综合研究等工作。已控制含油面积7km²,储量803×10^4t。油藏埋深4000m,原始地层压力45~60MPa。

1.3 目前状况

柳沟庄构造钻井8口,其中:柳1井、柳3井和窿1井获得中高产工业油流(表1),以间歇自喷方式生产。西参1井和西探1井获得较低工业油流,为近期上产的2口井。待修复积压井3口:柳2井、柳5井和窿2井。截至1991年8月,累计产油33821t、天然气349.24×10^4m³。

表1 5口生产井基本情况

井号	投产时间	生产方式	最高日产(t)	目前日产(t)	累计产油(t)
柳1井	1986年	间歇自喷	27.8	10.5	17033
柳3井	1989年	间歇自喷	103	11	11422
窿1井	1990年	间歇自喷	48.3	6	4559
西参1井	1987年	抽油	2.2	1.7	724
西探1井	1991年	抽油	2.1	1.4	79

2　试采区特殊地位

玉门油田是以勘探—采油—石油加工为主的大型综合性企业。勘探是油田工作的支柱，采油是重点。因此，找到有利的构造和采出数量可观的原油才是求生和发展的出路。

2.1　老油田形势

玉门油田在石油工业史上具有特殊的作用与贡献，但我们无法抗拒开发后期的自然递减。为找油，为稳产，为尽快实现"东山再起"，玉门石油管理局投入大量工作，勘探吐哈、贺西地区，重新评价酒西盆地，终于在新区发现鄯善、丘陵等大油田，在酒西找到柳沟庄、鸭西、夹片等新出油点。虽然新区形成 $20×10^4$ t/a 产能，前途光明。但老区原油生产任务未减，实现 $50×10^4$ t 稳产及谋取自我发展，仍然困难重重，形势严峻。

2.2　试采区地位

青西柳沟庄油藏的发现是玉门油田勘探酒西盆地的一大成果、一大突破，受到中国石油天然气总公司(以下简称总公司)的高度重视，是玉门油田实现稳产的新生血液、力量和希望，具有特殊的地位。

(1)柳沟庄油藏发现于 $50×10^4$ t 稳产的困难时期，有力证明玉门不老的客观事实。坚定了稳产的信心，倾注了稳产的力量。

(2)柳沟庄油藏发现于以往勘探和认识的基础上，对于酒西盆地的勘探和重新认识评价，提供了新资料，指明了今后工作的方向。

(3)柳沟庄油藏的发现，积累和丰富了玉门油田低孔渗性白云岩油藏开发的经验，具有研究的价值。

(4)柳沟庄试采区远景广阔。庙北夹片、鸭西均不能承担玉门油田储量和产量接替的重任。而油层厚度大、含油面积大、地质储量大的柳沟庄试采区是近期玉门油田储量和产量接替最有希望的现实构造，具有不可替代的战略地位。

3　有利因素

运用战略头脑，全面分析，统筹兼顾，找出内在的有利因素，就把握住了矛盾的主要方面，在很大程度上控制了战略方针的贯彻和战略部署实施的主动权，指导着科学开发柳沟庄试采区。

(1)中国石油天然气总公司、玉门石油管理局的支持与重视是最积极、最主动的因素。玉门石油管理局已向总公司呈报了"关于开展青西柳沟庄构造储量评价一期工程工作量的请示""青西柳沟庄油藏储层评价改造立项报告"；玉门石油管理局已把青西水电路讯问题作为重点且已投建公路；试采单位白杨河油矿已展开一期工程初期准备工作。

(2)有一定的勘探基础，有一定的开发经验，有一支管理较好、作风踏实、不怕苦累、善打硬仗的试采队伍。

(3)油藏地质条件好。原始地层压力高(45~46MPa)、地饱压差大、弹性采收率高。

(4)单井初产高(一般为 30~50t),酸化改造后增产效果显著,产量成倍上升。如:1987 年底柳 1 井酸化,1989 年、1990 年新井投产,使产量横跨三大台阶(图 1)。

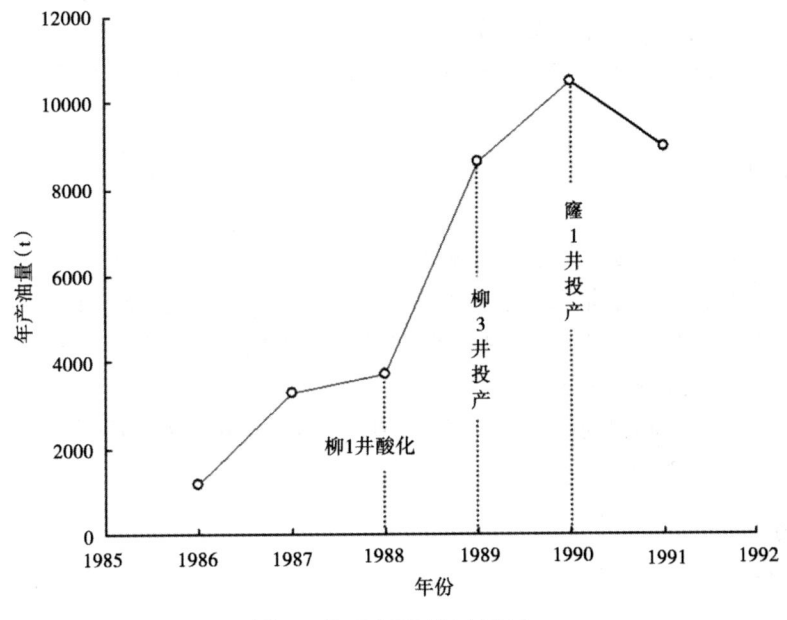

图 1 青西试采区年产油量

(5)无边水底水,不会给开发造成威胁。
(6)钻井扑空率低,风险系数小。所钻 8 口井中除柳 2 井未试油外,其余均见油流,3 口自喷井获中高产工业油流。
(7)油层厚度大,含油面积大,地质储量大(表 2)。油气聚集的白云岩分布面积近 36×$10^4 km^2$,又是勘探找油前景广阔的区域。

表 2 青西试采区储量估算

计算方法	容积法	动态法		控制储量
		压降法	压力恢复法	
储量(10^4t)	1538	1270	1073	803

4 不利因素

战略决策不能回避矛盾。科学分析试采区的有利与不利因素,做到知彼知己,使有利因素充分发挥作用,促使不利因素向好的方面转化。

(1)油藏埋藏深度大,井深,平均 4500m。钻井成本高,措施投资较大,实施技术要求严格。
(2)缺电、缺水,现场依靠内燃机发电,供生活生产用电;生产生活用水依靠机动车拉运,水质差,距离远。对人力物力的浪费大。
(3)无电讯、无公路。目前,基地借助设备简陋的电台和油矿联系,各井架设了临时战地野营电话,外界干扰大,造成经常断讯。路面状况差,坡度大,车辆磨损较快,给原油外运、物资设备供给带来极大困难。

(4)距市区远,生活条件艰苦。试采区距玉门市67km,职工以井为家,住宿条件极差,无法收看电视,无娱乐条件,生活单调艰苦。

(5)自喷井生产管理经验缺乏,生产流程及设备不够配套,基础工作跟不上去。

5 战略方针

石油是国民经济发展的宝贵能源,李鹏总理在七届人大二次会议上指出:"石油工业在努力寻找新储量和不断开发新油田的同时,要在老油田上打攻坚仗,保持原油的稳定增长。"

(1)以国家方针、政策为基础,开阔视野,继续发扬玉门精神,加快柳沟庄地区勘探节奏,提高开发速度,尽快完成老区产量及储量接替。

(2)以玉门石油管理局的各种文件、精神为指导,以 $50×10^4$t 为核心,依靠科技进步,突出重点,短期内把产量拿到手。

6 战略思想

从实际出发,基于柳沟庄构造不利与有利因素分析,基于玉门油田的形势、现状认识,战略的基本思想为:

(1)从稳产急需产量的角度出发:充分发挥现有生产能力,利用消化单井控制储量,加强管理,以多拿油为基本点。

(2)从储量接替的战略角度出发:加快青西凹陷的进一步滚动勘探开发,全面展开白云岩储层评价研究。投资钻井,增加生产井数,把 $803×10^4$t 的控制储量落到实处。建立白云岩开发研究试验区,5年内实现储量及产量的部分接替。

7 奋斗目标

7.1 近期目标

(1)力争1992年初青西公路竣工。
(2)力争1992年底完成生产电网架设。
(3)力争1990年底完成窿1井补层酸化、柳3井酸化、柳1井转抽;修复窿2井、柳5井和柳2井。力争1992年底日产达到105t,年产油 $1.8×10^4$t。

7.2 "八五"目标

(1)力争"八五"期间解决工业用水问题。
(2)力争"八五"期间解决通讯问题,完善住宅等生活建设。
(3)力争"八五"期间钻井5口,建成产能 $10×10^4$t/a,实际年产油 $4.5×10^4$t。

8 战略重点

统一规划,分步实施,逐年改善。

因资金有限,特别是水电路讯投资更有限,一下子实现不可能。采用统一布置,分年分项建设,稳妥进行,使水、电、路、讯逐年配套,为实现战略转移创造条件。

8.1 步骤

分两步走。分步实现,定期完成。

第一步:时间,1991—1992年底。

第二步:时间,1993—1995年底。

8.2 重点

先实现近期目标,再实现"八五"目标。稳扎稳打,各个突破。

第一步重点:完成公路、电网、6口油井措施工艺改造。

第二步重点:完善生活基础;解决生活及工业用水;落实生产通信;投资钻井;设立白云岩开发研究试验区。

9 战略措施

9.1 一号措施

在1991年生产的基础上,保持原油产量持续稳定生产,加速现已开始的公路建设,力争在1992年初如期竣工,为实现第一步战略转移扫清障碍。在此条件下,夯实第一步战略实施的各项基础工作,特别是窿1井修套、补层酸化所需的钻杆等配套设备。统筹优选施工方案,提出预备方案,减少盲目性,提高随机应变能力,打响第一炮。

一号措施重点为工艺改造,即利用和消化单井控制储量,增加开井数,提高单井产出能力。柳1井、柳3井、窿1井控制储量 $180×10^4$ t,有很大的战略实施价值。

战略第一步工作得到玉门石油管理局的大力支持与重视,已处于全面准备工作阶段,具有可行性。首先,资金比较现实可靠(玉门石油管理局已向中国石油天然气总公司立项申请)。其次,方案实施有以前成功经验为指导。如:1987年底柳一井酸化、西参一井及西探一井的深抽。

预计第一步工作实现后,即1992年底,年产油量可达 $1.8×10^4$ t,日产水平105t,成为一支不可忽视的稳产力量,具体措施及工作见表3。

表3 6口井措施改造工艺

井号	工艺改造内容	时间	日产(t)
窿1井	修复3704m处套管变形,补射、酸化下沟组4386~4496m段,共15.6m	1992.4	40
柳1井	下泵2500m转抽	1992.6	20
柳3井	大型盐酸处理油层	1992.7	25
柳2井	补射、酸化中沟组34m,下泵1000m抽油	1992.8	5
窿2井	封隔器卡堵水3530.8m位置,下泵2000m抽油	1992.8	5
柳5井	解卡打捞井下32根油管,下泵2500m抽油	1992.10	10

9.2 二号措施

柳沟庄试采区作为玉门油田老区发展最现实的构造,战略地位不可替代,大规模开发为必须趋势。战略的第二步是发展的决策论,以第一步为先导和基础,具有连续性、整体性、远见性,通过新钻井实现。至"八五"末期建产能 10×10^4 t/a,年产油 4.5×10^4 t,实现部分产量与储量接替。第二步设计及措施如下:

首先开发认识程度较高的向斜东翼,由柳1井、柳3井和柳5井出油点控制。钻井3口(柳4井、柳6井、柳7井),进尺13500m。然后在向斜轴部钻井1口(柳8井),进尺4500m,以进一步认识和评价轴部产能,完成由东翼—轴部—西翼的滚动开发。其次,在柳3井与窿1井之间钻井1口(窿3井),深度4500m,目的落实窟窿山构造扩边及验证柳沟庄构造是否与其连片。具体方案及预测指标如下:

(1)方案基础。

①动用含油面积 7.06km²,分布于向斜东翼。

②动用层系,储量:下沟组 $K_1g_2—K_1g_3$,580×10^4 t。

③新井投产第一年平均日产能估30t。

④按时率×利用率=50%计算产量。

⑤新井投产当年递减按柳1井的28%计算。

⑥老井递减以1991年青西的12%计算。

(2)指标预测见表4。

表4 1992—1995年青西试采区可采指标预测

项 目		1992年	1993年		1994年		1995年	
开井数(口)	老井	8	8	8	9	11	13	11
	新井			1		2		2
年产油量(t)	老井	18095	34109		31911		34051	
	新井		5475		10950		10950	
	合计	18095	39584		42861		45001	
平均日产(t)		50	108		117		123	

说明:1992年的8口老井包括措施改造的6口井,50t/d 为365天的平均值。

9.3 三号措施

柳沟庄油藏为裂缝性油藏,白垩系中沟组和下沟组是研究重点。目前该构造资料还比较缺乏,尤其缺乏系统取心资料,特别是向斜轴部及西翼油气富集规律还有待于进一步认识。该构造与窟窿山构造是否连片,是否属于同一构造仍未认识清楚。还有,白云岩分布范围及沉积相带划分存在分歧。因此,有必要建立以柳1井、柳3井、柳5井和窿1井出油点控制的白云岩试验区,展开分项、分课题研究。

(1)柳沟庄向斜轴部及西翼研究。部署勘探开发相结合的滚动方案,采取由已知到未知,由向斜东翼到轴部再到西翼的打法,即完善了东翼开发井网,又兼探轴部及西翼的含油情况。通过开发、认识、扩边,达到落实积法计算的 1538×10^4 t 静态地质储量,寻找新储量的目的。

（2）展开白云岩的平面分布及沉积相专题研究。以上述出油井点为圆心，放射状研究白云岩发育情况和划分主力储层 K_1g 的沉积亚相，为在青南凹陷找到为数更加乐观的储量提供依据。

（3）以钻探为主要手段研究柳沟庄与窟窿山构造的连片性，提供确定含油边界、地质储量和产能评价的依据。

（4）展开裂缝与油藏形成机理研究。丰富裂缝性油藏开发经验，创造青南凹陷高水平开发条件。

10 远景展望

柳沟庄试采区已为玉门油田稳产和实现"东山再起"做出了 3.38×10^4 t 的贡献，受到玉门石油管理局的高度重视，实践证明是玉门老油田产量和储量接替最有潜力、最富希望、最为现实的构造。

经过7年的勘探，3年的试采工作，青南凹陷已基本形成以柳沟庄油藏为主战场的油田开发格局。随着勘探、开发工作的进一步深入，将会找出更多的储量，形成更大的开发规模，在短期内完成产量和储量接替的战略转移，为玉门油田稳产及求生发展开创新出路。